PRODROME

DE

GÉOLOGIE

PAR

ALEXANDRE VÉZIAN

DOCTEUR ÈS-SCIENCES

PROFESSEUR DE GÉOLOGIE A LA FACULTÉ DES SCIENCES DE BESANÇON

MEMBRE DE LA SOCIÉTÉ GÉOLOGIQUE DE FRANCE

ETC.

> Ite, filii, emite calceos; montes accedite; valles, solitudines, littora maris, terræ profundos sinus inquirite; mineralium ordines, proprietates, nascendi modos notate : ita enim ad corporum proprietatumque cognitionem pervenietis; alias non.
> WALLERIUS, *Systema mineralogicum.*

TOME PREMIER

PARIS

F. SAVY, ÉDITEUR

LIBRAIRE DE LA SOCIÉTÉ GÉOLOGIQUE DE FRANCE

24, RUE HAUTEFEUILLE, 24.

1863

PRODROME DE GÉOLOGIE.

BESANÇON, IMPRIMERIE DE J. ROBLOT.

INTRODUCTION.

Considérations historiques.

La géologie pendant l'antiquité et le moyen-âge. — Les anciens, bien moins riches que nous en notions scientifiques, n'avaient pas senti la nécessité de scinder l'histoire de la terre. Celle-ci, avec sa masse intérieure, sa surface et son atmosphère, était considérée par eux comme constituant l'univers entier. Ils voyaient en elle un ensemble dont les parties ne pouvaient être étudiées séparément. Pénétrés d'un esprit synthétique qui, chez les individus comme chez les nations, tantôt provient d'un travail soutenu et varié, tantôt accuse une grande pauvreté scientifique, ils pensaient que la connaissance du tout devait les conduire à celle de chacune de ses parties. La géologie se trouvait ainsi totalement absorbée par la cosmogonie et confondue avec elle.

Quant au mode de formation de l'univers, il n'est pas besoin de le dire, ce sujet était traité par les anciens au point de vue spéculatif et nullement scientifique. Si nous rappelons les deux systèmes les plus opposés, nous voyons certains philosophes déclarer que le monde a été créé de toute éternité et qu'il ne doit jamais finir : d'autres prétendre que le monde est soumis à des paroxysmes alternant avec des périodes de tranquillité, de sorte qu'après chaque paroxysme effectué par l'eau ou par le feu, tout se trouve transformé à la surface de la terre ou plutôt créé de nouveau. C'est le christianisme qui a surtout réagi contre ces deux idées, soit en divulguant la croyance à une création et à une fin du monde, soit en repoussant cette doctrine de créations et de destructions successives.

Les anciens ne pensaient pas que le sol foulé par eux offrît une étude si pleine d'intérêt et renfermât les traces évidentes d'une longue suite d'événements bien antérieurs à la venue de l'homme sur la terre. Pourtant, la géologie est une des sciences où ils auraient pu faire des progrès faciles; il leur suffisait pour cela d'avoir une idée nette de la nature organique des fossiles, de se rendre compte de la stratification de l'écorce terrestre et d'observer attentivement les phénomènes qui se passaient sous leurs yeux. S'ils n'ont pas atteint ce résultat, c'est, je le répète, parce que l'étude de l'univers considéré dans son ensemble, préoccupait avant tout leur esprit essentiellement et vaguement synthétique. Dans ce fait, il faut voir aussi une des conséquences de leur éloignement pour les sciences proprement dites et de leur préférence pour les œuvres d'art, d'imagination et de philosophie abstraite.

Pour que les sciences d'expérience et d'observation prissent naissance, il fallait qu'une religion nouvelle vînt donner plus de développement au sentiment de la nature et que le flambeau de la civilisation, en se déplaçant, éclairât d'autres contrées. Il fallait aussi que l'invasion des barbares, hommes actifs, plutôt préoccupés du côté matériel de la vie que d'idées spéculatives, vînt modifier le caractère indolent des peuples du midi de l'Europe. Il fallait enfin que l'organisation sociale subît des modifications profondes, et que l'esprit de caste, une fois annihilé ou amoindri, permît à la science de se vulgariser. Un grand poème, un chef-d'œuvre de l'art naîtront de la pensée créatrice d'un seul homme, mais la science est essentiellement collective : elle est l'œuvre des siècles et des générations qui se succèdent.

On trouve chez Aristote, Strabon, Ovide et les adeptes de la doctrine pythagoricienne des idées assez exactes sur certains phénomènes géologiques. Elles sont avant tout le résultat des heureuses inspirations du génie antique aimant plutôt à deviner la nature qu'à l'étudier ou à la prendre sur le fait. Elles ne prouvent pas qu'il existât chez les anciens des connaissances quelconques en géologie. Les philosophes de l'antiquité ont d'ailleurs émis un si grand nombre d'opinions, et toutes si contradictoires, que le hasard seul a pu quelquefois leur faire rencontrer juste dans leurs appréciations.

Les ouvrages de plusieurs auteurs renferment des passages qui dénotent des notions assez justes sur le mode de formation des terrains sédimentaires et sur la nature des fossiles : tels sont les vers si souvent cités où Ovide nous montre les terres séparées des eaux au sein desquelles elles ont été formées, les coquilles jonchant le sol sur les points éloignés de la mer et l'ancre couchée sur le sommet des hautes montagnes.

D'autres fois, on remarque certaines expressions indiquant, chez ceux qui les employaient, une intelligence assez nette des phénomènes volcaniques, des soulèvements des montagnes, et même des soulèvements du sol plus compliqués : « ..... La vraie raison de ces phénomènes est que la même » terre tantôt s'élève et tantôt se déprime : et que la mer, » obligée de suivre ces divers mouvements, tantôt franchit » ses bornes, tantôt rentre dans ses limites. C'est donc au » sol que doit être attribuée la cause dont il s'agit? » On pourrait même faire remonter jusqu'à Strabon la doctrine des causes actuelles, car, après avoir écrit les lignes qui précèdent, il ajoute : « Il convient de tirer nos explications des » choses qui tombent sous les sens et qui, telles que les » déluges, les tremblements de terre, les éruptions volca- » niques et les soulèvements spontanés des terrains sous- » marins, se reproduisent en quelque sorte tous les jours. » Ovide, dans la relation où il résume la doctrine pythago- ricienne, dit : « Rien ne périt dans ce monde : les choses ne » font que varier et changer de forme. Naître, signifie sim- » plement qu'une chose commence à être différente de ce » qu'elle fut auparavant : mourir veut dire qu'elle cesse d'être » la même chose. Cependant, quoique rien ne conserve » longtemps la même forme, le tout reste constant dans son » ensemble. » Ces quelques lignes ne résument-elles pas en peu de mots les principales idées de la théorie de Hutton. Enfin, ne serait-il pas permis de trouver dans l'époque grecque le commencement de la lutte entre les vulcanistes et les neptunistes, en opposant Thalès, qui voyait dans l'eau le principe de toute chose, à Héraclite soutenant que le feu est l'agent de la nature. Les idées éclectiques qui règnent aujourd'hui dans la science avaient même été exprimées dès l'antiquité, car Sénèque fait observer que « le feu et l'eau » sont les arbitres souverains de la terre. Du feu et de l'eau » viennent le commencement et la fin des choses. »

Mais il serait puéril d'attacher de l'importance à ce que les philosophes et les écrivains de l'antiquité, inspirés par leur vive imagination, ont pu dire de fondé sur les divers phénomènes géologiques. Il est un plaisir qu'il faut laisser à l'érudition : c'est celui de rechercher les opinions des anciens sur les phénomènes géologiques, et de glaner dans leurs ouvrages les citations susceptibles de faire croire que ces phénomènes ont été compris par eux.

Les idées des anciens n'ont exercé aucune influence sur l'opinion des hommes du XVIᵉ siècle, que l'on peut considérer comme les premiers pionniers de la science de l'écorce terrestre. Loin d'imiter les naturalistes qui concentrèrent d'abord leur attention sur les œuvres d'Aristote, de Théophraste et de Pline, ils dirigèrent leurs recherches autour d'eux : les preuves des faits avancés par eux, ils les demandèrent à la nature elle-même ; aussi la filiation existant pour la philosophie, la littérature et l'histoire naturelle, ne peut être constatée pour la géologie : « Je n'ai point eu d'autre livre, » s'écriait Bernard Palissy, « que le ciel et la terre, lequel est connu » de tous, et est donné à tous de connaître ce beau livre. »

Pendant le moyen-âge, une obscurité profonde règne sur l'Europe entière ; mais un travail caché s'accomplit dans les esprits. Le christianisme termine la conquête morale et matérielle d'un grand nombre de contrées. La fusion des races indigènes et des peuples envahisseurs s'achève insensiblement.

Les croisades impriment un nouveau stimulant à l'activité humaine. L'établissement des républiques en Italie et des communes en France prépare la fin de la féodalité et la cessation d'un état de choses antipathique à tout développement scientifique. Et lorsque le XVIᵉ siècle apparaît, il trouve la transformation sociale presque complète. Comme une armée qui se met en marche après un long repos, la société s'ébranle tout à coup et la vie intellectuelle se ranime.

Il est inutile de rechercher les causes de ce mouvement prodigieux qu'on appelle la Renaissance. Il faut y voir une impulsion providentielle, car l'invention de l'imprimerie et la découverte du Nouveau-Monde sont plutôt le résultat que la cause de cette activité nouvelle qui se manifeste dans les intelligences.

La première origine de la géologie ne remonte pas plus haut que le XVIᵉ siècle. On peut distinguer dans l'histoire de cette science, depuis ce moment jusqu'à nos jours, quatre périodes. Les trois premières sont comparables à l'aurore qui précède l'établissement définitif de toute science, car la vraie géologie ne date que de la fin du dernier siècle.

La géologie pendant les temps modernes. — La première période de l'histoire de la géologie comprend tout le XVIᵉ siècle et la majeure partie du XVIIᵉ. Elle commence avec Bernard Palissy, ou plutôt avec Léonard de Vinci, mort en 1519. Elle finit avec la publication du célèbre ouvrage de Sténon : *De solido intra solidum naturaliter contento.*

Cette période est marquée par la controverse qui s'établit au sujet de la nature des débris organiques contenus dans les roches stratifiées. Tandis que quelques auteurs voient dans

ces débris le produit d'une fermentation, de jeux de la nature
ou d'une force plastique due aux influences sidérales (Mattioli,
Falloppe, Mercati); d'autres reconnaissent la véritable nature des fossiles. Parmi ceux-ci, les uns admettent le dépôt
des coquilles par les eaux de la mer changeant successivement
de rivage (Frascatore, Cardan, Césalpin, Sténon); d'autres,
sous l'influence d'idées destinées à retarder les progrès de la
géologie, voient dans les coquilles fossiles la preuve et l'effet
d'un déluge universel (Colonna, Scilla).

La conviction que les fossiles sont les dépouilles et les
empreintes d'êtres organisés ne pénètre qu'avec lenteur dans
les esprits. Une idée aussi simple en elle-même met plus
d'un siècle à se développer : toute une période de l'histoire
de la géologie est presque exclusivement employée à la répandre. Mais à mesure que cette conviction devient plus générale, elle amène insensiblement la connaissance du mode
de formation des terrains sédimentaires. Ce nouveau pas fait
dans la géologie est dû surtout à Sténon, que Deluc appelle le
premier vrai géologue.

Sténon a parfaitement compris le phénomène de la sédimentation dans son ensemble et dans ses principaux détails.
Il s'est rendu compte du mode de formation des roches
aqueuses, de leur division en bancs primitivement horizontaux et plus tard soulevés et disloqués dans tous les sens. Là
n'est pas le seul titre qui recommande l'ouvrage de Sténon à
l'attention des géologues. Les progrès de la science ont
prouvé combien les vues de ce grand homme étaient justes.
Et pourtant son livre n'est qu'un prodrome, un résumé, une
préface, ainsi que M. Flourens le fait remarquer dans son
travail sur la longévité humaine. C'est de ce travail que

j'extrais les lignes suivantes qui dépeindront en peu de mots
l'état de la géologie à la fin de la première période de son
histoire :

« Le livre dans lequel Scilla combat de nouveau l'erreur
» toujours persistante des jeux de la nature est de 1670.
» L'année précédente avait paru celui de Sténon : celui de
» Leibnitz parut quelques années après. Tout conspirait.
» L'opinion de Palissy sur les coquilles fossiles, oubliée depuis
» un siècle, renaissait pour ne plus disparaître : et la géo-
» logie avait son premier grand pas fait, et, l'on peut le dire,
» celui-là même qui lui a valu tous les autres ; car, une fois
» la vraie nature des coquilles fossiles admise, on a cherché
» comment des corps marins se trouvaient sur la terre, l'idée
» des révolutions du globe est venue et la géologie est née. »

Tous les géologues de la première période, ou du moins,
tous les savants qui avaient pris part à la controverse sur la
nature des fossiles, étaient italiens, à l'exception de Bernard
Palissy et de Sténon. Celui-ci, quoique danois, avait passé la
majeure partie de sa vie en Italie. Cette contrée peut donc, à
juste titre, être considérée comme le berceau de la géologie.

La deuxième période de l'histoire de cette science comprend la fin du xviie siècle et la première moitié du siècle
suivant. Elle finit en 1749, année qui voit en France la publication de la *Théorie de la terre* par Buffon, et, en Allemagne, celle de l'édition complète de *Protogœa* par Leibnitz.
De la même année date l'explication que le carme Generelli
donne, dans une des séances de l'académie de Crémone, de
l'ouvrage publié en 1740 par Lazzaro Moro et intitulé : *De
crostacci e degli altri marini corpi che si trovano su monti.*

Avec cette époque coïncide l'apparition d'un grand nombre de théories de la terre. En même temps, la vraie nature des fossiles est mise hors de toute contestation. La donnée chronologique, qui forme un des éléments principaux de la géologie, n'est pas encore employée : il n'y a qu'un seul événement, le déluge, et à cet événement, de date si récente, on essaie de tout ramener, en considérant comme très-court l'intervalle qui le sépare de la création du monde.

La découverte de l'Amérique et l'établissement du système de Copernic ayant fait connaître la forme de la terre, les études cosmogoniques eurent dès lors, devant elles, un double champ d'exploration. On put, comme l'avaient fait les anciens, rechercher l'origine des choses, ou, en d'autres termes, de l'univers. On put aussi, indépendamment de cette recherche, aborder l'étude plus restreinte de la formation et de la constitution de notre planète. Ce travail, grâce aux découvertes scientifiques récentes et surtout à une connaissance plus approfondie des phénomènes célestes, conduisit à des résultats sinon exacts, du moins plus vraisemblables que ceux auxquels on était antérieurement parvenu. Le grand nombre de théories de la terre qui se publièrent pendant le XVIIIᵉ siècle (Burnet, *Théorie sacrée de la terre*, 1690 ; Ray, *Essai sur le chaos et la création*, 1692 ; Woodward, *Essai sur l'histoire naturelle de la terre*, 1695 ; Whiston, *Nouvelle théorie de la terre*, 1696 ; Leibnitz, *Protogée*, 1693-1749 ; Buffon, *Théorie de la terre*, 1749) offrirent un certain côté scientifique. Elles ralentirent fort peu la marche de la géologie proprement dite, encore à son début et ne renfermant pas un ensemble de notions suffisantes pour absorber l'attention d'un savant. L'étude spéciale de l'écorce terrestre devait inévitablement être précédée de celle de la masse totale du globe. La fusion, pendant le siècle dernier, de la cosmogonie, de la physique du globe et de la géologie, était un mal, mais un mal inévitable. Les sciences, dans leur constitution et dans leurs délimitations successives, ont procédé par voie analytique : jamais deux sciences ne se sont confondues pour n'en former qu'une seule, et de là, sans doute, l'expression de *branche des connaissances humaines* qui est devenue d'un usage journalier.

La troisième période de l'histoire de la géologie comprend la seconde moitié du XVIIIe siècle et une partie du siècle actuel. On peut la considérer comme se prolongeant jusqu'en 1807, année de la fondation de la Société géologique de Londres, créée avant celle de France, qui ne date que de 1830.

Pendant la troisième période de son histoire, la géologie reçoit une délimitation moins confuse. La donnée chronologique y est mise en œuvre pour la première fois, quoique d'une manière incomplète, et notamment par W. Smith dans son travail mémorable, intitulé : *Tableau des couches britanniques*. Quant à la paléontologie générale et stratigraphique, elle attend Cuvier : elle est encore assez peu avancée pour qu'on ne relève pas l'erreur commise par Scheuchzer, qui fait du squelette d'une salamandre gigantesque l'*homo diluvii testis*. Ce qui caractérise cette époque, c'est la lutte des neptunistes et des vulcanistes, lutte qui conduit à l'acquisition de notions assez justes sur le rôle exercé par l'eau et par le feu dans la formation de l'enveloppe du globe. Depuis les premiers commencements de la géologie jusqu'à la fin du

xviiie siècle, la doctrine neptunienne n'avait cessé de prévaloir. Bernard Palissy avait dit : « Quand tu auras bien exa-
» miné toutes choses par les effets du feu, tu trouveras mon
» dire véritable, et me confesseras que le commencement et
» l'origine de toutes choses est eau. » Et depuis Palissy jusqu'à
Werner, on avait admis que toutes les roches étaient le produit de l'eau. La plupart des théories cosmogoniques posaient
en principe l'existence d'un fluide chaotique d'où, par des
précipitations successives, s'étaient dégagées les masses qui
se montrent vers les parties extérieures du globe. L'apparition et la persistance de la doctrine neptunienne étaient dues
à plusieurs causes. Dans la science, la découverte d'une
vérité a souvent pour résultat immédiat l'établissement d'une
erreur. En même temps que la véritable nature des fossiles
était reconnue, l'existence passée de courants diluviens et de
mers chassées de leurs rivages se trouvait mise en évidence :
c'était donc l'action de l'eau qui, la première, attirait l'attention des plus anciens adeptes de la géologie. La marche de
l'esprit humain est trop lente pour que la saine appréciation
du rôle joué par le feu dans les phénomènes géologiques
suivît immédiatement les premières découvertes de la science.
L'erreur dans laquelle les neptunistes étaient tombés, et la
prolongation du débat qu'ils avaient dû soutenir contre les
vulcanistes, reconnaissaient une autre cause. La question que
les uns et les autres agitaient était mal posée : ils confon-
daient le problème de la création de la terre, phénomène
cosmogonique destiné à se produire une fois pour toutes, avec
la formation de l'écorce terrestre, phénomène essentiellement
permanent. Le lecteur pourra se convaincre, en lisant le
chapitre relatif à l'origine du granite, que les neptunistes et

les vulcanistes étaient également dans l'erreur et que chacun
d'eux ne possédait qu'une partie de la vérité.

Le travail le plus remarquable publié pendant cette période est celui de Hutton. C'est en 1788 que Hutton publia
dans les transactions philosophiques d'Edimbourg sa théorie
de la terre. C'est en 1795, deux ans avant sa mort, qu'il
développa le même sujet dans un ouvrage en quatre volumes.
En 1802, le docteur Playfair, ami de Hutton, reprit en sous-
œuvre le travail de celui dans l'intimité duquel il avait vécu,
et dont les vues lui étaient familières. Il exposa les idées de
Hutton d'une manière plus claire que celui-ci ne l'avait fait,
et par là, il contribua beaucoup à leur vulgarisation. Aussi,
les noms de Playfair et de Hutton sont-ils, dans notre pensée,
inséparables, puisque leur œuvre a été commune.

La théorie de la terre, telle qu'elle est formulée dans l'explication de Playfair, est bien plus vraie et plus philosophique
que celle qui voyait dans l'écorce terrestre le résultat pur et
simple du dépôt de substances primitivement tenues en suspension dans un liquide universel. La gloire de Hutton est
aussi d'avoir le premier reconnu que la chaleur avait joué un
rôle important dans l'édification de l'écorce terrestre. Quelques-uns des plus anciens géologues avaient admis l'existence
de feux souterrains, mais c'était pour expliquer le redresse-
ment et non la formation de certaines parties du globe. Plus
tard, Descartes, Leibnitz, Buffon avaient successivement
formulé l'hypothèse d'un feu intérieur, mais l'emploi qu'ils
avaient fait de cette hypothèse était plutôt cosmogonique que
géologique. La véritable déclaration de guerre entre les neptunistes et les vulcanistes datait du moment où s'était élevée une
discussion au sujet de l'origine aqueuse ou ignée du trachyte,

du basalte et des roches volcaniques. Il serait permis de s'é-
tonner qu'une controverse ait pu s'établir à ce sujet si on ne
tenait compte de l'influence personnelle de Werner, dont les
opinions ont joui longtemps d'un crédit exagéré. Dolomieu et
surtout Desmarets furent d'abord les principaux adversaires
de l'école de Freyberg; mais la lutte devint plus vive lorsque
Hutton déclara que non-seulement les roches volcaniques,
mais aussi les granites et les porphyres étaient d'origine ignée.

La géologie pendant le dix-neuvième siècle. — La dernière
période de l'histoire de la géologie correspond au siècle
actuel : elle embrasse, par conséquent, un nombre d'années
assez considérable pour nous autoriser à penser qu'elle pourrait se subdiviser en deux parties. On vient de voir que la fin
de chaque période de l'histoire de la géologie était marquée
par la publication d'un ouvrage important constatant tout à
la fois les progrès accomplis et les lacunes à combler. On
peut considérer la première sous-période du XIXᵉ siècle comme
se terminant en 1830, année de la publication des *Principes de
géologie* par sir Lyell et de la création de la Société géologique de France. Elle a vu le règne exclusif des vulcanistes et
des partisans de l'origine ignée du granite, tandis que la
sous-période suivante a été marquée par les efforts des partisans de l'origine hydro-thermale de cette roche, efforts de
plus en plus couronnés de succès.

Je vais énumérer rapidement les progrès de la géologie
depuis le commencement de ce siècle, et essayer de donner
une idée de son état actuel. Cet exposé sera nécessairement
très-court, puisque, dans ce travail, les questions dont je
vais dire quelques mots attireront successivement mon attention d'une manière spéciale.

But de la géologie. Ses progrès pendant le XIXᵉ siècle. Son état actuel.

La géologie n'est pas aussi vaste que l'indique l'étymologie de son nom. Son objet, nettement défini, se ramène à *l'étude de la structure de l'écorce terrestre, de son mode de formation et des phénomènes organiques ou inorganiques qui ont laissé en elle des traces de leur existence pendant les temps géologiques.*

L'étude de l'écorce terrestre constituant le but exclusif de la géologie, on conçoit que cette science n'ait pu se développer qu'à dater du moment où son domaine était connu. Or, la notion de l'écorce terrestre a pénétré lentement dans la science et n'y existe que depuis peu. Même pendant le XVIIᵉ siècle, les adeptes de la géologie ne concentraient leurs méditations que sur la surface du globe. Descartes, le premier, en faisant de la terre un soleil éteint, et, pour ainsi dire, encroûté, semble avoir établi l'existence réelle ou hypothétique d'une écorce terrestre distincte de la masse qu'elle recouvre.

De nos jours, on a compris qu'il fallait voir dans l'écorce terrestre, non une œuvre effectuée d'un seul jet et sous l'influence d'un seul ordre de phénomènes, mais le produit complexe de plusieurs agents s'exerçant tantôt isolément, tantôt simultanément, et fonctionnant comme forces antagonistes dans certains cas, concomitantes dans d'autres. Les principaux de ces agents sont l'eau, qui pénètre dans l'intérieur de la croûte du globe ou circule à sa surface ; la

haute température qui règne à une faible profondeur, et
les mouvements généraux auxquels l'écorce terrestre obéit.
On ne conteste plus l'origine aqueuse des roches sédimentaires, ni l'origine ignée des roches volcaniques ; bientôt on
ne mettra plus en doute l'origine hydro-thermale du granite.

Dans ces dernières années, l'origine des roches granitiques a donné lieu à une controverse qui a eu pour résultat
de nous montrer dans ces roches le produit d'actions moins
simples que ne l'ont supposé les écoles de Werner et de
Hutton. Les travaux de Fuchs, Bischoff, Schœrer, et H. Rose
en Allemagne, de MM. Delesse et Daubrée, en France,
me paraissent avoir démontré que l'eau et la chaleur sont
également intervenus dans la production du granite, et cette
origine peut être désignée, à défaut d'un nom emprunté à la
mythologie grecque, par l'épithète d'hydro-thermale. Ce résultat est de la plus haute importance, car le granite constitue la partie essentielle de l'écorce terrestre, sa charpente
et son ossature ; sa formation a été le point de départ de
tous les phénomènes géologiques, et l'époque qui a vu cette
roche se constituer ouvre la série des siècles dont l'étude est
du ressort de la géologie.

Pendant les premiers temps, l'écorce terrestre était exclusivement formée par la zone granitique. Peu à peu, elle s'est
accrue de bas en haut par la superposition des terrains stratifiés reçus au fond des mers, et de haut en bas, par le refroidissement et la consolidation successive des parties sous-
jacentes à la zone granitique fondamentale. L'eau et la chaleur
qui avaient jadis confondu leur action dans la formation du
magma granitique ont vu leur domaine se déplacer et s'écarter
de plus en plus l'un de l'autre. Maintenant le rôle joué par

chacun de ces agents est parfaitement apprécié dans l'ensemble : il nous reste, comme pour bien d'autres questions,
à pénétrer dans les détails.

L'écorce terrestre, sous l'influence de la chaleur interne,
de l'eau dont elle est pénétrée, de la pression et des courants
électriques qui se manifestent dans sa masse, l'écorce terrestre, dis-je, est comme un immense laboratoire où se sont
accomplies et s'accomplissent des actions chimiques aussi variées que nombreuses. Les progrès de la chimie ont permis au
géologue de se livrer avec fruit à l'étude des actions qui concourent à la transformation de chacune des parties de l'écorce
terrestre et surtout de celles qui ont une origine aqueuse. Il
a été ainsi possible de donner un développement complet et
même une importance exagérée à la belle théorie que Hutton
a émise le premier et que sir Lyell a désignée sous le nom de
métamorphisme.

La stratigraphie, entrevue par Sténon, plus nettement
comprise par Saussure et même par Hutton, a reçu des travaux de M. E. de Beaumont une impulsion nouvelle, ou plutôt elle lui doit son existence. Les directions des couches
reconnaissent une cause déterminée et se trouvent soumises
à un ordre réel. Elles obéissent aux mêmes lois qui président
à la distribution des chaînes de montagnes, et celles-ci, dit
M. E. de Beaumont, ne sont pas répandues au hasard comme
les étoiles dans le ciel. Elles forment des systèmes caractérisés par leur orientation et par la date de leur apparition.
Des rapports intimes rattachent tous ces systèmes les uns aux
autres, et leur entrecroisement dessine à la surface du globe
un réseau aux mailles régulières, comprenant non-seulement
les montagnes, mais aussi tous les accidents du sol « qui

» constituent la quintessence de la topographie et les traces
» les plus caractéristiques des bouleversements que la surface
» du globe a éprouvés. »

La croûte du globe, qui nous paraît immobile, est et a été
soumise à diverses actions dynamiques qui ont fait sans cesse
varier son relief. Les causes premières de ces actions dynamiques sont encore et seront peut-être toujours inconnues.
Mais leurs effets sont de mieux en mieux appréciés. On a définitivement abandonné l'idée d'un retrait subit ou graduel de
la mer. On a reconnu que les déplacements successifs de l'é-
corce terrestre ne sont que le contre-coup des impulsions
auxquelles cette écorce se trouve soumise. Elle est supportée,
comme un radeau, par une mer incandescente que l'on peut
désigner sous le nom de *pyrosphère* et qui rappelle le pyri-
phlégéton de Platon.

Les considérations précédentes ont trait à la partie de la
géologie qu'il est permis de désigner sous les noms de
géognosie et de *géogénie*, en la comparant à la physiologie et
à l'anatomie dans l'étude des êtres organisés. Mais cette
science a aussi sa partie systématique et descriptive. L'écorce
terrestre se décompose en parties distinctes ou terrains que
le géologue a mission de décrire, de nommer et de classer
méthodiquement.

Werner, et avant lui Lehman, avaient divisé l'écorce terrestre en deux parties sous les noms de terrains primitif et
secondaire, auxquels était venu se joindre un groupe intermédiaire sous le nom de terrain de transition.

Hutton distinguait également dans l'écorce terrestre deux
zones concentriques : la zone granitique correspondant au

terrain primitif de Werner, et la zone stratifiée formée par
l'ensemble des dépôts accumulés au fond de l'océan.

Ces classifications, exclusivement basées sur la donnée
minéralogique, tenaient la géologie renfermée dans une im-
passe. Mais, dès 1795, W. Smith vint ouvrir à la géologie
une voie immense en reconnaissant le principe fondamental
de l'identification des strates par les débris de corps
organisés qu'elles renferment. Ce ne fut qu'en 1799 que
W. Smith fit connaître sa découverte en la communiquant
à ses amis.

L'étude géognostique de l'écorce terrestre est l'œuvre du
temps : elle se complète chaque année, et, grâces aux pa-
tients investigateurs qui vont retrouver sur l'emplacement des
mers géologiques les débris des animaux qui ont habité
chacune d'elles, l'écorce terrestre se décompose en parties
successivement formées et de plus en plus nombreuses. Le
travail auquel je viens de faire allusion est essentiellement
perfectible ; mais les principes sur lesquels il s'appuie ne
peuvent varier. Si le botaniste reconnaît les plantes à leurs
fleurs, le géologue reconnaît les terrains à leurs fossiles.
Chaque terrain correspond à une des époques de l'histoire
de la terre, et de même que ces époques se groupent entre
elles pour constituer les grandes périodes de cette histoire,
les terrains se réunissent entre eux pour former, dans la
classification géologique, des groupes d'un ordre supérieur.
Les progrès de la science tendent de plus en plus à démontrer que les faunes successives sont liées les unes aux autres
par des passages tellement insensibles qu'elles forment une
série continue, sans hiatus et sans changement brusque. Les
grandes coupes, dans la classification des terrains, doivent

donc être basées sur l'apparition des phénomènes d'un autre
ordre : ce sont les phénomènes inorganiques, c'est-à-dire les
soulèvements et les affaissements de continents, et les appa-
ritions de chaînes de montagnes, — événements qui ont une
grande importance, soit par eux-mêmes, soit par la réaction
qu'ils exercent sur les climats et le mode de distribution des
êtres organisés. De même le botaniste, après avoir caractérisé
les espèces et les genres par leurs organes de la reproduction,
s'adresse de préférence aux organes de la végétation pour
déterminer les caractères des classes et des groupes d'un
ordre supérieur.

La géologie se rapproche ainsi de plus en plus du but ou
plutôt du dernier terme de toute science : une classification
définitive et une nomenclature généralement admise. Mais
prétendre que ce but pourra un jour être atteint, n'est-ce
pas trop présumer des forces de l'intelligence humaine? ou
plutôt n'est-ce pas se faire une fausse idée de la nature des
choses? Une classification n'est-elle pas, après tout, qu'une
vue générale d'un certain nombre d'objets qui, pour être
bien connus, doivent être envisagés de plusieurs manières
différentes?

J'ai comparé l'étude de l'écorce terrestre à celle des êtres
organisés. Pour achever cette comparaison, il me reste à dire
que la croûte du globe est passée par plusieurs âges et qu'elle
aussi a son embryogénie.

Deluc et presque tous les savants de son temps ne voyaient
dans le passé du globe qu'un seul événement, auquel on rap-
portait les traces des modifications dont la surface du globe
porte l'empreinte. Buffon distinguait bien dans l'histoire de

la terre sept grandes époques; mais cette division, établie surtout au point de vue cosmogonique, ne pouvait, en aucune manière, faire pressentir ce que serait plus tard la partie de la géologie qui étudie, dans leur ordre d'apparition, dans leur nature et leurs causes, les changements importants qu'on appelle les révolutions du globe, ou plus exactement les *révolutions géologiques*.

Sous la double influence des agents atmosphériques et intérieurs, le modelé du globe n'a pas cessé de subir des modifications aussi capricieuses que celles qui se présentent dans la forme des nuages. Le géologue peut suivre l'océan dans ses déplacements successifs et marquer du doigt les rivages que la mer a désertés l'un après l'autre. Il peut aussi nous faire assister à l'apparition des montagnes et à l'émergement des continents. Il peut enfin nous montrer la masse des terres émergées croissant en étendue et en élévation, et apprécier à leur juste valeur les changements de climat auxquels une même contrée a été soumise.

Les êtres organisés qui habitent la surface du globe continuent la longue série des générations, toutes différentes les unes des autres, dont les couches sédimentaires recèlent les débris. Les lois formulées par Cuvier, en lui fournissant le moyen de faire revivre par la pensée les animaux dont on ne possède que de faibles débris, ont fait pénétrer dans la science l'idée des races éteintes, idée dont l'honneur revient en entier à Cuvier, et non, comme on l'a dit, à B. Palissy ou à Leibnitz.

Quant aux causes qui déterminent l'apparition et l'extinction successives des espèces, elles nous sont encore inconnues, et il ne sera jamais donné à l'homme de les connaître.

C'est un des secrets que Dieu garde pour lui. Mais on peut déjà entrevoir les principales lois qui ont présidé aux évolutions de l'organisme. L'étude de la vie est d'ailleurs de la plus grande importance pour le géologue. Elle le met à même de distinguer les terrains les uns des autres et de retrouver les conditions, soit climatologiques, soit topographiques, dans lesquelles chaque contrée s'est trouvée successivement placée. Rappelons-nous aussi que la vie est un des agents édificateurs de l'écorce terrestre qui, sur certains points, se compose de masses considérables édifiées par des êtres presque microscopiques, et nous comprendrons comment les progrès de la paléontologie ont puissamment contribué à ceux de la géologie elle-même.

Diverses causes avaient retardé la marche de la géologie. Les unes provenaient de l'état d'imperfection où se trouvaient les sciences dont elle réclame le concours. D'autres étaient la conséquence de la fausse voie où elle s'était engagée dès son origine en se proposant un tout autre but que le sien et en se trompant sur sa véritable mission. Maintenant, délivrée de toute entrave, ayant devant elle un but nettement défini, de mieux en mieux secondée par les sciences qui lui prêtent leur appui, la géologie marche à grands pas. Science essentiellement collective, elle progresse d'autant plus que ses nombreux adeptes, répandus partout comme une armée de pionniers, explorent, isolément ou groupés par sociétés, toutes les parties du globe. Les moyens de communication, de plus en plus rapides et commodes, favorisent les progrès de la géologie, dont les objets d'étude sont souvent éloignés les uns des autres et ne peuvent aller trouver le savant dans son cabinet. Aussi, est-il permis de donner à cette science l'épithète d'internationale.

La géologie peut prendre place à côté des autres sciences d'observation, ses aînées. Le temps n'est plus où deux géologues, comme les augures de l'antiquité, ne se regardaient pas sans rire. Il serait injuste de croire encore que notre époque, relativement à la théorie de la terre, ressemble un peu à celle où quelques philosophes croyaient le ciel de pierres de taille et la lune grande comme le Péloponèse.

Ceux qui déclarent que la géologie n'est pas encore constituée, ignorent la transformation complète qu'elle a subie dans ses dernières années. Puisse cet ouvrage contribuer à dissiper cette prévention contre une science dont tout le monde veut parler et que bien peu de personnes connaissent!

Relations de la géologie avec les autres sciences. Temps géologiques.

La géologie fait partie de ce groupe de sciences cosmologiques qui appartiennent à notre siècle, soit par la date de leur création, soit par le moment où elles ont reçu un caractère vraiment scientifique. Toutes offrent de nombreux points de contact, car l'idée de relation, leur élément principal, est multiple, infinie. Les sciences cosmologiques n'en forment à proprement parler qu'une seule, et les divisions qu'on y a établies sont plutôt imposées par les bornes de nos facultés individuelles que commandées par la nature des choses.

A la tête de ces sciences, dont les découvertes modernes et l'esprit généralisateur de notre époque ont amené la création, se place celle qui mérite par dessus toutes le nom de science du Cosmos. Elle a pour objet le monde visible considéré dans son essence. Elle étudie les phénomènes qui se manifestent à nos yeux dans les rapports généraux qui les lient les uns aux autres. Elle tend à les grouper dans un seul et vaste tableau. Son champ d'étude s'étend depuis le globe que nous habitons jusqu'aux régions infinies des cieux. En même temps que son regard plonge dans les profondeurs de l'espace, sa pensée se perd dans la nuit des temps. Son origine ne remonte qu'au moment où un homme de génie et d'une érudition immense en a fixé le but, les limites et la méthode.

D'après Humboldt, cette science devrait comprendre deux parties distinctes : l'histoire physique du monde et sa description physique. Les matériaux pour écrire la première manquent en majeure partie. La terre seule nous offre des traces des événements anciens. Aussi la science du Cosmos, transportée dans le passé, se retrouve-t-elle dans la géologie, qui, d'après Herschel, par la grandeur et la sublimité des objets dont elle s'occupe, prend rang dans l'échelle des connaissances humaines, à côté de l'astronomie.

La géologie est la science synthétique par excellence. Pour mieux apprécier ses rapports avec les autres branches des connaissances humaines, nous ne pouvons mieux faire que d'écouter le plus éminent géologue de notre temps.

« L'étude de l'écorce terrestre se lie naturellement à un grand nombre de connaissances, à l'astronomie, à la géographie, à la physique, à la chimie. Par la nature des choses et par suite simplement de ce que la surface de la terre est notre séjour, son étude doit nécessairement établir entre toutes ces sciences un lien commun. Mais il n'en résulte pas qu'elle se confonde avec aucune d'elles ; il est au contraire à remarquer qu'elle touche chacune de ces sciences par des points où celles-ci commencent à perdre de leur précision ; or, c'est là justement ce qui fait que la géologie est une science distincte. Elle l'est par ses méthodes, qui doivent suppléer, relativement à l'objet dont elle s'occupe, à l'insuffisance des méthodes des autres sciences, plus encore qu'elle ne l'est par cet objet lui-même ; elle n'envahit rien de ce que les autres sciences sont aptes à féconder ; la spécialité même de ses méthodes, qui lui permet d'exploiter un champ sur lequel les autres sciences étaient inhabiles à rien produire de positif, lui interdit d'en sortir ; mais, quoique établie sur un terrain longtemps délaissé, elle l'emporte déjà sur plusieurs des sciences collatérales par l'intérêt et l'utilité, et elle est destinée à ne le céder bientôt à aucune sous le rapport de la rigueur. » (E. de Beaumont, *Géologie pratique*, p. 4.)

Borner le but de la géologie à l'étude de l'écorce terrestre, éloigner d'elle les questions relatives à l'origine des choses, ce sont là deux idées qui ont été formulées dès le siècle dernier, et que l'on peut considérer comme le corollaire l'une de l'autre. Buffon, dans sa *Théorie de la terre*, qui porte à un si haut degré l'empreinte de son génie, disait : « Nous ne pouvons juger que de la couche extérieure et » presque superficielle de la terre : nous ne pouvons péné- » trer que dans l'écorce terrestre, et les plus grandes cavités, » les mines les plus profondes ne descendent pas à la huit- » millième partie de son diamètre. Il faut donc nous borner à » examiner et à décrire la surface de la terre et la petite » épaisseur intérieure dans laquelle nous avons pénétré. » Plus tard, Hutton déclarait que les questions cosmogoniques ne sont pas du ressort de la géologie. Le vœu de Buffon se trouve presque complètement exaucé, et, dans les traités et les ouvrages généraux de géologie, les considérations cosmogoniques n'obtiennent plus qu'une place insignifiante. En même temps, on s'y préoccupe de moins en moins de la période de l'histoire de la terre antérieure aux temps géologiques proprement dits.

Si l'on examine les raisons qui portent à considérer la cosmogonie et la géologie comme distinctes, on arrive à conclure que l'une et l'autre diffèrent par leur mode d'investigation, par leur champ d'étude, par les époques dont elles relatent les événements, et par leur degré de certitude. Pourtant, ce serait une erreur de croire qu'il n'existe pas entre elles une grande solidarité et que tout progrès fait par l'une ne profite pas à l'autre.

Remonter à l'origine des choses, c'est employer le plus sûr moyen d'arriver à la connaissance des choses elles-mêmes. L'étude embryogénique des êtres vivants nous fait connaître leur organisation, non-seulement lorsqu'ils sont encore dans le jeune âge, mais aussi lorsqu'ils ont atteint l'âge adulte. Dans cet ouvrage, consacré à l'étude de l'écorce terrestre, notre première pensée, après des considérations générales sur la constitution physique du globe, se portera donc vers l'origine de cette écorce elle-même.

En admettant l'hypothèse d'Herschel, hypothèse que Humboldt appelle grandiose et que les progrès de la science mettent hors de toute contestation, on se trouve en possession d'un fait primordial d'où se déduisent sans effort tous ceux qui constituent la science géologique. Il n'est plus né-

cessaire d'invoquer les petites causes lorsque l'on a les
grandes, et surtout lorsque les grandes sont aussi les plus
simples. Pour expliquer la forme ellipsoïdale de la terre, il
est inutile de recourir à l'intervention des eaux de l'océan
agissant comme un tour immense sur la surface de la terre
qu'elles rabotent et arrondissent de plus en plus. Quant à la
haute température de l'intérieur de la terre, il est puéril de
la considérer comme le résultat de courants électro-magnétiques ou d'actions chimiques existant vers la surface du
globe. L'état de liquéfaction ignée de la masse du globe, sa
forme, l'apparition et l'accroissement de l'écorce terrestre,
l'abaissement de température à la surface de la terre sont la
conséquence de ce fait, j'allais dire de cet axiome qui peut
se formuler ainsi : jadis la température de l'espace occupé
par le système planétaire était assez élevée pour que toutes
les substances qu'il renfermait prissent l'état gazeux, et depuis
lors cette chaleur initiale a été en se perdant à travers les
régions infinies.

La masse interne du globe en agissant sur l'écorce terrestre,
comme le ferait l'océan sur un radeau, a déterminé l'apparition de gibbosités et de continents. L'accroissement en étendue et en élévation des masses continentales a réagi sur le
climat de chaque contrée ; enfin, chaque modification clima-
tologique a contribué à changer le caractère de la faune et
de la flore existant au moment où cette modification climato-
logique a eu lieu. Il y a là tout un enchaînement de causes
et d'effets qui nous rappelle cette belle pensée de Bacon :
«La théorie se forme et se soutient par l'appui mutuel de
toutes ses parties, comme une voûte, par les pierres qui la
composent. »

Les rapports qui existent entre la géologie et cette science qui est en voie de se former sous le nom de physique du globe, sont peu intimes. Le magnétisme terrestre, dont l'étude constitue une des branches principales de la physique du globe, joue un rôle à peu près nul dans les phénomènes géologiques. D'ailleurs, l'état d'imperfection où se trouvent nos connaissances relativement à la structure et à la constitution internes de notre planète doit nous engager à rendre la géologie aussi indépendante que possible de la physique du globe. Il est permis au géologue de considérer hypothétiquement la masse centrale de la terre comme une sphère homogène, inerte, solide, n'ayant d'autre fonction que celle de servir de soutien à l'écorce terrestre. La masse du globe agit sur l'écorce terrestre, soit par la force attractive qu'elle exerce sur elle, soit par la chaleur qu'elle lui envoie. Mais cette force attractive peut être représentée par un nombre indéterminé de composantes ayant leur point d'application sur la croûte du globe et se dirigeant vers son centre. Quant à la chaleur que l'écorce terrestre reçoit de l'intérieur de la terre, elle peut être considérée hypothétiquement comme ayant sa source et son point de départ dans la pyrosphère.

Je dois maintenant expliquer ce qu'il faut entendre par temps géologiques, car, dans cet ouvrage, j'aurai souvent l'occasion de me servir de ces mots.

L'histoire physique de la terre se partage en trois grandes périodes.

Une première période embrasse la série des siècles qui se sont écoulés depuis le moment où la terre formait une nébuleuse jusqu'à celui où sa masse, à la suite d'une condensation progressive, est passée à l'état de liquéfaction ignée. C'est la période *cosmogonique* susceptible de se diviser en deux sous-périodes : l'une où le globe était entièrement à l'état gazeux, l'autre où il avait pris l'aspect d'une masse en fusion, encore lumineuse par elle-même.

La deuxième période, que nous désignerons sous le nom de *plutonique*, est en quelque sorte une période de transition dont l'étude appartient tout à la fois à la géologie et à la cosmogonie. Elle a vu la totalité des eaux qui composaient en partie l'atmosphère cosmogonique, se mêler à la zone extérieure de la masse incandescente du globe et former ainsi le magma granitique. La consolidation de ce magma a donné lieu à une écorce terrestre rudimentaire qui s'est placée, comme un écran, autour de notre planète, définitivement passée à l'état de soleil éteint et encroûté.

Les temps *géologiques* commencent aussitôt après qu'une croûte définitivement constituée a pu supporter les premières strates sédimentaires. Dès ce moment, la nature a pris, sur la surface de la terre, une marche analogue ou à peu près semblable à celle qu'elle a de nos jours.

La période *géologique* se partage à son tour en trois sous-périodes, que nous distinguons par les épithètes de *neptunienne*, de *tellurique* et de *diluvienne*.

La sous-période *neptunienne* correspond au dépôt du gneiss, des micaschistes et des schistes talqueux. Pendant cette sous-période, un océan sans rivages enveloppait le globe tout entier, et nul être organisé n'avait encore reçu la vie.

La sous-période *tellurique* date du moment où la première île est apparue à la surface du globe et où les premiers animaux sont venus habiter la surface de la terre.

La sous-période *diluvienne* correspond aux temps actuels. Tous les savants ne sont pas d'accord sur l'importance de cette sous-période, et il en est qui me reprocheront de la mettre en parallèle avec les périodes tellurique et neptunienne. Ce n'est pas le moment d'examiner avec détail cette question. Il me suffira de faire remarquer que cette sous-période me paraît nettement caractérisée : 1° par l'arrivée de l'homme, c'est-à-dire de l'intelligence, sur la terre ; 2° par l'apparition d'un grand nombre de phénomènes qui ne s'étaient pas montrés antérieurement ou qui s'étaient manifestés sur une plus petite échelle et avec d'autres caractères que de nos jours : tels sont les dunes, les deltas, les glaciers et les volcans à cratère.

Les temps géologiques embrassent dans l'histoire physique de la terre un intervalle relativement très-court. Les expériences de Bischoff sur le refroidissement d'une boule de basalte fondu, l'ont conduit à reconnaître qu'il s'était écoulé 9 millions d'années depuis l'époque houillère jusqu'à nos jours, tandis que 353 millions d'années ont été nécessaires pour que la croûte du globe soit passée de l'état de matière fondue à l'état rigide, et qu'il se soit établi à sa surface une température stable. Quel nombre obtiendrait-on si l'on pouvait calculer l'intervalle de temps correspondant à la période cosmogonique, telle que nous l'avons définie !

En supposant la durée des temps passés partagée en intervalles assez petits pour que, pendant chacun d'eux, les phénomènes qui leur correspondent soient considérés comme à peu près permanents, on peut se convaincre que la totalité des âges géologiques correspond à un de ces intervalles.

Si l'on adopte, pour représenter la durée des temps géologiques, le nombre douze millions d'années, qui paraît se rapprocher beaucoup de la vérité, on voit que cette durée correspond à celle pendant laquelle un rayon lumineux a parcouru douze fois la distance d'un astre que nous pouvons apercevoir. Cette appréciation est basée sur les remarques suivantes d'Arago : « Admettons, suivant l'idée grandiose de Lambert, que le ciel étoilé présente l'agglomération d'un bon nombre de voies lactées plus ou moins étendues et plus ou moins éloignées : cherchons ensuite à quelle distance une nébuleuse ayant les dimensions de notre voie lactée, devrait être transportée pour qu'elle sous-tendît un angle de 10'. Pour qu'un objet sous-tende un angle de 10', il faut qu'on en soit éloigné de 334 fois ses dimensions. La dimension longitudinale de la nébuleuse lactée est telle que la lumière emploie au moins 3,000 ans à la traverser. A la distance de 334 fois cette dimension, la nébuleuse serait vue de la terre sous l'angle de 10', et la lumière emploierait à nous en arriver 334 fois 3,000 ans, ou 1,002,000 années. Tel est probablement l'éloignement de plusieurs amas d'étoiles que nous voyons tout entiers dans le champ de nos télescopes. » (Arago, *Astronomie populaire*, t. II, p. 18.)

Doctrines géologiques. Cuvier, E. de Beaumont.

Tous les géologues ne sont pas encore d'accord sur le mode dont agissent les causes des révolutions géologiques. Quelques-uns osent en principe que ces causes n'ont pas été toujours les mêmes, et qu'elles ont varié dans leur essence ou leur énergie. D'autres déclarent qu'elles ont toujours eu la même nature et la même intensité, et qu'elles ne sont autres que celles qui fonctionnent de nos jours.

Me livrer, dans cette introduction, à l'examen de ces doctrines opposées et de leurs conséquences, ce serait un travail qui m'entraînerait trop loin. J'ai seulement l'intention d'en dire quelques mots, en les considérant dans les ouvrages des grands écrivains qui les ont personnifiées et prises, en quelque sorte, sous leur patronage.

Dans cette rapide énumération, je commencerai par la doctrine la plus ancienne, par celle qui, jusqu'à nos jours, a compté le plus grand nombre d'adhérents, quoique les progrès de la science démontrent le peu de solidité de ses fondements. Je veux parler de la doctrine de Cuvier, ou des causes violentes, variables, intermittentes.

L'idée de cataclysmes ou de conflagrations remonte à la plus haute antiquité. Lorsque, vers le commencement du xvie siècle, la géologie prit naissance avec Léonard de Vinci et Bernard Palissy, qui, « simple potier de terre et ne sachant ni grec ni latin, osa défier toute l'école d'Aristote et les docteurs de Paris, » on ne vit dans le passé du globe qu'un seul événement, le déluge. A une époque beaucoup plus récente, Deluc, et presque tous les géologues de son temps, rapportaient encore à cet unique événement les révolutions dont la surface du globe porte les traces.

Dès qu'une attention plus sérieuse eut démontré l'existence de révolutions successives, les écrivains, à mesure que cette conviction nouvelle pénétra dans les esprits, furent naturellement conduits à les considérer comme étant, de même que le déluge, le résultat de causes brusques et violentes.

Vers la fin du dernier siècle, Dolomieu disait déjà : « Ce n'est pas le temps que j'invoquerai, c'est la force. On ne place, en général, sa confiance dans l'un, que quand on ne sait où trouver l'autre. La nature demande au temps le moyen de réparer les désordres, mais elle reçoit du mouvement la puissance de bouleverser. »

Cuvier est non moins explicite, lorsqu'il écrit dans une des premières pages de son *Discours sur les révolutions de la surface du globe :* « On a cru longtemps pouvoir expliquer par ces causes actuelles les révolutions antérieures, comme on explique aisément dans l'histoire politique les événements passés quand on connaît bien les passions et les intrigues de nos jours. Mais nous allons voir que malheureusement il n'en est pas ainsi dans l'histoire physique; *le fil des opérations est rompu,* la marche de la nature est changée, et aucun des agents qu'elle emploie aujourd'hui ne lui aurait suffi pour produire ses anciens ouvrages. »

Buffon, dans sa *Théorie de la terre,* débute par la description de la surface du globe : il n'y remarque d'abord qu'un amas de débris et l'image d'un monde en ruines, mais sa manière de voir se modifie bientôt : « Ne nous pressons pas, dit-il, de nous prononcer sur l'irrégularité que nous voyons à la surface de la terre et sur le désordre apparent qui se trouve dans son intérieur ; car nous en reconnaîtrons bientôt l'utilité et même la nécessité, et, en y faisant plus d'attention, nous y trouverons un ordre que peut-être nous ne soupçonnions pas, et des rapports généraux que nous n'apercevions pas au premier coup-d'œil. »

Cuvier, dans son Discours, entre aussi en matière en promenant son regard à la surface du globe, mais sa pensée suit une direction opposée à celle de Buffon. « Lorsque le voyageur parcourt ces plaines fécondes où des eaux tranquilles entretiennent par leur cours régulier une végétation abondante, et dont le sol, foulé par un peuple nombreux, orné de villages florissants, de riches cités, de monuments superbes, n'est jamais troublé par les ravages de la guerre ou par l'oppression des hommes en pouvoir, il n'est pas tenté de croire que la nature ait eu aussi ses guerres intestines, et que la surface du globe ait été bouleversée par des révolutions et des catastrophes ; mais ses idées changent dès qu'il cherché à creuser ce sol aujourd'hui si paisible et qu'il s'élève aux collines qui bordent la plaine. »

Buffon voit l'harmonie sous le chaos : Cuvier, au contraire, signale le désordre là où tout lui paraissait tranquille et régulier.

Après avoir montré dans les déplacements successifs des bassins des mers et dans le soulèvement des couches fossilifères la preuve des révolutions dont la surface du globe a été le théâtre, Cuvier déclare que ces révolutions ont été nombreuses, ce qui est maintenant évident, et de plus subites, ce qu'il nous paraît loin d'avoir démontré.

Les changements considérables qui se sont produits à la surface du globe doivent leur importance à la longueur du temps qu'ils ont employé à se manifester et non à l'énergie des causes qui les ont déterminés. Des amas puissants de sable et de gravier ont recouvert des vallées immenses, mais que de crues d'eau, que de déluges locaux ont été nécessaires pour amener leur accumulation ! Des contrées entières se sont affaissées, d'autres se sont élevées, mais d'un mouvement le plus souvent insensible, toujours assez lent pour éloigner toute idée de catastrophe.

Personne ne conteste l'existence de ces transformations, mais il s'agit de savoir combien de siècles a exigé le complet développement de ces phénomènes dont nous discernons clairement le point de départ et le dernier terme. Telle est la question, et Cuvier ne manque pas de dire : « Ce qu'il est bien important de remarquer, ces irruptions, ces retraites répétées n'ont point été toutes lentes, ne se sont point faites par degrés ; au contraire, la plupart des catastrophes qui les ont amenées ont été subites. »

Et pour prouver l'existence de ces catastrophes, Cuvier s'appuie principalement sur un fait, dont le choix dénote bien du reste quelle était la préoccupation de ce grand naturaliste.

Dans l'histoire physique de la terre, une chose l'avait frappé avant tout : c'était la disparition de nombreuses espèces. Chaque débris d'être organisé qui passait sous ses yeux lui montrait une forme animale disparue et venait témoigner devant lui d'une révolution complète dans l'organisme. Cette révolution elle-même ne pouvait qu'être le contre-coup de modifications profondes dans le sol. Les cadavres d'éléphants rencontrés dans les glaces de la Sibérie semblaient en outre lui démontrer que ces extinctions de faunes, ces modifications dans le climat et dans le relief du sol avaient été brusques et violentes, et constituaient, dans l'histoire physique de la terre, des moments de paroxysme. Mais la disparition du mammouth ne peut pas être attribuée à un abaissement instantané de température, car lors de l'époque où ce pachyderme vivait, le climat de l'Europe ne différait pas essentiellement de ce qu'il est aujourd'hui. Il ne faut pas perdre de vue que le mammouth, protégé par une épaisse fourrure, était organisé pour vivre dans une région froide : s'il ne fait plus partie de la faune actuelle, c'est sans doute parce que l'espèce comme l'individu a une existence fatalement limitée.

Je reconnais toute l'éloquence qui règne dans le *Discours sur les révolutions du globe* : le génie de Cuvier s'y montre souvent. Mais les affirmations qui s'y trouvent formulées, quoiqu'ayant encore une grande popularité, ne sont plus en harmonie avec l'état actuel de nos connaissances.

Si Cuvier s'était longtemps occupé d'études géognostiques, s'il avait pu dérober quelques moments aux travaux qui ont fait sa gloire, sa pensée aurait subi des modifications importantes. Je n'en veux d'autre preuve que la marche suivie par M. E. de Beaumont, qui, d'abord pénétré des idées de Cuvier, me paraît s'en être éloigné plus tard dans une certaine mesure et peut être à son insu. M. E. de Beaumont se déclare partisan de l'école de Cuvier, et, surpris de ne pas trouver le nom du grand naturaliste dans la table des matières placée à la fin de sa *Notice sur les systèmes de montagnes*, il dit : « Je ne crois pas avoir à m'en excuser, car mon travail, j'ose l'espérer, porte assez l'empreinte de ses idées, pour me permettre de dire avec Tacite : *Eo præfulgebant quod non videbantur.* »

M. E. de Beaumont est donc un partisan des idées de Cuvier, mais un partisan dont les idées ont été fécondées par de nombreux et d'admirables travaux, et se sont ressenties des progrès de la science, auxquels il a contribué plus que personne. Si le lecteur ouvre la *Notice sur les systèmes de*

montagnes, à la page 777, il y lira les lignes éloquentes que
je vais transcrire :

« Le système des causes actuelles a pu paraître un retour
à la froide raison, lorsqu'il n'avait à combattre que la notion
vague de quelques grandes révolutions, dont la nature et la
cause étaient également indéterminées. Il n'attaquerait pas
sous des auspices aussi favorables une série de faits clairement
définis. On connaît déjà en Europe plus de vingt systèmes de
montagnes, c'est-à-dire les traces de plus de vingt révolutions.
Le temps n'est peut-être pas éloigné où l'on pourra en signaler plus de cent sur la surface entière du globe. Cette série
de grands phénomènes, par cela seul qu'elle sera très-nom-
breuse, sera moins opposée dans sa forme à la série de petits
effets dans laquelle on a cru pouvoir circonscrire la puissance
de la nature. En prenant une forme analogue à cette dernière,
elle cessera de paraître incompatible avec elle et de sembler
à priori moins probable. »

« L'école de Saussure ne s'est jamais montrée opposée à
l'invocation des causes actuelles. Jamais elle n'a nié que
le vent, la pluie, les courants, les marées, les tremblements
de terre, etc., ne soient des puissances aussi vieilles que le
monde : seulement elle a reconnu que la surface du globe
porte aussi les traces de phénomènes plus énergiques. Si les
partisans exclusifs des causes actuelles pouvaient admettre
quelques correctifs à une doctrine dont le prestige repose en
grande partie sur ce qu'elle a d'absolu, ils reconnaîtraient
qu'une série régulière de plus de cent révolutions peut-être
est beaucoup moins contraire à leurs principes que ne l'auraient été trois ou quatre révolutions jetées au hasard au
milieu des âges, comme celles auxquelles on semble quel-

quefois encore rapporter vaguement par une vieille habitude
le commencement ou la fin des périodes paléozoïque, secondaire et tertiaire : ils comprendraient qu'en consolidant, en
personnifiant et en multipliant les révolutions du globe, sous
la forme et la dénomination de *systèmes de montagnes*, composant une série nombreuse et d'une régularité rationnelle,
je marche relativement à eux dans une voie de conciliation. »

Doctrines géologiques (suite). Buffon, Hutton, Lyell, C. Prévost.

Si les idées adoptées et soutenues par Cuvier ont longtemps prévalu, elles l'ont dû à l'état peu avancé de la science
et à la propension de l'esprit de l'homme pour le merveilleux.
Depuis plus d'un siècle, elles n'ont cessé d'être combattues
plus ou moins ouvertement. Si nous cherchons quels sont les
écrivains qui ont soutenu les idées opposées, trois noms se
présentent d'abord à nous : ce sont ceux de Buffon, de
Hutton et de sir Lyell.

Dans Buffon et Hutton, l'idée dominante c'est la permanence et la généralité non-seulement des forces de la nature,
mais aussi des agents géologiques. Cette idée de permanence,
chez sir Lyell, tend à se transformer en celle d'actualité.
Remarquons en outre que Buffon et Hutton se ressemblent
par la grandeur de leurs vues et le tour synthétique de leur
esprit, tandis que sir Lyell, bien convaincu que les faits sont
la pierre de touche des théories, pénètre davantage dans les
détails et se distingue par la tendance analytique de ses pen-
sées et de ses recherches.

Dès le début de sa *Théorie de la terre*, Buffon, après avoir promené son regard sur la surface du globe, y trouve l'image d'un monde en ruines ; mais, sous une irrégularité apparente, il reconnaît bientôt un ordre réel. « Nous habitons, dit-il, ces ruines avec une sécurité entière : les générations d'hommes, d'animaux, de plantes, se succèdent sans interruption : la mer a des limites et des lois, ses mouvements sont assujétis : l'air a ses courants réglés, les saisons ont leur retour périodique et certain, la verdure n'a jamais cessé de succéder aux frimas : tout nous paraît être dans l'ordre ; la terre qui, tout-à-l'heure n'était qu'un chaos, est un séjour délicieux où règnent le calme et l'harmonie, où tout est amené avec une puissance et une intelligence qui nous remplissent d'admiration et nous élèvent jusqu'au Créateur. »

Tenons compte de la manière dont Buffon envisageait les choses, et nous croirons sans peine que cet ordre et cette harmonie qu'il ne se lasse d'admirer ne sont pas pour lui de date récente. Ils ne sont pas particuliers à notre époque et ne doivent pas disparaître avec elle. Les ruines qu'il aperçoit à la surface du globe, loin de résulter d'une catastrophe peu ancienne, montrent la trace des événements réguliers qui, dans son esprit, ont présidé à la formation du revêtement du globe. A propos des mouvements des planètes, il fait même cette déclaration : « Tant que ces mouvements dureront (et ils seront éternels, à moins que la main du premier moteur ne s'oppose et n'emploie autant de force pour les détruire qu'il en a fallu pour les créer), le soleil brillera et remplira de splendeur toute la sphère du monde ; et comme dans un système où tout s'attire, rien ne peut se perdre ni s'éloigner sans retour, la quantité de matière restant toujours la même, cette source féconde de lumière et de vie ne s'épuisera pas, ne tarira jamais ; car les autres soleils, qui lancent aussi leurs feux, rendent à notre soleil tout autant de lumière qu'ils en reçoivent de lui. »

On voit clairement le fond de la pensée de Buffon. Cette pensée l'entraînait vers l'ordre d'idées dont Hutton et sir Lyell devaient plus tard s'inspirer. S'il ne formulait pas ses idées plus nettement ; s'il écrivait, comme par mégarde, des phrases telles que celle-ci : « Les mêmes causes qui ne produisent aujourd'hui que des changements presque insensibles dans l'espace de plusieurs siècles, devaient alors causer de très-grandes révolutions dans un petit nombre d'années ; » si, en un mot, il semblait parfois réagir contre sa pensée intime, c'est que la science n'était pas à la hauteur de son génie, c'est que l'ensemble des faits connus de son temps ne se trouvait pas en rapport avec sa vaste intelligence.

Cette distinction établie de nos jours entre la cosmogonie et la géologie était loin d'exister du temps de Buffon, et de là, pour lui, quelques-unes des contradictions apparentes dans lesquelles il est tombé ; de là, le reproche que M. Flourens formule en nous rappelant que Buffon, après s'être moqué des naturalistes qui ont eu recours au choc d'une comète, emploie précisément le choc d'une comète dans son système.

Parmi les sept époques que Buffon reconnaît dans l'histoire de la terre, il en est deux au moins, les premières, dont l'étude n'est pas du ressort de la géologie. Les événements qui ont marqué ces deux époques se sont produits sous l'influence de forces et d'agents dont le géologue peut presque ignorer l'existence. Pour ces événements on est en droit d'invoquer la théorie des causes lentes, mais non la théorie des

causes actuelles, et encore moins celle des causes aqueuses.
Les expressions causes lentes, causes actuelles, causes
aqueuses, peuvent représenter des idées qui ont entre elles
une certaine parenté, mais elles ne sont nullement équiva-
lentes. « La théorie de Buffon, » dit M. Flourens, dans son
Histoire des travaux et des idées de Buffon, « est précisément
l'inverse de celle de Cuvier : elle est l'explication de l'état
présent du globe par les causes actuelles ; elle est l'explication de l'état actuel du globe par la seule action des eaux. »
Dans l'esprit de M. Flourens, la théorie des causes aqueuses
et celle des causes actuelles semblent s'identifier. Il en était
peut-être ainsi pour Buffon. Mais, de nos jours, la doctrine
qui avait trouvé sa première expression sous la plume hardie,
mais non infaillible, de l'auteur de la *Théorie de la terre*, a
subi des modifications profondes en rapport avec les progrès
de la science.

J'ai rappelé dans quelles circonstances la *Théorie de la
terre* de Hutton avait été publiée.

L'examen attentif de cet ouvrage nous prouve que, de tous
les géologues de son temps, il était celui qui avait sur les
phénomènes géologiques et sur la structure de l'écorce terrestre les idées les plus nettes. Par sa doctrine sur le système général de la nature, il est le continuateur de Buffon
et le précurseur de sir Lyell, de C. Prévost et des partisans de
la théorie des causes actuelles.

La terre, dit-il, a été le théâtre des plus grandes révolutions, et rien à sa surface n'a été exempt de leurs effets ;
mais, pour lui, le mot de révolutions est pris dans le sens qu'il
a pour les astronomes : il considère ces changements comme

s'étant effectués avec lenteur et régularité. La prédilection de Hutton pour les causes lentes l'emporte même sur sa propension à retrouver partout l'action du feu et des agents intérieurs. « Chaque vallée, dit-il, est l'ouvrage du ruisseau qui l'arrose..... Lorsqu'une rivière coule à travers le défilé étroit d'une montagne, il est facile de reconnaître que cette montagne était continuée à travers l'espace étroit où coule cette rivière ; et, si l'on hasarde de raisonner sur la cause d'un événement si prodigieux, on est porté à l'attribuer à quelque grande convulsion de la nature, qui a brisé cette montagne en pièces pour livrer un passage aux eaux. Le philosophe seul qui a médité profondément sur les effets possibles d'une action longtemps continuée, et sur la simplicité des moyens mis en œuvre par la nature dans tous ses procédés, lui seul, dis-je, ne voit rien là que le travail graduel du ruisseau qui a coulé jadis aussi haut que les bords qu'il coupe maintenant si profondément, qui s'est frayé une route à travers le rocher, de la même manière et avec les mêmes instruments dont se sert le lapidaire pour couper un bloc de marbre ou de granit. »

Voici un autre passage qui indique le trait essentiel et distinctif du système de Hutton : « Les substances minérales sont soumises à une série de métamorphoses ; elles sont alternativement dévastées et renouvelées..... Il ne nous appartient pas de déterminer combien de fois ces vicissitudes de destruction et de renouvellement ont été répétées : elles forment une série dans laquelle nous ne pouvons voir ni le commencement ni la fin, ce qui s'accorde parfaitement avec ce que nous connaissons des autres parties de l'univers. L'auteur de la nature n'a pas donné au monde des lois semblables aux institutions humaines, qui portent en elles-mêmes le germe de leur destruction. Ses ouvrages ne montrent aucun caractère d'enfance, ni de caducité, ni aucun signe qui puisse nous en faire deviner la durée passée ou à venir. Comme il a donné un commencement au système actuel, il peut sans doute lui donner une fin dans une période déterminée; mais nous pouvons conclure avec certitude que cette grande catastrophe ne s'effectuera par aucune des lois qui existent maintenant. »

On vient de voir que l'idée de permanence, je dirai presque d'immuabilité dans les phénomènes de la nature, se trouve empreinte dans la théorie de Hutton. Cette idée, développée dans ses conséquences, a conduit sir Lyell à formuler nettement la doctrine des causes actuelles déjà vaguement émise par C. Prévost. Si les causes géologiques sont permanentes, celles qui ont fonctionné jadis doivent être les mêmes que celles qui fonctionnent maintenant : l'étude de celles-ci doit donc conduire à la connaissance de celles-là.

En donnant pour base à l'étude de la géologie l'observation exclusive des actions qui se manifestent de nos jours, sir Lyell a imprimé à sa doctrine un caractère absolu qui la rend difficilement acceptable. Le géologue qui veut se rendre compte du mécanisme qui préside à l'édification de l'écorce terrestre, doit sans doute, dans ses recherches, prendre pour point de départ l'examen des phénomènes s'accomplissant sous ses yeux, mais sa pensée doit aussi se porter vers les temps anciens afin d'y trouver pour ses observations un complément et un contrôle indispensables.

Nul doute qu'il n'existe dans la nature des forces générales revêtues d'un caractère d'ubiquité et d'éternité incontestable. Évidemment, ces forces sont toujours les mêmes, et étudier leur mode de développement dans l'état actuel des choses, c'est apprendre à les connaître dans les temps passés.

La similitude des forces qui agissent et ont agi sur l'écorce terrestre n'entraîne pas nécessairement celle des effets, et ces effets devenant, à leur tour, des causes des phénomènes géologiques, on conçoit que la doctrine des causes actuelles, vraie sous un certain point de vue, ne puisse recevoir un sens absolu, ni une application sans contrôle. Les glaciers, par exemple, ont été le résultat de l'exhaussement continu des massifs montagneux, et de l'abaissement de la ligne des neiges éternelles par suite du refroidissement de l'atmosphère. Ces deux causes ont agi pendant toute la durée des temps géologiques, mais elles n'ont déterminé l'apparition des glaciers qu'à l'époque actuelle. Les phénomènes glaciaires peuvent donc être invoqués tout à la fois comme une preuve de la variabilité des causes géologiques et de leur constance.

Pour mieux montrer en quoi la doctrine des causes actuelles, telle que sir Lyell l'a formulée, est sujette à des restrictions inévitables, je ferai observer que les agents sous l'influence desquels la terre est placée ne nous sont pas tous connus par l'observation directe. Quelques causes sont même essentiellement périodiques et n'ont pu être soumises à nos investigations : telles sont celles qui déterminent la formation des chaînes de montagnes ou qui président à chaque rénovation organique.

Tout en signalant le côté faible de la théorie des causes actuelles, je n'ai pas de peine à déclarer qu'elle a exercé la plus heureuse influence sur la géologie en la dégageant de l'ornière profonde où elle se trouvait maintenue malgré l'initiative de Hutton. Elle peut encore rendre des services à la science,

mais à condition que l'on verra en elle une méthode et
non une doctrine, et qu'elle renoncera à ces affirmations absolues qui, dit M. E. de Beaumont, ont été la source de
sa popularité, mais la rendent tout-à-fait inacceptable. Dans
le passé, elle a été la conséquence d'une réaction contre les
idées qui, après avoir régné dans la géologie, recevaient de
Cuvier un nouvel éclat. Naturellement, la réaction a dû être
énergique : à ceux qui niaient tout, il a fallu tout affirmer.
Mais le temps des exagérations n'est plus, et le moment est
venu de pénétrer dans cette voie de conciliation que M. E. de
Beaumont nous engage à suivre.

Je dois rappeler que le géologue qui s'est constitué, en
France, le plus fervent adepte de la théorie des causes
actuelles, a été Constant Prévost. C'est en 1827, dit sir Lyell,
que le premier manuscrit des *Principles of geology* fut remis
à l'éditeur. C'est précisément dans la même année que
C. Prévost lut à l'Académie des sciences le mémoire intitulé :
*Les continents actuels ont-ils été, à plusieurs reprises, sub-
mergés par les mers ?* Dans ce mémoire, les idées dont
C. Prévost devait se faire le défenseur se trouvent déjà exprimées : « Son expérience se refusait à penser que le fil de la
nature fut rompu. » Sir Lyell, dans la préface de la quatrième
édition des *Principes de géologie*, déclare qu'avant ses premières publications, il avait fait, tant en France qu'en Angleterre, des excursions *in company with professor C. Prévost
of Paris, a writer well known to have laboured successfully
in the same field of investigation.*

Les premiers travaux de C. Prévost sont donc contemporains de ceux de sir Lyell. Mais il n'a pas réuni ses idées en

un corps de doctrines. On ne devait guère attendre un pareil travail de celui qui prenait pour épigraphe de l'un de ses mémoires ces mots d'Aristote : *Qui cherche à s'instruire doit savoir douter.* Si C. Prévost se fût livré à cette intreprise, il eût sans doute insisté sur le caractère de lenteur et de continuité des causes géologiques, plutôt que sur celui de permanence comme Hutton, ou sur celui d'actualité comme sir Lyell. A l'appui de cette opinion, je citerai les lignes suivantes extraites de l'un des mémoires de C. Prévost : « Mieux que tout autre exemple, l'histoire des phénomènes glaciaires me semble propre à faire bien comprendre ce que j'ai toujours entendu par la doctrine des causes actuelles. Cette doctrine ne suppose pas, selon moi, et contrairement à l'idée de beaucoup de géologues qui, à cause de cela, ont cru devoir ne pas l'admettre, l'identité et l'éternité des mêmes causes et des mêmes effets, mais bien l'enchaînement naturel et nécessaire de causes et d'effets qui se modifient mutuellement de manière que les faits successifs produits non-seulement peuvent, mais doivent varier : que de nouveaux peuvent se manifester, d'autres cesser de se produire, sans que pour cela on soit en droit de supposer des altérations dans les grandes lois immuables de la nature, ou des bouleversements, des cataclysmes, des révolutions qui ne seraient pas la conséquence de ces lois mêmes. »

Doctrines géologiques (suite). Ecole éclectique.

Je viens de passer rapidement en revue les principales théories auxquelles l'examen du mode de manifestation des phénomènes géologiques a donné lieu. En lisant avec attention les ouvrages des auteurs qui ont formulé ces théories, on ne peut s'empêcher de penser que les différences d'opinion ne sont souvent qu'apparentes, et, dans la plupart des cas, résultent de malentendus. « La masse de nos connaissances, » disait Playfair dès le commencement de ce siècle, « est dans un état de fermentation, d'où nous pouvons espérer de voir sortir une véritable théorie. Une autre indication de la même espèce est la tendance au rapprochement que les théories, même les plus opposées, ont sous quelque rapport. Il se trouve en elles tant de points de contact, qu'elles semblent tendre à un dernier état, où, en dépit d'elles-mêmes, elles iront se confondre. »

Le débat soulevé à propos de la doctrine des causes actuelles a conduit au même résultat que la plupart des questions dont l'examen se présente successivement à l'attention des géologues. La vérité s'est trouvée à égale distance des points où on l'avait cherchée. C'est ce qui a lieu notamment pour la question du granite, de cette roche qui forme au globe tout entier un revêtement continu.

La géologie doit adopter une méthode toute éclectique. A chacune des doctrines qui viennent d'attirer notre attention, il faut qu'elle emprunte ce qu'elle offre de vrai pour lui laisser ce qu'elle a de systématique et de contestable. C'est, du reste, plus qu'un vœu que je formule ; c'est presque un fait que je constate. On reconnaît de plus en plus que les mots de permanence, d'actualité, de violence, d'intermittence ou de lenteur qu'on emploie pour caractériser le mode de manifestation des phénomènes géologiques n'ont pas une valeur absolue, et ne possèdent d'autre signification que celle que chacun leur attribue.

Il y a, si je puis m'exprimer ainsi, une sorte de hiérarchie parmi les causes des phénomènes géologiques.

Les plus importantes n'ont varié ni dans leur nature, ni dans leur énergie. Je citerai, comme exemple, l'ensemble des circonstances qui déterminent le phénomène de la sédimentation : je citerai encore la cause qui occasionne le refroidissement du globe et celle qui préside aux mouvements généraux de son écorce.

Il en est d'autres dont la nature a toujours été la même, mais dont l'intensité a varié. Celles-là procèdent directement des précédentes et constituent avec elles des puissances qui, dit M. E. de Beaumont, sont aussi vieilles que le monde : tels sont la pluie, les tremblements de terre, les éruptions de matière pyrosphérique, l'action geyserienne, c'est-à-dire celle en vertu de laquelle les sources amènent à la surface du globe des substances pétrogéniques. La production du tuf de nos contrées et du travertin de l'Italie, n'est que la continuation et la reproduction sur une petite échelle des phénomènes qui ont jadis déterminé l'accumulation des puissantes couches calcaires du terrain jurassique.

Il est enfin des causes qui ont varié tout à la fois dans leur nature et leur intensité : j'en ai cité un exemple dans les phénomènes glaciaires, qui sont, comme je l'ai déjà fait remarquer, un exemple de la permanence et de la variabilité des causes géologiques. Ces causes, variables dans leur essence, sont précisément celles des phénomènes particuliers à chaque époque, tels que la formation du granite, de la houille, les alluvions, les volcans à cratère, etc.

Ces variations n'ont pu d'ailleurs affecter les grandes lois qui régissent la vie, ni celles qui gouvernent le monde inorganique. De là, une déduction importante : c'est que l'on peut conclure de l'état actuel des choses à l'état passé, non par similitude, mais par analogie.

La plupart de ces causes ont agi lentement : quelques-unes ont opéré d'une manière plus rapide, mais jamais instantanée, à moins que ce ne soit, comme pour une éruption volcanique, sur une échelle insignifiante par rapport à la surface du globe. Il est des phénomènes naturels qui exercent sur l'homme et sur la civilisation une influence désastreuse, mais qui n'apportent pour ainsi dire aucune modification dans le modelé du globe. Tels sont les tremblements de terre. La constitution topographique des contrées où ils se manifestent le plus souvent et avec le plus d'énergie se ressent à peine de leur action, et je ne crois pas que l'on puisse placer la force qui les produit au nombre des causes des révolutions géologiques ; pourtant on les considère comme un des fléaux de quelques contrées, et ce n'est pas sans raison, il est vrai, puisqu'ils amènent souvent à leur suite la peste, l'incendie, la famine. Dans l'ordre général de la nature, un tremblement de terre est un événement très-peu important. Pour l'homme, c'est tout autre chose : il fait comme la fourmi qui serait naturellement portée à considérer comme un cataclysme les quelques gouttes d'eau où elle se noie.

Les causes géologiques n'ont changé, soit d'intensité, soit de nature, que d'une manière insensible. Au commencement des temps géologiques, un océan sans rivages couvrait le globe tout entier, et, quand les premières îles se montrèrent, le climat était assez doux dans le voisinage des pôles, pour que ces îles pussent se recouvrir de forêts de fougères arborescentes : maintenant, la terre-ferme occupe le quart de la surface du globe, et, à l'époque actuelle, il y a eu un moment où les glaces polaires venaient jusqu'en Allemagne, où les Vosges, le Jura, l'Atlas, la Corse avaient leurs glaciers. Mais le passage entre ces deux états de choses si opposés s'est effectué insensiblement : il a nécessité toute la durée des temps géologiques, c'est-à-dire peut-être plus de douze millions d'années.

Non-seulement les révolutions géologiques n'ont pas revêtu le caractère de cataclysmes ou de bouleversements, même quand elles devaient profondément modifier l'ancien état des choses, mais, de plus, elles n'ont jamais été générales. En outre, les changements de divers ordres dont une même révolution se compose n'ont pas été synchroniques : le moment qui a vu l'apparition d'une nouvelle faune n'a pas coïncidé avec celui qui a été témoin d'un surgissement de montagnes. C'est ainsi que depuis que la période diluvienne existe, la terre, tout en conservant la même faune, a subi dans son relief et dans son climat des modifications incontestables. L'éloignement des siècles passés peut seul nous induire en erreur sur la généralité ou sur le synchronisme d'événements chronologiquement distincts et nous conduire à confondre plusieurs dates en une seule.

Les partisans des causes lentes, permanentes, actuelles, sont naturellement conduits, par le courant de leurs idées, à considérer l'histoire de la terre comme se résumant dans un mouvement réel, mais insensible. Sir Lyell l'a comparé à celui de l'aiguille qui marque les heures sur un cadran :

Hutton lui eût trouvé volontiers de l'analogie avec le mouvement de va-et-vient du pendule.

Les adversaires de ceux que je viens de désigner voient, au contraire, dans le passé du globe une série d'événements violents et fortuits, un mouvement variable et saccadé, s'effectuant de telle sorte qu'à des moments de repos complet succèdent des catastrophes ou événements cataclystiques.

Quant à nous, restant fidèle à cette manière de voir toute éclectique qui nous paraît être une des conditions du progrès de la géologie, nous admettons que la terre n'est nullement sujette à ces bouleversements, à ces paroxysmes se manifestant, par intervalles, à sa surface. Mais nous ne pensons pas que la marche de la nature soit toujours rigoureusement uniforme. Dans certains moments, cette marche acquiert, ne fût-ce que sur des régions restreintes, une activité plus grande. C'est ce qui se produit lorsqu'une nouvelle génération d'êtres organisés vient habiter la surface de la terre, lorsqu'une chaîne de montagnes obéit à une impulsion qui accroît son altitude, lorsque le sol d'une contrée commence à céder à une impulsion ascendante ou descendante.

Hutton prétendait qu'on ne pouvait voir dans le monde ni les traces d'un commencement, ni la menace d'une fin. Pour lui, la matière était soumise à des métamorphoses incessantes, et, à l'appui de son opinion, il montrait les masses en voie de formation au sein de l'océan, se constituant aux dépens des anciennes roches et destinées elles-mêmes à fournir les éléments des futurs dépôts. La doctrine de Hutton ne manque ni de grandeur ni d'originalité, et, lors de mes premières études, elle m'avait séduit. Elle me paraissait d'autant plus soutenable que j'étais porté à reconnaître au granite une origine métamorphique. Je considérais le terrain strato-cristallin comme une transformation des strates sédimentaires, et je voyais dans le granite primitif le résultat d'une modification plus avancée exercée sur ce terrain strato-cristallin. Puis, combinant ces métamorphoses (qui se manifestaient selon une série dont les termes successifs étaient *métamorphisme, cristallisation, vulcanicité*) avec le mouvement d'affaissement général auquel l'écorce terrestre obéit, je supposais que les matériaux dont le point de départ est à la surface de la terre atteignaient la zone incandescente, passaient à l'état de lave et revenaient ainsi à la surface du globe pour recommencer le même circuit.

Dans cet ordre d'idées, je n'avais pas de peine à considérer l'état actuel des choses comme ayant dans le passé, ainsi que dans l'avenir, une durée indéfinie. L'écorce terrestre me paraissait le produit d'un mécanisme permanent dont les rouages n'avaient reçu ni diminution, ni accroissement d'énergie. La terre, disais-je avec Hutton, avait eu un commencement, mais il ne nous était pas donné d'en retrouver les traces : elle devait avoir une fin, mais nous ne pouvions la prévoir, parce que la terre ne porte pas en elle, comme l'être vivant, de germe de mort. Dieu seul devait, par un acte spontané de sa volonté, mettre un terme à l'état actuel des choses.

Une étude de plus en plus complète m'a démontré tout ce que ce système avait d'insoutenable, tout ce que les raisons sur lesquelles je l'établissais avaient de séduisant, mais de spécieux. Cet ouvrage se trouve écrit dans un ordre d'idées tout opposé.

La méthode que j'ai adoptée consiste, dans l'étude de

chaque ordre de changements, à remonter par la pensée vers
l'époque qui marque le commencement des temps géologiques, à me rendre compte de l'état des choses pendant cette
époque primordiale, et à constater comment, par de lentes
transitions, ce premier état des choses est devenu ce qu'il est
aujourd'hui.

Cette méthode m'a permis de reconnaître que chaque
changement a été la conséquence de l'âge de plus en plus
avancé de notre planète. Elle m'a convaincu que chaque
phénomène recevait son principal caractère de la longueur
plus ou moins grande des temps qui s'étaient écoulés, au
moment de sa manifestation, depuis les premiers temps
géologiques. Elle m'a donné la possibilité de prévoir, dans
une certaine mesure, quelques-uns des changements à venir,
et de dire même que l'organisme et certains phénomènes
géologiques ont virtuellement une fin très-éloignée, mais
certaine. Ces larges horizons, ouverts dans le passé et l'avenir
de notre planète, se sont agrandis depuis les récentes découvertes qui ont presque mis en évidence l'unité d'origine, de
composition et de structure de tous les corps dont se compose le système planétaire. Le soleil est pour nous l'image de
ce que la terre était avant les temps géologiques ; le satellite
de notre planète nous dit ce qu'elle sera un jour.

Il est des géologues qui n'admettent entre les révolutions
géologiques aucune liaison nécessaire, aucun ordre appréciable, et, si je puis m'exprimer ainsi, aucun rhytme. On a
vu que, quant à nous, ces révolutions étaient rattachées les
unes aux autres par un ordre dépendant de leur date même :

sous ce rapport, elles ne sont pas sans analogie avec les modifications que l'âge apporte dans la constitution des individus.

Un grand nombre de savants ont voulu établir, entre
ces révolutions, un rapport plus intime et considérer chacune d'elles comme rattachée à celle qui la précède par une loi
en vertu de laquelle il y aurait amélioration successive. C'est
ainsi qu'au point de vue inorganique, la formation de la
houille aurait eu pour conséquences l'épuration de l'atmosphère et son appropriation à l'existence d'êtres plus élevés
dans la série animale que ceux qui avaient vécu jusqu'alors.
Cette manière de voir a conduit à formuler, relativement à
l'organisme, la théorie du développement progressif en vertu
de laquelle il y aurait une relation étroite entre l'échelle
des êtres et leur ordre d'apparition à la surface du globe.
Nous verrons que, lors de la période houillère, l'atmosphère
offrait la même composition que de nos jours et n'avait nul
besoin d'épuration. Quant à la théorie du développement
progressif, nous démontrerons qu'elle est confirmée par certains faits, infirmée par d'autres.

Le développement progressif nous paraît plus réel lorsqu'on prend ces mots dans un sens plutôt intellectuel qu'organique. Dans le règne végétal, nous voyons les plantes à
organes de reproduction cachés (cryptogames) céder la place
à celles qui ont des organes de reproduction peu appa-
rents (gymnospernes), et celles-ci être remplacées à leur tour
par des végétaux à fleurs très-visibles, souvent très-grandes
et presque toujours colorées. Le règne animal nous offre
quelque chose d'analogue. Aux animaux muets succèdent
ceux qui peuvent faire entendre un cri, puis l'homme qui a
le don de la parole. La somme d'instinct des animaux appar-

tenant aux types successifs a été sans cesse en croissant, et il est venu un moment où un nouveau pas a été marqué, dans cette voie, par la création de l'être intelligent, ayant conscience de lui-même, de ce qui l'entoure et d'une providence. La venue de l'homme marque non-seulement l'arrivée d'un animal plus élevé dans l'échelle des êtres, mais aussi le règne de la pensée et de la civilisation sur notre planète.

Si on reporte sa pensée antérieurement à l'apparition de l'homme, on voit que la loi du progrès qui régit l'humanité est, en quelque sorte, antérieure à l'humanité elle-même. Depuis la création de l'homme, cette loi s'est manifestée avec une force sans cesse croissante ; et les mots âge de pierre, âge de bronze, âge de fer, en marquant les étapes successivement parcourues par la civilisation humaine, nous disent assez que la somme d'intelligence active n'a cessé de croître à la surface de la terre.

———

Les considérations précédentes ont surtout pour objet de montrer au lecteur le but vers lequel nous voulons le conduire, et de l'édifier sur l'esprit dans lequel ce travail est conçu.

En terminant cette introduction, je dois également m'expliquer sur la nature du livre que je publie.

Dans cet ouvrage, entrepris depuis longtemps et souvent remanié, je m'étais d'abord proposé pour but exclusif l'étude des changements qui ont été successivement apportés dans le mode de manifestation des phénomènes géologiques et dans la structure de l'écorce terrestre. J'avais voulu en même temps énumérer les transformations que la faune, la flore et le climat de notre planète avaient subies, et rechercher les lois selon lesquelles ces transformations s'étaient effectuées.

L'indication des changements éprouvés par chaque phénomène géologique m'a naturellement conduit à la description sommaire de ce phénomène lui-même. Mon travail s'est ainsi peu à peu étendu, le but que je m'étais proposé s'est agrandi, et j'ai dû remplacer le titre primitif de *Révolutions géologiques* par celui de *Prodrome de Géologie*. Aussi, ce livre peut-il être considéré comme un résumé de géologie, et la rareté des ouvrages généraux traitant de cette science me fait espérer que celui-ci sera de quelque utilité.

J'ai dû pourtant me garder de m'égarer dans les détails. Le choix des matériaux à mettre en œuvre, le classement des faits à rappeler, le mode d'exposition auquel il fallait accorder la préférence, ont été l'objet de toute mon attention. Le tracé du plan que je devais suivre m'a longtemps préoccupé. « Dans un ouvrage qui embrasse beaucoup de choses, » dit Humboldt, « et que l'on tient à rendre d'une intelligence » facile, où rien ne doit troubler l'impression de l'ensemble, » on peut presque dire que le travail de la composition, la » division et la subordination des parties, importent encore » plus que la richesse des matériaux. »

LIVRE PREMIER.

CONSTITUTION PHYSIQUE DU GLOBE

AU POINT DE VUE GÉOLOGIQUE.

CHAPITRE I.

LE GLOBE CONSIDÉRÉ DANS SES RELATIONS AVEC LE MILIEU SIDÉRAL.

Système planétaire. — Constitution physique du soleil et de la lune
comparée à celle de la terre. — Unité d'origine, de composition et
de structure du système planétaire. — Météores cosmiques : étoiles
filantes, bolides, aérolites : origine des aérolites : leur existence
problématique pendant les temps géologiques. — Influence de la constitution du système planétaire, de la basse température des espaces
interplanétaires, et de la puissance calorifique du soleil sur les phénomènes géologiques. — Inclinaison de l'axe terrestre de rotation. —
Figure générale de la terre : sa forme ellipsoïdale est en relation avec
sa constitution intérieure. Action exercée par le déplacement des
eaux sur la forme du globe.

Système planétaire. — Le soleil est l'âme de tout le système
dont il occupe le centre. Il distribue autour de lui la lumière
et la chaleur ; et le jour où sa masse refroidie ne brillera

plus au firmament, la vie disparaîtra de la surface des planètes : les phénomènes si variés que nous voyons se manifester
autour de nous, dans les règnes organique et inorganique,
n'auront plus de raison d'être; les planètes, et la terre avec
elles, seront parvenues à la dernière période de leur histoire.

D'après une théorie récente, le soleil constitue la principale
cause du magnétisme terrestre, et s'il n'est pas, comme on l'a
prétendu, l'agent moteur des corps qui gravitent autour de
lui, il intervient du moins dans l'action régulatrice de leurs
mouvements. Cette prépondérance que le soleil exerce autour
de lui, il la doit non-seulement à la mission qui lui est dévolue
dans le système planétaire, mais aussi à ses dimensions, car le
volume de toutes les planètes et de leurs satellites réunis
n'égale pas la millième partie du sien.

Les masses qui composent, pour ainsi dire, la famille de
l'astre central, sont de deux ordres : les unes, cométaires; les
autres, planétaires.

Les comètes paraissent formées par l'accumulation autour
d'un noyau toujours restreint, quelquefois nul, d'une matière
assez légère pour laisser apercevoir les étoiles à travers une
couche de plusieurs milliers de lieues d'épaisseur. En cela,
elles diffèrent des planètes, dont la masse solide est relativement très-puissante et dont l'enveloppe gazeuze est toujours
peu considérable. Elles s'en distinguent encore parce que, au
lieu de tracer autour du soleil des cercles à peu près concentriques dans un même plan, elles dessinent autour de lui, en
se dirigeant dans tous les sens à travers l'espace, des ellipses
très-allongées, quelquefois même des paraboles. Dans ce dernier cas, elles n'appartiennent à notre système que pendant
un temps limité; elles ne s'y montrent qu'une seule fois et
s'en éloignent ensuite pour toujours. Parmi les comètes à

orbites elliptiques, il en est dont la durée de révolution est
telle que leur retour ne s'effectue qu'après des intervalles mesurés par une époque géologique : lorsqu'elles reparaissent,
tout a été renouvelé à la surface de la terre, l'aspect des continents, les climats et les êtres organisés eux-mêmes.

On observe les comètes depuis trop peu de temps pour avoir
une connaissance approximative de leur origine, de leur nature
et du rôle qu'elles jouent dans le système solaire. Leur structure, qui les a fait appeler des *riens visibles*, et le tracé de
leur orbite, qui les conduit dans des régions à température
extrême, les rendent évidemment impropres aux manifestations vitales.

L'étude des comètes n'est d'ailleurs d'aucun intérêt pour
la géologie, depuis que l'on a reconnu qu'elles ne sont directement ni indirectement la cause des révolutions géologiques.
Elles forment, dans le système solaire, des corps à part dont
la nature et l'origine ne peuvent nullement nous éclairer sur
celles de notre planète.

Je dois insister ici sur la faible densité des comètes, car cette
faible densité sera le meilleur argument que j'invoquerai pour
démontrer que l'on ne doit pas chercher en elles la cause des
révolutions géologiques.

D'après les calculs de M. Faye, la densité du noyau d'une
comète serait à peine neuf fois aussi grande que celle du vide
des meilleures machines pneumatiques. En prenant pour unité
le vide au millième de ces machines, la densité de la queue d'une
comète est représentée par le nombre 0,000,000,000 04. Si la
queue d'une comète est visible dans toute son étendue, c'est que,
dit M. Faye, « le rayon visuel y rencontre dans toutes les direc-
» tions des files (longues de treize mille lieues au moins en ce
» qui concerne la comète de Donati) de molécules éclairées

» par le soleil et que le nombre de ces molécules en compense
» l'écartement. S'il existe un milieu résistant, si rare qu'on
» veuille le faire, il présentera toujours à l'œil des files indé-
» finies de points lumineux par réflexion qui devraient teindre
» le fond du ciel d'une lueur comparable à celle de la queue
» d'une comète. »

Les observations précédentes nous autorisent à penser que
le vide matériel le plus complet règne dans les espaces interplanétaires : nulle part, si ce n'est dans la région occupée par
la lumière zodiacale et placée dans le voisinage du soleil, la
matière ne s'y montre à l'état gazeux et très-raréfié, c'est-à-
dire à l'état dans lequel elle se trouvait pendant les premiers
temps cosmologiques.

C'est surtout sous forme de masses nettement limitées que
la matière existe dans l'espace. Ces masses, qui constituent les
planètes, semblent avoir pour fonction spéciale de servir de
théâtre aux manifestations vitales. On peut comparer l'espace
à un vaste désert dont elles constituent les oasis, et voir dans
chacune d'elles une serre immense et mouvante où l'atmosphère retient la chaleur émise par le soleil et permet ainsi à
l'organisme de prendre tout son développement (a).

Humboldt a proposé de partager les planètes en trois groupes.

Le premier groupe comprend les planètes les plus rappro-
chées du soleil, Mercure, Vénus, la Terre, Mars. Leur grandeur
est moyenne ; leur densité est considérable. Elles tournent sur
elles-mêmes en des temps à peu près égaux, sont peu aplaties,
et, à l'exception de la Terre, dépourvues de satellites.

Le deuxième groupe est formé des astéroïdes ou planètes
télescopiques, dont le nombre est indéterminé : Vesta, Junon,
Cérès et Pallas ont été découvertes les premières.

Dans le troisième groupe se placent les planètes les plus

éloignées du soleil, Jupiter, Saturne, Uranus et Neptune. Elles sont beaucoup plus grosses que celles du premier groupe; cinq fois moins denses : leur rotation est deux fois au moins plus rapide, leur aplatissement est plus marqué : toutes sont accompagnées de nombreux satellites.

Les planètes du premier et du troisième groupe sont dites principales et s'écartent peu de l'écliptique. Celles du second groupe, ont, au contraire, leurs orbites fortement inclinées sur l'écliptique et étroitement entrelacées.

Chacun des corps du système planétaire est animé d'un mouvement de rotation sur lui-même et d'un mouvement de translation autour du centre de gravité de tout le système, centre qui est très-voisin de celui du soleil, mais ne coïncide pas avec lui. Le système tout entier est transporté dans l'espace, en conservant des relations constantes entre toutes ses parties, et en suivant sans doute une ligne courbe autour d'un point indéterminé. On s'accorde à reconnaître qu'en ce moment il se dirige vers la constellation d'Hercule, avec une vitesse de deux lieues par seconde.

L'espace dans lequel se meut le système planétaire est soumis à une température dont les astronomes et les physiciens ont diversement apprécié le degré, mais qui, dans tous les cas, est excessivement basse. Pour représenter cette température, Poisson, Fourier, Arago, Biot et Gay Lussac, John Herschel et M. Pouillet indiquent respectivement les nombres —18°, —55°, —57°, —70°, —75° et —140°, dont la moyenne est —69°,1.

Enfin, le système planétaire est placé dans l'intérieur d'un vaste anneau formé par l'accumulation d'étoiles à peu près semblables à notre soleil, anneau qui n'est rien autre chose que la voie lactée. Cette tendance des corps sidéraux à se grouper en zones aplaties et circulaires se retrouve dans les anneaux de Saturne et dans les planètes qui tournent toutes dans le même sens et presque dans un même plan. Les étoiles parsemées dans le ciel font également partie de la voie lactée ; mais notre regard, en se portant vers elles, se dirige dans le sens de la plus petite dimension de cette voie lactée, dont la forme a été, avec raison, comparée à celle d'une meule.

Quant aux nébuleuses, ce sont des voies lactées que leur éloignement considérable rend à peine perceptibles.

Constitution physique du soleil et de la lune comparée à celle de la terre. — L'étude de la constitution physique du soleil et de la lune comparée à celle de la terre est de la plus haute importance pour la géologie : s'il est permis de poser en principe que le soleil, les planètes et leurs satellites ont la même origine et sont destinés à passer par les mêmes phases, nous aurons, dans le soleil, l'image de ce que la terre a été, et nous trouverons dans le satellite de notre planète l'image de ce qu'elle sera un jour. La connaissance de la constitution actuelle du globe deviendra, en même temps, plus complète et plus précise.

Le soleil présente à sa surface des *taches* ou parties moins éclairées, et des *facules* ou parties offrant un plus grand éclat que le reste du disque solaire. Les dimensions des taches solaires varient beaucoup : leur diamètre est quelquefois égal à six fois celui de la terre. Quand une tache noire a de grandes dimensions, elle est entourée d'une zone moins sombre appelée *pénombre*. Les taches existent exclusivement dans une région dont les limites sont à 41° de déclinaison nord et sud, comptée à partir de l'équateur solaire : les facules apparaissent, au contraire, sur toute la surface du soleil, ce qui indique une certaine indépendance entre elles et les taches noires. Pourtant, dans la plupart des cas, les facules se montrent près des taches noires, annoncent en quelque sorte leur apparition prochaine et les remplacent souvent. Les taches et les facules peuvent se déplacer sur la surface du soleil en vertu d'un mouvement qui leur est propre : en même temps, elles accompagnent le disque solaire dans son mouvement de rotation. Quelques-unes disparaissent tout à coup pendant leur passage du bord oriental au bord occidental du disque solaire : d'autres persistent pendant cinq ou six semaines : on en cite une qui s'est maintenue pendant 70 jours.

L'observation des taches solaires a permis de constater et de mesurer le mouvement de rotation du soleil. C'est aussi en se basant sur l'étude des diverses circonstances qui précèdent, accompagnent et suivent leur apparition, que l'on s'est efforcé d'arriver à la connaissance de la constitution physique de cet astre. Cette étude a donné lieu, dans la science, à deux courants d'idées. Pour l'explication des taches solaires, plusieurs astronomes ont fait intervenir deux ou trois atmosphères superposées à un noyau obscur : d'autres ont admis pour le soleil une constitution physique plus simple. Je ne veux pas entrer dans les détails de cette controverse : il me suffira d'exposer sommairement l'opinion qu'Arago avait été conduit à formuler, et de rappeler comment des découvertes récentes ont eu déjà pour résultat de démontrer combien était attaquable l'hypothèse émise par l'illustre auteur de l'*Astronomie populaire*.

D'après Arago, le soleil serait formé d'un noyau obscur qu'envelopperaient trois atmosphères : la première serait nuageuse, réfléchissante, comparable à l'atmosphère terrestre lorsque celle-ci est le siège d'une couche de nuages :

la seconde ou *photosphère* serait lumineuse par elle-même et déterminerait par son contour les limites visibles de l'astre : la troisième serait diaphane. Chacune de ces atmosphères serait séparée de l'atmosphère sous-jacente par un intervalle qui existerait également entre l'atmosphère nuageuse et le noyau obscur. La rapidité avec laquelle se forment et disparaissent les taches et les facules obligerait à considérer ces atmosphères comme le siége de leur production. Une ouverture ou éclaircie s'établissant à travers les deux atmosphères inférieures laisserait apercevoir le noyau opaque et déterminerait l'apparition d'une tache. Si l'ouverture de la photosphère était plus petite que celle de l'atmosphère réfléchissante, on aurait une tache sans pénombre : si elle était plus grande, il y aurait une tache avec pénombre. En outre, l'écartement de la substance dont se compose l'atmosphère réfléchissante occasionnant une accumulation de matière près des bords de l'ouverture donnerait lieu à une augmentation dans la réflexion des rayons lumineux et par suite à une facule. Une disposition particulière dans les talus entourant la cavité formée par l'écartement des atmosphères expliquerait pourquoi, contrairement aux lois de la perspective, la partie occidentale de la pénombre irait en augmentant d'étendue, et la partie orientale diminuerait pendant que la tache se rapproche du bord occidental du disque solaire. Enfin, les facules isolées proviendraient de ce qu'une surface gazeuse incandescente et d'une étendue déterminée est plus lumineuse si on la voit obliquement que sous l'incidence perpendiculaire : la surface solaire offrant des ondulations, devrait fournir un éclat comparativement faible dans les parties de ces ondulations qui se présenteraient perpendiculairement à l'observateur, et plus brillante dans les parties inclinées : toute cavité conique devrait donc se présenter sous forme de facules et de lucules ou rides lumineuses.

On voit que le soleil présenterait une structure très-compliquée, et c'est précisément cette complication extrême qui devrait, à défaut d'autres preuves, nous mettre en garde contre l'hypothèse d'Arago.

L'étude de l'éclipse solaire de 1860 a conduit M. Leverrier à penser que le soleil offre une structure plus simple et qu'il se compose d'un corps solide, incandescent, immédiatement entouré de deux atmosphères : la plus inférieure serait lumineuse par elle-même et conserverait le nom de photosphère.

En se basant sur l'étude du spectre solaire, M. Kirchoff a reconnu quelques-unes des substances qui entrent dans la composition de l'atmosphère solaire, et a posé en principe que cette atmosphère incandescente enveloppe un noyau intérieur jouissant d'une température plus élevée et d'une lumière plus intense. La théorie de M. Kirchoff contredit l'expérience qui avait été faite par Arago au moyen du polariscope, et d'où il avait conclu que la lumière du soleil provient, non d'un corps intérieur, solide ou à l'état de fusion, mais d'une atmosphère extérieure et lumineuse par elle-même, enveloppant un corps opaque. Il y a, dans ces deux opinions, une contradiction qui n'est sans doute que temporaire et que de nouvelles expériences feront bientôt disparaître.

Nous adopterons, dans leur intégrité, les conséquences déduites par M. Kirchoff de sa théorie et de ses observations. Nous admettrons que le soleil se compose d'une masse intérieure à l'état de liquéfaction ignée, produisant presque toute la chaleur et toute la lumière dont le soleil est la source. Autour de cette masse intérieure existe une atmosphère très-puissante, se partageant, selon nous, en deux zones successives : la zone inférieure pouvant conserver le nom de photosphère, et possédant une incandescence réelle qu'elle doit au voisinage immédiat de la masse sous-jacente; la zone supérieure, diaphane et tout au plus lumineuse par réflexion.

En adoptant cette manière de voir, on est amené, non à se baser sur l'observation des taches solaires pour en déduire la constitution du soleil, mais, au contraire, à expliquer les taches elles-mêmes en prenant pour point de départ, dans cette recherche, la constitution physique du soleil telle que nous venons de l'admettre.

On a supposé que le soleil, par suite de son refroidissement, était arrivé au moment où une croûte allait se former à sa surface. Les taches noires résulteraient des parties un moment consolidées, puis absorbées de nouveau par la masse incandescente sous-jacente, et destinées à reparaître plusieurs fois avec des chances de conservation sans cesse croissantes. La rapidité avec laquelle se forment et disparaissent les taches solaires rend inadmissible cette explication, qui rappelle celle que La Hire a formulée il y a plus d'un siècle. Comment concevoir la solidification, par voie de refroidissement, de masses plongées au fond d'une atmosphère où règne une température assez élevée pour maintenir le fer à l'état gazeux? N'est-il pas naturel de penser que la formation d'une croûte solide à la surface du globe doit être précédée de l'extinction et de la condensation partielle de l'atmosphère solaire? L'hypothèse que je repousse laisse, d'ailleurs, complètement en dehors d'elle les facules, leurs relations avec les taches obscures, et les rapports existant entre les pénombres et les taches noires.

Je suis porté à considérer les taches obscures comme provenant de condensations opérées dans la photosphère et l'atmosphère solaires à la suite des mêmes circonstances qui produisent les nuages dans l'atmosphère terrestre. Comme ceux-ci, elles auraient un mouvement propre et obéiraient, en même temps, au mouvement de rotation du corps auquel elles appartiennent.

Quant aux facules ou taches lumineuses, elles proviendraient d'éruptions volcaniques. Ces éruptions amèneraient des profondeurs du globe solaire, c'est-à-dire des points où cette incandescence est plus prononcée, des masses susceptibles de glisser, en vertu de leur moindre densité, sur la surface du soleil. Ainsi s'expliquerait le mouvement propre des taches lumineuses.

Les éruptions volcaniques du soleil seraient quelquefois accompagnées, comme celles de notre planète, de la formation de nuages constituant une sorte de couronne au-dessus du point ou de la région qui est le siége du phénomène. On expliquerait ainsi comment les facules précèdent, accompagnent et suivent même l'apparition des taches obscures. Remarquons, en outre, que ces mêmes circonstances doivent s'observer dans la formation d'un nuage solaire sans éruption volcanique, si l'on veut bien considérer la pénombre comme résultant de la moindre condensation de la masse nuageuse, moindre condensation qui doit se produire sur les bords du nuage lorsqu'il est définitivement constitué, et qui doit se manifester dans toute sa masse au moment de son apparition et de sa disparition.

Les détails dans lesquels je vais entrer, relativement à la pénombre, ont pour objet d'expliquer cette particularité que j'ai rappelée, lorsque j'ai dit que la pénombre allait en augmentant pendant que la tache se rendait du centre au bord occidental du disque solaire.

Dans chaque tache obscure, la pénombre résulte d'une

moindre condensation de la matière nuageuse. Chaque tache présente une pénombre latérale et une pénombre superficielle placée sur la face supérieure du nuage. Celle-ci a une très-grande épaisseur, parce qu'elle résulte, non-seulement d'une moindre accumulation de la matière condensée, mais aussi, et surtout, de l'interception des rayons lumineux provenant du soleil lui-même. De même que dans beaucoup de nuages terrestres, la face inférieure des taches solaires se terminerait brusquement, d'où absence de pénombre sur cette face. L'absence de pénombre serait rendue plus sensible par les rayons de la masse liquide du soleil venant se réfléchir contre la face inférieure du nuage solaire, de même que dans une éruption terrestre, la lumière produite par la lave contenue dans le cratère vient éclairer la face inférieure des nuages accumulés au-dessus du volcan.

Cela posé, suivons une tache dans son trajet à travers le disque solaire. Lorsqu'elle occupe le centre de ce disque, elle se montre uniformément entourée de sa pénombre latérale : quant à la pénombre superficielle, elle se confond avec la tache elle-même. Lorsque cette même tache atteint le bord occidental du disque, l'observateur ne distingue rien de la pénombre latérale, puisque la partie occidentale de cette pénombre est cachée par la tache, tandis que sa partie orientale se confond avec elle : la pénombre inférieure, c'est-à-dire celle qui est dirigée vers le soleil, n'existe pas : il n'y a de visible que la pénombre extérieure ou superficielle, et l'amplitude de celle-ci croît à mesure que la tache se rapproche du bord occidental du disque solaire.

Plusieurs savants ont déjà rattaché plus ou moins directement la formation des taches solaires à des éruptions volcaniques, mais leurs hypothèses ont été présentées d'une manière différente de celle que je viens d'employer. D'après Derham, physicien qui vivait au commencement du dernier siècle, les taches solaires seraient toujours des effets d'éruptions volcaniques. Les fumées, les scories projetées constitueraient la tache noire : l'apparition plus tardive des flammes et des laves incandescentes donnerait naissance aux facules. Francis Wollaston, astronome anglais, regardait les taches solaires comme des cratères de volcans, situés sur les sommités des montagnes.

L'hypothèse des éruptions volcaniques est en harmonie avec une circonstance que plusieurs astronomes ont signalée : les taches solaires se montreraient quelquefois sur les mêmes points où d'autres taches auraient été antérieurement observées. Il y aurait, à la surface du soleil comme à la surface de la terre, des régions et même de grandes zones essentiellement volcaniques.

Les dimensions présentées par certaines taches ne seraient nullement en désaccord avec cette hypothèse. Le diamètre de certaines taches est six fois plus grand que celui de la terre ; mais pour montrer que les proportions sont largement gardées dans l'étendue des régions volcaniques terrestres et solaires, rappelons qu'en prenant pour unités le diamètre et le volume de la terre, le diamètre et le volume du soleil sont respectivement représentés par les nombres 112 et 1 407 124.

Je ferai remarquer, en dernier lieu, que l'explication qui vient d'être donnée peut corroborer, mais ne saurait infirmer les résultats auxquels les observations récentes ont conduit relativement à la constitution physique du soleil. Elle ne doit pas nous empêcher de croire que le soleil et la terre ont presque la même constitution ; mais la terre, bien plus petite que lui, a parcouru plus rapidement les diverses périodes de son refroi-

dissement. Depuis longtemps, elle a cessé d'être lumineuse
par elle-même, et l'abaissement de température à sa surface a
eu pour conséquence de la recouvrir d'une enveloppe solide et
obscure.

C'est également par une différence de volume entre la terre
et son satellite que l'on a heureusement expliqué l'absence
d'atmosphère et d'océan autour de la lune. Celle-ci, étant d'un
volume moins considérable que la terre, s'est plus rapidement refroidie. Sa solidification est peut-être déjà presque
complète. L'océan qui l'entourait jadis a insensiblement disparu dans sa masse : 1° par voie d'hydratation, c'est-à-dire de
combinaison chimique avec ses roches constitutives; 2° par
imbibition; 3° à la faveur des cavités et des grandes fissures
existant dans la masse de la lune. Je n'insiste pas sur cette
manière de voir que j'aurai l'occasion de développer dans le
troisième chapitre de ce Livre.

Unité d'origine, de composition et de structure des corps planétaires.
— Les corps du système planétaire, à l'exception des comètes,
offrent des traits de ressemblance si nombreux qu'il est permis de croire à leur communauté d'origine. Tous ont une
forme sphérique : tous portent plus ou moins l'indice d'une
haute température régnant dans leur masse.

Toutes les planètes circulent autour du soleil de l'occident à
l'orient, et dans des plans qui forment entre eux des angles
peu considérables. Les satellites se meuvent autour de leurs
planètes respectives, comme les planètes elles-mêmes autour
du soleil, c'est-à-dire de l'occident à l'orient. Les planètes,
enfin, et les satellites dont on a pu observer les mouvements
de rotation, tournent sur leurs centres de l'occident à l'orient,
et pour la plupart dans le plan de leur mouvement de transla-

tion. Or, dit Arago, en rappelant les faits précédents, le calcul des probabilités montre qu'il y a plusieurs milliards à parier contre un, que cette disposition du système solaire n'est pas un effet du hasard : il faut donc admettre qu'une cause physique primitive dirigea tous les mouvements des planètes au moment de leur formation.

L'analyse chimique n'a pas encore dénoté dans les aérolites aucune substance qui n'existât déjà sur la surface de notre planète. D'un autre côté, l'étude du spectre solaire a conduit M. Kirchoff à reconnaître dans la composition de l'atmosphère solaire quelques-unes des substances appartenant à notre planète : ce sont le fer, le nickel, le chrome, le potassium, le sodium et le magnésium. Je ne crois pas inutile de mentionner en peu de mots en quoi consiste la découverte de M. Kirchoff.

Toute lumière provenant d'un corps incandescent donne lieu, par sa décomposition, à un spectre continu lorsque ce corps est solide ou liquide. Si le corps est gazeux, le spectre présente des maxima et des minima constituant des bandes brillantes. Le nombre et la disposition des raies brillantes est en relation avec la nature chimique de la substance qui colore la flamme produisant le spectre : le spectre du fer, par exemple, est coupé, depuis le jaune jusqu'au violet, de nombreuses lignes parfaitement brillantes. En plaçant, derrière la flamme, du carbonate de chaux incandescent (*b*), les raies brillantes se changent en raies obscures ou de Fraünhofer. Si l'on pouvait apercevoir le spectre de l'atmosphère solaire, on y reconnaîtrait les bandes brillantes qui caractérisent les métaux constitutifs de cette atmosphère. Mais l'intensité lumineuse du noyau du soleil *renverse* le spectre de l'atmosphère solaire, elle en donne une *image négative*, dans laquelle les raies obscures viennent remplacer les raies lumineuses. C'est ainsi que la double raie noire D de Fraünhofer, l'une des plus marquées du spectre solaire, vient remplacer la ligne brillante du sodium.

Le fer paraît être la substance la plus répandue dans le système planétaire. Non-seulement il forme l'élément essentiel des aérolites et un des éléments constitutifs de l'atmosphère solaire, mais il se présente encore dans tous les terrains, éruptifs ou sédimentaires, dont l'écorce terrestre se compose depuis les plus anciens jusqu'aux plus récents. Divers motifs que nous indiquerons plus tard autorisent à penser qu'il forme une masse continue dans l'intérieur du globe.

Cette similitude de composition chimique entre les différents corps de l'espace se joint aux autres rapports que nous avons vus exister entre eux et met en évidence leur communauté d'origine. Les preuves que j'ai énumérées pour démontrer cette communauté d'origine, donnent en même temps une grande valeur à l'hypothèse en vertu de laquelle notre système tout entier aurait primitivement formé une nébuleuse. C'est cette hypothèse, admirable par sa simplicité, que nous prendrons pour point de départ dans les considérations cosmogoniques qui feront l'objet du troisième chapitre de ce Livre.

Météores cosmiques : aérolites, bolides, étoiles filantes. — Pour terminer ce tableau du système solaire, disons quelques mots des météores cosmiques.

Les aérolites sont composés de fer, de nickel, de cobalt, de manganèse, de chrome, de cuivre, d'arsenic et d'étain, de cinq terres, et, enfin, de potasse, de soude, de phosphore et de carbone. En donnant, d'après Berzélius, cette liste qu'il faut compléter par l'addition du soufre et de l'azote, Humboldt fait remarquer qu'elle comprend le tiers du nombre des corps simples actuellement connus. Aucune substance n'est étrangère à notre globe : pourtant, fait observer l'auteur du *Cosmos*, les aérolites présentent, dans la manière dont ces éléments sont combinés, un aspect étranger à notre globe : le fer, à l'état natif, qu'on rencontre dans presque tous les aérolites, leur imprime aussi un caractère tout à fait spécial.

Plusieurs hypothèses ont été successivement émises relativement à l'origine des aérolites. Celle de leur formation dans notre atmosphère par l'agrégation des substances qui y seraient tenues en suspension est inconciliable avec la présence de cristaux dans leur masse. Les aérolites acquièrent d'ailleurs un volume considérable qui achève de rendre cette explication complètement inadmissible : la masse météorique de Bahia, dans le Brésil, et celle d'Otumpa, dans le Choco, ont, l'une deux mètres et l'autre deux mètres et demi de longueur.

Laplace voyait dans les aérolites des pierres lancées par les volcans de la lune. On a calculé quelle devrait être la vitesse initiale d'un corps s'éloignant du satellite de notre planète pour qu'il parvînt jusqu'à nous. En tenant compte de l'absence d'atmosphère autour de la lune et de la moindre masse de ce satellite comparée à celle de la terre, Olbers, Biot, Laplace et Poisson sont respectivement arrivés aux nombres 2 527, 2 524, 2 396 et 2 314 mètres par seconde. Cette vitesse initiale n'a rien de bien extraordinaire pour celui qui se rappelle que la vitesse d'un boulet à la sortie du canon est d'environ 400 mètres par seconde : la plus grande vitesse des pierres lancées par le Vésuve est de 406 mètres, et celle des pierres lancées par le Ténériffe est de 975 mètres par seconde. Les volcans de la lune ont des dimensions bien autrement grandes que ceux de la terre, et leur force de propulsion, lorsqu'ils entrent ou lorsqu'ils entraient en activité, s'ils sont complètement éteints, doit être plus considérable.

Mais une pierre lancée de la lune avec une vitesse initiale de 2 500 mètres n'arriverait à la surface de la terre qu'avec une vitesse de onze kilomètres par seconde, et par conséquent bien plus faible que celle des aérolites. La vitesse des météores cosmiques est toute planétaire : le calcul de la vitesse des bolides dont la trajectoire a pu être déterminée donne un minimum de 2 700 mètres, un maximum de 76 000 mètres et une moyenne de 29 900. Pour qu'un corps lancé de la lune arrivât à la surface de la terre avec une vitesse de 37 000 mètres, il devrait avoir une vitesse initiale de 35 000 mètres.

L'identité des aérolites et des bolides achève de démontrer l'impossibilité de leur origine sélénitique. Les bolides sont des globes de feu qui traversent notre atmosphère en répandant un vif éclat : leur forme est circulaire, et ils offrent souvent un diamètre sensible ; quelquefois ils éclatent en fragments, qui sont précisément des aérolites, et c'est pour cela que ceux-ci n'offrent jamais une forme arrondie. Or, les bolides ont souvent des dimensions trop considérables pour qu'on admette un seul instant que les volcans de la lune aient pu lancer dans l'espace de tels projectiles : un bolide vu à Paris et à Reims, le 18 août 1841, avait, d'après M. Petit, un diamètre réel de 3 900 mètres.

Les étoiles filantes sont des bolides qui, par suite soit de leur moindre volume, soit de leur plus grande élévation, ne se présentent à la vue que sous la forme d'un trait enflammé et sans épaisseur, glissant rapidement sur la voûte étoilée. « Alors même, » dit Arago, « qu'on voudrait prendre une grande partie de la vitesse des bolides pour une illusion, résultant de ce que la direction générale de leur mouvement est en sens inverse de celui de la terre, il reste encore, pour exprimer la vitesse réelle de ces phénomènes, des nombres assez grands pour qu'on puisse regarder les bolides comme animés dans l'espace d'un mouvement tellement rapide qu'on doive admettre la possibilité de l'éternelle continuité de leur course à travers l'espace. Quoique ces masses cosmiques passent dans le voisinage de notre atmosphère, elles n'éprouvent souvent d'autre effet de l'attraction du globe terrestre qu'une modification dans les excentricités de leurs orbites. »

On ne saurait mettre en doute l'origine cosmique des aérolites, ou plutôt des bolides dont ils proviennent ; mais ce point établi, il reste à rechercher s'ils sont les débris d'une planète qu'un événement subit aurait détruite, ou les futurs éléments d'une planète en voie de formation. Entre ces deux hypothèses, s'en place une autre plus en harmonie avec nos idées sur l'équilibre définitif du système dont le soleil est le centre, et cette hypothèse consiste à voir dans les bolides des masses planétaires absolument semblables aux autres, datant de la même époque et ne s'en distinguant que par leur moindre volume : ce sont des planètes microscopiques ou, si l'on veut, des planéticules.

Ces petites planètes s'enflamment pendant leur rapide passage dans notre atmosphère, et le vernis noir dont les aérolites sont recouverts est le résultat d'une fusion superficielle s'effectuant dans leur rapide trajet. La difficulté qu'on opposait à cette explication en se basant sur la faible élévation de l'atmosphère disparaît, si, d'après les observations et l'opinion de M. Liais, on accorde à cette atmosphère une puissance bien plus grande que celle qu'on lui a supposée jusqu'à ce jour. Les énormes parallaxes d'étoiles filantes déterminées au moyen d'observations simultanées faites à Rome et à Civita-Vecchia, avec le concours du télégraphe électrique, par le P. Secchi, prouvent que ces météores sont dans les limites de l'atmosphère. Les aérolites n'offrent pas tous la même composition, et c'est peut-être à cette circonstance qu'il faut attribuer la différence de coloration des étoiles filantes.

Je terminerai ces considérations sur les aérolites par quelques mots sur leur existence problématique dans les temps anciens. Jusqu'à présent, ils n'ont été rencontrés qu'à la surface du sol ou dans les alluvions. Dans l'état actuel de nos connaissances, on ne peut faire remonter leur existence au delà de cette période que nous avons distinguée, dans l'Introduction, sous le nom de période diluvienne. Il est nécessaire d'attendre encore avant de déclarer si l'absence des aérolites fossiles est réelle ou apparente. Il se peut, en effet, qu'une circonstance heureuse en fasse retrouver des traces dans des terrains anciens. Il se peut aussi que les aérolites, surtout ceux qui sont tombés dans la mer, et qui avaient, par suite d'une sorte de fossilisation, le plus de chances de se montrer à nous, aient été détruits sous l'influence chimique de l'eau et des substances qu'elle tient en dissolution. Si, comme c'est probable, l'absence des aérolites pendant les temps anciens est reconnue réelle (c), il n'y aura là rien qui doive nous étonner et nous conduire à supposer que des changements ont été apportés dans les lois qui régissent notre système planétaire. Une très-faible déviation dans l'orbite suivie par l'essaim d'astéroïdes d'où nous viennent les aérolites a pu suffire, en effet, pour en rapprocher une faible partie de la sphère d'action de la terre.

Influence de la constitution du système planétaire sur les phénomènes géologiques. — 1° La terre se trouve placée dans un milieu dont la température très-basse agit sur presque tous les phénomènes géologiques; le plus important de tous est la formation de l'écorce terrestre elle-même : citons encore la production des glaciers, la condensation de l'eau qui tend à s'éloigner de la surface du globe par voie d'évaporation, etc.

2º Par suite du froid de l'espace interplanétaire, toute l'eau qui existe à la surface de la terre passerait à l'état de glace. Mais ce froid est en partie contrebalancé par la chaleur provenant du soleil. Cette chaleur permet à l'organisme de prendre tout son développement. En même temps, elle exerce une grande influence sur les phénomènes géologiques, puisque c'est elle qui, par des différences d'intensité en relation avec le jour, la nuit, les saisons, les latitudes et les climats, imprime à l'eau répartie à la surface du globe les mouvements qui en font l'agent géologique le plus universel et le plus puissant, quel que soit l'état solide, liquide ou gazeux, sous lequel elle fonctionne. Grâce à la chaleur solaire, l'eau passe à l'état de nuage, se transforme en pluie, et donne naissance aux cours d'eau qui sillonnent chaque contrée. Sans les variations dans la température de l'atmosphère, un statu quo presque complet régnerait à la surface du globe, et ne serait troublé qu'à de rares intervalles par les mouvements de l'écorce terrestre.

3º Le soleil exerce, en outre, concurremment avec la lune, une puissance attractive déterminant le phénomène des marées qui, au point de vue géologique, a une si grande importance.

4º La forme de la terre est le résultat de son état primitivement fluide par suite d'une cause cosmogonique, et se trouve en relation directe avec son mouvement de rotation.

5º L'axe de rotation de la terre est incliné sur le plan de son orbite : cette inclinaison est de 66º 32', c'est-à-dire pas assez forte pour que les saisons offrent dans leur température des

différences considérables; assez prononcée pour que la terre
ne jouisse pas, durant toute l'année, d'une température constante à toutes ses latitudes.

Dans l'hypothèse de la perpendicularité de l'axe, les jours
seraient pendant toute l'année et sur toute la terre égaux aux
nuits. La température serait constamment la même, pendant
toutes les saisons, pour chaque région, mais varierait, dans le
sens des méridiens, des pôles à l'équateur comme cela s'observe
actuellement. Il a été dit à tort qu'un printemps perpétuel
régnerait sur toute la surface de la terre. La zone torride et la
zone tempérée gagneraient en largeur aux dépens de la zone
glaciale, qui cesserait d'exister et d'où disparaîtraient les glaces
éternelles.

Si, au contraire, l'axe de rotation de la terre était parallèle
au plan de l'écliptique, la majeure partie de chaque hémisphère passerait par des hivers et des étés de plusieurs mois.
Pendant l'été, le soleil ne cesserait de darder directement
ses rayons sur un hémisphère destiné à être ensuite privé
de sa vue durant tout l'hiver. A une température dont les
chaleurs sénégaliennes ne sauraient donner une idée succéderait un froid plus intense que celui qui sévit dans les
régions polaires. Pendant la longue nuit qui, pour chaque
hémisphère, constituerait l'hiver, une couche continue de
glace retiendrait prisonnières les eaux de l'océan, et couvrirait
le sol, jusqu'au pied des montagnes enveloppées elles-mêmes,
d'un épais manteau de neige.

Le lecteur saisira sans peine les différences que les deux
états de choses qui viennent d'être comparés apporteraient
au développement de l'organisme. Quant au mode de manifestation des phénomènes géologiques, dans l'hypothèse d'un
axe perpendiculaire à l'écliptique, il varierait fort peu pour

chaque région de la terre et d'une saison à l'autre : les phénomènes glaciaires, dont l'étude est d'un si haut intérêt, ne se
produiraient nulle part. Dans le cas du parallélisme de l'axe
de rotation par rapport au plan de l'orbite, l'immense nappe
de glace et de neige recouvrant, dans un moment donné, tout
un hémisphère, se fondrait au retour du printemps ; puis,
pendant l'été, subirait une évaporation complète pour retourner dans l'hémisphère d'où elle serait venue. Cette évaporation ne cesserait qu'avec l'entier dessèchement des mers et
avec la calcination du sol. L'homme, ni aucun être organisé,
ne sauraient résister à ces conditions climatologiques et encore
moins à leur alternative. Mais ce qu'il nous importe de remarquer, c'est que les phénomènes géologiques offriraient un
mode de développement tout différent de celui qu'ils ont
maintenant : les phénomènes d'érosion et de transport, par
exemple, se manifesteraient sur une échelle immense.

Forme générale de la terre. — Platon disait que la terre avait
une forme sphérique, parce que c'est la plus parfaite de toutes.
Les mathématiciens modernes ont reconnu à la forme de la
terre une raison d'être moins contestable, et ils ont démontré
que cette forme était précisément celle que prendrait un
corps fluide, ayant la même masse et le même mouvement
de rotation que notre planète : ils en ont conclu que le globe
était, lors de son origine, à l'état de liquéfaction ignée et que
cet état avait persisté, dans sa masse interne, jusqu'à notre
époque.

Cette dernière conclusion a été attaquée par plusieurs physiciens : je vais mentionner leurs objections, qui confirment
d'ailleurs au lieu d'infirmer l'influence exercée par le mouvement de rotation de la terre sur sa forme générale.

Playfair admettait qu'une planète, quelle qu'ait été sa forme à son origine, finit par coïncider avec le sphéroïde d'équilibre. La forme actuelle de la terre, dit aussi John Herschel, est celle qu'elle tend à prendre par suite de sa rotation, et qu'elle prendrait alors même qu'originairement et en quelque sorte par erreur, elle eût été constituée autrement. Sir Lyell pense que la figure d'équilibre du sphéroïde terrestre peut être le résultat de causes graduelles et même de causes encore existantes, et non celui d'un état de fluidité primitive, universelle et simultanée. Parmi ces causes actuelles, il place l'action volcanique et il montre la lave, soit déjà projetée à la surface du globe, soit emprisonnée dans son écorce, intervenant dans l'action qui imprime à la terre sa forme générale.

L'opinion successivement exprimée d'une manière toute hypothétique par Playfair et John Herschel, et d'une manière presque positive par sir Lyell, ne manque pas de justesse et semble jeter quelque doute sur la relation entre la cause et l'effet, c'est-à-dire entre l'état primitivement liquide du globe et sa forme actuelle. Toutefois, je n'attache pas à l'idée émise par Playfair plus d'importance qu'elle n'en mérite, car bien d'autres motifs ne permettent pas de mettre en doute l'état d'incandescence de la masse interne du globe et la cause de cette incandescence. Je la signale parce qu'elle nous montre déjà un fait dont nous aurons bientôt l'occasion de reconnaître l'exactitude : c'est que tous les raisonnements qui servent de point de départ à nos connaissances sur l'état de la masse interne de notre planète ne sont jamais à l'abri de toute contestation plus ou moins sérieuse. En outre, cette idée a l'avantage de mettre en évidence l'action de nivellement exercée par l'eau sur la surface du globe.

L'océan contribue à imprimer à la terre la forme qu'il a lui-même, puisqu'il tend également à se renfler vers l'équateur et à s'affaisser vers les pôles. Supposons que, par suite d'un concours de circonstances quelconques, la terre prît une forme irrégulière. Les eaux se porteraient vers l'équateur, et, en vertu de leur action de nivellement, y effaceraient toutes les saillies du sol émergé : elles tendraient en même temps à déserter les pôles et laisseraient vers chacun d'eux un banc ou protubérance. Le résultat de ce mouvement de la masse liquide serait de concentrer les terres émergées vers les pôles, et de placer entre ces deux continents polaires un seul océan sous forme d'une large bande se dirigeant dans le sens de l'équateur. Mais les deux continents polaires subiraient à leur tour l'action érosive des eaux et des agents atmosphériques : ils finiraient par disparaître, et l'emplacement qu'ils occupaient serait de nouveau recouvert par les eaux de l'océan s'éloignant de la région équatoriale. Ces fluctuations continueraient jusqu'à ce que la terre, sous l'influence de l'océan fonctionnant comme un tour immense, eût pris précisément la forme qu'elle aurait offerte dès l'origine, si elle avait été à l'état liquide.

Dans les calculs employés pour apprécier rigoureusement la forme du globe, on a supposé le niveau de l'océan prolongé à travers la terre-ferme, et il n'a été tenu aucun compte des masses continentales dépassant ce niveau. On a fait abstraction des inégalités qui accidentent la surface de notre planète et que Dolomieu comparait avec raison aux légères aspérités qui s'observent sur la surface de la coquille d'un œuf. Sur une sphère de plus de deux mètres de diamètre, le mont Everest, point culminant du globe, serait tout au plus représenté par un grain de sable.

Trois méthodes ont été mises en usage pour calculer la valeur de l'aplatissement aux pôles, ou, en d'autres termes, la différence de longueur entre le rayon qui aboutit au pôle et celui qui se dirige vers un point quelconque de l'équateur.

La première méthode, tout à la fois géométrique et astronomique, consiste à suivre sur le prolongement supposé de la surface de l'océan un méridien ou un parallèle, et à calculer, par les procédés géodésiques, la longueur d'un arc de cercle correspondant à un degré, soit dans un sens, soit dans un autre. Le concours de l'astronomie est nécessaire pour fixer, d'une manière rigoureuse, la situation des points placés à l'extrémité du degré mesuré. On conçoit que si la terre était rigoureusement sphérique, les degrés comptés sur un même méridien auraient exactement la même longueur. Ils vont, au contraire, en croissant de l'équateur au pôle, ce qui indique un aplatissement sur ce dernier point. La comparaison et le calcul de onze mesures de méridiennes, exécutées en Europe, dans l'Inde et en Amérique, ont conduit Bessel à conclure : premièrement, que la valeur de l'aplatissement était $\frac{1}{299,15}$; deuxièmement, que le rayon équatorial était de 6 377 398^m, 1, et le rayon polaire de 6 356 079^m, 9.

L'accroissement de la pesanteur dans le sens de l'équateur au pôle a permis de recourir également au pendule pour déterminer la valeur de l'aplatissement polaire. Sans remonter au delà de 1822, je rappellerai que, cette année même, le gouvernement anglais chargea une expédition scientifique d'appliquer le pendule à la recherche de la valeur de l'aplatissement polaire. Cette expédition dura deux années : la contrée explorée s'étendit sur une longueur de 93°, depuis 74° 32′ latitude nord jusqu'au delà de l'équateur. Le résultat de l'expédition fut de fournir pour la valeur de l'aplatissement la fraction $\frac{1}{288,7}$. Ce résultat, modifié par les observations ultérieures de savants autres que ceux de l'expédition, est devenu $\frac{1}{290}$. En général, les observations du pendule indiquent un aplatissement plus considérable que ne le font les mesures directes.

Enfin, Laplace a le premier fait intervenir la méthode analytique, en prenant pour base de ses calculs les inégalités lunaires ou perturbations de la lune en longitude et en latitude, perturbations qui sont en rapport avec la forme de la terre. « La terre, dit Arago, maîtrise la lune dans sa course. La terre est aplatie. Un corps aplati n'attire pas comme une sphère. Il doit donc y avoir dans le mouvement, nous avons presque dit dans l'allure de la lune, une sorte d'empreinte de l'aplatissement terrestre. Telle fut, dans son premier jet, la pensée de Laplace. » Le nombre trouvé par Laplace a d'abord été $\frac{1}{299,1}$, qu'il a plus tard remplacé par $\frac{1}{306}$.

La méthode analytique a pour avantage de donner un résultat général, indépendant des variations locales auxquelles sont soumis les résultats fournis par les autres méthodes. Le degré d'exactitude auquel les mesures directes et l'emploi du pendule peuvent conduire est en raison même du nombre des observations recueillies. Mais ces deux méthodes ont pour la géologie le grand avantage de démontrer que la forme de la terre n'est pas rigoureusement celle d'un ellipsoïde de révolution : en d'autres termes, que cette forme ne peut être produite par le mouvement d'une ellipse autour d'un de ses axes. Les méridiens ne sont pas des ellipses régulières : les parallèles et l'équateur ne sont pas des cercles parfaits. Je m'occuperai plus tard de ces inégalités qui reconnaissent une cause toute géologique.

CHAPITRE II.

Considérations historiques. — J'ai déjà dit qu'il serait puéril d'attacher quelqu'importance à ce que les écrivains de l'antiquité, inspirés par leur vive imagination, ont pu dire de fondé sur les divers phénomènes géologiques. Je me bornerai à rappeler que, d'après Platon, une partie des eaux qui s'introduisent dans la terre tombent dans un lieu vaste rempli de feu et y constituent un lac, plus grand que notre mer, où l'eau bouillonne, mêlée avec la boue : cette mer forme le pyriphlégéthon dont les eaux boueuses jaillissent à la surface de la terre partout où elles trouvent une issue. L'idée de Platon n'est pas sans analogie avec celle que, d'après les progrès de la science, on doit se faire de la formation du granite.

Les savants de la première période de l'histoire de la géologie n'ont eu aucune notion de la chaleur centrale, ni aucun pressentiment de son existence. B. Palissy disait, et non sans raison : « Quand tu auras bien examiné toutes choses par les effets du feu, tu trouveras mon dire véritable, et me confesseras que l'origine de toutes choses est EAU. » Quant à Sténon, que l'on peut considérer comme celui qui, jusqu'au milieu du xviie siècle, avait eu sur les phénomènes géologiques les idées les plus justes, il admettait le soulèvement des couches, mais il l'attribuait à des causes accidentelles.

C'est à Descartes que revient la gloire d'avoir eu, le premier, l'idée du feu central : pour lui, la terre était un soleil éteint. Leibnitz, dans sa *Protogœa,* publiée en partie en 1693, puis en entier en 1749, et Buffon, dans sa *Théorie de la terre,* également publiée en 1749, admirent aussi l'incandescence de la masse interne du globe; mais, dans leurs spéculations, ils ne firent jouer à cette incandescence qu'un rôle purement cosmologique. C'est à Hutton qu'appartient le mérite d'avoir fait, le premier, une application réellement géologique de la notion de la chaleur centrale, soit en formulant, dans sa *Théorie de la terre,* publiée en 1788, les idées qui sont devenues le germe de la théorie du métamorphisme, soit en déclarant que le granite avait une origine ignée.

Déjà, en 1740, Gensanne, en portant le thermomètre à diverses profondeurs dans les mines de plomb de Giromagny, avait reconnu que la température augmente avec la profondeur. Ces expériences furent renouvelées par Saussure, en 1785, dans le canton de Berne; par Humboldt, en 1795, dans les mines de Freyberg; par Daubuisson, dans les mines de la Bretagne, en 1802 et en 1805, etc.

Parmi les travaux les plus importants qui, depuis le commencement de ce siècle, ont été publiés sur la chaleur terrestre, je rappellerai la *Théorie analytique de la chaleur,* par Fourier ; la *Théorie mathématique de la chaleur,* par Poisson ; le mémoire de Cordier, inséré, en 1827, dans les *Mémoires de l'Académie des sciences ;* les recherches de Bischof, de M. Daubrée, etc.

Tous ces travaux n'ont pu encore conduire à la découverte de la loi qui préside à la distribution de la température dans la masse du globe. Mais la notion de la chaleur centrale n'est plus contestée par personne, et bien peu de géologues persistent encore, soit à ne pas rapporter cette haute température à sa véritable cause, soit à nier qu'elle puisse amener l'état de fusion de toutes les substances placées à une certaine profondeur. La notion du feu central est devenue une des bases essentielles de la géologie : c'est un principe fécond d'où se déduit facilement l'explication d'un grand nombre de phénomènes, sans cela incompréhensibles.

Preuves d'une haute température dans l'intérieur de la terre et de l'état de liquéfaction ignée du globe. — 1° L'augmentation de la chaleur à mesure que l'on pénètre dans la profondeur du globe, la haute température de certaines sources et des eaux jaillissant des puits artésiens nous permettent de conclure que la température est plus élevée dans le centre de la terre que vers sa périphérie. Mais l'accroissement de chaleur constaté près de la surface du globe continue-t-il jusqu'au centre de la terre, et suffit-il pour produire, à une certaine profondeur, l'état de fusion de toute la masse interne? En se basant seulement sur l'observation directe, on peut dire que le fait est probable, mais non certain, et, dans la science, la probabilité la plus grande ne saurait suppléer à la certitude, surtout dans des questions de cette importance. C'est abuser de la faculté qui nous est donnée de procéder du connu à l'inconnu, que d'étendre à un rayon de quinze cents lieues une loi tout au plus démontrée pour la six-millième partie de cette distance.

2° L'existence d'un état de liquéfaction ignée, à une certaine profondeur, est accusée par les phénomènes volcaniques proprement dits, c'est-à-dire par les éruptions de matière lavique. Mais on peut objecter à cela que les centres des phénomènes volcaniques offrent seuls cet état, et qu'il existe, au-dessous de chaque région volcanique, des mers intérieures de laves ne se rattachant pas les unes aux autres, et n'ayant qu'une profondeur limitée. Aussi allons-nous rechercher d'autres preuves du fait que nous voulons mettre hors de contestation.

3° « Les mouvements généraux de l'écorce terrestre, dit M. E. de Beaumont, me paraissent très-dignes d'attention comme offrant la preuve de la *mobilité générale de l'écorce terrestre;* comme étant un indice presque certain de son peu d'épaisseur et de sa flexibilité, circonstances sur lesquelles M. Cordier a insisté avec raison dans son savant mémoire sur l'intérieur du globe; enfin, comme propres à faire sentir que les dislocations de l'écorce terrestre n'ont pas été l'effet de causes purement locales. » — Ces mouvements qui, pour ainsi dire, font de l'écorce terrestre un radeau flexible, trahissent l'existence, à une faible profondeur, d'une mer dont la fluidité ne peut être que de nature ignée. Ils nous démontrent que les mers de matière incandescente dont il vient d'être question se joignent les unes aux autres, et forment une zone continue au-dessous de la croûte du globe qu'elles n'ont laissée tranquille en aucun de ses points.

4° J'ai rappelé, dans le chapitre précédent, le rapport qui existe entre la forme de la terre et la fluidité de sa masse. J'ai signalé, sans leur attacher aucune importance, les objections que l'on faisait à la réalité de ce rapport. La forme de la terre nous démontre que l'état de liquéfaction ignée, que nous venons de reconnaître à la zone immédiatement sous-jacente par rapport à l'écorce terrestre, appartient au globe tout entier.

5° Enfin, toutes les idées que l'on s'est formées jusqu'à présent sur l'état intérieur de notre planète, sont plus ou moins basées sur l'hypothèse d'une température intérieure excessivement élevée. C'est là, selon nous, la preuve la plus convaincante de l'existence, au centre de la terre, d'une chaleur suffisante pour tout ramener dans sa masse à l'état complet de fluidité ignée. Ceux qui admettent dans cette masse un vide considérable rempli d'un *liquide élastique*, attribuent l'élasticité de ce liquide précisément à l'influence de la chaleur, et, nous le verrons dans le quatrième chapitre, quelle que soit l'opinion que l'on adopte sur l'état solide ou fluide de l'intérieur de la terre, il est naturel de supposer qu'une chaleur très-intense y vient compenser les effets de la pression.

En résumé, les preuves qui militent en faveur de la théorie de la chaleur centrale sont nombreuses, et les objections que soulèvent quelques-unes d'entre elles ne présentent pas de fondements sérieux. Il est impossible de mettre en doute l'existence d'une très-haute température au centre du globe. Il est presque évident que cette température est suffisamment élevée pour amener à l'état de liquéfaction ignée toute la masse intérieure du globe. Enfin, il est incontestable que cet état de liquéfaction ignée existe dans toute une zone sous-jacente à l'écorce terrestre, zone que nous désignerons sous le nom de *pyrosphère*.

Causes de la chaleur centrale : remarques générales sur la température interne. — L'opinion la plus ancienne et la plus généralement admise est celle qui considère cette chaleur comme le résultat de l'état primitivement incandescent du globe. Quant à cette incandescence, elle a sa raison d'être dans le mode de formation de notre planète, soit que la terre provienne d'un lambeau arraché à la masse du soleil (hypothèse de Buffon, complètement insoutenable et actuellement abandonnée), soit qu'elle ait son origine dans un lambeau de nébuleuse peu à peu condensé (hypothèse de Laplace et d'Herschel). D'après l'une ou l'autre de ces deux hypothèses, le globe irait en se solidifiant de la circonférence vers le centre, et la température croîtrait dans le même sens.

Poisson voyait, dans la température excessive qu'aurait le centre de la terre, une difficulté à l'hypothèse d'une chaleur d'origine et d'un accroissement continu jusqu'au centre. Selon lui, l'écorce terrestre ne saurait résister à la force élastique résultant d'une telle accumulation de calorique. Il ne niait pas l'état primitivement fluide de notre planète, mais il admettait que sa solidification s'était opérée dans le sens du centre à la circonférence. Pour expliquer l'accroissement de température en raison de la profondeur, il faisait remonter la cause de la haute température interne à une époque bien postérieure à l'origine de notre planète, mais antérieure aux temps géologiques. Le globe, dans sa course à travers l'espace, rencontrerait des régions à température variable, et sa chaleur propre actuelle lui aurait été acquise pendant son trajet à travers une région où la température était plus élevée que celle du point de l'espace où il se trouve actuellement. La chaleur des eaux des puits artésiens ne serait qu'une chaleur de provenance étrangère qui aurait pénétré de l'extérieur à l'intérieur du globe, et celui-ci pourrait être comparé à un bloc de rocher que l'on transporterait de l'équateur jusque sous le pôle,

assez rapidement pour qu'il n'eût pas le temps de se refroidir
entièrement; l'accroissement de température ne s'étendrait
pas, dans un tel bloc, jusqu'aux couches voisines du centre.

L'opinion que nous adoptons tient à la fois des deux manières de voir qui viennent d'être exposées. Elle se rapproche
de celle de Fourier, parce qu'elle considère la chaleur interne
comme étant une chaleur d'origine : elle admet, en même
temps, l'état complètement fluide du globe. Elle se rattache à
celle de Poisson parce que, selon elle, la température ne croîtrait pas indéfiniment jusqu'au centre de la terre.

L'hypothèse de Poisson et celle de Fourier se ressemblent
en ce que la cause invoquée par elles intervient une seule fois
pour disparaître ensuite, de sorte que la quantité de chaleur
interne aurait été et irait en décroissant d'une époque à
l'autre. Une troisième hypothèse, postérieure en date aux précédentes, considère la haute température interne comme indépendante de l'état passé de notre planète. En outre, au lieu
de chercher la source de cette haute température, soit en dehors, soit en dedans du globe, pour en retrouver ensuite les
effets dans son enveloppe, elle suppose cette haute température inhérente à cette enveloppe elle-même. Elle la fait
résulter, soit de courants électro-magnétiques, soit d'actions
chimiques, telles que l'oxydation des substances placées dans le
voisinage de la surface du globe. Ces causes ont été également
invoquées pour rendre compte des phénomènes volcaniques.
Elles sont évidemment hors de toute proportion avec les effets
qu'elles veulent expliquer : sous le rapport de leur valeur,
comme sous celui de l'esprit de système qui les a imaginées,
elles vont se placer à côté de celles que l'on a mises en avant
pour retrouver l'origine de la forme du globe dans des actions
s'exerçant vers sa surface.

La haute température intérieure exerce sur l'économie générale de la nature organique une très-grande influence. Elle
agit indirectement comme puissance dynamique en déterminant l'état de liquéfaction ignée du globe, et en permettant
ainsi à l'écorce terrestre de se mouvoir et de se tuméfier au-
dessus de l'océan incandescent qui la supporte. En intervenant
comme cause première des mouvements de l'écorce terrestre,
elle contribue à déterminer le relief du globe, et, par suite, les
conditions climatologiques de sa surface.

L'influence exercée par la chaleur centrale sur les climats
n'est, de nos jours, qu'indirecte, puisque le calcul a conduit
Fourier à démontrer que la quantité de chaleur qui arrive de
l'intérieur de la terre n'accroît la température de sa surface
que de $1/30$ de degré. A une époque très-ancienne, la chaleur
centrale agissait directement sur la température de la surface
du globe, et contribuait à la rendre plus uniforme et plus
élevée que de nos jours. Il est fort difficile de dire à quelle
époque cette influence directe est devenue presque nulle;
mais, on peut l'affirmer, la chaleur d'origine interne a été
considérée à tort comme la cause de l'uniformité des climats
pendant les premiers temps géologiques. Nous démontrerons
que ce fait reconnaît une toute autre raison d'être.

La chaleur centrale intervient dans le développement des
êtres organisés, non par le calorique qu'elle répand autour
d'eux, mais par le relief qu'elle imprime indirectement au
sol. Sans elle, il n'existerait pas de continents, et la faune se
trouverait réduite à un nombre excessivement restreint d'animaux marins.

Puisque la chaleur intérieure est, avant tout, la conséquence de l'état primitivement incandescent du globe, tôt ou
tard elle devra s'éteindre. Dans le troisième chapitre, j'exa-

minerai les conséquences probables de l'entier refroidissement
de notre planète.

**Sources et mode de déperdition de la chaleur terrestre : chaleur d'o-
rigine solaire.** — La chaleur répartie dans la croûte du globe
provient de trois sources : l'intérieur de la terre, le soleil,
les espaces interplanétaires. L'écorce terrestre est, en même
temps, le siége d'une production de calorique par suite des
actions chimiques et autres qui s'accomplissent dans sa
masse. De ces diverses sources de chaleur, les deux premières
offrent seules une importance réelle.

La chaleur ainsi acquise par l'écorce terrestre se perd par
voie de rayonnement à travers l'espace.

La quantité de chaleur reçue par l'écorce terrestre étant
moindre que celle qu'elle perd par voie de rayonnement, il en
résulte que cette écorce se refroidit sans cesse ; mais ce refroidissement est assez lent pour que ses effets ne deviennent
sensibles qu'à des intervalles mesurés par une période géologique. D'après Fourier, la terre, une fois échauffée à une
température quelconque, et plongée dans un milieu plus froid
qu'elle, ne se refroidit pas plus, dans l'espace de 1 280 000
années, qu'un globe d'un pied de diamètre, formé de matières pareilles, et placé dans les mêmes circonstances, ne le
ferait en une seconde. Ce résultat nous paraît inconciliable
avec ce que nous savons de la durée probable des temps géologiques. Nous lui préférons celui auquel Bischof est parvenu :
des expériences sur le refroidissement d'une boule de basalte
fondu lui ont appris que la terre a besoin de neuf millions
d'années seulement pour passer d'une température moyenne
de 22° R. à 8° R.

D'après un calcul de M. Pouillet, si la quantité totale de

chaleur que la terre reçoit du soleil, dans le cours d'une année, était uniformément répartie sur tous les points du globe, et qu'elle y fût employée à fondre la glace, elle serait capable de fondre une couche de glace qui envelopperait la terre entière et qui aurait une épaisseur de près de 31 mètres (d). Un autre calcul a conduit M. E. de Beaumont à démontrer, en s'appuyant sur les formules obtenues par Poisson, que le flux de la chaleur produit annuellement par le rayonnement intérieur du globe correspond, pour Paris, à la fusion d'une couche de glace d'une épaisseur de 0,0065. Le lecteur, en comparant ces deux quantités entre elles, ne doit pas perdre de vue que la quantité de chaleur d'origine solaire devient rapidement insignifiante à mesure que la profondeur augmente, tandis que le contraire a lieu pour la chaleur d'origine interne.

La quantité de chaleur d'origine terrestre ou interplanétaire est constante ; elle ne varie ni avec chaque heure de la journée, ni avec les saisons ; elle ne varie pas non plus d'un point à un autre de la surface du globe. Si elle subit des variations, ce ne peut être que dans une mesure très-faible, et à de grands intervalles correspondant à chaque période géologique.

Mais la quantité de chaleur fournie par le soleil change avec l'heure de la journée et avec les saisons : « En général, dit Poisson, les inégalités diurnes sont insensibles à un mètre de profondeur : les inégalités annuelles disparaissent à une distance d'une vingtaine de mètres de la surface ; et vers le tiers de cette distance, celles-ci se réduisent à l'irrégularité dont la période comprend l'année entière. A une profondeur de six à huit mètres, la température n'offre donc qu'un seul maximum et un seul minimum qui arrivent à six mois l'un de l'autre, et après les époques de la plus grande et de la moindre chaleur. Au delà d'une profondeur d'environ 20 mètres, la température ne varie plus avec le temps, ou du moins elle ne peut plus éprouver que des variations séculaires qui n'ont pas encore été observées. Quoique les variations de la chaleur solaire ne soient plus sensibles à la profondeur d'une vingtaine de mètres, cependant elle ne s'arrête pas à cette limite, ni à aucune autre ; et, dans un temps suffisamment prolongé, elle a dû pénétrer dans la masse entière de la terre et jusqu'à son centre... Par le rayonnement à travers sa surface, la terre renvoie chaque année, au dehors, une quantité de chaleur égale à celle qu'elle a reçue du soleil et qu'elle a absorbée ; et cet équilibre a lieu, non-seulement pour la surface entière du globe, mais aussi, à très-peu près, pour chacun de ses points particuliers. » Toutefois, cet équilibre n'est réel que pour un intervalle de temps limité : la remarque de Poisson cesserait d'être exacte si on l'appliquait à deux époques géologiques quelconques.

M. W. Fox, après avoir dressé un tableau des températures de quelques mines de Cornouailles, en conclut que la proportion dans l'accroissement de température en s'enfonçant dans le sol est plus considérable dans les mines peu profondes que dans celles qui le sont davantage. D'après M. Henwood, de la surface à 274 mètres, l'augmentation de température pour des profondeurs égales paraît être en progression décroissante : au delà de 274 mètres, la progression deviendrait plus rapide, de sorte qu'il y aurait à cette profondeur un maximum à partir duquel se manifesterait un accroissement plus rapide, soit en descendant, soit en montant. M. W. Rogers a également reconnu, dans la Virginie, que la proportion de l'accroissement était moindre à mesure que la profondeur augmentait.

L'accroissement constaté par M. Henwood dans la progression en deçà de la profondeur de 274 mètres dépendrait sur-

tout, selon nous, de l'action solaire qui s'ajoute à la température
intérieure. L'observation de M. Henwood permettrait ainsi de
constater jusqu'à quelle profondeur la chaleur fournie par le
soleil est sensible. Cette chaleur arrive dans l'intérieur de la
terre par ondées successives qui sont en relation avec les variations diurnes, annuelles et de saison, et qui se transforment
ensuite en un courant continu, dont l'intensité croît du pôle
à l'équateur. A la profondeur où les variations annuelles se
font seules sentir, c'est-à-dire à 8 mètres sous nos latitudes,
le maximum arrive vers le premier janvier, et le minimum
vers la fin de juin; la propagation de la chaleur solaire s'effectue donc avec une grande lenteur, à travers l'écorce terrestre : il en est évidemment de même pour la chaleur d'origine interne.

Première ligne à température constante. — D'après ce qui précède, on peut partager l'écorce terrestre en deux zones, l'une
inférieure, où la température est constamment la même,
l'autre supérieure, où cette température varie. La surface
courbe qui sépare ces deux zones porte le nom de *surface* ou
de *ligne à température constante.* C'est à partir de cette ligne
qu'il faut compter, si l'on applique ou si l'on recherche
la loi d'accroissement de la chaleur en raison de la profondeur.

« La profondeur de la couche de température invariable
dépend à la fois de la hauteur polaire, de la conductibilité des
roches, et de la différence thermométrique entre la saison la
plus chaude et la plus froide. D'après la théorie de la distribution de la chaleur, la courbe à laquelle les différences de
température cessent d'être sensibles durant toute l'année est
d'autant moins éloignée de la surface du sol qu'il y a moins

d'intervalle entre le maximum et le minimum de la température annuelle. » Humboldt : *Cosmos.*

D'après M. Bischof, la courbe formée par la ligne à température invariable donnerait un ellipsoïde un peu plus aplati
que le globe lui-même. La profondeur à laquelle se trouverait
cette ligne serait d'un pied, dans les régions tropicales, d'après
M. Boussingault; d'après M. Bischof, elle se trouverait à 90 pieds
dans la Sibérie septentrionale, et dans la zone tempérée elle
varierait de 25 à 77 pieds.

La ligne à température invariable ne laisse pas toujours au-
dessous d'elle des couches dont la température soit supérieure
au zéro de l'échelle thermométrique. Le sol de l'Asie septentrionale est occupé par des glaces souterraines mêlées à des
dépôts récents de sable, d'argile, de bois bitumineux. Dans le
forage du puits d'Iakoutsk, sur le bord de la Léna (62° 2' de
latitude nord), on est parvenu jusqu'à une profondeur de
117 mètres sans franchir la couche de glace : à cette profondeur, la température était encore de $-2°,4$. Les observations
thermométriques faites après le forage ont accusé un accroissement de température de un degré par 30 à 35 mètres.
D'après les calculs de Middendorff, la limite des terrains de
glace ne se trouverait qu'à une profondeur de 187 à 195 mètres.
Les observations faites dans d'autres puits situés à un mille
d'Iakoutsk, mais qui n'ont atteint qu'une profondeur de
18 mètres, autorisent à croire que la couche normale de glace
se trouverait à 91 mètres seulement du sol, d'où l'on peut
conclure que cette profondeur varie beaucoup sur des points
très-rapprochés.

Les limites de cette grande masse de sol glacé sont indiquées
par Middendorff de la manière suivante : « A l'extrémité la
plus septentrionale du continent européen, dans le Finmark,

par 70° et 71° de latitude, il n'y a pas encore de sol de glace
continu ; mais vers l'est, en entrant dans la vallée de l'Obi, on
trouve un véritable sol de glace à Obdorsk et à Beresow, cinq
degrés au sud du cap Nord. Vers l'est et le sud-est, le sol devient moins froid, à l'exception de Tobolsk, où la température
du sol est plus froide qu'à Witimsk, plus rapproché du nord
d'un degré. Le sol de Tourouchansk sur le Jenisei, par 65° 54',
n'est pas gelé, mais il touche à la limite des couches de glace.
A Amginsk, au sud-est d'Iakoutsk, le sol est aussi froid qu'à
Obdorsk, situé à 5 degrés plus loin vers le pôle. De l'Obi au
Jenisei, la courbe qui marque la limite du sol de glace paraît
remonter de deux degrés vers le nord, pour fléchir de nouveau
vers le midi, et traverser la vallée de la Léna, de huit degrés
plus méridionale que le Jenisei. Plus loin encore vers l'est, la
ligne reprend la direction du nord. » (*Cosmos*, t. IV, page 53.)

**Distribution et accroissement de la température à une faible pro-
fondeur.** — C'est en prenant pour base les observations thermométriques relevées dans les puits artésiens, les mines et les
sondages qu'on a essayé d'établir la loi d'accroissement de la
température en raison de la profondeur; mais ces expériences
sont exposées à beaucoup de chances d'erreur. Le fond des
puits artésiens ne coïncide pas avec l'origine de toutes les eaux
auxquelles ils servent d'issue; les unes peuvent provenir d'un
point moins profond, les autres, au contraire, peuvent avoir
un point de départ plus rapproché du centre de la terre. Dans
les mines, beaucoup de causes contribuent à modifier la température. Parmi ces causes, je signalerai la chaleur animale
dégagée par les ouvriers, celle qui est fournie par l'éclairage,
et enfin les courants d'air provenant des parties extérieures.
Dans aucun de ces cas, on ne peut se flatter de pouvoir établir,

d'une manière rigoureuse, la température propre au point où l'observation est faite.

On a dit que la température allait en croissant vers l'inté-rieur du globe selon une progression arithmétique, à raison de un degré environ par trente mètres en moyenne. Non-seule-ment cet accroissement n'est pas uniforme pour des points très-rapprochés, mais il varie aussi dans les mêmes mines et dans les mêmes puits selon la profondeur. A mesure qu'on se rapproche de la surface du globe, les sources de chaleur de-viennent de plus en plus nombreuses, et de plus en plus va-riables dans leur intensité. Le mode de répartition du calorique n'est plus soumis à des principes constants. Un système com-pliqué de cavités et de fissures parcourt l'écorce terrestre; il reçoit les eaux froides venant de la surface du sol et les eaux chaudes chassées de l'intérieur du globe : ce réseau de fissures que l'eau met à profit dans sa circulation souterraine est loin d'être uniforme et régulier : l'eau, en transportant avec elle le calorique, ne peut donc le distribuer uniformément.

D'un autre côté, la matière pyrosphérique, en pénétrant à travers les conduits volcaniques, contribue à porter, dans le mode de distribution de la température intérieure, des varia-tions qui n'existent nullement dans les parties les plus rappro-chées du centre de la terre. On conçoit que les soupiraux vol-caniques soient, pour les contrées qui les entourent, des foyers d'où une grande quantité de calorique se répand par voie de conductibilité. — C'est surtout vers la partie supérieure de l'écorce terrestre que l'écart, entre la température intérieure des régions volcaniques et celle des régions non volcaniques, est très-sensible. Des observations faites dans un puits de re-cherche, à deux milles de Monte-Massi (Toscane), ont accusé sur ce point un accroissement de température de un degré par

13 mètres : ce puits a été ouvert à quelques milles des lagoni, et dans une région où l'action volcanique atteint une grande énergie. Dans le puits foré à Neuffen (Wurtemberg), à travers le terrain jurassique, l'accroissement est de un degré par 10^m, 5. M. Daubrée attribue cette marche rapide de la température aux basaltes du voisinage qui, ayant conservé une certaine quantité de leur chaleur première, réagissent sur les dépôts environnants. — Dans la Bretagne, où l'action volcanique ne s'est jamais manifestée, et où les roches éruptives sont de date très-ancienne, l'accroissement de la chaleur est beaucoup plus lent. Les observations faites par Daubuisson, en 1806, dans les mines de Poullaouen et de Huelgoat, en Bretagne, et consignées par Cordier dans son mémoire sur la température intérieure, donnent une moyenne d'un accroissement de un degré par 62^m, 25. Cet accroissement est très-faible, et, pour expliquer la différence des résultats obtenus en Bretagne et en Italie, on ferait vainement remarquer que les observations de Daubuisson ont été prises dans l'eau contenue dans les mines sous forme de sources, de puisards ou d'inondations.

Je dois rappeler ici le résultat du forage du puits de Grenelle, soit afin de donner pour l'accroissement de température une valeur moyenne entre celles qui viennent d'être indiquées, soit parce que les observations thermométriques correspondant à ce forage ont été relevées, avec le plus grand soin, par Arago et M. Walferdin. Le forage du puits de Grenelle a rencontré à 505 mètres les marnes du gault. Le thermomètre à cette profondeur a marqué 26°, 43. En prenant pour point de départ la température constante des caves de l'observatoire (11°, 7 à 28 mètres de profondeur), on obtient pour valeur de l'accroissement de température un degré pour 32^m 3. Ce résultat se trouve corroboré par ce qui s'observe depuis que le forage est terminé : les eaux jaillissent de 548 mètres de profondeur, avec une température de 27°, 6, peu différente de la température 27°, 76 fournie par le calcul.

Pour compléter l'énumération des circonstances venant troubler la régularité qui devrait présider à la distribution de la température dans l'intérieur de l'écorce terrestre, ajoutons que le mode de déperdition du calorique n'y est pas plus régulier que son mode d'arrivée. La quantité de cette déperdition varie d'une contrée à l'autre ; elle n'est pas la même au fond de l'océan et sur le sol émergé, sous l'équateur et vers les pôles, en été et en hiver. Les matériaux constitutifs de l'écorce terrestre changent rapidement de nature, dans le sens horizontal et dans le sens vertical ; avec eux, varie le degré de conductibilité pour la chaleur. M. Henwood a constaté, au même niveau, une différence de 2 à 3 degrés entre les couches schisteuses et le granite. Cette différence étant à l'avantage du granite, il s'ensuit que les lignes isogéothermes qui parcourent le terrain schisteux s'infléchissent lorsqu'elles rencontrent le granite.

En terminant ces considérations, je dirai avec M. d'Archiac, « qu'il suffit de jeter un coup d'œil comparatif sur l'ensemble des observations faites, soit dans les galeries de mines, soit dans les puits de mines, soit dans les puits artésiens, pour reconnaître que l'on est encore loin de pouvoir établir la moyenne de l'accroissement de température dans les lieux profonds. Mais, ajoute M. d'Archiac, lorsque les matériaux seront devenus plus nombreux, on devra s'occuper d'un travail général, analogue à l'excellent mémoire que M. Cordier a publié en 1827, et dans lequel tous les éléments acquis à la science seront repris et discutés, ainsi que les méthodes d'ex-

périmentation qui ont été employées pour les obtenir. » Je ne
crois pas que le vœu formulé par M. d'Archiac ait des chances
de réalisation. Les observations propres à être mises à profit
dans ce but ne peuvent être faites que dans des pays susceptibles de recevoir l'établissement de mines ou de puits artésiens : ces observations seront donc toujours très-restreintes ;
elles ne pourront être faites dans des régions qui, comme le
Jura, offrent pourtant une grande étendue. Toujours, ces observations seront soumises à de nombreuses chances d'erreur.
D'un autre côté, les variations dans le degré d'accroissement
de la température sont tellement considérables d'un point à
un autre, que toute loi qu'on essaiera de formuler n'aura dans
la pratique qu'une faible valeur. Enfin, le peu de profondeur
qu'il sera permis d'atteindre ne donnera pas à cette loi une
importance plus grande sous le rapport théorique, puisqu'on
ne pourra pas la considérer comme vraie pour la croûte du
globe toute entière et s'en servir, par exemple, pour apprécier, d'une manière rigoureuse, la puissance de l'écorce terrestre.

**Distribution et accroissement de la température à une grande pro-
fondeur.** — On vient de voir de quelles difficultés est entouré le
problème relatif à la loi d'accroissement de la chaleur à mesure que la profondeur augmente. Mais, quand bien même
l'examen de ce problème pourrait conduire à un résultat exact,
en ce qui concerne les points de l'écorce terrestre accessibles à
l'observation directe, il ne serait pas permis d'appliquer ce résultat à toute l'écorce terrestre et encore moins à la masse du
globe. Les mines les plus profondes n'ont pas pénétré au delà
de neuf cents mètres. Le sondage qui a été conduit à la plus
grande distance de la surface du sol, en Europe, est celui de

Mondorf, sur la frontière de France et de Luxembourg ; il a été arrêté avant d'avoir atteint 700 mètres.

Le mode de distribution de la chaleur, dans l'intérieur de la terre, est un problème qui, comme tout ce qui se rattache à la physique du globe, offre les plus grandes difficultés : le calcul, le raisonnement et l'expérience, employés simultanément pour sa solution, ne peuvent conduire à des résultats certains.

Les données destinées à servir de base ou de point de départ au calcul sont très-insuffisantes, et ce reproche s'adresse aux expériences qui ont eu lieu dans les laboratoires de physique, aussi bien qu'aux observations qui ont été faites dans la nature.

Le calorique se propage dans les corps solides par voie de conductibilité, et les expériences entreprises pour connaître les lois de cette propagation ont été faites sur des barres de métal placées au milieu d'une masse gazeuse, l'air atmosphérique. On n'a pas encore étudié expérimentalement les lois de la propagation de la chaleur par voie de conductibilité à travers une masse continue, homogène ou non, telle qu'une sphère dont le centre serait porté à une haute température. Les savants calculs de Fourier ne sauraient suppléer à l'insuffisance de l'expérience, puisqu'ils s'appliquent à un corps dont la structure et la composition sont homogènes, ce qui n'a certainement pas lieu pour l'écorce terrestre, et encore moins pour le globe lui-même.

Pour soupçonner quel est le mode de distribution de température dans l'écorce terrestre à une grande profondeur, il faut s'adresser, non à des observations faites à une faible distance de la surface du globe, non à des calculs ayant pour point de départ des données plus ou moins contestables, — mais à des considérations générales et en quelque sorte théoriques.

On conçoit qu'à partir d'une certaine profondeur, à la distance de mille mètres, par exemple, la température se distribue d'une manière de plus en plus régulière, susceptible d'être exprimée mathématiquement. Cette plus grande régularité provient de l'uniformité sans cesse croissante dans la nature des matériaux constitutifs du globe, et par suite dans leur degré de conductibilité pour la chaleur. Elle s'explique aussi parce que la quantité de chaleur fournie par le soleil et par l'espace interplanétaire devient de plus en plus insignifiante à côté de celle qui a sa source dans la masse du globe.

Température au-dessous de l'écorce terrestre. — Hypothèse de l'uniformité de température dans la masse centrale du globe. — Les difficultés que présentent la recherche du mode dont la température se distribue dans l'écorce terrestre, existent à un plus haut degré lorsque l'on aborde le même problème relativement à la masse centrale du globe. Non-seulement, à mesure que la profondeur augmente, l'observation directe ou indirecte devient de plus en plus impossible, mais le calcul lui-même n'est plus d'aucun secours. Les formules de Fourier ne sauraient s'appliquer au cas de la masse centrale du globe, puisque la matière y existe, non à l'état solide, mais à l'état de fluidité ignée. Cet état de fluidité ignée doit même nous faire supposer qu'il règne, au-dessous de l'écorce terrestre, une température à peu près uniforme jusqu'au centre de la terre.

En admettant un accroissement de un degré par trente mètres, il régnerait, au centre de la terre, une température de 200 000 degrés dont on ne saurait se faire une idée.

Mais, dit M. Beudant, « il n'est guère probable que la chaleur croisse toujours uniformément; il est à croire que bientôt il se fait un équilibre général, et, qu'à une profondeur de 150 à 200 kilomètres, il s'établit une température uniforme de 3 à 4000 degrés, la plus forte que nous puissions produire et à laquelle rien ne résiste. »

L'uniformité de température, au sein du globe, proviendrait de ce que la masse intérieure de la terre, par suite de son état de fluidité ignée, est soumise à un déplacement moléculaire semblable à celui dont l'océan nous offre un exemple. Ce déplacement moléculaire serait d'ailleurs très-peu contrarié par la différence de densité des diverses substances existant au sein du globe, différence de densité qui serait à peine sensible. (Voir chapitre IV.)

Au delà d'une certaine profondeur, la température cesserait de croître, de même qu'à une certaine élévation vers les espaces interplanétaires, elle cesse de s'abaisser. L'écorce terrestre est comparable à un écran, interposé entre le foyer de chaleur interne et le milieu réfrigérant qui l'enveloppe de toutes parts. Dans cette écorce seulement, les inégalités de température doivent avoir lieu d'un point à un autre, et ces inégalités ont surtout pour résultat de ménager le passage entre deux milieux dont la température est très-différente.

Distribution des lignes isogéothermes. — On sait que les météorologistes désignent sous le nom de lignes isothermes celles que l'on obtient à la surface du globe en joignant les points qui ont la même température moyenne. Les lignes ou plutôt les surfaces *isogéothermes* réunissent, dans l'intérieur du globe, les points dont la température est constante et constamment la même pour tous.

Toutes les lignes isogéothermes sont parallèles ; leur parallélisme n'est que faiblement troublé par des causes qui existent surtout près de la surface du globe.

Une des causes qui modifient la direction et la situation rela-tives des lignes isogéothermes est inhérente à la chaleur d'ori-gine solaire.

On peut sans exagération adopter le nombre 27°,5, proposé par Humboldt, pour représenter la température moyenne des régions placées sous l'équateur. Telle est aussi la température de la première ligne isogéotherme que l'on rencontre, sous l'équateur, en pénétrant dans le sol; elle existe, d'après ce qui a été dit précédemment, à un pied de profondeur. Voyons à quelle distance de la surface du sol cette ligne doit se retrou-ver sous les pôles. Elle s'en éloignera d'autant plus que le nombre adopté pour représenter, sous le pôle nord, la tempé-rature moyenne de l'année, s'écartera davantage du zéro de l'échelle thermométrique.

Dans l'appréciation de cette température moyenne, Arago distinguait le cas où la terre-ferme s'étendrait jusqu'au pôle et celui où le pôle serait environné d'eau. Il concluait, pour le pre-mier cas, à une température de −32°, et, pour le second, à une température de −25°. Kaemtz propose le nombre −8°, qui pa-raît trop faible lorsqu'on se rappelle qu'à l'île Melville, située par 74° latitude nord, la température moyenne est de −48°,7. Si, pour s'en tenir à une appréciation moyenne, on adopte le nombre −20°, il en résulte que la ligne isogéotherme 27°,5 placée, sous l'équateur, presque à la surface du sol, ne se re-trouve sous les pôles qu'à une profondeur de 1425 mètres, cal-culée en admettant un accroissement de chaleur de 1° par 30 mètres. Une première conséquence de ce fait, c'est que les lignes isogéothermes s'affaissent considérablement vers les pôles, et exagèrent la forme ellipsoïdale de la terre. Une autre consé-quence, c'est que les lignes dont la température est inférieure à 27°,5 ne constituent pas des courbes fermées. Elles se rapprochent de plus en plus de la surface du sol et se terminent brusquement, en atteignant la ligne à température invariable.

L'étude des lignes isogéothermes se lie intimement à celle de la puissance et de la structure de l'écorce terrestre. Les autres considérations auxquelles elles peuvent donner lieu trouveront mieux leur place dans le livre suivant.

Dans la figure 1, destinée à donner une idée du mode de distribution des lignes isogéothermes, l'écorce terrestre est supposée développée : *ne* est le rayon polaire; *af*, un rayon équatorial. La partie noire représente la pyrosphère; la partie *cdn* marque le sol de glace qui entoure le pôle boréal. La ligne *ab* est la première ligne isogéotherme que l'on trouve sous l'équateur en pénétrant dans le sol; toutes les lignes plus profondes que *ab* constituent des courbes fermées; les autres cessent à la rencontre de la ligne à température invariable qui, à cause de la petite échelle employée dans la figure, se confond avec la surface du sol : leur prolongement supposé, à travers l'atmosphère, est indiqué par un trait ponctué. Cette figure montre que l'écorce terrestre doit être plus puissante sous les pôles que sous l'équateur. Elle est en partie théorique : les lignes isogéothermes y sont, à tort, considérées comme rigoureusement parallèles; il en résulte que le signe *cd*, correspondant à la température zéro, apparaît à la surface du sol, sur un point plus rapproché de l'équateur qu'il ne l'est réellement. Cette ligne *cd* est destinée, en restant toujours à peu près parallèle à ses situations antérieures, à s'affaiser sur elle-même : dans un avenir très-éloigné, elle viendra prendre la place de *ab;* alors toute la surface du globe sera glacée.

Déplacement des lignes isogéothermes pendant les temps géologiques. — Je viens d'indiquer sommairement la distribution et la direction des lignes isogéothermes pendant l'époque actuelle. Lors des premiers temps géologiques, elles étaient, comme l'écorce terrestre elle-même, rigoureusement concentriques avec la terre. Il régnait, à la surface du globe, une température assez uniforme pour que l'influence calorifique du soleil fût encore effacée par celle de la terre : les lignes isogéothermes ne présentaient pas cette dépression qu'elles doivent offrir au-dessous des régions polaires. Mais cette dépression a dû se manifester peu à peu pendant que la diversité des climats s'établissait à la surface du globe, et devenir plus sensible à mesure que les lignes isothermes s'accentuaient davantage. En même temps, les lignes isogéothermes ont suivi, dans leur changement de direction, les diverses dislocations de la croûte du globe; elles se sont éloignées du centre de la terre, là où l'écorce terrestre se soulevait; elles ont obéi à un mouvement contraire, là où l'écorce terrestre s'affaissait sur elle-même.

Pendant que les lignes isogéothermes subissaient, dans leur direction primitive, les changements incessants que je viens de mentionner, le système tout entier qu'elles constituent obéissait, dans son ensemble, à un mouvement d'affaissement produit par l'abaissement de la température. Ce déplacement ne modifiait pas d'ailleurs la situation relative des lignes isogéothermes, mais elle les rapprochait de plus en plus du centre de la terre; en même temps, il amenait l'apparition de lignes nouvelles venant occuper la place des lignes qui s'étaient affaissées. Ce phénomène remarquable continue de nos jours, et persistera jusqu'à ce que toute la masse du globe se soit complètement refroidie et se soit mise en équilibre de température avec le milieu interplanétaire.

Hypothèse d'un accroissement de la chaleur selon une progression géométrique. — Abstraction faite de ce qui se passe sur les points tout à fait voisins de la surface du sol, il me paraît naturel d'admettre que la température va croissant, d'après une loi analogue ou semblable à celle qui préside à la conductibilité de la chaleur, dans une barre de métal soumise par une de ses extrémités à une haute température. Dans ce cas, les distances à la source de chaleur croissant en progression arithmétique, les excès de température sur l'air ambiant diminuent en progression géométrique, ou, ce qui revient au même, les distances à la source diminuant en progression arithmétique, les excès de température sur l'air ambiant croissent en progression géométrique (e).

Le tableau de la page suivante marque de kilomètre en kilomètre la température correspondant à chaque distance : 1° lorsqu'on suppose un accroissement de chaleur, selon une progression arithmétique, à raison de un degré par 30 mètres environ; 2° lorsqu'on admet que cet accroissement s'effectue selon une progression géométrique dont la raison est 1,15. Le point de départ est pris à un kilomètre de profondeur et sa température est supposée de 30°.

Ce tableau montre que l'accroissement de chaleur est, au commencement, beaucoup plus lent dans le cas d'une progression géométrique que dans celui d'une progression arithmétique. Mais, à une profondeur qui varierait avec la raison de la progression géométrique, l'accroissement devient tout à coup très-rapide. Il en résulte que la ligne de démarcation entre la pyrosphère et l'écorce terrestre, est beaucoup plus nette dans le cas d'une progression géométrique que dans celui d'une progression arithmétique.

L'adoption de l'hypothèse d'un accroissement de chaleur

ACCROISSEMENT DE LA TEMPÉRATURE DANS L'INTÉRIEUR DU GLOBE

Profondeur en kilomètres.	Selon une progression arithmétique dont la raison est 30.		Selon une progression géométrique dont la raison est 1,15.	
	Température correspondante.	Points de fusion et de volatilisation de diverses substances.	Température correspondante.	Points de fusion et de volatilisation de diverses substances.
1	30		30	
2	60	*Brôme :* Phosphore. . .	35	
3	90	*Eau :* Sodium . . .	40	
4	120	Soufre : Iode	46	Phosphore.
5	150		53	
6	180	*Iode*	61	*Brôme.*
7	210		70	
8	240	Etain	80	
9	270	Bismuth	92	*Eau :* Sodium.
10	300	*Phosphore*	106	Soufre : Iode.
11	330	Plomb	122	
12	360	*Mercure*	140	
13	390	*Soufre*	161	
14	420		185	*Iode.*
15	450	Antimoine	213	Etain.
16	480		245	Bismuth.
17	510	Zinc	282	*Phosphore.*
18	540		324	Plomb : *Mercure.*
19	570		373	
20	600	*Plomb*	429	*Soufre :* Antimoine.
21	630		493	Zinc.
22	660		567	*Plomb.*
23	690	Arsenic : *Arsenic* . .	652	
24	720		750	Arsenic : *Arsenic.*
25	750		863	
26	780		993	Argent : Fonte blanche.
27	810		1142	*Zinc : Etain :* Or.
28	840		1313	GRANITE.
29	870		1510	Fer : Manganèse.
30	900		1737	*Argent.*
35	1050	Argent : Fonte blanche.	3496	
40	1200	*Zinc : Etain :* Or . .		
45	1350	GRANITE		
50	1500	Fer : Manganèse . .		
55	1650	*Argent*		

Les noms écrits en italiques correspondent au point de volatilisation; les autres au point de fusion. La plupart de ces évaluations sont approximatives.

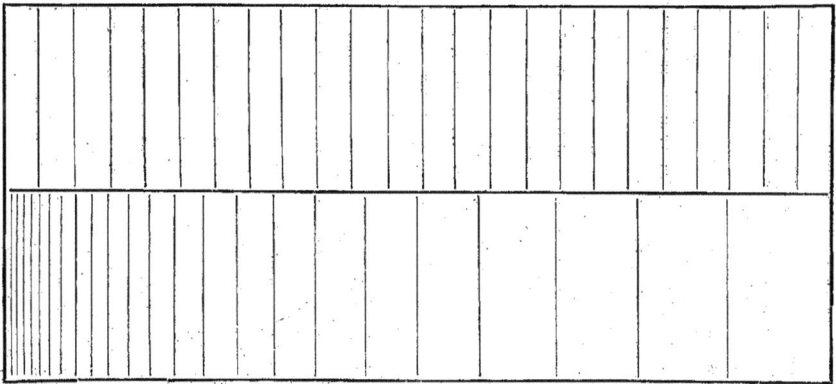

Fig. 2. — *Echelle des lignes isogéothermes* suivant une progression arithmétique (côté gauche) et suivant une progression géométrique (côté droit).

par progression géométrique n'apporte aucune modification à ce que j'ai dit sur le mode de distribution des lignes isogéothermes. Dans le cas d'un accroissement de chaleur par progression arithmétique, elles sont toutes à égale distance les unes des autres ; dans le cas d'un accroissement par progression géométrique, les distances qui les séparent les unes des autres vont en augmentant du centre vers la circonférence du globe, selon une progression géométrique dont la raison est la même que celle de la progression d'accroissement de la chaleur. La figure 2 a pour objet de rendre sensible aux yeux la différence que doit présenter, dans un cas et dans l'autre, le mode de distribution des lignes isogéothermes. La colonne du côté gauche correspond au cas d'un accroissement par progression arithmétique, et la colonne du côté droit à celui d'un accroissement par progression géométrique. Les deux échelles commencent et finissent à deux points de coïncidence. Le premier est situé à un kilomètre de profondeur, là où la chaleur est déjà presqu'entièrement d'origine interne. Le deuxième existe à une profondeur qui peut varier avec la raison des progressions géométrique et arithmétique employées. Dans cette figure, il est supposé placé à une profondeur de 25 kilomètres : la raison de la progression géométrique est 1,14.

La rapidité avec laquelle la température croît, lorsque l'on met en œuvre une progression géométrique, indique que la raison de cette progression ne peut être bien supérieure à l'unité. Cette rapidité d'accroissement est telle qu'il devrait régner au centre de la terre une chaleur dont on ne saurait admettre l'existence. Ce résultat semble constituer une objection à l'hypothèse que j'ai en vue. Mais cette objection existe aussi, quoique à un moindre degré, quel que soit le mode d'accroissement que l'on adopte (f).

CHAPITRE III.

Origine du globe : hypothèses de Buffon, de Laplace et d'Herschel. —
Période cosmogonique : apparition du nucléus ; la terre passe de l'état
de nébuleuse à celui de soleil. — Période plutonique : la terre devient
un astre non lumineux par lui-même ; apparition de l'écorce terrestre ;
accumulation des eaux sous forme d'océan. — Période géologique : le
globe à l'état de planète ; apparition de la terre ferme et de la vie à
la surface du globe. — La terre destinée à passer à l'état de lune, et
à perdre son atmosphère et son océan. — Variations dans la forme
et le volume du globe : abaissement progressif du niveau de l'océan. —
Les conditions de l'existence sidérale de la terre n'ont pas sensiblement varié pendant les temps post-cosmogoniques : preuves géologiques ; preuves astronomiques.

Considérations cosmogoniques : hypothèses de Buffon et de Laplace.—
Tous les indices de l'unité d'origine du système solaire n'a-
vaient pas échappé au génie de Buffon et avaient conduit ce
grand naturaliste à formuler l'hypothèse suivante. Le soleil
existait antérieurement aux planètes ; il aurait été heurté obliquement par une comète, dont le choc aurait eu pour résultat
de projeter dans l'espace un torrent de matière fluide et
incandescente. Les parties les moins denses de ce torrent,
entraînées à une plus grande distance, en vertu de leur faible
pesanteur spécifique, auraient fourni les éléments des planètes
les plus éloignées. Les parties les plus denses se seraient main-
tenues très-près du soleil et auraient formé Mercure, Vénus,

8

la Terre et Mars. Je crois inutile d'insister sur l'impossibilité d'admettre la théorie cosmogonique de Buffon.

Il est presque certain que tous les corps dont le système planétaire se compose constituaient jadis une seule masse, qu'une température très-élevée maintenait à l'état gazeux. Quant au mode dont le partage et la condensation de cette masse se sont opérés, il a été émis deux opinions un peu différentes que je vais mentionner.

Dans une note placée à la fin de son *Exposition du système du monde*, Laplace formule sa théorie cosmogonique de la manière suivante.

Dans son état primitif, le soleil ressemblait aux nébuleuses que le télescope nous montre composées d'un noyau plus ou moins brillant, entouré d'une nébulosité qui, en se condensant à la surface du noyau, le change en étoile. Si l'on conçoit, par analogie, toutes les étoiles formées de cette manière, on peut imaginer leur état antérieur de nébulosité, précédé lui-même par d'autres états dans lesquels la matière nébuleuse se montre de plus en plus diffuse, le noyau étant de moins en moins lumineux. On arrive ainsi, en remontant aussi loin qu'il est possible, à une nébulosité tellement diffuse que l'on pourrait à peine en soupçonner l'existence.

L'atmosphère solaire ne s'étendait pas indéfiniment; sa limite se trouvait au point où la force centrifuge, due à son mouvement de rotation, balançait la pesanteur. Mais à mesure que le refroidissement resserrait cette atmosphère et condensait à la surface du soleil les molécules qui en étaient voisines, le mouvement de rotation de cet astre augmentait. La force centrifuge due à ce mouvement croissait aussi, et la limite où la pesanteur lui est égale se rapprochait du centre du soleil. Celui-ci abandonnait les molécules situées à cette limite et aux limites successives produites par l'accroissement de sa rotation.

Les zones de vapeurs, abandonnées l'une après l'autre, ont formé, par la condensation et l'attraction mutuelle de leurs molécules, divers anneaux concentriques de vapeurs circulant autour du soleil. Chaque anneau de vapeurs s'est rompu en plusieurs masses, qui ont pris une forme sphéroïdale et ont continué de circuler autour du soleil. Un refroidissement ultérieur a dû former, au centre des planètes en vapeurs, un noyau s'accroissant sans cesse par la condensation de l'atmosphère qui l'environnait. Dans cet état, chaque planète ressemblait parfaitement au soleil, centre de la nébuleuse primitive; le refroidissement a donc pu produire, aux diverses limites de son atmosphère, des phénomènes semblables à ceux que nous avons décrits, c'est-à-dire des anneaux et, par suite, des satellites circulant autour de son centre.

Hypothèse de W. Herschel. — Exposons maintenant, en peu de mots, la théorie cosmogonique de William Herschel qui, quelques années avant Laplace, avait rattaché également l'origine du système solaire à une nébuleuse.

W. Herschel avait fait, le premier, une étude approfondie des nébuleuses qu'il divisait en nébuleuses résolubles, c'est-à-dire susceptibles de se décomposer en étoiles à l'aide de forts télescopes, et en nébuleuses proprement dites : celles-ci se subdivisaient à leur tour, suivant leur éclat et leur grandeur, en nébuleuses planétaires, nébuleuses stellaires et étoiles nébuleuses. Presque jusqu'en 1791, dit Humboldt, W. Herschel avait paru disposé, comme l'est aujourd'hui lord Rosse, à voir, dans les nébuleuses qu'il n'avait pu parvenir à résoudre, des groupes d'étoiles très-éloignées; mais, entre 1799 et 1802, il fut ramené à la théorie de la matière diffuse et à l'hypothèse de la formation des étoiles par la condensation successive de la nébulosité cosmique.

D'après W. Herschel, les différents aspects que présentent les nébuleuses correspondent aux différentes phases par lesquelles un monde passe depuis sa première formation. « De même, disait-il, que pour faire l'histoire du chêne, l'homme n'a besoin que de parcourir une forêt et d'y observer des chênes dans tous les états par lesquels ils passent successivement, depuis le développement de leurs cotylédons jusqu'à leur décrépitude et à leur mort; de même, il suffirait de trouver dans le ciel des nébuleuses qui représentassent les différentes époques de la formation d'un monde, pour en déduire les différents états successifs par lesquels chacun d'eux a passé ou passera. »

« Or, dit Arago, d'après la théorie confirmée par l'observation, voici quels sont les états successifs qui se montrent sur toute l'étendue d'une seule et vaste nébuleuse offrant plusieurs centres d'attraction : 1° Çà et là, disparition de la lueur phosphorescente; naissance de solutions de continuité, de déchirures dans le rideau lumineux primitif, résultat nécessaire du mouvement de la matière vers les centres attractifs; 2° agrandissement des déchirures, c'est-à-dire transformation d'une nébuleuse unique en plusieurs nébuleuses distinctes, peu distantes les unes des autres, et liées quelquefois par des filets de nébulosité très-déliés; 3° arrondissement du contour extérieur des nébuleuses séparées; augmentation plus ou moins rapide de leur intensité en allant de la circonférence au centre; 4° formation à ce centre d'un noyau très-apparent, soit par les dimensions, soit par l'éclat; 5° passage de chaque noyau à l'état stellaire avec la persistance d'une légère nébulosité environnante; 6° enfin, précipitation de cette dernière nébulosité, et, pour résultat définitif, autant d'étoiles qu'il y avait, dans la nébulosité originaire, de centres d'attraction distincts. »

La différence essentielle entre les idées cosmogoniques de Laplace et celles d'Herschel, c'est que, pour l'un, les centres d'attraction se sont montrés successivement de la circonférence vers le centre, tandis que, pour l'autre, ces centres d'attraction ont existé simultanément dans toute la masse de la nébuleuse. Cette différence ne persiste pas lorsque l'on considère isolément un centre d'attraction ; il ne sera donc pas nécessaire d'en tenir compte dans l'étude des transformations successives subies par notre planète.

Période cosmogonique : la terre passe de l'état de nébuleuse à celui de soleil. — La terre, après avoir formé une masse gazeuse, était devenue, par la condensation progressive de ses éléments constitutifs, un corps offrant une structure semblable à celle qui actuellement appartient au soleil. Elle se composait, lors de la période cosmogonique, d'un corps intérieur, lumineux par lui-même, et à l'état de liquéfaction ignée. Ce *nucléus* était enveloppé d'une atmosphère très-puissante, se partageant sans doute en deux parties. La partie inférieure participait à l'incandescence du nucléus lui-même. L'autre, plus éloignée, n'était lumineuse que par réflexion. Le lecteur comprendra sans peine comment, par suite d'un refroidissement continu, la zone, non lumineuse par elle-même, a été en croissant sans cesse d'étendue aux dépens de l'autre, et a fini par composer à elle seule toute l'atmosphère terrestre.

Dans le nucléus, de même que dans l'atmosphère, la température augmentait vers le centre de la terre. Mais les matériaux constitutifs du globe, libres de se mouvoir dans tous les sens, obéissaient à un déplacement moléculaire qui avait pour résultat de rendre la température assez uniforme dans le nucléus d'une part, et, d'autre part, dans l'atmosphère. Nous trouvons dans ce fait une nouvelle raison d'admettre l'uniformité de température dans la masse interne du globe, non-seulement pendant la période cosmologique, mais aussi pendant les temps actuels.

Dans le nucléus, ces déplacements moléculaires, qui s'effectuaient de la circonférence vers le centre, et réciproquement, étaient d'ailleurs en partie modifiés par le mouvement de rotation terrestre. Cette cause modificatrice devait se manifester avec plus d'énergie dans l'atmosphère, et n'y agissait pas seule. L'action calorifique du soleil déterminait un double courant du pôle à l'équateur et de l'équateur au pôle. Je laisse au lecteur le soin de faire appel à son imagination pour se représenter quelles devaient être, dans ces circonstances, les conditions météorologiques de notre planète (g).

J'ai comparé la constitution physique de la terre, pendant la période cosmogonique, à celle qui est actuellement inhérente au soleil. Je viens de mentionner la seule différence qui empêche cette comparaison d'être rigoureusement exacte; elle consiste en ce que les mouvements de l'atmosphère solaire ne sont nullement influencés par le voisinage d'un corps plus chaud que le soleil lui-même; dans cet astre, la température doit être la même aux pôles et à l'équateur.

La période cosmogonique a fini avec le moment où le nucléus conservait seul son éclat, et où l'atmosphère avait cessé d'être lumineuse par elle-même. L'épaisseur de cette atmosphère et l'accumulation de la vapeur d'eau dans sa masse devaient alors contribuer à affaiblir l'éclat du globe pour un observateur qui aurait été placé, par exemple, sur le satellite de notre planète. La lune, depuis longtemps éteinte, avait sans doute déjà atteint la période que, pour la terre, nous distinguons sous le nom de période géologique. Alors, elle avait encore une atmosphère et un océan ; probablement elle était habitée.

Période plutonique : la terre devient un astre non lumineux par lui-même. — La période plutonique a vu la terre perdre complètement son éclat lumineux, et se recouvrir peu à peu d'une croûte. Ce phénomène a été la conséquence de son refroidissement. Un grand nombre de substances, en passant de l'état gazeux à l'état liquide, ou de l'état liquide à l'état solide, ont dû cesser d'être lumineuses par elles-mêmes. En même temps, l'eau, accumulée en nuages vers les parties supérieures de l'atmosphère, a fini par se transformer en pluie, et par atteindre la surface incandescente du globe ; d'abord, repoussée, sous forme de vapeur, vers son point de départ, elle est revenue en plus forte proportion, et le même phénomène, répété un grand nombre de fois, a eu pour résultats définitifs : 1° l'extinction de tout éclat lumineux à la surface de la terre ; 2° la possibilité pour les eaux de commencer à s'accumuler autour du globe, et de pénétrer dans sa masse. Les contacts répétés de l'eau et de la masse incandescente ont donné origine à une sorte de boue ou de magma, qui, en se solidifiant, est devenu le granite primitif, et a constitué une écorce terrestre rudimentaire plusieurs fois détruite et rétablie.

A la fin de la période plutonique, le globe présentait la structure suivante, qu'il a conservée jusqu'à l'époque actuelle.

Autour d'une masse centrale ou *nucléus*, se superposaient une série de zones concentriques et parallèles qui étaient de bas en haut :

1° La *pyrosphère*, zone où la matière existait à l'état de liquéfaction ignée, et qui devait devenir le siége des phénomènes éruptifs et volcaniques. Jadis, comme aujourd'hui, elle était formée par la partie du nucléus immédiatement sous-jacente à l'écorce terrestre.

2° L'*écorce terrestre*, la seule zone où la matière se présentât à l'état solide. Elle a commencé par former aux pôles deux masses qui ont fini par se souder sous l'équateur. Elle est destinée à croître indéfiniment de puissance aux dépens du nucléus, jusqu'à ce que la masse entière du globe soit solidifiée.

3° L'*océan*, constituant une zone exclusivement occupée par l'eau, et formant autour du globe, lors de la période plutonique, une nappe non interrompue, une mer sans rivages.

4° L'*atmosphère*, zone où la matière est presque exclusivement à l'état gazeux.

Période géologique : la terre à l'état de planète. — Cette période commence avec le moment où les premiers dépôts sédimentaires se sont superposés à l'écorce terrestre définitivement constituée; elle persiste encore. Nous avons vu, dans l'Introduction, qu'elle pouvait se décomposer en trois sous-périodes. Ce n'est pas ici le moment de décrire, même sommairement, les phénomènes qui se sont produits pendant les temps géologiques. Je me bornerai à faire remarquer que, pendant cette période, l'écorce terrestre a crû de puissance, qu'elle s'est disloquée dans toutes ses parties, et a été portée au-dessus du niveau des eaux : c'est ainsi que la terre-ferme a commencé. En même temps, l'écorce terrestre et l'océan ont cessé de constituer deux zones concentriques et parallèles : les continents, en se réunissant les uns aux autres, ont scindé l'océan primitivement sans rivages, et ont déterminé l'apparition de golfes et de mers intérieures. Enfin, pour achever de caractériser la période géologique de l'histoire de la terre, rappelons que la vie s'est montrée peu de temps après le commen-

cement de cette période, et que, depuis lors, elle n'a pas disparu de la surface du globe.

Avenir de notre planète : elle est destinée à passer à l'état de lune. —
Lors de la période cosmogonique, l'eau était reléguée vers la zone
la plus extérieure de l'atmosphère terrestre ; mais, depuis cette
période jusqu'à nos jours, elle n'a cessé de tendre à se rapprocher de plus en plus du centre de la terre, d'abord en s'accumulant autour du globe sous forme d'océan, puis en s'insinuant
de plus en plus dans les diverses parties de l'écorce terrestre
qu'elle accompagne, pour ainsi dire, dans son mouvement
centripète. L'air atmosphérique obéit au même déplacement.
Il est donc naturel de penser qu'il viendra, dans l'histoire de
notre planète, un moment où le globe aura absorbé dans sa
masse la totalité de l'eau et de l'air atmosphérique qui l'enve-
loppent : alors, elle présentera la constitution actuelle de son
satellite, elle sera passée à l'état de lune.

L'idée que je viens d'émettre, et que je crois parfaitement
juste, a été introduite dans la science, il y a déjà quelque
temps. Je la trouve formulée par M. Lecoq, dans ses *Eléments
de géologie,* publiés en 1838 (tome II, page 303). Tout récemment, M. Sæmann l'a exprimée de nouveau : «En admettant,
dit-il, pour la terre et la lune un point de départ identique et
simultané, on conçoit que leur refroidissement a eu lieu en
proportion de leur volume. Le volume de la lune étant le
cinquantième de celui de la terre, la température y aurait
baissé cinquante fois plus vite que celle de la terre, à conductibilité égale. Les époques géologiques de la lune, comparées
aux époques correspondantes de la terre, auraient été d'autant
moins longues, jusqu'au moment où la chaleur solaire a commencé à devenir un élément appréciable. La lune avance donc

beaucoup plus rapidement que la terre dans la série des phénomènes que toutes les deux ont à parcourir, et il serait
logique de supposer que la terre présentera un jour les principaux traits qui caractérisent actuellement son satellite. Nous
croyons donc que la terre verra disparaître à la longue l'eau
qui couvre sa surface et l'air qui l'entoure. La quantité totale
de l'eau sur la terre, comparée au volume de cette dernière,
est tellement faible, que les procédés ordinaires de l'analyse
chimique ne trahiraient pas sa présence, une fois qu'elle aurait
été absorbée par le globe. On évalue le poids de l'océan à $\frac{1}{24000}$
du poids de la terre, ce qui, réduit aux expressions ordinaires
dont se servent les chimistes, donnerait en 100 parties :
roche, 99,9958 ; eau, 0,0042. »

Je n'insisterai pas plus longtemps sur cette question qui
m'occupera de nouveau dans ce chapitre et sur laquelle j'aurai
l'occasion de revenir, lorsque je parlerai de la circulation de
l'eau dans les profondeurs de l'écorce terrestre.

En étudiant les phénomènes volcaniques, nous verrons qu'ils
établissent une analogie de plus entre l'état actuel de la lune et
le futur état de notre planète.

Nous venons de suivre le globe dans ses transformations successives, et nous avons pu reconnaître quelle est, en définitive,
la structure qu'il doit offrir dans un avenir éloigné, mais certain. Pouvons-nous porter notre pensée au delà ? Nous ne le
pensons pas. Ce qu'il nous paraît permis d'affirmer, et ce qui
sera démontré dans la partie de cet ouvrage consacrée à l'étude
des phénomènes volcaniques, c'est que la terre n'est pas destinée à se briser en fragments sous un dernier effort de l'action
intérieure ; elle ne doit pas fournir les éléments de planètes
télescopiques semblables à celles qui parcourent les régions
situées au delà de l'orbite de Mars.

Les conditions de l'existence sidérale de la terre n'ont pas varié d'une manière sensible pendant les temps post-cosmogoniques : preuves géologiques. — L'observation directe démontre que la température a été en s'abaissant à la surface du globe depuis les premiers temps géologiques jusqu'à nos jours. Cet abaissement de température et les alternatives qu'il a subies peuvent s'expliquer, en majeure partie, par des modifications correspondantes dans le relief du sol. Mais cette cause n'étant pas à elle seule suffisante dans l'explication du phénomène, on doit admettre un affaiblissement dans les sources de chaleur qui existent autour de nous. Le phénomène étant général, persistant, sa cause présente les mêmes caractères et n'est autre que celle qui a fait passer notre planète de l'état gazeux à l'état de fluidité ignée, et qui, en dernier lieu, l'a recouverte d'une enveloppe solide. Non-seulement notre planète, mais aussi le soleil, tous les corps solides dont se compose le système planétaire et le milieu sidéral dans lequel ces corps sont plongés, se sont refroidis. La chaleur d'origine s'est dispersée, soit dans le milieu très-froid qui jadis enveloppait la nébuleuse planétaire, soit dans les régions successivement parcourues par notre système planétaire supposé mobile. Il nous importe peu de savoir comment s'est accomplie cette dispersion de chaleur qui, pour se manifester, a demandé un espace si étendu et un temps si prolongé : c'est là une de ces grandes questions d'astronomie qui portent l'infini avec elles et qui confondent notre intelligence.

Tout s'est donc refroidi autour de l'atmosphère terrestre, et il en a été de même pour cette atmosphère : moins de chaleur lui est arrivée non-seulement de l'espace interplanétaire, mais aussi du soleil et du centre de la terre.

Cette différence entre la température du milieu sidéral pendant les premiers temps géologiques et celle du même milieu pendant l'époque actuelle, est peu considérable et ne peut pas dépasser 5°. Il ne faut pas, en effet, perdre de vue que l'on doit chercher dans l'espace interplanétaire, dans le soleil ou dans la masse du globe, non la cause unique de l'abaissement de la température à la surface de la terre, mais un complément nécessaire à des causes que nous indiquerons, dans le cours de cet ouvrage, comme ayant exercé une grande influence sur les modifications climatologiques.

Un rôle plus important dans les révolutions du globe a été assigné à des changements survenus dans son axe de rotation. On conçoit que des géologues, surtout les partisans des causes violentes, aient été entraînés à chercher dans l'astronomie les solutions qu'ils ne pouvaient trouver ailleurs, par suite de l'énergie qu'ils supposaient aux révolutions géologiques. Or, si un changement d'axe de rotation pouvait se produire, les idées des personnes qui voient dans l'histoire de la terre des cataclysmes généraux paraîtraient très-fondées.

Arago, examinant l'hypothèse d'un changement d'axe de rotation, suppose que le nouvel axe passe par Brest : « Cette ville, dit-il, étant devenue le pôle, toute la presqu'île de Bretagne se trouverait dans un repos presque absolu : l'océan qui la baigne à l'ouest ne serait pas dans le même cas, parce qu'il se trouve seulement posé sur la charpente dont son lit est formé. Les eaux se précipiteraient donc en masse sur un rivage qui désormais ne fuirait plus devant elles, et cela avec l'ancienne vitesse du parallèle actuel de Brest, avec une vitesse de près de cinq lieues par minute. »

Je supposerai, à mon tour, que la nouvelle ligne équatoriale vînt à passer par les pôles. Le rayon terrestre étant aux pôles plus court qu'à l'équateur, les eaux trouveraient devant elles deux vastes dépressions de plus de 20 kilomètres de profondeur. Quelle intensité n'atteindrait pas le phénomène d'érosion produit par le déplacement de la totalité des mers changeant de lit avec une prodigieuse rapidité! Quelle épaisseur n'offrirait pas l'amas de débris accumulés dans les deux dépressions nouvellement produites! Et enfin, de quelle hauteur excessive s'élèveraient instantanément au-dessus du niveau de la mer les montagnes dont la base serait, sous l'équateur, désertée par les eaux! Certes, si un événement de cette nature s'était jamais produit, il aurait laissé des traces que nous retrouverions aujourd'hui. L'étude des terrains sédimentaires se complète de jour en jour, et, malgré les progrès de cette étude qui occupe tous les géologues, on ne trouve aucune trace de ces vastes érosions produites par le déplacement des mers, ni aucun reste de ces puissants amas de détritus que les eaux, violemment expulsées de leur domaine, auraient dû accumuler sur certains points. Les terrains de transport s'adaptent exactement, soit aux bassins qui les ont reçus et dont ils accusent les limites, soit aux gibbosités du sol où ils ont eu leur origine et autour desquels ils se sont disposés sous forme de traînées rayonnantes. Quant aux débris de corps organisés, leur mode d'enfouissement trahit rarement un transport violent : les coquilles notamment ont souvent conservé leurs ornements les plus délicats et se montrent dans la position même où l'animal qui les habitait les a laissées.

On m'objectera que, dans le cas d'un changement d'axe de rotation, les choses ne se passeraient pas tout à fait comme je viens de l'indiquer, parce que la masse interne, tendant à prendre instantanément sa figure d'équilibre, empêcherait les dépressions polaires et la protubérance annulaire de se maintenir. J'ai, en effet, raisonné dans l'hypothèse peu admissible d'une écorce terrestre résistante. En la supposant flexible, comme elle l'est réellement, elle se moulerait exactement sur la nouvelle forme prise par la masse du globe : la protubérance équatoriale devenant le pôle sur un point de son étendue s'affaisserait sur elle-même, retiendrait les eaux et ne leur permettrait pas de se précipiter vers les anciens pôles. Ceux-ci se trouvant, par suite du changement de l'axe de rotation, sous la nouvelle zone équatoriale, s'opposeraient, de leur côté, à l'arrivée des eaux de l'océan. Si ce changement s'effectuait d'une manière instantanée, les phénomènes d'érosion dont j'ai parlé ne se développeraient pas sur une aussi grande échelle, mais ils n'en existeraient pas moins. Une révolution aussi importante ne pourrait se manifester sans des déplacements dans la masse des eaux. En outre, l'écorce terrestre ne s'adapterait pas exactement à la nouvelle forme du globe, sans se déchirer et s'étirer là où il y aurait un renflement, sans se plisser sur elle-même là où il y aurait un affaissement. Au déplacement impétueux des eaux se joindraient des phénomènes dynamiques, tels que la rupture de l'écorce terrestre, fracturée et disloquée dans tous les sens, des éjections de matière incandescente répandue sur la croûte du globe à demi engloutie, et les réactions énergiques provenant du contact de cette matière incandescente avec les eaux de l'océan. Une telle catastrophe suffirait pour tout anéantir à la surface du globe, pour renverser les montagnes, combler les mers et tout ramener vers le chaos. Non-seulement tous les êtres vivants seraient anéantis, mais ils ne laisseraient après eux presqu'aucune trace de leur existence. L'exagération de l'effet doit nous démontrer toute l'impossibilité de la cause supposée.

Dans son *Astronomie populaire*, Arago examine, outre l'hypothèse d'un changement d'axe, celle d'un ralentissement ou même d'un arrêt amené dans le mouvement de translation de la terre par le choc d'une comète. La vitesse tangentielle de translation autour du soleil étant d'environ huit lieues par seconde, c'est avec une pareille vitesse que les eaux de l'océan et tous les corps placés à la surface de la terre seraient projetés en avant. Pour apprécier tout le désordre qui résulterait de ce choc, il suffit de se rappeler qu'un boulet de 24 n'a, même à la sortie du canon, qu'une vitesse de 390 mètres par seconde.

Après l'hypothèse d'un changement dans le mouvement de translation de la terre ou celle d'un changement de son axe de rotation, vient celle d'une lente variation dans le degré d'inclinaison de cet axe.

La géologie ne fournit pas de preuves contre cette hypothèse, et s'il lui était permis de ne tenir aucun compte des données des autres sciences, elle lui serait même favorable. Elle y trouverait l'explication simple et naturelle des modifications que les climats ont éprouvées. Mais, l'astronomie nous le démontre, l'axe terrestre de rotation ne peut varier dans son degré d'inclinaison que de 4°, et tous les 26 000 ans environ, il revient à sa situation première. L'inclinaison de l'axe terrestre de rotation diminue chaque jour, mais il ne pourra jamais être perpendiculaire au plan de l'orbite terrestre, et il viendra un moment où cette inclinaison augmentera de nouveau. Cette variation dans le degré d'inclinaison de l'axe de rotation n'est pas indifférente; elle a certainement exercé une influence sur les variations climatologiques. Toutefois, la période de 26 000 ans est assez petite, relativement à la durée des temps géologiques, pour qu'on ne puisse guère espérer retrouver dans le passé de notre planète des périodes climatologiques d'une durée à peu près égale.

Variations dans la forme et le volume du globe : abaissement progressif du niveau de l'océan. — Enfin, quant à la forme de la terre et à son aplatissement aux pôles, ils n'ont pas subi de modification appréciable pendant les temps géologiques. Par suite de son refroidissement, la terre, il est vrai, a diminué de volume, et, par conséquent, sa vitesse de rotation et son renflement équatorial ont augmenté en même temps que cette diminution de volume. — D'un autre côté, le refroidissement du globe a eu pour résultat de diminuer la longueur du rayon terrestre, d'amoindrir la force centrifuge et, par suite, d'abaisser le renflement équatorial. Il y a donc eu, pendant les temps géologiques, deux ordres de changements s'effectuant, non-seulement dans une faible mesure, mais en sens opposé et se compensant en quelque sorte. Si, pendant tout cet intervalle de temps, l'aplatissement aux pôles n'a pas été rigoureusement le même, il n'a varié que d'une quantité que le calcul démontrerait être excessivement minime et complètement négligeable, surtout au point de vue géologique. C'est là un fait important à constater, car s'il y avait eu, dans la forme générale de la terre, des changements de quelque importance, ces changements auraient amené dans la croûte du globe des dislocations dont nous devrions rechercher et retrouver la trace. Dès les premiers temps géologiques, l'écorce terrestre, définitivement constituée, était déjà impropre à se mouler exactement sur la masse intérieure du globe sans subir de dislocations. Si la zone équatoriale s'était de plus en plus renflée, l'écorce terrestre aurait éprouvé des fractures orientées aproximativement dans le sens de l'équateur lui-même. Or, lorsque l'on compare la zone équatoriale aux autres contrées, on n'y voit pas un sol plus tourmenté, des chaînes de montagnes plus nombreuses, et, surtout, des lignes de fractures dirigées de préférence dans le sens de l'équateur.

D'après ce qui précède, on peut, de la faiblesse des causes susceptibles de modifier le renflement équatorial, déduire l'absence de dislocations produites, sous l'influence de ces causes, dans le voisinage de l'équateur : réciproquement, de l'absence de ces dislocations, on peut conclure que les forces aptes à modifier la forme de la terre n'ont pas eu le temps, pendant les siècles géologiques, d'agir avec efficacité. Les seules modifications apportées à la forme de la terre ont eu pour résultat de détruire de plus en plus, quoique dans une très-faible mesure, son caractère primitif d'être rigoureusement un ellipsoïde de révolution.

Leibnitz et plusieurs géologues des deux derniers siècles avaient attribué la formation des continents au retrait de l'océan disparaissant dans des abîmes souterrains. Cette idée est actuellement complètement abandonnée, et l'on ne met plus en doute que l'apparition de la terre-ferme ne soit le résultat d'un mouvement d'intumescence portant de plus en plus certaines parties de l'écorce terrestre au-dessus du niveau de l'océan. Toutefois, l'ancienne idée d'une infiltration des eaux dans l'intérieur du globe n'est pas absolument dénuée de fondement.

En décrivant la circulation de l'eau au sein de l'écorce terrestre, nous verrons qu'elle pénètre et se maintient à de grandes profondeurs : 1° par voie d'hydratation, c'est-à-dire de combinaison chimique avec diverses substances; 2° par voie d'imbibition; 3° à la faveur des fissures et des cavités qui existent dans la croûte du globe. On ne peut pas évaluer à moins de 1/50 la quantité d'eau contenue dans l'intérieur de l'écorce terrestre, sous une forme ou sous une autre. En admettant que, depuis la fin de la période plutonique jusqu'à nos jours, la puissance de l'écorce terrestre ait augmenté seulement de 10 000 mètres, il en résulte que la masse de l'eau absorbée par l'écorce terrestre pendant la durée des temps géologiques formerait, autour du globe, une nappe de 200 mètres d'épaisseur; le niveau de l'océan s'est donc abaissé d'une quantité égale.

Ce niveau s'est abaissé sous l'influence d'une autre cause que je vais signaler. Si, dans un bassin plein d'eau, on introduit un corps quelconque, l'eau s'exhaussera; elle s'abaissera de nouveau dès que ce corps sera retiré. Ce fait s'est accompli sur une large échelle à la surface du globe. L'océan recouvrait jadis le globe tout entier, et les continents qui se sont élevés au-dessus de lui peuvent être comparés au corps que nous venons de supposer mis hors du bassin où il se trouvait d'abord. Humboldt a calculé que les continents uniformément nivelés détermineraient un remblais de 360 mètres environ : il en résulterait, dans le cas où ces matériaux seraient ramenés au fond de l'océan, un exhaussement de 96 mètres environ, puisque la terre couvre les $\frac{100}{376}$ de la surface du globe. Telle est, par conséquent, la valeur de l'abaissement du niveau de l'océan, pendant les temps géologiques, par suite de l'élévation des masses continentales.

Maintenant, mentionnons une cause qui a contribué à exhausser le niveau de l'océan. La terre s'est contractée par suite de son refroidissement. La surface du globe a donc également diminué : les eaux, recouvrant un moindre espace, ont tendu à s'exhausser, exactement comme dans un vase cylindrique dont le diamètre viendrait à être diminué. Recherchons quelle peut avoir été, dans ce cas, la valeur de l'exhaussement.

Pour cela, supposons un plan diamétral mené par un point quelconque à travers le sphéroïde terrestre. Ce plan déter-

minera, par sa rencontre avec les surfaces supérieure et inférieure de l'*océan primitif*, deux cercles concentriques séparés
l'un de l'autre par une distance de 2 500 mètres environ, re-
présentant la profondeur de cet océan. La figure déterminée
par les deux cercles étant développée, donnera lieu à un
parallélogramme A B C D, sur lequel nous pourrons établir
notre raisonnement tout en n'ayant recours qu'à la géométrie
élémentaire (voir figure 3). La ligne C D, qui représente la

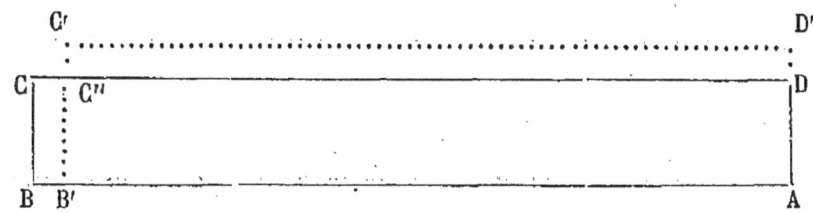

FIG. 3.

circonférence du globe à l'époque de l'océan primitif, s'est
rapprochée du centre de la terre d'une quantité qu'il s'agit
d'apprécier approximativement. M. Delesse évalue à 1 430
mètres la diminution de longueur que le rayon terrestre
a éprouvée par le seul fait de la cristallisation des roches
qui forment l'écorce solide du globe, et la diminution due
simplement à la déperdition de la chaleur intérieure, qui
s'opère constamment à la surface, a été probablement plus
considérable encore. Telle est du moins l'opinion de M. E. de
Beaumont : la surface du globe, dit-il, s'est rapprochée progressivement de son centre avec les montagnes qu'elle supporte, et les mers qui la couvrent en partie, d'une quantité
qui peut-être n'est pas inférieure à la hauteur du Chimborazo,
et même à celle des plus hautes montagnes de l'Hymalaya.
(*Notice sur les systèmes de montagnes*, page 1330.)

Admettons que la circonférence se soit rapprochée du centre

de la terre d'une quantité égale à 8 kilomètres; la longueur de cette circonférence et son rayon diminueront dans la même proportion. Le rayon, d'une longueur d'abord égale à 6 400 kilomètres (j'exprime en nombres ronds les quantités que je dois faire intervenir, afin de simplifier les calculs; ces approximations ne peuvent affecter le résultat d'une manière sérieuse), aura diminué dans le rapport de $\frac{8}{6400}$ ou $\frac{1}{800}$; il en sera de même pour la circonférence C D qui, d'abord égale à 40 000 kilomètres environ, diminuera dans la proportion de $\frac{1}{800}$ et deviendra égale à 40 000 — 50, c'est-à-dire à 39 950 kilomètres. Soit C″ D, la longueur de la nouvelle circonférence : la quantité d'eau qui devra se répartir au-dessus de C″ D et élever, par conséquent, le niveau de l'océan, sera égale à 50 × 2,5, c'est-à-dire à la longueur dont la circonférence du globe aura diminué, multipliée par la profondeur de l'océan primitif, soit 125 kilomètres carrés. Ceux-ci, répartis sur la nouvelle circonférence, donneront lieu à un exhaussement uniforme d'un peu plus de trois mètres. La ligne CD, qui représentait d'abord la surface de l'océan, sera remplacée par la ligne C′D′.

Si nous résumons cette discussion, nous voyons que trois causes ont fait varier le niveau de l'océan pendant toute la durée des temps géologiques : une d'elles a élevé ce niveau de 3 mètres environ; les deux autres l'ont abaissé de 296 mètres. Il y a donc eu dans ce niveau un abaissement de 293 mètres environ, abaissement qui s'est effectué d'une manière insensible, mais que l'on ne saurait négliger.

Le volume de la terre a diminué, pendant les temps géologiques, non-seulement à cause de son refroidissement, mais aussi par suite de la disparition, dans sa masse, d'une partie des eaux qui la recouvrent. Le lecteur ne doit pas perdre de vue que la ligne CD de la figure 5, tout en se déplaçant sous l'influence des causes que j'ai énumérées, ne cessait pas de se rapprocher du centre de la terre et de suivre la masse du globe dans son mouvement centripète.

En prenant pour bases les données qui nous ont servi dans nos appréciations, c'est-à-dire un océan primitif d'une profondeur de 2 500 mètres, et une *capacité* de l'écorce terrestre pour l'eau égale à 1/50, on peut conclure que la totalité des eaux aura pénétré dans la masse du globe lorsque la croûte du globe sera égale à 2 500 × 50, c'est-à-dire 125 000 mètres. Cette longueur représente à peu près la cinquantième partie du rayon terrestre. La terre sera donc loin d'être totalement consolidée lorsque l'océan aura disparu de sa surface, et cela nous conduit à penser que la lune pourrait bien posséder encore des volcans en activité.

Preuves astronomiques de la permanence des conditions de l'existence sidérale du globe. — Si l'on interroge l'astronomie sur la variabilité des phénomènes qui font partie de son domaine, on trouve en elle de nouvelles preuves du fait que nous tenons à mettre hors de toute contestation, en soutenant que les conditions de l'existence sidérale de la terre n'ont pas varié d'une manière sensible pendant les temps géologiques.

Grâce à l'astronomie, nous savons que la densité des comètes est tellement faible que leur rencontre avec notre planète ne peut apporter aucun changement à sa constitution sidérale. Il est même douteux que la substance d'une comète soit assez dense pour pénétrer dans l'atmosphère terrestre. C'est un fait qu'il ne faut pas perdre de vue, puisque la cause invoquée pour expliquer, soit le déplacement brusque de l'axe terrestre, soit un changement dans le mouvement de translation de la terre, est le choc d'une comète (*h*). D'ailleurs, d'après

Arago, il y a, dans le passage d'une comète à travers l'orbite terrestre, 280 millions de chances contre une pour que cette comète ne vienne pas rencontrer la terre, et nous avons admis approximativement que la durée des temps géologiques ne dépasse peut-être pas 12 millions d'années. Or, pour rattacher les révolutions de la surface du globe au choc d'une comète, ainsi que des esprits éminents ont essayé de le faire, il faudrait supposer autant de chocs que de révolutions.

Pour nous démontrer que les rapports de la terre avec le milieu qui l'environne ont toujours été les mêmes, presque toujours l'astronomie apporte, à l'appui de son opinion, des chiffres irrécusables. Lorsque les données lui manquent pour établir ses calculs, elle nous répond encore dans le même sens en nous montrant l'immuabilité qui préside au système du monde, son équilibre merveilleux, l'admirable solidarité qui règne entre toutes ses parties, solidarité telle qu'un seul ressort ne peut être changé sans que le système ne change en totalité ou en partie, de sorte que le trouble apporté sur un point se propage sur un autre. Le ciel, lorsqu'on le contemple, est l'image du repos, et les mouvements qu'une attention prolongée y fait découvrir, nous étonnent par leur régularité et leur précision.

En résumé, depuis les temps géologiques les plus reculés, la terre a conservé sa forme générale actuelle. Elle n'a cessé de se mouvoir autour du soleil en traçant la même ellipse et en conservant la même vitesse. Son axe de rotation a toujours été le même, et l'inclinaison de cet axe sur l'orbite terrestre n'a pas varié au delà de 4 degrés. Son mouvement s'est effectué sans heurt ni secousse; aucun choc de comète, aucune perturbation, aucun phénomène régulier ou accidentel n'est venu modifier l'économie générale du système planétaire. Il en sera

ainsi jusqu'à ce qu'un événement qu'il est impossible de prévoir survienne tout à coup. Alors ce ne seront pas les conditions
actuelles de l'existence de ce système qui se trouveront com-
promises, mais son existence elle-même. La seule chose qui ait
varié d'une manière sensible, et qui soit destinée à varier
encore, c'est la quantité de chaleur émise par le soleil, par
la terre et par tous les corps répandus dans l'espace interplanétaire : j'ai déjà indiqué dans quel sens et dans quelle mesure
cette variation avait lieu.

Il faut donc renoncer à chercher en dehors de notre planète
les causes des révolutions géologiques. Mais, si le géologue doit
se renfermer dans une sage réserve, en est-il de même pour
celui qui porte sa pensée, soit vers l'origine, soit vers l'avenir
de notre planète et de tout le système dont elle fait partie ?
Évidemment non.

L'univers n'est pas condamné à un statu quo éternel. Le
système solaire a eu un commencement. Dans le *Cosmos* rien
n'étant définitif, ce système aura une fin dans un temps
indéterminé. Entre ces deux dates extrêmes, le système solaire
a été et sera sujet à des changements : pour l'intelligence
d'événements aussi imprévus, aussi considérables, l'astronomie
ne suffit pas à elle seule. Toutes les ressources de l'esprit
humain mises à contribution ne peuvent conduire qu'à des
résultats approximatifs et souvent contestables.

Ce qui nous fait illusion sur la permanence des faits astronomiques, c'est la manière insensible dont ils se modifient;
c'est aussi la longue série de siècles que ces modifications
exigent pour se produire. On peut dire qu'ici, comme dans tous
les phénomènes astronomiques, il y a relation entre l'espace
et le temps.

Si, des régions célestes, notre pensée descend sur la surface du globe, elle n'y trouve plus le caractère d'immuabilité qui revêt le monde qu'elle vient de contempler. Comme individu, nous portons un germe de mort, et une étude superficielle suffit pour nous convaincre que l'espèce elle-même n'a qu'une existence limitée. Nous savons que de nombreux changements se sont accomplis, soit dans le relief du sol, soit dans les climats. Les idées de catastrophes, de révolutions subites dans les choses, d'instabilité extrême dans les causes, de menaces de fin prochaine remplacent celles qui naissent dans notre esprit, lorsque nous portons nos regards vers la sphère étoilée et que notre pensée s'égare dans les profondeurs de l'espace. Mais c'est là un sentiment contre lequel le géologue doit réagir. Il faut qu'il se rende bien compte de la portée des mots *révolutions géologiques*, et qu'il se pénètre de l'idée que ces révolutions se sont manifestées à la surface de la terre et non dans l'économie générale de la nature.

CHAPITRE IV.

STRUCTURE GÉNÉRALE DU GLOBE.

Structure générale du globe et modifications qu'elle a subies pendant
les temps géologiques. — Atmosphère : sa puissance. — Océan : sa
profondeur. — Irrégularités croissantes dans la forme ellipsoïdale de
la terre.— Densité du globe : sa composition ; son état intérieur. —
Probabilité de l'uniformité de température, de densité et de composition dans la masse interne du globe. — Hypothèse d'un nucléus
ferrugineux à l'état de fluide élastique. — Courants électriques dans
l'intérieur de l'écorce terrestre. — Aurores boréales et autres phénomènes se rattachant à l'électricité terrestre. — Magnétisme terrestre.

**Structure générale du globe et modifications qu'elle a subies pendant
les temps géologiques.** — Considéré dans son ensemble, le globe
n'a cessé d'offrir la même structure générale, pendant la durée
des temps géologiques. Toujours il s'est composé d'un nucléus
formant la presque totalité de sa masse et enveloppé des zones
successives dont j'ai fait l'énumération. Les plus importantes
modifications apportées à la structure générale du globe ont
été : 1° l'accroissement de l'épaisseur de la croûte du globe ;
2° la disparition du parallélisme qui existait primitivement
entre cette croûte et la surface du globe ramenée à sa forme
ellipsoïdale.

Dans le chapitre précédent, on a vu comment notre planète,
à la suite de plusieurs transformations, avait acquis sa structure
actuelle. Il me reste à terminer l'étude de la constitution physique du globe par des considérations que la nature de ce

travail rendra très-sommaires. Je serai d'autant plus sobre de
détails que presque toutes les questions que je pourrais aborder
ici trouveront mieux leur place dans les autres parties de cet
ouvrage.

La plupart des autres modifications apportées à la structure
générale du globe ont offert plus ou moins d'importance. Mais
toutes se sont produites d'une manière permanente, et les causes
qui les ont amenées sont destinées à persister indéfiniment.
Leur caractère général, essentiel, est d'effacer de plus en plus
l'uniformité qui jadis régnait partout dans le monde terrestre.
Actuellement, cette uniformité primitive ne se retrouve que
dans la masse interne du globe. La forme de notre planète a
été de moins en moins celle d'un ellipsoïde parfaitement régulier. La profondeur de l'océan, jadis la même sur tous les
points du globe, a de plus en plus varié d'une région à une
autre. L'écorce terrestre, d'abord limitée par deux surfaces
concentriques avec la terre, a présenté des saillies et des dépressions toujours croissantes. En même temps, les climats ont
cessé d'être uniformes des pôles à l'équateur, et les mêmes
êtres organisés ne se sont pas montrés sous toutes les latitudes.
Peu à peu, les lignes isothermes se sont dessinées à la surface
du globe, et chaque contrée a reçu une faune et une flore de
plus en plus distinctes de la faune et de la flore des contrées
voisines.

Atmosphère ; sa puissance. — L'atmosphère est ce mélange
gazeux qui forme l'enveloppe la plus extérieure du globe et au
fond duquel les êtres organisés vivent comme les animaux
marins au sein de l'océan.

Mariotte considérait l'atmosphère comme s'étendant à l'infini,
hypothèse inconciliable avec l'absence de toute enveloppe

gazeuse autour de la lune et avec la notion du vide matériel
de l'espace. Mairan, se basant sur la hauteur atteinte par certaines aurores boréales, portait l'atmosphère à 200 lieues.
Laplace pensait même que la limite atmosphérique se trouvait
à une distance de cinq fois le rayon terrestre, c'est-à-dire au
point où la pesanteur détruit la force centrifuge développée
par le mouvement de rotation de la terre. Enfin, deux opinions
formulées, il y a plus d'un demi siècle, par Delambre et Biot,
basées, l'une sur la théorie du crépuscule, l'autre sur la raréfaction de l'air, n'accordent à l'atmosphère qu'une puissance
de 16 lieues environ, évaluation généralement adoptée par les
savants de notre époque.

Mais si Mariotte, Mairan, Laplace donnaient à l'atmosphère
une élévation trop grande, nous croyons que le nombre
actuellement admis pour représenter sa puissance est beaucoup trop faible. M. Liais, dans son voyage au Brésil, a déduit
la hauteur de l'atmosphère d'observations faites, dans la zone
intertropicale, au commencement de l'aurore et à la fin du
crépuscule; il a conclu que cette hauteur était de 340 kilomètres ou 85 lieues. Cette détermination, dit-il, est indépendante de toute hypothèse et s'accorde beaucoup mieux que les
hauteurs actuellement admises avec ce que les bolides et les
aurores boréales ont appris sur les mêmes questions. M. Liais
pense également que la loi de Mariotte n'est vraie que dans
une certaine limite : il y aurait, selon cet astronome, un point
où elle manquerait même de justesse, les gaz n'étant pas susceptibles d'une dilatation indéfinie; les molécules gazeuses,
arrivées à un certain point de raréfaction, se comporteraient
comme les liquides ordinaires.

Pendant la durée des temps géologiques, l'atmosphère s'est
refroidie de plus en plus comme tout l'ensemble dont elle fait

partie; il a dû en résulter une concentration dans sa masse, et, par suite, une diminution dans sa puissance. Cette modification a dû être peu considérable, quoiqu'elle ait été favorisée par la disparition de la portion très-minime d'air atmosphérique qui a pénétré dans les vides de l'écorce terrestre. Des deux causes qui ont contribué à diminuer la puissance de l'atmosphère, une seule a également pu modifier sa pression; celle-ci est si peu importante par elle-même qu'il est permis de penser que la hauteur barométrique moyenne n'a pas varié.

Par la suite, je m'occuperai de la composition de l'atmosphère, et j'essaierai de démontrer que cette composition n'a pas sensiblement changé depuis la fin de la période plutonique.

Océan : sa profondeur. — Dans les premiers temps géologiques, les eaux, accumulées autour du globe, formaient une nappe continue, un océan sans rivages. Peu à peu, par suite du mouvement et des dislocations de l'écorce terrestre, les îles, puis les continents ont surgi à la surface du globe. L'océan primitif a cessé de former une zone non interrompue : les mers intérieures se sont montrées; l'étendue du globe, recouverte par les eaux salées, a été en augmentant; aujourd'hui, l'étendue de la surface occupée par la terre-ferme est à celle recouverte par les eaux comme 100 est à 276 ou comme 1 est à 2,76.

On conçoit pourquoi les amas d'eau douce n'ont pu se constituer qu'après l'apparition des continents, et comment leur importance a été en augmentant avec l'étendue de la terre ferme.

Les dislocations de la croûte du globe ont encore eu pour résultat de rendre de plus en plus inégale la profondeur de l'océan. D'après Humboldt, la profondeur moyenne de l'océan est de 3 500 mètres; si la masse de ses eaux était uniformé-

ment répartie à la surface du globe, l'océan offrirait partout
la profondeur de 2 500 qu'il avait lors des premiers temps
géologiques. Aujourd'hui, tandis qu'au point de contact avec la
terre-ferme elle est nulle, elle devient bien plus considérable
sur les points les plus éloignés du littoral. Le capitaine J. Ross,
naviguant à 900 milles à l'ouest de Sainte-Hélène, a fait descendre la sonde jusqu'à une profondeur de 9 144 mètres. Les
impulsions subies par la croûte du globe, quelle que soit leur
importance, donnent toujours lieu à des mouvements de
bascule ; tout soulèvement imprimé à une partie de la croûte
du globe a pour conséquence immédiate un affaissement dans
une région voisine. A mesure que les continents s'exhaussent,
le fond de l'océan s'abaisse, et les inégalités de la surface de la
terre vont en croissant avec les siècles.

Un grand nombre de phénomènes géologiques, et peut-être
les plus importants, s'accomplissent au sein des mers ; aussi
l'étude de l'océan, de sa composition, de sa profondeur, du
mode dont la température se distribue dans sa masse, des
déplacements que subissent ses eaux, etc., est-elle de la plus
haute importance pour la géologie. Mais il me paraît convenable de réserver cette étude pour les cas où je pourrai en
montrer les applications immédiates.

Irrégularités croissantes dans la forme ellipsoïdale de la terre. — Lors
des premiers temps géologiques, la forme de la terre était
rigoureusement ellipsoïdale. Mais, depuis lors, les dislocations
de l'écorce terrestre ont, de plus en plus, détruit la régularité
de la forme de la terre.

Afin de bien nous rendre compte de ce qui s'est passé, rappelons-nous que l'attraction agit en raison directe des masses et
en raison inverse du carré des distances. Cela posé, considérons

les figures 4 et 5. La première représente l'océan primitif recouvrant l'écorce terrestre : celle-ci n'est pas encore fortement disloquée, et l'océan offre partout la même profondeur. Évidemment, le pendule promené parallèlement à la ligne N N de la figure 4 sera toujours également attiré, et il ne subira aucune déviation ni à droite ni à gauche; dans toutes les stations où on le mettra successivement au repos, il se trouvera sur le prolongement d'un rayon de la sphère terrestre.

La figure 5, qui représente l'état actuel des choses, nous montre, au point B, l'écorce terrestre se rapprochant de la surface de l'océan et se pénétrant d'un courant de lave indiqué par la couleur noire. Le pendule, placé au-dessus du point B, sera plus fortement attiré, puisque des matériaux bien plus denses que l'eau seront venus remplacer celle-ci. Mais, chose bien plus importante à signaler, le pendule, en s'éloignant du point B, dans un sens ou dans l'autre, sera plus fortement attiré du côté de ce point B que du côté opposé; il ne se trouvera plus rigoureusement sur le prolongement d'un rayon de la sphère terrestre. Or, la surface des eaux est toujours perpendiculaire à la direction du fil à plomb. Il existera donc autour du point B, ainsi que l'indique la figure 5, un bombement dans le niveau de l'océan. Il se produira, au contraire, une dépression là où l'écorce terrestre s'affaisse. Ces inégalités croîtront en même temps que celles qui se produiront dans la surface du globe; elles seront d'autant plus considérables que les matériaux si denses de la pyrosphère se rapprocheront davantage des parties supérieures de l'écorce terrestre.

Humboldt a nommé le pendule un instrument géognostique et l'a comparé à une sonde susceptible d'être jetée dans l'intérieur de l'écorce terrestre. Mais les inégalités que je viens de signaler se trahissent non-seulement par l'action qu'elles

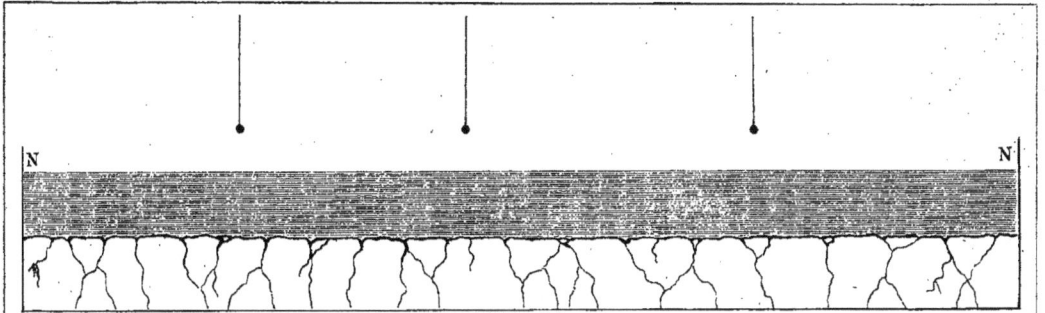

(Fig. 4.)

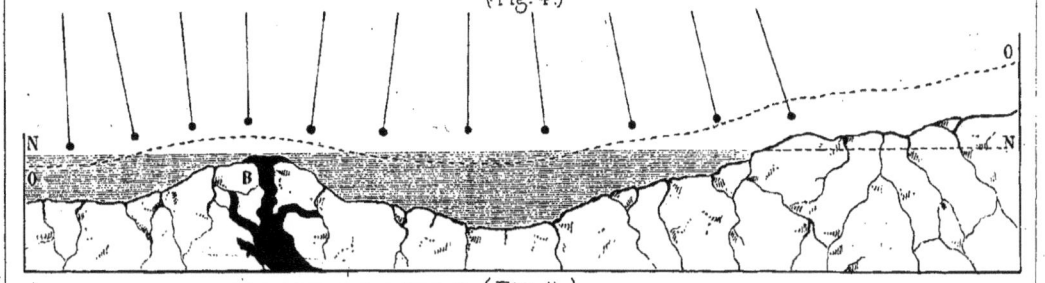

(Fig. 5.)

Toora I page 142

exercent sur le pendule qu'elles font dévier de la verticale, mais aussi sur le baromètre. Il résulte des observations qui ont été faites par MM. Schouw et Hermann, sur les mers et sur les continents, que la moyenne barométrique ramenée à la surface des eaux tranquilles est d'autant plus forte, que l'on est plus éloigné des côtes pour la mer, et, pour les continents, des endroits où le sol présente des aspérités. D'après cela, dit M. Rozet, il est probable que les inégalités de structure de notre planète exercent une action marquée sur la hauteur du baromètre en chaque lieu.

Bouguer est le premier qui ait eu la pensée de rechercher dans l'attraction des montagnes la preuve de l'attraction universelle, et de mesurer la déviation qu'elles font subir au fil à plomb : il trouva que sur les flancs du Chimborazo, le fil à plomb éprouvait une déviation de 7″ 5. C'est à tort que l'on a conclu, de ce nombre évidemment trop faible, que le Chimborazo offrait dans sa masse des cavités considérables. Les conditions désavantageuses dans lesquelles Bouguer fit son expérience expliquent la faiblesse des résultats auxquels il est parvenu, et la petitesse du quart de cercle qu'il a employé permet même, dit Arago, de douter que l'on puisse déduire de son travail que la montagne ait exercé une action sensible sur le fil à plomb.

En 1772, Maskéline reconnut une déviation de 54″ aux pieds des monts Shehalliens, en Ecosse.

Dans un mémoire sur quelques-unes des inégalités que présente la structure du globe, M. Rozet a démontré (ce qui avait été déjà soupçonné par MM. Plana, Carlini, Puissant, E. de Beaumont) que les déviations verticales ne doivent pas être uniquement attribuées à la partie extérieure des montagnes, mais qu'elles dépendent nécessairement de la structure interne du globe. En outre, les tableaux dressés par M. Rozet font voir qu'en France, la plupart des ménisques de déformation ne dépassent pas un millionième du rayon terrestre.

D'autres faits viennent se joindre aux précédents pour mettre hors de doute les variations de densité offertes par l'écorce terrestre. On a remarqué que la pesanteur croît dans les îles volcaniques (Sainte-Hélène, Houalan, Fernando de Noronha, Ile-de-France, Morvi et îles Galapagos), sauf l'île de Rawack qui, dit Humboldt, fait exception peut-être à cause du voisinage des hautes terres de la Nouvelle-Guinée. Il me semble plus naturel de voir dans cette exception le résultat d'une erreur d'observation ou le témoignage de l'existence, dans l'intérieur de l'île, d'une cavité très-vaste qui se serait produite par le retrait de la lave dans le conduit volcanique.

Parmi les irrégularités que l'on a déjà reconnues dans la forme de la terre, je signalerai les suivantes. On a constaté que la pesanteur croît de Bordeaux à Padoue, et que cet accroissement est surtout considérable dans le voisinage de l'Auvergne et des Alpes. Si l'on suit le méridien de Paris, depuis le nord de la France jusqu'à l'île de Formentera, une des Baléares, on trouve que la surface théorique de l'océan présente une dépression entre Dunkerque et le plateau central; elle est fortement bombée à travers le Limousin et l'Auvergne, puis se déprime de plus en plus, d'abord jusqu'à Barcelone, malgré la présence de l'extrémité orientale des Pyrénées, et enfin jusqu'à l'île de Formentera (i).

Densité du globe. — Je vais d'abord rappeler le résultat des calculs auxquels on s'est livré pour apprécier la densité moyenne de notre planète.

Laplace, en supposant que la densité augmente de la circonférence au centre, et que la densité de la couche supérieure soit égale à 3, en conclut que la densité du centre de la terre est égale à 10,047, et que sa densité moyenne est 4,7647.

Plana, en reprenant l'hypothèse de Laplace, mais en admettant pour représenter la densité des couches supérieures 1,83, arrive à un nombre peu différent de celui qui a été obtenu par Reich au moyen de la balance de torsion : pour représenter la densité du centre de la terre, il trouve le nombre 16,27.

Playfair, en employant le fil à plomb, a trouvé, pour représenter la densité moyenne de la terre, un maximum 4,867 et un minimum 4,559 : la moyenne est 4,713.

Le nombre trouvé par Carlini, par la méthode du pendule, et corrigé par Giulio, est 4,950.

L'emploi de la balance de torsion a conduit aux résultats suivants :

Observations de Cavendish, calculées par Baily . .	5,148
— de Reich, (1838)	5,440
— de Baily, (1842)	5,660
— de Reich, (1847-1850)	5,577

Les résultats successivement atteints indiquent un nombre d'autant plus élevé qu'ils ont été obtenus à une époque plus récente. Aussi, les expériences faites par Airy au moyen du pendule, en 1854, dans les mines de Harton, avec une précision que Humboldt appelle merveilleuse, lui ont fourni une valeur plus forte que celle obtenue par Baily et Reich. D'après Airy, la densité moyenne de la terre est 6,566. Une légère modification apportée à cette valeur par Stocke, en raison de l'effet de la rotation et de l'ellipticité terrestres, réduit la densité pour Harton (54° 48' lat. N) à 6,565 ; pour l'équateur, à 6,489.

Le calcul a conduit les physiciens et les astronomes à recon-

naître que le globe, loin de constituer une masse homogène,
ainsi que Hutton le supposait, est formé de matériaux dont la
densité croît de la circonférence au centre. Mais ce que le
calcul n'a pu nous indiquer, c'est la proportion dans laquelle
cette densité va croissant. Si je ne me trompe, le résultat
général fourni par la méthode analytique relativement à la
densité moyenne du globe, ne varierait pas sensiblement dans
le cas où la progression serait uniforme, ainsi que dans celui
où, d'abord très-rapide, cette progression deviendrait ensuite
très-lente. Or, je suis porté à croire que le globe, considéré
dans son ensemble, forme une masse à peu près homogène
sous le rapport de la densité, et que cette homogénéité ne cesse
que vers la périphérie du globe, là où des substances très-
fusibles et peu denses contribuent à former l'écorce terrestre.

On observe un rapide accroissement de densité depuis
l'océan, dont la pesanteur spécifique est peu supérieure à
l'unité, jusqu'à la zone où se trouve le basalte, roche qui pèse
trois fois et demie autant que l'eau. Cette zone existe à la profondeur maximum de 25 kilomètres. A une profondeur double,
c'est-à-dire à 50 kilomètres, si la densité croît dans la même
proportion, elle doit être de 6,2, et ce nombre atteint, il ne
peut plus être dépassé que dans une proportion très-minime.
Ce raisonnement ne perdrait rien de sa valeur quand bien
même on supposerait trois fois plus grande la profondeur à
laquelle le globe offre cette densité maximum : il n'en serait
pas moins fondé, puisque le rayon terrestre a 6 400 kilomètres
de longueur.

État intérieur du globe. — Mentionnons une autre difficulté qui
se présente relativement à la pesanteur spécifique des substances qui entrent dans la composition du globe. Ces substances

devraient croître rapidement de densité sous la pression des masses qu'elles supportent, et à la profondeur de 130 lieues, l'eau, dit sir Lyell, serait aussi dense que le mercure.

Plusieurs personnes, afin de concilier le principe de la compressibilité indéfinie de la matière avec le chiffre peu élevé qui représente la densité générale du globe, admettent, dans l'intérieur de la terre, l'existence de vastes cavités. Cette hypothèse, émise au siècle dernier par Leslie, a été amplifiée et développée d'une manière très-étrange, au commencement de ce siècle, ainsi que Humboldt le rappelle dans le tome premier du *Cosmos* (j).

La matière sous forme de gaz ou de vapeur est très-élastique, mais offre une faible densité. M. Cagniard de la Tour, en renfermant des liquides dans des tubes de verre très-épais et en les chauffant fortement, est parvenu à les ramener à l'état gazeux : dans cette expérience, ces liquides ont acquis une élasticité considérable et ont conservé presque toute leur densité. Les recherches de M. Cagniard de la Tour ont conduit plusieurs physiciens, et notamment M. Babinet, à penser qu'il existe, au centre de la terre, des fluides ayant cinq ou six fois la densité de l'eau et jouissant d'une force élastique suffisante pour supporter le poids de la partie périphérique du globe.

Probablement, l'intérieur de la terre forme une masse continue, au sein de laquelle toutes les substances ont une densité peu différente de celle qu'elles auraient si elles se trouvaient à la surface du globe. La matière n'est pas indéfiniment compressible, soit que, par une force qui lui est inhérente, elle résiste à la compression, soit que la chaleur, développée par la pression ou existant originairement en elle, fasse naître une action agissant en sens contraire à celui de la pression elle-même.

Composition du nucléus. — Lorsque nous étudierons la composition des roches à diverses profondeurs, nous verrons que la proportion de silice diminue, tandis que celle de fer augmente à mesure que l'on s'éloigne de la surface de la terre. Le fer, qui n'entre qu'accidentellement dans la composition des roches granitiques, devient un des éléments constants des laves et des basaltes. Il est permis de supposer qu'à une certaine profondeur, la silice disparaît tout à fait et que le globe n'est pas de *verre fondu,* comme le disait Buffon. Le rôle que Buffon accordait au verre appartient probablement au fer. Nous croyons nous rapprocher beaucoup de la vérité en admettant que la matière incandescente, située à une faible profondeur et identique par sa composition avec la lave, se pénètre d'une quantité de fer croissant avec la profondeur. C'est ainsi que s'effectue le passage de la matière pyrosphérique à celle qui constitue, sans doute avec le nickel et le cobalt, la masse principale du globe.

La première condition que doit offrir un minéral pour entrer en forte proportion dans la composition du globe, c'est d'avoir une densité peu différente de celle du fer. L'existence de minéraux d'une pesanteur spécifique plus élevée est inconciliable avec ce que le calcul nous enseigne sur la densité moyenne de la terre, à moins qu'on ne veuille recourir à l'hypothèse peu naturelle d'un mélange de métaux très-pesants et de substances d'une faible densité. Celles-ci ont toujours dû être ramenées vers la périphérie du globe, et se séparer, par conséquent, des métaux très-denses avec lesquels elles se trouvaient associées.

Or, la densité du fer est à peu près égale à 7, et il est d'autant plus permis de le considérer comme composant la masse principale du globe, que nous le voyons constituer presque exclusivement les aérolites, planètes appartenant à la même

zone sidérale que la terre et formées sans doute aux dépens de
la même masse cosmique.

Les trois hypothèses de l'uniformité de température, de
l'uniformité de densité et de l'uniformité de composition se
prêtent un mutuel appui ; elles se déduisent presque l'une de
l'autre, et acquièrent ainsi un très-haut degré de probabilité.
Enfin, elles conduisent à un dernier résultat ; c'est de nous
autoriser à penser que le fer constitue la presque totalité de la
partie centrale du globe. L'écorce terrestre et la pyrosphère
qui la supporte envelopperaient un nucléus ferrugineux et à
l'état de *liquide élastique*.

Courants électriques dans l'intérieur de l'écorce terrestre. — Diverses
circonstances démontrent l'existence de courants électriques
se dirigeant, soit de l'écorce terrestre vers l'atmosphère et
réciproquement, soit à travers l'écorce terrestre elle-même. La
théorie du paratonnerre, celle du magnétisme terrestre, l'emploi de la terre comme corps conducteur dans la télégraphie
électrique, la nature de plusieurs phénomènes naturels, etc.,
démontrent la réalité de ces courants électriques.

Leur existence peut d'ailleurs se déduire *à priori* des faits
suivants : 1° la présence de l'électricité dans l'atmosphère ;
cette électricité provient du sol, elle est destinée à y retourner ;
2° l'universalité de l'électricité comme agent de la nature ;
3° toutes les actions qui, sous nos yeux, donnent naissance à
de l'électricité, s'accomplissent également dans l'intérieur de
l'écorce terrestre : tels sont les phénomènes chimiques, les
éruptions volcaniques, le mouvement souterrain des eaux,
leur frottement contre les parois de leurs conduits, leur évaporation, les variations de température sur des points très-
rapprochés, peut-être aussi le frottement des diverses parties

de la pyrosphère, les unes contre les autres, par suite de leur vitesse inégale dans leur mouvement de rotation.

Enfin, l'existence de courants électriques dans l'intérieur de l'écorce terrestre se démontre par l'expérience.

Si, au moyen d'un fil conducteur, on fait communiquer avec le sol un électromètre à tige terminée en pointe, on obtient un véritable courant d'électricité qui détermine, dans l'aiguille du galvanomètre, une déviation dont l'amplitude dépend de la quantité d'électricité et de la facilité avec laquelle elle s'écoule.

M. Henwood a reconnu que la quantité d'électricité est très-grande dans les filons de Cornouailles, mais que sa tension est très-faible.

Dans leurs *Eléments de physique terrestre*, MM. Becquerel rapportent trois séries d'expériences qui ont été faites pour démontrer l'existence de courants électriques dans l'écorce terrestre. 1° Le multiplicateur ayant été établi sur le sol d'une galerie taillée dans un banc de sel gemme de Dieuze, une lame de platine en communication avec l'un des bouts de fil de l'appareil fut appliquée sur l'une des faces de la galerie ; une autre lame, également en relation avec l'autre bout du fil, fut introduite dans l'argile du sol à une profondeur de 55 mètres. L'aiguille aimantée fut vivement chassée et vint frapper l'arrêt en se maintenant à 90°. 2° L'une des lames de platine fut appliquée avec adhérence sur un bloc de glace du Montanvert, au-dessus de la vallée de Chamouny ; l'autre fut introduite dans la terre, environ à 50 mètres de distance : la température de la terre où la lame se trouvait était de 11°. L'aiguille aimantée fut chassée par première projection à 40° et se fixa à 12°. 3° A Aix en Savoie, une des lames fut plongée dans l'eau de la source dite eau de soufre, dont la température était d'environ 43°, et l'autre dans de l'eau pure coulant à la surface du sol et marquant 13°; à l'instant où le circuit fut fermé, l'aiguille frappa fortement l'arrêt et se fixa à 90°.

Non-seulement il se produit de l'électricité dans l'intérieur de l'écorce terrestre, mais cette écorce renferme de nombreuses substances qui en favorisent le transport d'un point à un autre. Les substances métalliques qui existent dans les filons en font, dans la plupart des cas, de très-bons conducteurs. Les couches de matière ferrugineuse ou carbonacée et la circulation souterraine de l'eau constituent aussi de bons conducteurs d'électricité. L'eau qui imbibe et pénètre toutes les roches, jusqu'à une grande distance du sol, contribue également à donner la propriété de conduire l'électricité à des substances qui ne la possèdent pas par elles-mêmes.

Les observations précédentes et celles qui vont suivre convaincront le lecteur qu'il existe réellement des courants électriques dans l'intérieur de l'écorce terrestre. S'ils ne sont pas toujours nettement accusés par nos instruments, c'est qu'ils ont souvent une très-faible intensité; mais, s'ils parcourent l'écorce terrestre dans tous les sens, on conçoit que l'étendue sur laquelle ils se manifestent et la durée pendant laquelle ils persistent puissent compenser leur peu d'énergie. Par la suite, j'aurai l'occasion de rechercher quel est le rôle joué par l'électricité dans certains phénomènes géologiques, tels que le remplissage des filons, les actions métamorphiques et les tremblements de terre. Je me bornerai, dans ce chapitre, à rechercher l'influence de cette électricité terrestre sur certains phénomènes naturels de l'époque actuelle.

Aurores boréales et autres phénomènes se rattachant à l'électricité terrestre. — D'après l'explication que M. de La Rive donne des aurores boréales, on serait conduit à admettre deux grands courants d'électricité, allant de l'équateur vers les pôles, l'un à travers l'atmosphère, l'autre à travers l'écorce terrestre. Voici comment l'éminent physicien de Genève explique les aurores boréales.

Toutes les observations démontrent que l'aurore boréale est un phénomène qui a son siége dans l'atmosphère, et qui consiste dans la production d'un anneau lumineux ayant pour centre le pôle magnétique, et d'un diamètre plus ou moins grand. L'expérience nous fait voir qu'en opérant dans l'air raréfié la réunion des deux électricités près du pôle d'un fort aimant artificiel, on produit un petit anneau lumineux semblable à celui qui constitue l'aurore boréale, et animé du même mouvement de rotation. L'aurore boréale serait due, par conséquent, à des décharges électriques s'opérant dans les régions polaires entre l'électricité positive de l'atmosphère et la négative du globe terrestre. L'atmosphère est constamment chargée d'électricité positive, électricité fournie par les vapeurs qui s'élèvent de la mer, essentiellement positive dans les régions tropicales ; la terre est, par contre, électrisée négativement. La recomposition des deux électricités contraires de l'atmosphère et du globe terrestre s'opère au moyen de l'humidité plus ou moins grande, dont sont imprégnées les couches d'air inférieures. Mais c'est surtout dans les régions où les glaces éternelles qui y règnent condensent constamment les vapeurs aqueuses sous forme de brume, que cette recomposition doit s'opérer. Elle s'y effectue d'autant mieux que les vapeurs positives y sont portées et accumulées par le courant tropical qui, à partir des régions équatoriales où il occupe les parties les plus élevées de l'atmosphère, s'abaisse à mesure qu'il s'avance vers les hautes latitudes, jusque dans le voisinage des pôles où il vient en contact avec la terre. C'est

donc là que la décharge entre l'électricité positive des vapeurs
et l'électricité négative de la terre doit essentiellement avoir
lieu avec accompagnement de lumière, quand elle est suffisamment intense; surtout si, comme c'est presque toujours le
cas près des pôles, et quelquefois dans les parties supérieures
de l'atmosphère, elle rencontre sur sa route des particules
glacées extrêmement ténues qui forment les brumes et les
nuages très-élevés.

M. de La Rive fait d'ailleurs jouer un très-grand rôle aux
différences qui existent entre l'état électrique de l'atmosphère
et celui de l'écorce terrestre, dans la production des phénomènes autres que les aurores boréales. Les remarques qui
suivent sont, en partie, extraites de son *Traité d'Electricité*.

Le fait que l'atmosphère est positive, tandis que la surface
du sol est négative, rend compte de l'attraction exercée par les
montagnes sur les nuages traînants, ainsi que du phénomène
désigné sous le nom de fumage des montagnes. Il explique
également les phénomènes souterrains remarquables qui ont
lieu quelquefois à l'approche des orages, et dont Arago cite
un grand nombre d'exemples. Dans les collines du Vicentin,
il existe une fontaine qui, même après une longue sécheresse
et aux époques où elle est complètement à sec, déborde subitement quand un orage se prépare, et remplit un large canal
d'une eau très-trouble, qui se répand dans les vallées voisines.
On a remarqué que presque toutes les sources thermales
éprouvent, à l'approche des orages, une agitation particulière
qui se manifeste par un bouillonnement extraordinaire ou par
d'autres symptômes, ce qui montre l'état électrique des lieux
profonds d'où elles proviennent et auxquels elles l'ont probablement emprunté. Il existe, par conséquent, dans l'écorce
du globe, toujours essentiellement négative, des portions qui

le sont les unes plus que les autres ; et il en résulte des phénomènes locaux, tels que ceux que nous venons d'indiquer, tels
encore que les trombes et autres dans lesquels se manifeste
évidemment l'influence locale du sol. Enfin, il y a très-proba-
blement une liaison entre la nature géologique des terrains et
le nombre et la force des orages.

Ces différences dans l'état négatif des diverses parties de la
terre, soit à sa surface, soit à une certaine profondeur, sont
une conséquence toute naturelle des différences de conductibilité et des variations dans l'action chimique intérieure. On
conçoit, en effet, que la présence d'eaux souterraines puisse
déterminer une plus grande et une plus prompte accumulation d'électricité, dans les parties du sol qui en sont voisines :
on conçoit de même que des filons métalliques ou des roches
conductrices qui pénètrent à de grandes profondeurs puissent
amener aussi, aux points auxquels ils correspondent, une plus
forte charge électrique.

Nous avons une preuve de la grande quantité d'électricité se
dégageant de l'écorce terrestre dans celle qui accompagne les
cendres et les vapeurs des volcans. Dans les grandes éruptions
du Vésuve, dit M. Palmieri, directeur de l'observatoire vésu-
vien, chaque fois qu'une quantité considérable de vapeurs est
sortie des bouches avec impétuosité, on a toujours vu des
éclairs plus ou moins fréquents briller au milieu du *pin* formé
par ces vapeurs.

Magnétisme terrestre. — On distingue sous le nom de *magnétisme terrestre* la force qui détermine la direction de l'aiguille
aimantée sur un point quelconque de la surface du globe, et
qui fait varier cette direction, soit dans le sens horizontal, soit
dans le sens vertical.

La *déclinaison* de l'aiguille aimantée est l'angle qu'elle fait avec le méridien; son *inclinaison* est l'angle qu'elle fait avec le plan horizontal mené par son point de suspension.

La déclinaison, l'inclinaison et l'intensité magnétiques changent d'un lieu à un autre, et, sur un même point, subissent des variations diurnes, annuelles et séculaires, ou plutôt à grandes périodes. Ces variations s'opèrent encore d'une manière accidentelle et brusque, notamment au moment même où un phénomène naturel, tel qu'une aurore boréale, se manifeste; dans ce cas, elles sont plutôt désignées sous le nom de perturbations.

Les lignes d'égale déclinaison ou *isogoniques*, les lignes d'égale inclinaison ou *isocliniques*, les lignes d'égale intensité ou *isodynamiques* dessinent à la surface du globe un réseau mobile dont l'aspect varie de jour en jour, d'année en année, de siècle en siècle.

On a donné le nom de *pôles* magnétiques, soit aux centres d'action intérieure, soit aux points où l'aiguille aimantée, suspendue par son centre de gravité, prend la direction verticale.

L'*équateur* magnétique est la ligne formée par les points où l'aiguille aimantée est sans inclinaison. Il se dirige à travers la zone équinoxiale, passant tantôt au nord, tantôt au sud de l'équateur. L'inclinaison va en augmentant depuis l'équateur magnétique jusqu'au pôle magnétique, où elle est égale à 90 degrés.

Les *méridiens* magnétiques forment un quatrième système de lignes en rapport avec le magnétisme terrestre. Un méridien magnétique est la ligne que suivrait un observateur qui se dirigerait d'un hémisphère à l'autre, en marchant toujours dans le sens de l'aiguille aimantée. Si l'on suppose un certain nombre de méridiens ainsi tracés à la surface du globe, on les verra s'entrecroiser dans le voisinage de chaque pôle de rotation. Les points d'intersection des méridiens voisins dessineront dans chaque hémisphère une courbe fermée. C'est dans l'espace limité par cette courbe que se trouve probablement le pôle magnétique, c'est-à-dire le point où l'aiguille aimantée est verticale. On a proposé d'appeler *parallèles* magnétiques les lignes perpendiculaires aux méridiens magnétiques.

Quant à la raison d'être du magnétisme terrestre, commençons par déclarer avec M. de La Rive «qu'un point bien établi, c'est que les forces qui agissent sur l'aiguille aimantée émanent directement du globe terrestre. Mais quel est ce magnétisme? ou réside-t-il? Quelle est sa forme, sa distribution, son origine?» A cette question, répondons, avec Humboldt, que les phénomènes du magnétisme terrestre ne comportent pas d'explication théorique, fondée même uniquement sur l'induction et l'analogie.

Les premiers physiciens qui se soient occupés de ces questions ont admis un seul aimant dans la terre. Plus tard, Halley admettait deux aimants se croisant sous un certain angle, et M. Hansteen, en adoptant cette manière de voir, prétendait pouvoir indiquer la position des deux pôles correspondant à chacun de ces aimants. Dernièrement, enfin, M. Gauss a émis l'opinion que tout le globe était magnétique, et qu'il existait un grand nombre de centres magnétiques.

L'explication la plus naturelle que l'on puisse donner de l'origine du magnétisme terrestre semblerait être de considérer la masse intérieure du globe comme formée en majeure partie de fer, la substance magnétique par excellence. Ce noyau ferrugineux donnerait lieu, par ses déplacements, aux variations que l'on observe dans la déclinaison et l'inclinaison de l'aiguille aimantée. Mais le calcul démontre que la cause qui détermine ces variations est bien plus compliquée que ne l'indiquent les mouvements problématiques de ce noyau ferrugineux. En outre, l'expérience nous enseigne que le fer perd sa vertu magnétique à la chaleur rouge : admettre que la pression peut contribuer à lui maintenir indéfiniment cette propriété magnétique, c'est apporter au secours d'une première hypothèse une autre hypothèse entièrement gratuite. Le magnétisme terrestre ne peut donc nous autoriser à supposer *à priori* la présence, dans le globe, d'un noyau ferrugineux ; mais d'autres motifs nous ont déjà conduit à soupçonner l'existence de ce noyau ferrugineux qui, sans constituer la cause essentielle du magnétisme terrestre, pourrait bien agir sur son intensité et sur son mode de distribution.

Depuis qu'Ampère a démontré que l'électricité dynamique et le magnétisme ne sont qu'une seule et même chose, on a considéré le globe (et Ampère a formulé le premier cette manière de voir) comme un solénoïde parcouru par des courants allant de l'est à l'ouest. A l'appui de cette opinion, M. Barlow a fait une expérience qui a parfaitement réussi. Une sphère en bois, recouverte de courants électriques, a agi sur une aiguille aimantée de la même manière que le globe terrestre lui-même. Il existerait donc vers la périphérie de la terre une série de courants électriques qui lui communiqueraient son magnétisme. Mais ici, la difficulté est déplacée sans recevoir de solution. Il s'agit, non-seulement de démontrer l'existence de ces courants électriques, et de reconnaître leur véritable origine, mais aussi, ce qui me paraît plus difficile, de retrouver la cause de leur orientation.

Une très-sérieuse objection qui peut être faite, soit à la théorie d'Ampère, soit à l'hypothèse d'un noyau magnétique et ferrugineux, c'est que cette hypothèse et cette théorie n'ex-

pliquent pas pourquoi l'aimant et le solénoïde se dirigent dans
un sens plutôt que dans un autre. La cause de cette orientation
a été cherchée dans le soleil qui, selon les uns, dans son
déplacement diurne, déterminerait des courants thermo-élec-
triques, et, selon les autres, fonctionnerait à l'égard de la terre
comme un corps inducteur (k). On peut, en effet, produire des
courants induits continus sur un corps sphérique, en le faisant
tourner rapidement sur son axe sous l'influence d'un pôle
magnétique. Mais par cette hypothèse, comme par les précédentes, la difficulté n'est pas vaincue, elle est seulement
déplacée; « car, fait remarquer M. Becquerel, on est en droit
de demander d'où le soleil tire sa force magnétique, et si du
soleil on a recours à un soleil central, et de celui-ci à une
direction magnétique générale, on ne fait qu'allonger une
chaîne sans fin, dont chaque anneau est suspendu au précédent sans qu'aucun d'eux repose sur une base quelconque. »
Quant on voit toute l'incertitude qui règne relativement au
magnétisme terrestre, on n'est pas surpris de la défaveur qui
accompagne toutes les applications qu'on a essayé d'en faire à
la géologie.

L'étude du magnétisme terrestre appartient exclusivement à
la physique du globe; c'est la meilleure preuve qui puisse être
donnée de l'indépendance de cette science par rapport à la géologie. Si la cause du magnétisme terrestre était bien connue,
il en résulterait, dans nos connaissances relatives à la constitution physique du globe, une extension dont la géologie
profiterait évidemment; mais cette cause est encore envi-
ronnée de mystère. « Quelques personnes, dit M. d'Archiac,
malgré l'incertitude qui règne encore sur l'origine première
des phénomènes magnétiques, ou peut-être à cause de cette
incertitude même, ont cherché à les relier aux phénomènes

géologiques et à l'histoire des révolutions de la terre : il est douteux qu'une semblable direction donnée aux études puisse conduire à des résultats fort utiles pour la science. » (*Hist. prog. géol.*, t. I, p. 127.)

Il faut, par exemple, considérer, comme n'appartenant nullement au domaine de la géologie, les hypothèses en vertu desquelles on a voulu établir une relation entre la direction des grandes chaînes de montagnes et celle des lignes magnétiques, particulièrement des lignes isocliniques et isodynamiques.

J'ajouterai, en terminant, quelques mots sur la pierre d'aimant et sur ce qui a été appelé le magnétisme des montagnes.

La *pierre d'aimant* ou *aimant naturel* est un oxydule de fer attirant la limaille de fer et présentant les deux pôles; il existe par masses considérables en Suède, en Sibérie, etc.

Les phénomènes désignés sous le nom de magnétisme des montagnes sont, d'après Humboldt, qui les a reconnus pour la première fois en 1796, des phénomènes partiels et locaux qui ne sauraient rentrer dans le magnétisme terrestre en général. Certaines montagnes offrent des propriétés magnétiques qu'elles doivent au fer aimantaire qu'elles contiennent en quantités souvent imperceptibles. Celle que Humboldt avait étudié avant son départ pour l'Amérique, est le Haidberg, en Franconie; elle est formée de serpentine passant au schiste chloriteux; ses roches constitutives renferment du fer oxydulé : elle agit, à 20 pieds de distance, sur la boussole, et les axes magnétiques qu'elle présente sont perpendiculaires à la direction des couches. Le contact de l'air, dans les montagnes magnétiques, augmente leur polarité et leur force d'attraction. Ces deux propriétés sont toujours plus prononcées près de la surface du sol qu'à une grande profondeur.

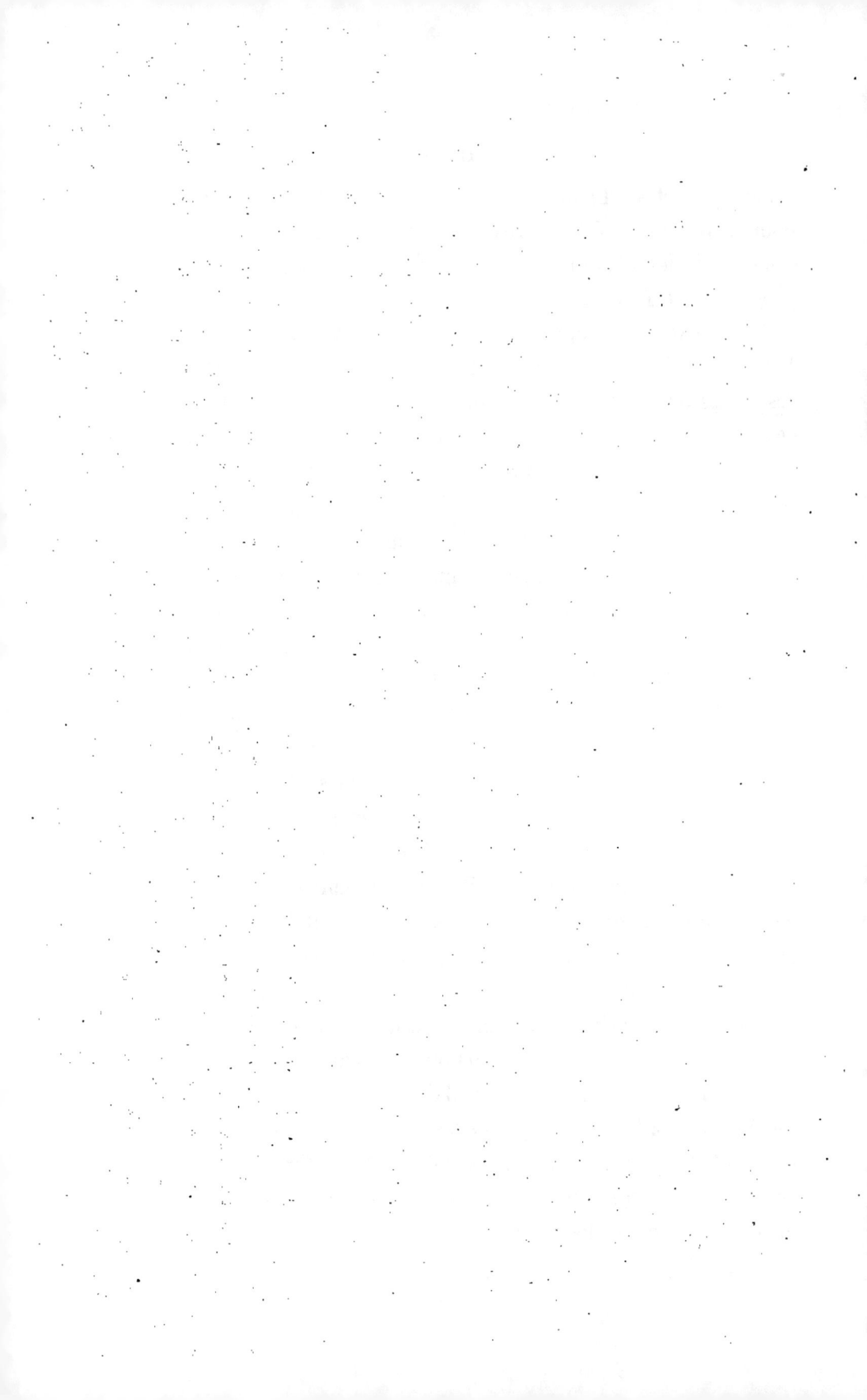

LIVRE DEUXIÈME.

ÉCORCE TERRESTRE :

SON ORIGINE, SON MODE D'ACCROISSEMENT, SA STRUCTURE GÉNÉRALE.

CHAPITRE I.

LE GRANITE EST UNE ROCHE D'ORIGINE HYDRO-THERMALE.

Nature et composition du granite. — Deux sortes de granite : passage
du granite primitif aux roches d'origine aqueuse et d'origine ignée.
— Théorie de Werner sur l'origine aqueuse du granite — Théorie de
Hutton sur l'origine ignée du granite. — Théorie de l'origine métamorphique du granite. — Considérations historiques sur la théorie
de l'origine hydro-thermale du granite. — Origine des éléments du
granite : le mica, le feldspath, le quartz. — Substances pyrognomiques
et autres contenues dans le granite. — Mode de groupement de
ses éléments. — Hypothèses de Boucheporn, de M. Fournet, de
M. Durocher et de M. Élie de Beaumont. — Aspect du granite. —
Plasticité du granite. — Conclusion.

Nature et composition du granite. — Lorsque nous pénétrons par
la pensée dans l'intérieur du globe, nous trouvons, au-dessous
de la terre végétale et des terrains de transport, les dépôts qui
se sont successivement accumulés au fond du bassin des mers.

11

L'ensemble de ces dépôts est, à son tour, supporté par une zone presqu'exclusivement constituée par le granite.

Le granite est la plus ancienne de toutes les roches qui entrent dans la composition de l'écorce terrestre; il forme un terrain que les anciens auteurs désignaient avec raison sous le nom de terrain primitif. Rechercher quelle est l'origine du granite, c'est remonter, dans la série des âges, aussi loin qu'il est permis de le faire, en se basant exclusivement sur des données certaines; c'est employer le plus sûr moyen de reconnaître l'état du globe au début de cette longue série de siècles dont l'histoire est du ressort de la géologie. Puisque la formation du granite est le premier en date des nombreux événements qui ont marqué cette histoire, il s'en suit qu'un des premiers chapitres de cet ouvrage doit être destiné à l'examen des diverses hypothèses qui ont été successivement émises pour expliquer l'origine de cette roche.

Ce deuxième livre a pour but l'examen de la constitution générale de l'écorce terrestre; aussi, je ne parlerai pas avec détails du terrain granitique primitif; cette étude sera mieux placée dans un des livres suivants. Je décrirai sommairement le granite considéré au point de vue pétrographique, et je ne dirai que ce qui est nécessaire à l'intelligence de la controverse qui va faire le sujet des pages suivantes.

Le nom de cette roche provient de sa texture, ordinairement grenue. Ses éléments constitutifs forment des granulations toujours distinctes les unes des autres. Il est dit *à petits grains*, lorsque ces granulations offrent un faible volume; il reçoit l'épithète de *porphyroïde*, lorsque ces granulations se transforment en gros cristaux plus ou moins complets.

Le *granite* est une roche agrégée, composée de feldspath-orthose, de mica et de quartz. Il passe à la *pegmatite* par la disparition du mica; à la *leptynite*, par celle du mica et du quartz; à l'*hyalomicte*, par celle du feldspath. Il prend le nom de *syénite*, lorsque le mica cède la place à l'amphibole, et de *protogyne*, lorsque le talc remplace le mica.

Le feldspath-orthose est un double silicate d'alumine et de potasse; il constitue plus de la moitié et quelquefois des trois quarts de la roche, qui lui doit habituellement sa nuance : il est tantôt blanc, tantôt rose, quelquefois gris, bleuâtre ou verdâtre. Le granite à petits grains présente ordinairement une nuance d'un gris foncé, due au mélange du feldspath blanc et du mica noir.

Le quartz est de l'acide silicique pur et cristallisé, toujours facilement reconnaissable à son éclat hyalin; sa cristallisation est rarement bien nette, et il semble former la guangue des substances qu'il accompagne.

Sous le nom de micas, on réunit des silicates doubles d'alumine et d'une autre base, se divisant en feuillets élastiques excessivement minces et présentant un éclat plus ou moins vif, d'où le nom qu'on leur a donné (*micare*, briller). Leur composition est excessivement complexe, et ils constituent certainement plusieurs espèces tout à fait différentes par leur nature et par leur gisement.

Deux sortes de granite : passage du granite primitif aux roches d'origine aqueuse et d'origine ignée. — On doit distinguer deux sortes de granite, le granite primitif et le granite éruptif. Le premier résulte de la solidification des matériaux qui occupaient la partie superficielle du globe. L'autre, placé au-dessous du précédent, ne s'est solidifié qu'après lui; à divers intervalles, il est venu, en passant au travers des fissures existant dans la masse solide du granite primitif, s'épancher à la surface du globe.

C'est le granite primitif que nous avons surtout en vue dans ce chapitre. En prenant la forme éruptive, il se lie, par des passages insensibles, aux roches incontestablement ignées. Il passe aussi, par le gneiss qui n'est qu'un granite stratifié, aux schistes cristallins et, par suite, aux roches d'origine évidemment aqueuse. L'explication de cette double transition est même une des conditions du problème auquel la nature du granite donne lieu; toute hypothèse relative à l'origine de cette roche, qui ne rendrait pas compte de cette double transition, devrait, par cela même, être rejetée. Nous avons déjà, dans cette double transition, un indice de la double nature du granite : ce chapitre a pour but de démontrer que l'eau et le feu sont intervenus dans la formation de cette roche, dont l'origine est *hydro-thermale*.

Je vais m'efforcer de faire pénétrer dans l'esprit du lecteur la conviction : 1° que le granite s'est formé et solidifié à une température bien inférieure à celle où le quartz se solidifie et, par conséquent, ne peut-être le produit d'une fusion ignée; 2° que l'eau a joué dans sa formation un rôle plus important que la chaleur; 3° que l'eau a été le principal agent de la plasticité du granite. Je ne tiendrai aucun compte de la pression, des actions électriques et des actions moléculaires, car, quelle que soit l'hypothèse adoptée, il faut admettre que ces agents ont dû ou pu fonctionner dans la formation du granite. Les preuves de l'origine hydro-thermale de cette roche me seront surtout fournies : 1° par la nature des éléments essentiels ou accidentels du granite; 2° par la manière dont ses éléments sont groupés entre eux; 3° par l'aspect du granite lui-même.

Théorie de Werner sur l'origine aqueuse du granite. — La théorie la plus ancienne relativement au mode de formation et à l'âge

du granite est celle de Werner. Des dépôts les plus récents jusqu'au granite, il y a une transition insensible qui conduisait
l'illustre minéralogiste de Freyberg à déclarer que le granite
avait la même origine que ces dépôts, et qu'il était, comme
eux, d'origine exclusivement aqueuse. Sa situation sous-jacente,
par rapport aux autres formations, l'obligeait à le considérer
comme la plus ancienne de toutes les roches qu'il est donné
d'observer. Pour lui, le granite était le résultat du premier
dépôt effectué au sein d'un *fluide chaotique*, et, à ce dépôt, il
donnait le nom de *terrain primitif*.

Les investigations de l'école de Freyberg n'allaient pas au
delà ; elle ne se demandait pas d'où ce fluide chaotique avait
reçu ses éléments, ni ce qui pouvait exister au-dessous du granite lui-même.

D'un autre côté, il semble que le passage entre le granite,
les schistes cristallins et, par suite, les roches fossilifères, ne
soit pas incompatible avec la théorie de Werner, puisque,
d'après elle, le granite, les roches fossilifères, dites secondaires, et les roches intermédiaires, dites de transition, avaient
une seule et même origine. Mais cet avantage ne peut lui être
accordé sans contestation. On ne se rend pas compte pourquoi,
les roches les plus cristallines ne se montrent pas à la partie
supérieure du terrain primitif, ou du terrain de transition, ou
même du terrain secondaire. Dans tout dépôt, même d'origine exclusivement chimique, les parties qui se séparent les
dernières du milieu qui les tient en suspension ou en dissolution, sont celles dont la cristallisation est la plus parfaite.

Cette théorie ne peut non plus rendre compte du caractère
spécial au granite d'être tantôt une roche primitive, formée et
solidifiée sur place, tantôt une roche d'éruption, amenée,
encore à l'état pâteux, loin de la région où elle a pris nais-

sance. Pour expliquer le remplissage des filons par le granite primitif, les adeptes de l'école de Werner pouvaient supposer une pénétration du fluide chaotique dans les fentes produites dans le premier dépôt; mais cette pénétration aurait dû s'effectuer de haut en bas, tandis que l'observation directe démontre qu'elle s'est effectuée dans le sens opposé.

Enfin, l'objection la plus grave qui puisse être adressée à la théorie de Werner, c'est de ne tenir aucun compte de l'intervention réelle, quoique exagérée dans notre siècle, d'une température assez élevée dans la formation du granite primitif, température qu'il avait conservée lorsqu'il s'est déplacé sous forme de roche d'éjection.

Théorie de Hutton sur l'origine ignée du granite. — Au siècle dernier, l'idée de la chaleur centrale était loin de régner dans la science; on ne doit pas s'étonner que l'école de Freyberg n'eût aucune notion des roches ignées et des phénomènes éruptifs. Elle voyait sans peine, dans le porphyre et le basalte lui-même, des masses d'origine exclusivement aqueuse. Ici, l'erreur parut bientôt évidente, et ce fut à propos de cette roche que s'établit la lutte entre les neptunistes et les vulcanistes. Cette lutte devint plus vive lorsque Hutton déclara que le granite lui-même avait été, comme le basalte, primitivement à l'état pâteux, ce qui est incontestable, et que son état pâteux ne pouvait provenir que d'une fusion par voie ignée, ce qui n'est vrai que dans une très-faible mesure. Hutton ajoutait que le granite s'était formé à plusieurs époques, et que, loin de constituer la plus ancienne de toutes les roches, il était souvent plus récent que la plupart d'entre elles. Cette manière de voir n'est fondée que jusqu'à un certain point; dire que le granite appartient à plusieurs époques, c'est confondre le moment où il s'est montré pour la première fois à la surface du globe et a pu se solidifier avec celui de sa véritable formation. Dans l'histoire physique de la terre, il n'y a eu qu'une seule période où le granite ait pu se constituer : nous avons désigné cette période sous le nom de *période plutonique*. Depuis lors, les circonstances qui ont déterminé la formation du granite ne se sont plus présentées ; seulement, sa masse ne s'étant solidifiée que lentement, elle a longtemps formé un immense réservoir souterrain qui a alimenté les éruptions plutoniques d'une grande partie des temps géologiques.

La théorie huttonienne explique parfaitement la plasticité du granite et son passage aux roches éruptives ; elle rend compte de l'action métamorphique qu'il a exercée sur les roches rencontrées par lui.

Toutefois, il est bon de remarquer que l'action métamorphique s'observe le long du granite éruptif dont la température et même, dans une certaine mesure, la composition minéralogique différaient de celles du granite primitif. Mais, en outre, cette action métamorphique a été bien moins intense que l'on n'est porté à le croire, et, surtout qu'elle le serait, si le quartz avait eu sa température de fusion, c'est-à-dire plus de 2500°.

Une objection très-grave que nous devons adresser à cette théorie, c'est de ne pouvoir expliquer le passage du granite aux roches stratifiées qui le recouvrent successivement, c'est-à-dire le gneiss, puis les schistes cristallins, et enfin les schistes talqueux et argileux. Il faut, pour expliquer ce passage, recourir à une action métamorphique exercée sur les roches d'origine aqueuse. Mais, si l'on admet que l'action métamorphique est capable de transformer un schiste argileux en schiste cristallin, et celui-ci en gneiss, il faut, à l'exemple des partisans de l'origine métamorphique du granite, ne pas s'arrêter dans cette voie et reconnaître, avec eux, que le granite est le résultat de la transformation du gneiss. Que devient alors la théorie de l'origine exclusivement ignée du granite?

Je sais bien que le gneiss a été considéré comme le résultat d'un étirement exercé sur la masse granitique, encore non solidifiée. Mais la difficulté n'est que déplacée par l'adoption de cette manière de voir, puisque le gneiss passe au schiste cristallin et celui-ci au schiste argileux, que l'on ne peut évidemment supposer avoir été formé par voie d'étirement.

J'énumérerai, dans ce chapitre, les autres motifs qui rendent inadmissible la théorie de l'origine exclusivement ignée du granite.

Origine métamorphique du granite. — Le granite a été considéré comme le produit d'un métamorphisme ou d'une transformation très-intense, exercée sur des roches d'origine aqueuse. Cette opinion a peu de partisans; plus tard, j'aurai l'occasion d'en entretenir le lecteur qui, alors, sera mieux à même de saisir les objections que soulève cette théorie dont j'ai indiqué déjà la portée (voir Introduction, page 51). Je me bornerai à faire remarquer que la théorie métamorphique, amenée à ces larges proportions, n'indique pas l'origine de l'écorce terrestre, ou, pour mieux dire, des roches de sédiment formées les premières. Il y a là quelque chose qui ne satisfait pas l'esprit, puisqu'on ne sait quel peut avoir été le substratum primitif qui a reçu les premières couches de sédiment établies à la surface du globe : on est, en effet, obligé d'invoquer la doctrine huttonienne, et de déclarer que toute trace de commencement a disparu dans les phénomènes géologiques, destinés à tourner indéfiniment dans le même cercle.

Considérations historiques sur la théorie de l'origine hydro-thermale du granite. — A peine formulée, l'idée huttonienne, relativement à la nature du granite, avait fait vite son chemin dans la science. Il vint un moment où, l'intervention d'une haute température dans la formation du granite étant exagérée, comme l'avait été celle de l'eau, on déclara que le granite avait une origine exclusivement ignée. Cette opinion a régné jusqu'à nos jours presque sans contestation ; elle est maintenant sur le point de se voir abandonnée et remplacée par une nouvelle théorie intermédiaire entre les deux qui ont successivement eu cours dans la science.

Dès 1822, Breislak, dans son *Traité de la structure du globe*, adressait à l'hypothèse de l'origine ignée du granite une objection à laquelle il est impossible de répondre : « Une difficulté qui s'élève contre l'origine ignée du granite, disait-il, c'est celle qu'on déduit des divers degrés de fusibilité dont ses parties sont douées. »

Fuchs et Bischoff, le premier en 1827, dans la séance du 28 août de l'académie de Berlin ; le second en 1838, dans les Annales de Poggendorff, reproduisaient l'objection de Breislak, restée complètement inaperçue. En 1842, Schœrer, dans une séance de la société des naturalistes scandinaves, adressait à l'hypothèse huttonienne un nouveau reproche : celui de ne pouvoir se concilier avec ce que l'on sait sur la nature des minéraux pyrognomiques, et il en concluait que l'idée la plus vraie sur l'origine du granite est celle qui attribue aux deux éléments, l'eau et le feu, une égale puissance créatrice. Le travail de M. Schœrer, d'abord inséré dans les Annales de Poggendorff, a été traduit en français et inséré, en 1847, dans le bulletin de la Société géologique. Le volume de ce bulletin pour la même année contient l'important mémoire de M. E. de

Beaumont sur les *émanations volcaniques et métallifères*, mémoire où se trouvent les lignes suivantes, qui nous disent assez que, dans l'esprit de ce géologue illustre, l'hypothèse de l'origine purement ignée du granite, quoique juste, selon lui, était susceptible de modification. « Il est démontré, dit-il, qu'à l'origine, le granite formait une masse plastique, et il n'est pas du tout improbable que cette masse n'a pu être à l'état de fusion simplement ignée. »

En 1855, M. Daubrée a publié, dans le bulletin de la même Société, une note où, résumant ses recherches sur la production artificielle des silicates et des aluminates par la réaction des vapeurs sur les roches, il nous fait voir comment le quartz a pu cristalliser en même temps ou plus tard que les silicates, à une température qui dépasse à peine le rouge cerise, et, par conséquent, de beaucoup inférieure à son point de fusion. Ces expériences de M. Daubrée peuvent être invoquées par les personnes portées à reconnaître dans le granite une origine métamorphique ; elles ne viennent pourtant pas affaiblir l'opinion qui accorde à l'eau une grande importance dans la formation directe de cette roche, car la vapeur d'eau se trouve, par le fait, au nombre des vapeurs auxquelles M. Daubrée fait jouer un si grand rôle ; mais ces expériences sont complètement contraires à l'origine ignée du granite.

Dans le bulletin de la Société géologique pour 1858, M. Delesse a inséré un travail remarquable, où il démontre que, dans la formation du granite, c'est l'eau, et non la chaleur, qui a joué le rôle le plus important. En 1859, dans un mémoire faisant partie des Annales de Poggendorff, M. H. Rose a rappelé les raisons qui militent contre l'hypothèse de l'origine ignée du granite : il a notamment insisté sur ce fait, que le quartz du granite n'a pu, jusqu'à présent, être obtenu dans nos laboratoires qu'avec le concours de l'eau.

En 1860, M. Sorby a fait connaître le résultat de recherches qui prouvent : 1° l'existence de l'eau dans les petites cavités dont le granite est criblé ; 2° l'influence chimique que l'eau peut exercer sur les substances avec lesquelles elle se trouve en contact, lorsque la pression est assez élevée, et que la température atteint tout au plus 150°.

Je mentionnerai, en dernier lieu, le mémoire que M. Daubrée a publié sous le nom d'*Etudes et expériences synthétiques sur le métamorphisme et sur la formation des roches cristallines*, et qui, en 1860, a reçu un prix de l'Académie des Sciences. Dans ce beau travail, après avoir montré comment les éléments du granite peuvent être obtenus isolément, M. Daubrée semble prévoir, dans un avenir prochain, le moment où l'on pourra produire artificiellement cette roche.

J'ai voulu, dans les lignes précédentes, tracer sommairement l'historique de l'évolution remarquable qui s'est opérée dans la science, relativement à une des questions les plus importantes et les plus controversées de la géologie : on remarquera que la réaction contre l'hypothèse huttonienne a pris son point de départ en Allemagne, dans la patrie de Werner, et qu'elle demande surtout ses preuves à la chimie.

Les applications de la chimie à la géologie ont été très-restreintes tant que l'on a admis l'origine exclusivement ignée du granite, et que le rôle important joué par l'eau dans la formation de cette roche n'a pas été soupçonné. L'hypothèse, qui servait de point de départ à l'étude des phénomènes géologiques dont le siège est à une certaine profondeur, était erronée ; les conséquences qui s'en déduisaient devaient l'être aussi. La science se trouvait retenue dans une voie sans issue, d'où l'ont dégagée les recherches de Schœrer, Bischoff, de MM. Daubrée, Delesse, Rose, Sorby, etc., et même de ceux qui veulent encore démontrer l'origine ignée du granite (1).

Origine des éléments du granite : le mica et le feldspath. — Les micas peuvent se partager en deux groupes : les micas alumineux, qui sont toujours à base de potasse ou de lithine, et les micas ferro-magnésiens, dans lesquels le fer semble remplacer l'alumine, et où la magnésie remplace soit l'alumine, soit la lithine. Les micas alumineux ont un éclat blanc et nacré ; les micas ferro-magnésiens sont toujours d'une couleur plus ou moins foncée.

Les deux sortes de micas se trouvent dans le granite primitif, mais le mica alumineux y domine et y existe le plus constamment. Lorsque le granite devient éruptif, le mica alumineux tend à disparaître et à céder la place au mica ferro-magnésien.

M. H. Rose fait remarquer que la plupart des micas, mais surtout ceux qui se rencontrent dans le granite, contiennent

---

(1) Quelques-unes des expériences qui seront mentionnées dans les pages suivantes ont été faites à des températures et sous des pressions considérables ; il n'est pas inutile d'indiquer comment ces pressions et ces températures ont été obtenues L'eau et les matières qui doivent réagir sont placées dans un tube en verre que l'on scelle ensuite. On introduit ce tube en verre dans un tube en fer, à parois très-épaisses, qui est clos à la forge à l'une de ses extrémités. Pour souder l'autre extrémité, on peut se servir d'un long bouchon à vis, munie d'une tête carrée qu'on serre fortement en la tournant avec une clef. On peut encore rapporter à la forge un fort bouchon de fer, qui arrive à faire corps avec le canon, si la soudure a été habilement opérée. Pour contrebalancer, dans l'intérieur du tube de verre, la tension de la vapeur, M. Daubrée verse de l'eau extérieurement à ce tube, entre ses parois et celles du tube de fer qui sert d'enveloppe. Ces appareils sont couchés sur le dôme ou sur les carneaux d'un four à cornues d'usines à gaz, en contact avec une maçonnerie qui est au rouge sombre, et enfouis sous une couche épaisse de sable. La température rouge sombre correspond à 800° C. environ. (Voir Daubrée, *Études sur le métamorphisme*, page 88.)

un peu d'eau et de fluor. Il en est ainsi pour les micas alumineux comme pour les micas magnésiens. Le fluor qui est, en dernière analyse, le caractère distinctif des micas proprement dits, s'y trouve toujours dans la proportion de 3 à 80 millièmes.

Au contraire, le mica dont l'origine est volcanique, c'est-à-dire incontestablement d'origine ignée, ne contient ni eau ni fluor ; il peut être calciné sans perdre son éclat et sans devenir mat. Deux espèces de mica, toutes les deux magnésiennes, recueillies dans les matières rejetées par le Vésuve, n'ont fourni à l'analyse aucune trace de fluor. Un mica, trouvé dans les scories des usines où l'on exploite le cuivre à Garpenberg, et analysé par Mitscherlich, n'a pas fourni de trace d'eau ou de fluor.

Quant aux feldspaths, ce sont des silicates doubles d'alumine et d'une autre base. Ils constituent un certain nombre d'espèces qui varient entre elles par leur système de cristallisation, par leur formule chimique et par la nature de la seconde base qui peut être la soude, la chaux, la magnésie ou le fer. Le feldspath qui entre dans la composition du granite primitif est à base de potasse et a reçu le nom d'orthose parce que, sur les trois clivages qu'il présente, il en est deux assez nets qui se rencontrent à angles droits. Il renferme toujours une certaine proportion d'eau qui, dit M. Delesse, ne doit pas être considérée comme hygrométrique.

Les feldspaths qui existent dans les roches éruptives ou dans celles qui, comme les basaltes, ont une origine ignée, se distinguent de l'orthose par leur système cristallin et par la nature de la seconde base, qui est souvent de la chaux. On les a réunis sous le nom de feldspath anorthose.

Le feldspath du trachyte, roche également d'origine ignée,

se rapproche beaucoup de l'orthose : c'est la rhyacolite. Il est
à base de soude et de potasse ; sa forme primitive est, comme
pour l'orthose, un prisme rhomboïdal oblique, et l'angle ne
diffère de celui de l'orthose que de moins d'un degré ; mais
l'éclat de ce feldspath est plutôt vitreux que cristallin ; il offre
une texture fendillée, comme le serait une substance subitement refroidie ; on le désigne quelquefois sous le nom de
feldspath vitreux.

Le feldspath du granite primitif est donc distinct de celui
des autres roches ; voyons ce que les procédés artificiels nous
apprennent à ce sujet.

Le feldspath n'a été obtenu qu'exceptionnellement par voie
sèche ; plusieurs fois, il en a été recueilli dans la partie supérieure des fourneaux à cuivre du Mansfeld ; dans ce cas, il a
été produit par voie de vapeur. Jamais on n'a pu l'obtenir
cristallisé par une fusion directe. Si l'on fait fondre du feldspath, ou ses éléments, on recueille, même après un refroidissement très-lent, des substances d'un aspect vitreux, sans trace
de structure cristalline. Au contraire, en faisant agir l'eau sous
une forte pression et à une température élevée, sur de l'argile
ou sur de l'obsidienne (roche volcanique qu'on peut presque,
à cause de son aspect et de sa composition, appeler un verre
naturel), jointe à un oxyde alcalin, M. Daubrée s'est procuré
un feldspath cristallin, semblable à celui du trachyte.

La tendance que le feldspath manifeste ainsi à se produire
par voie humide, dit M. Daubrée, est à prendre en considération dans diverses circonstances géologiques. Il est certain, fait
observer M. Delesse, que les feldspaths peuvent se former
par voie sèche et humide ; mais tous les caractères indiquent
qu'ils se sont formés par cette dernière voie dans le granite.

Page 160 tom 1

Fig. 6

Voir Chap. VI.

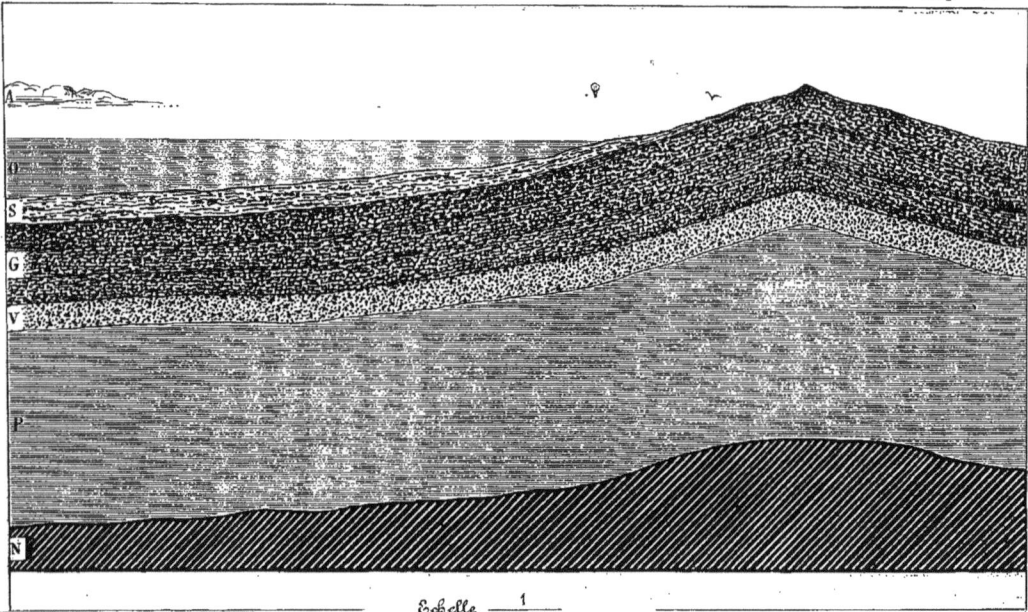

Echelle $\frac{1}{1\,000\,000}$

Origine des éléments du granite : le quartz. — Quelque puissantes que soient les raisons qui précèdent en faveur de la formation du granite par voie humide, c'est au quartz que nous demanderons, avec M. H. Rose, les preuves les plus convaincantes à l'appui de cette origine.

« L'acide silicique présente deux états particuliers, savoir : 1° l'état *amorphe* d'une densité de 2, 2 à 2, 3; et 2° l'état *cristallin* ou *cristallisé* : il est, dans ce dernier cas, d'une densité égale à 2, 6, et, seul, polarise la lumière. L'acide silicique cristallisé constitue le cristal de roche, le quartz, l'améthyste, le grès. On trouve l'acide silicique à l'état cristallin compacte dans la calcédoine, la chrysoprase, dans l'hornstein, dans la pierre à feu, dans quelques bois pétrifiés, mais non dans tous. L'acide silicique cristallisé du cristal de roche est à l'acide cristallin compacte de la pierre à feu, comme le spath calcaire nettement cristallisé est au calcaire compacte. Personne ne peut douter que l'acide silicique cristallisé compacte, tel qu'on le rencontre, par exemple, dans la pierre à feu, n'a pu être formé que par voie humide; il contient encore, dans certains cas, des infusoires bien nets. Dans les bois pétrifiés, dans lesquels on rencontre souvent des amas entiers de quartz cristallisé, on peut reconnaître encore toute la structure du bois qui n'a pas été modifiée. On a réussi, *mais seulement par voie humide*, à produire artificiellement l'acide silicique cristallisé présentant la forme du cristal de roche. En dissolvant l'acide silicique à l'état isolé dans de l'eau qui tenait en dissolution de l'acide carbonique ou de l'acide chlorhydrique, et en chauffant lentement une dissolution de ce genre jusqu'à 200 ou 300 degrés dans des vases fermés, M. de Sénarmont a obtenu de petits cristaux ayant toutes les propriétés du quartz. M. de Sénarmont et M. Daubrée ont aussi obtenu des cristaux de quartz bien nets, en décomposant l'eau à une forte pression et à une température élevée. »

« On n'a pas réussi, au contraire, à obtenir, par fusion, de l'acide silicique cristallin compacte, quoique diverses recherches aient été entreprises dans ce but. Si, à l'aide d'une température élevée, on parvient à opérer la fusion du quartz, le quartz ainsi fondu forme une modification de l'acide silicique toute différente, celle qui a pour densité 2, 2. Celle-ci s'obtient, non-seulement en faisant fondre l'acide silicique cristallisé, mais aussi par plusieurs autres méthodes. Elle se produit notamment lorsqu'on fait fondre l'acide silicique d'une pesanteur spécifique de 2, 6 avec les oxydes alcalins ou avec les autres bases fortes, et lorsque l'on décompose ensuite, par les acides forts, les silicates ainsi obtenus. L'acide silicique se sépare sous forme de flocons gélatineux compactes. »

« L'acide silicique d'une densité de 2, 2 se rencontre dans la nature sous forme d'opale. L'explication de la formation de l'opale (hydrate d'acide silicique) dans la nature, aux dépens de l'acide silicique amorphe, ne présente aucune difficulté. Celui-ci, après avoir été calciné, absorbe de l'eau, et retient cette eau, à une température assez élevée, à l'état d'hydratation. — Ni à l'état cristallisé, ni à l'état cristallin compacte, l'acide silicique d'une densité de 2, 6 n'absorbe l'eau de la même manière que cela a lieu pour l'acide silicique d'un poids spécifique 2, 2. »

« Les opales pourraient bien provenir d'un durcissement de la silice à l'état gélatineux. L'acide silicique en dissolution se serait séparé par l'action des acides, ou par toute autre raison, à l'état d'acide gélatineux présentant une densité de 2, 2. Au contraire, l'acide silicique, d'une densité plus élevée, qui forme la pierre à feu, la calcédoine et le quartz cristallisé, pourrait provenir d'une dissolution complète de l'acide silicique. Par la concentration lente de cette dissolution, il pourrait s'être produit du quartz cristallisé. »

« De ce qui précède, il résulte qu'il existe pour l'acide silicique deux états particuliers : 1° l'état amorphe, se formant tantôt par voie humide, tantôt par voie de fusion; 2° la silice à l'état cristallin ne se formant que par voie humide ou, au moins, à l'aide de l'eau : cette silice existe seule dans le granite. » (*Annales de chimie et de physique, février* 1860.)

M. Ch. Deville, tout en reconnaissant que le quartz n'a pas encore été cité dans une coulée de lave proprement dite, fait observer qu'il en existe dans les trachytes du Siebenbirge et du Mont-Dore ; il en a trouvé aussi dans les roches doléritiques de la Guadeloupe. Mais ce sont là des exceptions qui n'infirment nullement les faits généraux énoncés par M. H. Rose ; peut-être prouvent-ils que l'eau n'est pas étrangère à la formation du trachyte et de la dolérite, et qu'elle a pu, tout au moins, se trouver accidentellement dans les éléments constitutifs de ces roches.

Quant aux expériences et aux remarques de M. H. Rose, M. Ch. Deville pense qu'on ne peut en tirer des conséquences absolues : on ne peut, dit-il, comparer les conditions physiques auxquelles sont soumis, dans nos laboratoires, quelques grammes de quartz fondu et immédiatement refroidi, et les masses de cette substance enclavées dans un bloc de granite. L'état vitreux, selon lui, est, pour tous les corps susceptibles de l'acquérir, un état anormal que chacun doit tendre à abandonner pour atteindre un équilibre plus stable qui, en définitive, est l'état cristallin.

Les circonstances dans lesquelles se sont effectuées les expériences qui viennent d'être relatées ne sont pas aussi éloignées des conditions de laboratoire que M. Ch. Deville semble le supposer. Dans tous les cas, les objections de cet éminent géologue ne sauraient être admises sans constituer une fin de non-recevoir qui rendrait illusoire toute application des travaux de laboratoire à ce qui se passe dans la nature.

Le quartz pourrait-il, enfin, sans passer par l'état de fusion, prendre l'état cristallin sous l'influence d'une haute température? Pour s'en assurer, M. H. Rose a placé un cristal de roche dans un four à réverbère dont la température s'élevait à 2000° C. Après 18 heures de séjour dans ce four à réverbère, ce cristal ne s'est nullement modifié, son poids absolu et son poids spécifique sont absolument restés les mêmes. Du quartz porphyrisé, placé dans les mêmes conditions, a perdu une faible partie de sa densité. De la pierre à feu, tout en conservant sa forme, est devenue de la silice amorphe.

Substances pyrognomiques et autres, dont la présence dans le granite est inconciliable avec l'hypothèse de son origine ignée. — Le granite renferme plusieurs substances dont l'existence est incompatible avec une haute température, et qui fournissent, par conséquent, un nouvel ordre de preuves contre l'hypothèse de l'origine ignée du granite.

Le quartz du granite contient quelquefois une matière bitumineuse qu'il perd sous l'influence d'une haute température.

Le quartz des filons renferme, dans certains cas, des gouttelettes de deux liquides huileux, dont l'un est volatil à 27°.

Les roches granitiques, réduites en plaques très-minces et vues au microscope, ont montré à M. Sorby un nombre immense de cavités qui renferment de l'eau ainsi que des dissolutions salines. Ces cavités sont si nombreuses qu'il y en a plus de mille millions dans un pouce cube.

Enfin, quelques-unes des substances qui accompagnent le
granite perdent leur aspect et leurs propriétés, même lorsque
la température à laquelle on les soumet est inférieure à leur
point de fusion. Parmi ces substances, se trouvent des minéraux
que Schœrer a désignés sous le nom de *pyrognomiques* : ce
sont des silicates d'yttria et de cérium (allanite, gadolinite, or-
thite), qui possèdent la propriété de produire instantanément
une lumière plus ou moins vive, et de dégager de la chaleur,
à une température peu supérieure au rouge-brun, c'est-à-dire
à 700°. Ces minéraux, s'étant solidifiés avant le quartz, auraient
été soumis à une haute température après leur solidification.
Mais, pendant leur combustion apparente, ils auraient subi
des modifications très-sensibles dans leurs propriétés physiques, et auraient cessé d'être pyrognomes. La masse dans laquelle on les rencontre n'a donc jamais été soumise, depuis
sa solidification, à une température de 700°.

Mode de groupement des éléments du granite. — La pénétration
mutuelle des éléments du granite ne permet pas de douter de
leur formation simultanée; pourtant, les points de fusion de
ces éléments sont extrêmement différents, et, chose remarquable, le quartz, l'élément le plus fusible, qui aurait dû se
solidifier le premier, a reçu, au contraire, l'empreinte très-
nette du feldspath, minéral assez fusible, ainsi que celle des
aiguilles de tourmaline, du grenat et d'autres silicates. Dans
ses *Études sur l'histoire de la terre*, publiées en 1844, Boucheporn, tout partisan qu'il était de l'origine ignée du granite, renouvelait la remarque de Breislak et disait : « C'est
un fait général, caractéristique de la structure du granite,
que les substances les plus fusibles y sont le plus souvent
enchassées, et forment empreinte dans la moins fusible de

toutes. Voilà, certes, un grand fait; sans aucun doute, un utile renseignement y est renfermé, et si l'on veut trouver quelque lumière sur l'origine du granite, c'est là qu'il faudra la chercher. »

L'explication de ce fait, en apparence paradoxal, est très-simple, si l'on admet une origine en partie aqueuse pour le granite : elle est impossible à trouver avec l'hypothèse de l'origine ignée de cette roche. Voyons, pourtant, comment les partisans de cette dernière hypothèse soutiennent leur manière de voir, et, dans ce but, examinons les théories successivement émises par Boucheporn et par MM. Fournet, Durocher et E. de Beaumont.

Hypothèse de Boucheporn. — Boucheporn déclare d'abord qu'il paraît impossible, par l'ensemble des phénomènes géologiques et des caractères propres au granite, d'y méconnaître l'empreinte de l'action ignée : aucun géologue, dit-il, ne saurait aujourd'hui récuser les preuves de l'origine ignée du granite. Pourtant, cette roche lui semble, sans contredit, celle dont les lois connues de la physique et de la chimie peuvent rendre compte le moins facilement. « Ce qui frappe, surtout lorsqu'on examine les terrains d'ancienne origine, c'est l'impuissance où nous sommes d'assigner une ligne de démarcation tranchée entre les roches qui nous accusent par leur aspect minéralogique l'action puissante de la chaleur, et celles qui portent l'empreinte caractéristique du dépôt par les eaux, la stratification. Le granite massif le mieux caractérisé passe par gradations insensibles au gneiss clairement stratifié, et, par lui, au schiste ou limon endurci, produit évident et encore actuel de l'action sédimentaire. Bien plus, il porte lui-même des traces non équivoques de stratification, et on conçoit comment l'école neptunienne a pu opposer si longtemps une résistance rationnelle aux théories qui faisaient intervenir l'action ignée dans la production des roches. »

Mais ce qui, avec juste raison, paraît surtout inexplicable à Boucheporn, c'est cette disposition anormale offerte par la structure interne du granite, et déjà signalée d'abord par Breislak, dont il avait lu l'introduction à la géologie, puis par Fuchs, Bischoff et Schœrer, dont il ignorait sans doute les travaux. « Cette disposition consiste en ce que la substance la moins fusible, le quartz, forme la pâte qui enveloppe les autres éléments, et qu'elle y porte l'empreinte des cristaux de plus facile fusion. Ce phénomène subversif des lois connues, qui serait déjà remarquable pour des corps d'une fusibilité relative peu différente, prend un caractère paradoxal tout particulier, lorsqu'il est question du quartz, dont l'infusibilité relative est si tranchée. » Boucheporn comprenait donc fort bien où était une des principales difficultés dans cette théorie de l'origine ignée du granite ; voici comment il rendait compte de ce qui s'était passé dans la formation de cette roche ; on verra que les conclusions ne sont nullement en rapport avec les prémisses, et que la force de la vérité oblige l'auteur des *Etudes sur l'histoire de la terre* à accorder une large part à l'eau, dans l'origine du granite. « Il faut, dit-il, se représenter la formation, dans le sein des mers primitives, d'un dépôt chimique silicaté ; l'influence adventice d'une chaleur modérée venant à agir sur ce dépôt hypothétique, y aurait ainsi déterminé la formation de composés fusibles, représentés par le feldspath et le mica, et leur élimination individuelle de la combinaison primitive ; par suite, l'élément réfractaire superflu, le quartz, isolé à l'état naissant et *moléculaire*, se serait aggloméré *sans fusion* sur ces noyaux fluides, et rien ne répu-

gnerait à penser que, rendu plastique par cet état de division
chimique, il ait pu obéir, en se soudant à lui-même, à l'influence de la compression, et se mouler ainsi sur la surface
des cristaux pendant qu'ils se formaient. La séparation du
quartz serait donc considérée comme une sorte de précipitation
chimique par *résistance à la fusion*, phénomène dont les
conditions sont bien différentes d'une solidification par refroidissement. Le granite serait le résultat d'une action ignée sur
un sédiment formé par *voie chimique*, par précipitation.....
Et il faut bien l'avouer : dès maintenant, nous nous trouvons
ramené, par cette supposition, au principe si paradoxal des
neptuniens, la formation première du granite par voie humide. »

Bien plus, pour aller au-devant des objections nombreuses
soulevées par la théorie qui vient d'être exposée, l'auteur, dans
une addition placée à la fin de son ouvrage, dit : « On doit
même supposer la silice à l'état gélatineux, état qu'elle prend
en général, lorsqu'elle est formée dans l'eau, au moyen d'un
composé de silicium, et cela aiderait à concevoir ce moulage
du quartz sur les matières fusibles. » Je ne doute pas que si
Boucheporn eût vécu assez longtemps pour connaître les belles
recherches de MM. H. Rose, Delesse, Daubrée, etc., elles ne
l'eussent conduit à renoncer complètement à une théorie qu'*aucun géologue*, disait-il, au début de la discussion que nous
venons de résumer, ne saurait récuser.

Hypothèse de M. Fournet. — D'après M. Fournet, le quartz
fondu aurait pu, en vertu du phénomène de surfusion, dont
l'eau et le soufre nous donnent des exemples, rester liquide à
une température inférieure à celle où il passe à l'état solide.
Mais les phénomènes de surfusion ne se manifestent que dans

des intervalles peu étendus, tandis qu'il faudrait supposer, si
l'on tient compte du point de fusion des éléments qui accompagnent le quartz, que celui-ci a conservé sa liquidité à 1500°,
au moins, au-dessous de son point de fusion. En outre, le phénomène de surfusion aurait dû également se manifester pour
les autres éléments du granite, et la différence de leur point
de solidification se maintenir à tous les degrés de température.

Hypothèse de M. Durocher. — M. Durocher, après avoir rejeté
la théorie de la surfusion, propose la théorie suivante : « L'eau,
mélangée de sels, reste liquide à une température bien inférieure à celle de la congélation de l'eau pure et de la solidification des sels anhydres : les laitiers des hauts-fourneaux
coulent à une température bien inférieure à celle à laquelle
se solidifieraient les substances qui les composent, fondues
isolément. Le granite fondu doit, par la même raison, rester
fluide ou mou à une température inférieure à celle à laquelle
se solidifieraient le quartz, et peut-être même le feldspath et
le mica, fondus isolément... Le feldspath, le quartz et le mica
auraient été en dissolution l'un dans l'autre et auraient formé
une sorte d'alliage fusible. » Mais, objecte M. E. de Beaumont,
après avoir ainsi résumé les idées de M. Durocher, ces trois
éléments habituels du granite sont loin de s'y trouver dans
des proportions constantes : un ou deux de ces éléments disparaissent souvent, sans que l'aspect et la manière d'être de la
roche indiquent qu'elle ait été formée autrement que le granite normal ; non-seulement ces dégradations extrêmes du
granite se sont formées à peu près de la même manière que le
granite normal, mais aussi leur mode de formation a peu
différé de celui des filons quartzeux dans lesquels, fait observer

M. E. de Beaumont, le quartz a été déposé par l'action des eaux.

Hypothèse de M. E. de Beaumont. — M. E. de Beaumont, tout en déclarant que l'opinion de M. Fournet n'a rien d'exagéré en elle-même, ne l'admet pas davantage que celle de M. Durocher : il lui objecte que le granite ne s'est solidifié et n'a fait éruption qu'à une température bien inférieure à celle de la fusion du quartz. Il pense que la silice a été soumise à une action semblable à celle qu'on lui fait subir dans les analyses des minéraux. On pourrait admettre, dit-il, que c'est une surfusion chimique ou gélatineuse qui a été mise en jeu dans la formation des roches granitiques. Cette opinion s'éloigne de celle des géologues qui admettent l'origine purement ignée du granite, et se rapproche beaucoup de celle que nous essaierons de faire prévaloir. Les lignes suivantes sont extraites du mémoire de M. E. de Beaumont, *sur les émanations volcaniques et métallifères* : elles résument ses idées sur l'origine du granite.

« ... Nous ferions un nouveau pas vers la découverte de ces causes, si nous pouvions nous rendre un compte exact du rôle que le quartz a joué lors de la cristallisation du granite. Ce rôle paraît encore extrêmement problématique et a donné lieu, dans ces derniers temps, à d'importantes discussions..... Ces phénomènes paraissaient très-simples aux géologues qui admettaient l'origine neptunienne du granite ; mais, depuis que l'origine éruptive et ignée du granite a été démontrée, ces mêmes faits sont devenus autant de difficultés. Comment, en effet, concevoir qu'un corps aussi réfractaire que la silice ne se soit consolidé qu'après des corps aussi fusibles que la tourmaline, le feldspath, le grenat?... L'observation montre non-

seulement que le granite ne s'est consolidé qu'à une température assez peu élevée, mais qu'il n'a pas même fait éruption à
une température aussi élevée, à beaucoup près, que celle qui
est nécessaire pour fondre le quartz..... La silice possède une
propriété qu'on met en jeu tous les jours dans les verreries
et dans les analyses des minéraux, celle de fondre et de produire un verre lorsqu'on la chauffe avec des substances qui
ont pour elle assez d'affinité pour l'attaquer, à une température bien inférieure à celle de sa propre fusion. Cette silice,
séparée par la voie humide, au moyen d'un acide, des substances qui l'ont attaquée, reste, à la température ordinaire, à
l'état gélatineux, et la silice gélatineuse ne se durcit qu'à la
longue. Cette silice qui, pendant longtemps, reste molle à la
température ordinaire, présente, en quelque sorte, une seconde espèce de surfusion, et on pourrait admettre que c'est
cette *surfusion chimique ou gélatineuse* qui a été mise en jeu
dans la formation des roches granitiques... Cette dernière hypothèse de la surfusion gélatineuse est, beaucoup plus que l'hypothèse de la surfusion ignée, en harmonie avec les analogies qui
existent entre les quartz éruptifs et les quartz d'origine évidemment aqueuse qu'on trouve dans les filons plombifères et les
arkoses. Il est probable que l'eau a joué un rôle dans la production de tous ces quartz, et qu'elle n'a pas même été étrangère à la formation des granites dont les cônes quartzeux éruptifs ne sont qu'une forme particulière, et, en quelque sorte, une
monstruosité. Je ne vois, en effet, aucune difficulté à supposer
que le granite renfermât de l'eau quand il a fait éruption, car
cela se réduit à admettre que le granite ressemblait, sous ce
rapport, aux roches volcaniques, aux laves des volcans actuels,
qui, au moment où elles arrivent au jour, contiennent une
grande quantité d'eau qui s'en dégage sous forme de vapeurs,

et dont elles mettent souvent plusieurs années à se débarrasser complètement. Il est démontré qu'à l'origine, le granite formait une *masse plastique*, et il n'est pas du tout improbable que cette masse possédât alors une très-haute température, mais il est certain, en même temps, que cette masse n'a pu être à l'état de fusion simplement ignée. »

Aspect du granite. — Jamais le granite ou les roches qui l'accompagnent n'ont offert une masse vitreuse pouvant être considérée comme le produit d'une fusion. La fusion du feldspath ou de ses éléments ne donne, par le refroidissement lent, que des matières vitreuses. Le quartz fondu prend une densité et un aspect différents de ceux qu'il a dans le granite. « Si, dit M. H. Rose, l'on fait fondre un granite très-riche en quartz, une partie du quartz reste inattaquée et se trouve mélangée avec un verre de couleur vert-noirâtre, qui ressemble à de l'obsidienne, et qui est le résultat de la transformation par fusion du mica et du feldspath qui, pendant la fusion, se sont assimilés une certaine quantité du quartz. Plus la fusion a duré longtemps, plus il s'est dissous de quartz et plus le verre noir est riche en acide silicique, jusqu'à ce qu'enfin il se transforme entièrement en obsidienne. »

Plus tard, en étudiant les phénomènes d'éruption, nous comparerons le granite aux roches d'origine incontestablement ignée, et nous verrons qu'il y a, entre celles-ci et le granite, des différences d'autant plus remarquables que beaucoup de ces roches ignées ont, comme le trachyte, une composition semblable à celle du granite. Celui-ci offre toujours une texture cristalline, mais non vitreuse; il n'a pas, comme le basalte, une structure celluleuse; il ne forme pas de coulées, et ne présente pas de scories; rien ne trahit en lui qu'il se soit répandu à la surface du globe comme les laves qui s'épanchent sur les flancs des volcans.

Conclusion : plasticité du granite. — Les détails qui ont pu trouver place dans ce chapitre, et que je crois inutile de résumer, me paraissent suffisants pour convaincre le lecteur que l'eau et la chaleur sont intervenues, en même temps, dans la formation du granite : l'hypothèse hydro-thermale peut seule satisfaire à toutes les conditions du problème auquel donne lieu l'origine de cette roche, et l'hypothèse de son origine exclusivement ignée doit disparaître définitivement de la science.

L'intervention de l'eau, dans le phénomène qui nous occupe, peut être soupçonnée avant tout examen, car on ne saurait admettre que le contact prolongé de la matière incandescente et de l'eau, celle-ci étant sous forme d'océan, d'atmosphère nuageuse ou de pluie, ait pu se produire sans laisser de résultat. L'eau existe non-seulement dans le granite et dans les substances dont il est accompagné, mais aussi dans la lave des volcans actuels. M. Ch. Deville ne doute pas que la vapeur d'eau qui s'élève de la lave plusieurs années après sa sortie ne fasse partie intégrante du magma lavique. M. E. de Beaumont est le premier qui ait établi cette sorte de dissolution préalable de l'eau et des sels dans les laves incandescentes. Enfin, l'eau, d'après M. Daubrée, est le produit à la fois le plus abondant et le plus constant des éruptions, dans toutes les régions du globe. La singulière propriété que possèdent les silicates incandescents des laves de retenir pendant fort longtemps, et jusqu'au moment de leur solidification, des quantités d'eau considérables, démontre clairement que l'action de la chaleur n'exclut pas celle de l'eau, et paraît même annoncer que cette dernière, à de hautes températures, possède une certaine affinité pour les silicates.

Quant à l'état primitivement pâteux du granite, ne perdons pas de vue que la fusion ignée n'est pas la seule condition de plasticité des diverses substances. La glace des glaciers et la vase des rivières nous prouvent que l'eau peut, aussi bien qu'une température élevée, produire des masses malléables. Et puisque les preuves nombreuses qui viennent d'être énumérées démontrent que l'eau a joué dans la formation du granite un rôle plus important que celui de la chaleur, par extension de ce fait, on est conduit à admettre qu'elle a été l'agent de plasticité de cette roche. Il nous reste maintenant à compléter l'exposition de la théorie que nous croyons seule vraie, et à rechercher les développements dont elle est susceptible.

CHAPITRE II.

Condensation progressive de l'eau pendant les temps cosmologiques.
— Dans le chapitre précédent, j'ai démontré la nature hydro-
thermale du granite. Je vais maintenant, en prenant ce fait
pour point de départ, rechercher quelle a été l'origine de
l'écorce terrestre, et quelles sont les circonstances qui ont déterminé l'apparition du premier revêtement solide de la masse
du globe. Cette étude, en définitive, sera celle des phénomènes
généraux qui ont marqué la période plutonique.

A l'époque où la terre constituait une nébuleuse, sa température était d'abord aussi élevée que le nécessitait la volatilisation de toutes les substances dont elle est composée et, notamment, du fer et du quartz.

Plus tard, la majeure partie de cette chaleur primitive
s'étant dissipée dans l'espace, il n'est resté que celle qu'exi-

geait le maintien du globe à l'état de liquéfaction ignée.
Dans ce moment, celui-ci a pris la forme d'un corps à l'état
de fusion, enveloppé d'une atmosphère très-puissante. Cette
atmosphère, dont des épurations successives devaient faire
l'atmosphère actuelle, se composait d'oxygène, d'azote, des
substances les plus volatiles et de toute l'eau appartenant
à notre planète. Du commencement de la période plutonique date la première manifestation des phénomènes, la
plupart de nature chimique, qui devaient avoir pour conséquence la formation du magma granitique, et, plus tard, sa
solidification. La température régnant alors vers la périphérie
du globe encore incandescent peut être supposée de 600° à 700° :
cette température est suffisante pour maintenir la plupart des
silicates à l'état de fusion, surtout lorsque leur mélange leur
fait jouer, les uns par rapport aux autres, le rôle de fondants.

L'eau s'était déjà condensée à la surface du globe, encore
incandescent, et, dès le commencement de la période plutonique, l'enveloppait d'une nappe continue. Mentionnons les
diverses circonstances qui peuvent expliquer le fait, en apparence paradoxal, du contact de l'eau avec des masses encore
en ignition. Ces explications sont d'autant plus nécessaires que,
d'après les idées admises jusqu'à ce jour, cette condensation ne
se serait opérée qu'après la solidification de la partie extérieure
du globe.

**Circonstances qui ont favorisé le maintien de l'eau à la surface du
globe avant sa première solidification.** — L'hypothèse du contact de
l'eau avec la surface incandescente du globe, semble, au premier abord, complètement inadmissible; mais elle devient
très-plausible, lorsque l'on se rappelle les phénomènes qui se
produisent au contact des liquides avec les corps chauds : tous

ces phénomènes se rattachent d'une manière plus ou moins directe à ce qui a été désigné sous le nom de caléfaction ou d'état sphéroïdal. L'eau versée sur une surface chauffée au rouge, au lieu de mouiller cette surface ou d'être projetée sous forme de vapeur, prend la forme de globules possédant une température inférieure à celle de son point d'ébullition, et animés de mouvements variés. Une barre de fer, chauffée au rouge blanc, plongée subitement dans l'eau, y reste éblouissante pendant quelques instants, avant que l'ébullition du liquide se produise. Si l'on plonge, dans un verre plein d'eau, une sphère de platine également chauffée à blanc, on voit, entre la sphère et l'eau, s'interposer un espace vide probablement occupé par la vapeur d'eau. Dans des expériences faites par MM. Résal et Minary, pour apprécier la chaleur totale de la fonte de fer en fusion, celle-ci, versée dans un calorimètre, s'est solidifiée après quelques instants, sans qu'aucune ébullition se soit manifestée; il y a eu seulement une très-faible décomposition de l'eau.

Ces faits, dont je n'ai pas à rechercher la cause, nous démontrent la possibilité d'un contact de l'eau avec la masse incandescente du globe. Mais, dans les expériences qui viennent d'être rappelées, il arrive un moment où le corps chaud s'étant refroidi, l'eau est projetée avec violence. Diverses circonstances se sont opposées à ce que ce phénomène de projection ou d'ébullition ait pu se produire autour de la masse du globe. Ces circonstances sont précisément celles qui retardent l'ébullition de l'eau. L'océan de la période plutonique contenait en dissolution un grand nombre de substances : or, le mélange de substances étrangères a toujours pour résultat de retarder le point d'ébullition des liquides; c'est ainsi que l'eau saturée de nitrate d'ammoniaque ne bout qu'à 180°. Re-

marquons aussi que cet océan avait une profondeur de
2 500 mètres, et que la couche d'eau placée à sa partie inférieure se trouvait soumise à une pression de 250 atmosphères.

Introduction de l'eau dans l'intérieur du globe. — L'eau, ainsi
maintenue en contact avec le globe, a pénétré peu à peu dans
sa partie périphérique en vertu de son affinité pour diverses
substances, et notamment pour les silicates; les phénomènes
volcaniques actuels nous disent assez que l'eau est *soluble* dans
les laves elles-mêmes. Les mouvements de la masse incandescente, sans cesse agitée, et d'autres phénomènes, dont quelques-
uns peuvent se comparer au rochage de l'argent, ont concouru
au même but. Les matériaux existant vers la périphérie du
globe, et d'abord à l'état de fusion ignée, ont dû former un
mélange intime avec l'eau et constituer une sorte de boue
thermale, que nous appelons le *magma granitique*.

**Phénomènes chimiques qui ont été la conséquence du contact de l'eau
avec la masse incandescente du globe.** — C'est par l'intervention de
l'eau qu'il faut expliquer toutes les circonstances qui ont
accompagné la formation et la solidification du magma granitique. Avant d'aborder cette question, citons quelques opérations de laboratoire propres à donner une idée de ce qui, pendant la période plutonique, s'est accompli dans la nature sur
une immense échelle.

M. Daubrée a obtenu la silice en cristaux distincts par l'action
de l'eau sur le verre sous l'influence d'une température
élevée et d'une forte pression. M. Sorby a reconnu que le
flint-glass d'Angleterre est décomposé avec une grande facilité par l'action prolongée de l'eau à des températures inférieures à 100° C; ces décompositions, dit-il, ont lieu sûre-

ment, mais plus lentement à une température moins élevée.

En thèse générale, on peut dire que l'eau surchauffée décompose, avec une grande facilité, certains silicates, solubles ou insolubles, et en isole du quartz. Une dissolution de silicate de potasse dans de l'eau surchauffée laisse l'acide silicique se dégager de sa combinaison sous l'inffuence des acides nitrique ou chlorhydrique : l'acide silicique, ainsi mis en liberté, reste en suspension dans l'eau sous forme de gelée transparente et peut être séparé par filtration.

C'est donc par l'intervention de l'eau que le quartz s'est séparé de la masse dont il faisait partie et qu'il a cristallisé. C'est aussi sous son influence que se sont opérées la séparation et la cristallisation des autres éléments du granite. « Grâce à l'eau, dit M. Daubrée, ces éléments ont donné lieu, non à des masses uniformes comme la fusion en produit, mais à des mélanges de substances cristallisées différentes, anhydres ou hydratées, dont le mode d'enchevêtrement est tout à fait indépendant de leurs degrés respectifs de fusibilité. Dans les laves elles-mêmes, l'eau intervient pour les faire passer à l'état cristallin, à peu près comme dans les expériences de laboratoire, pour transformer l'obsidienne en feldspath cristallisé et déposer le pyroxène en cristaux parfaits. Dans l'un comme dans l'autre cas, l'eau paraît favoriser le départ de substances qui, sans sa présence, resteraient mélangées, et provoquer la cristallisation des silicates à une température bien inférieure à leurs points de fusion. C'est aussi par l'influence de cette sorte d'eau-mère que les mêmes silicates peuvent cristalliser dans une succession qui est souvent opposée à leur ordre relatif de fusibilité. On sait, par exemple, que l'amphigène, silicate d'alumine et de potasse qui est infusible, s'est développé, dans les laves de l'Italie, en cristaux souvent très-volumineux, qui empâtent de

13

nombreux cristaux de pyroxène, substances dont on connaît la fusibilité. Ces anomalies apparentes se présentent d'une manière encore plus frappante dans le granite, qui diffère de tous les produits de fusion sèche que nous connaissons. »

La présence de l'eau nous fait comprendre comment, à côté d'un silicate tri-basique, le mica, il ait pu se séparer de l'acide silicique pur à l'état de quartz. M. H. Rose fait observer que, par voie humide, le mica et le quartz peuvent fort bien s'être constitués l'un après l'autre, car, par voie humide, l'acide silicique présente, à la température ordinaire, une réaction acide très-peu énergique, et, par la force de l'affinité, il se rapproche des acides les plus faibles.

« Enfin, ajoute M. Daubrée, la remarquable association de silicates anhydres et de silicates hydratés que présentent le basalte et d'autres roches, n'a rien de surprenant après les expériences que j'ai faites, car, dans la même opération et dans le même tube, j'ai obtenu des cristaux de pyroxène disséminés au milieu d'une zéolithe, c'est-à-dire simultanément deux éléments constitutifs du basalte, l'un anhydre, l'autre hydraté. »

Il n'existe pas de roches exclusivement ignées. — Nous ne pouvons raisonner qu'hypothétiquement sur la nature des roches placées à une grande profondeur. Quant à celles qu'il est permis d'observer directement, il n'en existe aucune, pas même celles que les volcans rejettent à l'état de lave, qui ne portent, à un degré plus ou moins grand, l'empreinte de l'action aqueuse. Je vais transcrire les remarques que M. Daubrée fait à ce sujet : « On ne trouverait peut-être pas aujourd'hui sur le globe des roches dont on puisse affirmer, en toute certitude, qu'elles aient été formées exclusivement par la voie sèche, sans aucun concours de l'eau. Cependant il est un exemple qui nous montre ce que pourraient être de semblables roches, et il nous est fourni par les aérolites. Ces corps, en effet, n'offrent, dans leur constitution essentielle, ni eau, ni combinaison hydratée. N'est-il pas remarquable que, formés de silicates à bases identiques avec ceux de notre globe, ils n'aient jamais présenté ni quartz, ni mica, ni granite, et qu'on y trouve, au contraire, ce que l'on ne rencontre jamais dans l'écorce terrestre, du fer natif, des phosphures et des carbures métalliques, tous paraissant protester contre la présence de l'eau? N'est-ce pas là un nouveau motif, quoique tiré d'un peu loin, à la vérité, pour admettre la nécessité de l'intervention de l'eau et l'impuissance de la chaleur seule à produire le granite? »

Il n'y a donc pas de roches exclusivement *ignées;* en donnant cette désignation à quelques-unes des roches éruptives, nous voudrons seulement exprimer par là que, dans leur formation, la chaleur a joué le rôle le plus important et leur a imprimé leur caractère.

Les roches *aqueuses* seront, pour nous, celles qui se sont constituées sous l'influence exclusive de l'eau.

Enfin, sous le nom de roches *hydro-thermales,* nous réunirons celles dont la formation a exigé, dans une proportion variable, le concours de l'eau et d'une haute température : le granite nous a fourni le type de ces roches hydro-thermales.

Formation du magma granitique. – Tous les faits mentionnés, soit dans ce chapitre, soit dans le chapitre précédent, permettent d'admettre que les substances qui composent essentiellement la zone granitique s'y sont primitivement trouvées à l'état de fusion ignée sous l'influence de la haute température initiale. Puis, lorsque par suite de l'abaissement de cette tem-

pérature, l'élément aqueux a pu se mêler à la masse incandescente, les silicates se sont dissous dans l'eau, avec ou sans
décomposition, avec ou sans l'intermédiaire des acides. La
matière, d'abord à l'état de fusion ignée, n'est donc pas directement passée à l'état solide. Elle ne s'est solidifiée qu'après
s'être pénétrée d'une quantité d'eau diminuant en raison de
l'éloignement de la surface du globe. Il faut voir dans le magma
granitique le résultat de l'action de l'eau sur une masse déjà
oxydée, mais encore en majeure partie anhydre et douée d'une
température très-élevée.

Il me paraît assez difficile, dans l'état actuel de la science,
de préciser à quelle température la formation du magma granitique a commencé. Cette température était évidemment supérieure à 700°, c'est-à-dire à celle où tous les silicates cessent
d'être solides et prennent l'état de fusion ignée. Evidemment,
le mélange de l'eau avec les matériaux accumulés vers la périphérie du globe a dû s'effectuer avant leur entière solidification.

Solidification du magma granitique. — La solidification du granite
a été, avant tout, une action chimique plutôt que le résultat
d'un simple refroidissement. Dans les dépôts qui se forment
au sein de l'eau, il se produit des substances nullement ou
fort peu hydratées. M. de Sénarmont a prouvé que l'élévation
de la température détermine une tendance à la déshydratation,
même dans un milieu liquide; il a reconnu que le peroxyde
de fer peut se déshydrater dans le sein même de l'eau, à des
températures comprises entre 160 et 180 degrés. Cette réduction a même déjà lieu, d'après une expérience faite par M. Daubrée, à 150 degrés seulement, dans une dissolution saturée de
chlorure de sodium; la silice gélatineuse perd entièrement son

eau et se dépose à l'état cristallin, surtout si l'on fait intervenir l'éther silicique. C'est probablement vers la température de 150 ou de 200 degrés que la solidification du magma granitique a commencé à s'opérer.

Pendant la solidification du magma granitique, les silicates, notamment le feldspath et le mica, se sont constitués les premiers. Puis la silice, laissée en excès à l'état gélatineux, a pris à son tour l'état solide par la disparition de l'eau que ne retenaient plus les circonstances qui avaient amené son introduction dans la masse du globe.

L'eau a été chassée du magma granitique, 1° par suite du passage à l'état cristallin des substances qu'elle tenait en dissolution; 2° en vertu de la pression qui s'est exercée sur le magma granitique, comme sur une éponge mouillée, à mesure qu'il acquerrait une certaine consistance; 3° par la chaleur intérieure qui donnait lieu à une évaporation plus ou moins rapide, principalement sur les points où l'écorce terrestre, en voie de formation, se tuméfiait et se rapprochait de la surface de l'océan.

J'ai essayé de donner, de la formation du granite, une idée aussi exacte que le permet l'état actuel de la science. Certains détails qui trouveront mieux leur place dans les livres suivants, achèveront de convaincre le lecteur que la théorie de l'origine hydro-thermale du granite est seule soutenable. Je l'ai exposée dans son ensemble; il reste à pénétrer dans les détails, qui sont la pierre de touche des théories. Il faut, par exemple, déterminer exactement à quelle température se produisent quelques-uns des phénomènes qui viennent d'être mentionnés. Quand d'autres faits seront acquis à la science, on s'expliquera notamment comment l'eau a été d'abord attirée dans le milieu où le granite allait se former, puis repoussée de nouveau. « Il est probable, dit M. Daubrée, que certains minéraux, par exemple les silicates anhydres, ne se produisent facilement dans l'eau qu'à des températures déterminées. Une chaleur trop élevée, aussi bien qu'un manque de chaleur, nuit à leur formation ; l'expérience semble nous faire voir que les feldspaths tantôt se produisent, tantôt se détruisent dans l'eau selon les températures. »

Ordre dans lequel s'est effectuée la formation de la zone granitique. — Les phénomènes successifs qui ont eu pour résultat la formation de la partie de la croûte du globe que l'on peut désigner sous le nom de *zone primitive* ou *granitique,* se sont effectués dans un ordre que je vais sommairement indiquer.

Dans une même région, la pénétration et le départ de l'eau, ainsi que la solidification du magma granitique, se sont effectués de haut en bas.

Si l'on considère le globe tout entier, on voit que ces mêmes phénomènes se sont produits dans le sens des pôles vers l'équateur. Sous les pôles, la déperdition de chaleur par voie de rayonnement n'est pas en partie compensée, comme sous l'équateur, par l'arrivée d'une certaine quantité de chaleur d'orige solaire. C'est sous les pôles que l'eau a commencé à se condenser sous forme de pluie ou d'océan ; c'est là que, pour la première fois, elle a pénétré dans l'intérieur du globe et a donné naissance au magma granitique.

C'est également sous les pôles que l'eau, à une époque relativement récente, a pris, pour la première fois, l'état solide ; les calottes de glace qui recouvrent les régions polaires sont destinées à croître d'étendue et à se souder sous l'équateur, ainsi que je l'ai déjà dit (voir page 107) : la consolidation de l'eau, à la surface du globe, suivra donc une marche

analogue à celle du magma granitique dans sa formation et
dans sa solidification.

Origine de l'écorce terrestre. — L'origine de l'écorce terrestre est
évidemment liée à celle du globe, mais seulement dans une
certaine mesure; ce serait une grave erreur de supposer que
les considérations cosmologiques, déjà si incertaines par elles-
mêmes, peuvent, à elles seules, conduire à un résultat satis-
faisant, lorsque l'on recherche comment l'écorce terrestre a
commencé. Dans cette étude, nous avons dû remplacer la
méthode cosmologique par des considérations exclusivement
empruntées à la chimie; il a fallu nous adresser à l'observation directe et non à l'hypothèse ou à une idée préconçue.

Tandis que, pendant la période cosmogonique, s'opérait la
condensation des matériaux constituant la masse du globe
encore à l'état incandescent et lumineux, les moins denses de
ces matériaux tendaient à se placer vers la périphérie de la
planète en voie de formation; c'étaient eux qui subissaient
surtout l'influence de la basse température des espaces interplanétaires, et qui, en passant à l'état solide, allaient former la
croûte de ce soleil en voie de s'éteindre. L'écorce terrestre peut
donc se comparer, tout à la fois, à la mince pellicule qui apparaît, par voie de refroidissement, sur les corps en fusion, et à
la couche de glace que sa faible densité maintient au-dessus de
l'eau. Si nous réunissons ces deux idées en une seule, nous
dirons que l'écorce terrestre est comparable au laitier qui
surmonte la fonte dans les bassins où elle est reçue à la sortie
du haut-fourneau. Cette comparaison semble d'autant plus
naturelle que l'écorce terrestre, comme le laitier lui-même,
est, en majeure partie, formée de silicates; mais nous avons
vu quelles étaient les modifications que les progrès de la

science permettaient d'apporter à cette manière de voir. Dans le chapitre suivant, nous démontrerons que l'écorce terrestre présente une structure et un mode d'accroissement encore bien plus compliqués que ne pourrait le faire supposer ce que je viens de dire : nous verrons qu'elle n'est pas une œuvre d'un seul jet.

La première pellicule solidifiée à la surface du globe a été disloquée dans tous les sens, et plusieurs fois recouverte par les masses éruptives provenant des régions sous-jacentes non solidifiées. Le même phénomène s'est reproduit plusieurs fois; puis, une écorce terrestre rudimentaire, mais définitivement constituée, a offert assez de puissance pour ne plus être complètement détruite par les forces intérieures, ni entièrement noyée dans les masses sous-jacentes, encore à l'état pâteux. Alors ont commencé les temps géologiques proprement dits, pendant lesquels l'écorce terrestre n'a cessé de croître de haut en bas par voie de refroidissement et de solidification, et de bas en haut, par suite de la superposition des matériaux s'accumulant au fond des mers.

La formation de la zone granitique date, comme nous l'avons vu, de la période plutonique. Pendant cette période, l'eau et la chaleur avaient en quelque sorte confondu leur action et leur domaine. Mais, depuis lors, le rôle de ces deux grands agents géologiques est devenu de plus en plus distinct. Non-seulement leur action a cessé d'être concomittante, mais aussi leurs centres d'activité ont tendu à se déplacer et à s'écarter, de plus en plus, l'un de l'autre. L'eau a établi peu à peu son règne à la surface du globe, tandis que celui de la chaleur s'est trouvé au-dessous de l'écorce terrestre.

Mode dont s'est opérée jadis la répartition des substances qui existent vers la périphérie du globe. — Avant de terminer ce chapitre, je dois appeler l'attention du lecteur sur le mode dont s'est opérée, pendant le commencement de la période plutonique, la répartition des substances existant vers la périphérie du globe.

À la suite des actions chimiques qui avaient marqué les temps cosmologiques, le fer s'était aggloméré, au centre du globe, pour y former le nucléus ferrugineux dont j'ai parlé dans le livre précédent.

Quant à l'oxygène et à l'azote, leur faible densité et leur état naturellement gazeux, sous les pressions les plus fortes que l'on ait pu produire dans les laboratoires, avaient dû, dès l'origine des temps cosmologiques, en faire les éléments de l'enveloppe la plus extérieure du globe. Leur faible solubilité dans l'eau avait dû, d'un autre côté, les rendre difficilement absorbables par la masse des eaux au moment où elles s'accumulaient autour du globe sous forme d'océan.

Vers le commencement de la période plutonique, il existait, entre le nucléus ferrugineux et l'atmosphère oxygénée, deux zones : l'une supérieure, occupée par les eaux déjà condensées; l'autre inférieure, formée par l'accumulation des substances qui composent aujourd'hui la pyrosphère et l'écorce terrestre.

Les substances existant dans la zone inférieure s'y trouvaient réunies d'après les lois qui président aux combinaisons par la voie sèche; l'introduction de l'eau dans cette zone inférieure, et l'influence qu'elle a exercée, en mettant à la place des combinaisons par voie sèche celles qui sont le produit de la voie humide, — tels sont les phénomènes essentiels de la période plutonique.

L'ordre de répartition des substances existant d'abord dans cette zone inférieure était déterminé par leur densité et leur degré de volatilisation : c'est là un fait évident par lui-même. Lorsque l'eau a pénétré dans cette zone, le degré de solubilité des diverses substances dans l'eau a également exercé une grande influence sur leur mode de distribution. En un mot, on peut dire que, pendant la période plutonique, chaque substance s'est d'autant plus éloignée du centre de la terre, qu'elle était plus soluble dans l'eau, plus volatile ou moins dense.

Le magma granitique s'est formé dans une zone qui a été, en quelque sorte, le rendez-vous des substances trop peu solubles dans l'eau pour se maintenir dans la masse aqueuse qui entourait le globe, et des substances trop volatiles pour n'avoir pas été expulsées de la pyrosphère. Ici se trouve une application très-remarquable des principes de chimie connus sous le nom de lois de Berthollet.

Parmi les substances faisant partie du globe, les unes se volatilisaient facilement par la chaleur, après avoir été quelquefois décomposées par elle, et tendaient à se diriger vers la surface de la terre. Les autres restaient en présence, mais ne cessaient pas d'être soumises à ce principe de chimie : lorsqu'on chauffe ensemble deux sels formés par des acides et des bases différentes, et que, par l'échange mutuel des acides et des bases, il peut se former deux nouveaux sels plus volatils que les premiers, cette circonstance détermine ordinairement leur formation. A la suite des échanges successifs auxquels le principe que nous venons de rappeler donnait origine, les substances les plus indécomposables par la chaleur et les moins volatiles avaient pu seules persister, soit dans la pyrosphère, soit au-dessous d'elle.

Les substances ainsi amenées, à l'état gazeux, vers la surface du globe, se condensaient à mesure qu'elles rencontraient des zones où régnait une température assez basse pour que leur condensation pût s'opérer. Elles se répartissaient selon leur degré de densité et surtout de solubilité dans l'eau.

Ici, il faut invoquer l'autre loi formulée par Berthollet. Lorsqu'on mêle ensemble deux sels en dissolution, pouvant donner un sel insoluble par l'échange de leurs acides et de leurs bases, la décomposition a toujours lieu, et le sel insoluble se précipite. Par conséquent, les sels introduits dans l'océan primitif allaient, lorsqu'ils étaient insolubles, se déposer au fond de ses eaux et se placer dans la zone où le magma granitique se constituait. Lorsqu'ils étaient solubles, ils donnaient origine, dès qu'ils se trouvaient en présence, à de nouveaux composés moins solubles; ceux-ci étaient, à leur tour, précipités en totalité ou en partie. Il n'est donc resté, dans l'océan, après ses épurations successives, que les corps jouissant au plus haut degré de la propriété de se dissoudre dans l'eau. Aussi le chlorure de sodium est-il resté l'élément essentiel dans la composition de l'eau de la mer. Il lui a été d'autant plus facile de s'y maintenir que son degré de solubilité dans l'eau varie très-peu avec la température, ce qui n'avait pas lieu pour les diverses substances dont il était accompagné.

Dans ce chapitre et dans celui qui précède, il n'a pu entrer dans ma pensée de rechercher quelles ont été les circonstances qui ont déterminé la formation et le gisement de toutes les substances dont l'écorce terrestre se compose. Cette étude trouvera mieux sa place dans les livres suivants. — Mon but, je le répète, a été de décrire, d'une manière générale, les phénomènes qui se sont accomplis pendant la période plutonique, et d'indiquer le mode de formation du granite et de la masse importante qu'il constitue. La figure 7 représente l'état des choses vers la périphérie du globe, au commencement et à la fin de la période plutonique. Elle nous montre quatre zones superposées, qui sont, en allant de la circonférence vers le centre, l'atmosphère oxygénée, A; l'océan primitif, O; la

pyrosphère, encore incandescente et sans mélange d'eau, P; le
nucléus ferrugineux, N. Les phénomènes, accomplis posté-

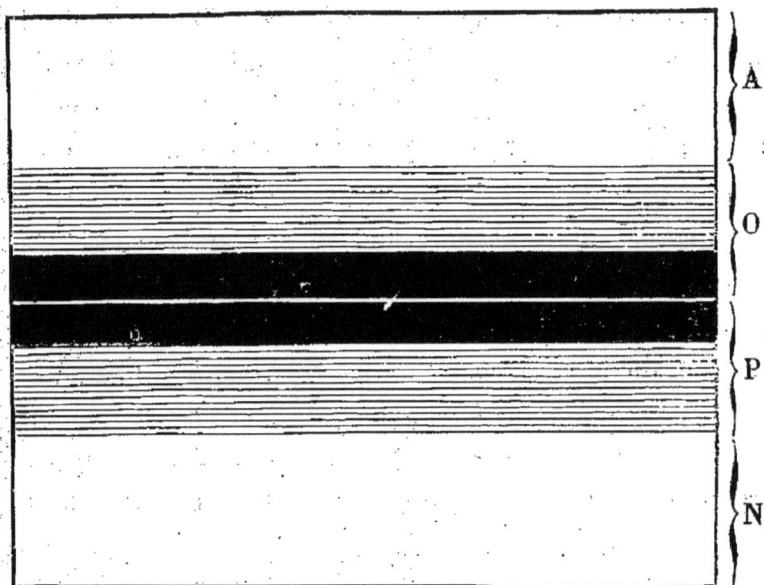

FIG. 7.

rieurement à l'époque où régnait cet état de choses, ont eu
pour résultat de faire pénétrer l'eau dans la pyrosphère, et de
donner ainsi naissance au magma granitique représenté, dans
la figure 7, par une bande noire.

CHAPITRE III.

**Zone granitique ou cristalline. Agents qui, depuis la période pluto-
nique, interviennent dans la formation de la croûte du globe. —** La
masse principale de l'écorce terrestre est formée par la *zone
granitique* que l'on peut encore appeler *zone primitive,* à cause
de la date de sa formation, et *zone cristalline,* par suite de la
texture de ses matériaux. Cette zone constitue, pour ainsi dire,
l'ossature ou la charpente de l'écorce terrestre; en faisant
saillie vers la surface du globe, elle dessine l'axe des principales chaînes de montagnes et le noyau des massifs montagneux.

On a vu que la formation de la zone granitique datait de la
période plutonique. Depuis cette période, tout en ne cessant

pas de puiser sa raison d'être dans l'action réfrigérante de l'espace, l'écorce terrestre, considérée dans sa composition, sa structure et son relief, est devenue le produit de deux ordres d'agents bien distincts. Les uns se trouvent au-dessus d'elle et sont dits *extérieurs;* les autres se trouvent au-dessous et sont dits *intérieurs.*

Dans le premier cas, ils se passent rarement du concours de l'eau, le principal d'entr'eux, et de là le nom d'agents *aqueux* sous lequel on les désigne quelquefois. La chaleur joue, au-dessous de l'enveloppe solide du globe, un rôle aussi important que celui de l'eau, au-dessus de cette enveloppe, et l'on a été ainsi conduit à donner aux agents intérieurs le nom d'agents *ignés.*

Ce n'est pas dans l'atmosphère que se trouve la raison d'être des agents extérieurs. La basse température, grâce à laquelle l'écorce terrestre existe et l'eau se présente à l'état fluide ou sous forme de glace, appartient aux espaces interplanétaires; l'action produisant les marées a sa cause dans le soleil et dans le satellite de notre planète; c'est du soleil que vient la chaleur qui élève l'eau en nuages; la puissance qui promène cette eau dans tous les sens à la surface du globe a son siége dans l'intérieur de la terre, ainsi que celle qui attire au fond de l'océan les éléments des dépôts en voie de formation. Néanmoins, comme toutes ces forces variées trouvent dans l'atmosphère leur résultante, comme toutes ces actions s'y combinent et s'y exercent simultanément, on donne encore aux agents extérieurs le nom d'agents *atmosphériques.*

De même, tous les agents intérieurs n'ont pas, dans la pyrosphère, leur raison d'être; mais des motifs semblables à ceux qui viennent d'être exposés permettent de leur affecter la désignation d'agents *pyrosphériques.*

Afin de mieux nous rendre compte de la manière dont ces agents ont fonctionné depuis la période plutonique, nous allons énumérer les diverses parties dont l'écorce terrestre se compose actuellement et rechercher comment chacune d'elles s'est constituée.

Agents extérieurs : action sédimentaire; stratification. — L'action simultanée des agents extérieurs donne lieu à un phénomène général et compliqué qu'on peut, à cause de son dernier terme, appeler *sédimentation* (*sedere*, s'asseoir); aussi l'étude de ce phénomène conduit-elle invinciblement à celle de toutes les actions géologiques qui se manifestent à la surface du globe.

L'appareil de la sédimentation se compose de deux parties : l'une, inférieure, recouverte par les eaux marines ou lacustres; c'est le bassin ou réceptacle où vont se déposer les matériaux détachés de la surface du sol ou amenés de l'intérieur de l'écorce terrestre; l'autre, supérieure, formée par les bords du bassin dont elle n'est que la continuation et constituant la source où l'action sédimentaire va puiser une partie des matériaux qu'elle met en œuvre. On a comparé, avec raison, cet appareil de la sédimentation à un vase se remplissant aux dépens de ses parois soumises à une usure lente et prolongée.

L'action sédimentaire offre trois phases ou périodes. Pendant la première, des matériaux, variables de volume, sont détachés des masses déjà existantes à la surface ou dans l'intérieur de l'écorce terrestre; c'est celle de *désagrégation* ou de *détrition*. Pendant la seconde période, celle de *transport* ou de *charroi*, ces matériaux, sous l'influence de courants temporaires ou permanents, fluviatiles ou marins, superficiels ou souterrains, sont promenés dans tous les sens, modifiés dans leur forme, amoindris dans leur volume. Pendant la troisième période, celle de *sédimentation*, ces matériaux, par suite d'un concours de circonstances qui finit toujours par se présenter, vont au fond de la mer, où tout tend à les entraîner, constituer des amas sur lesquels d'autres amas, obéissant aux mêmes lois, doivent successivement se superposer.

Les dépôts sédimentaires se forment en partie aux dépens des parties du sol que les oscillations de l'écorce terrestre soumettent successivement à l'action de l'atmosphère ou à la haute température qui règne à une certaine profondeur. Ceux qui existent ne sont qu'un remaniement de ceux qui ont été détruits. Les agents extérieurs opèrent d'une manière continue, soit mécaniquement, soit chimiquement, sur les parties de l'écorce terrestre déjà existantes. Tout en détruisant un dépôt déjà constitué, ils préparent les éléments d'un dépôt en voie de formation. Ils ont une mission destructive et créatrice tout à la fois. C'est un phénomène semblable à celui qui s'observe dans le monde organique où les éléments d'un corps détruit passent dans un corps vivant et où la mort sert ainsi de prélude, j'allais dire d'aliment, à la vie.

Les eaux qui jaillissent à la surface du globe portent avec elles des substances que non-seulement elles reçoivent de la zone pyrosphérique, en s'en saturant, lorsque celles-ci s'en dégagent à l'état gazeux, mais aussi qu'elles détachent, sur leur parcours souterrain, des roches qu'elles traversent. La zone sédimentaire s'approprie aussi en partie les matériaux que l'action éruptive porte à la surface du globe et que les agents extérieurs ne cessent ensuite de détruire.

L'action sédimentaire est, dans son ensemble, continue ; mais elle subit, sur un point donné, des moments de suspension qui permettent de compter, dans un même dépôt, des parties indépendantes les unes des autres. Ces moments de suspension ont lieu chaque fois que les matériaux mis en œuvre par l'action sédimentaire cessent de venir accroître le dépôt qu'ils étaient en voie d'édifier. Lorsqu'ils reparaissent, ils ne se soudent pas intimement avec la masse sous-jacente; ils en sont séparés par un plan toujours reconnaissable dit de *stratification*. Les masses, séparées par ces plans, constituent des *couches*, des *bancs*, des *strates* (*stratum*, lit), d'où le nom de *dépôts stratifiés* donné aux roches formées sous l'influence de l'action sédimentaire. Nous verrons par la suite comment les strates, primitivement horizontales, ont été plus ou moins dérangées de leur situation primitive.

Zone sédimentaire, stratifiée ou aqueuse. — Toutes les strates, en se superposant les unes aux autres, constituent la partie de l'écorce terrestre désignée sous le nom de *zone stratifiée*, à cause de la structure des masses dont elle est formée, — *zone sédimentaire*, à cause du phénomène dont elle est le résultat, — *zone aqueuse*, par suite de l'importance du rôle joué par l'eau dans son édification.

La zone stratifiée occupe la partie extérieure de l'écorce terrestre et constitue, pour ainsi dire, son épiderme. Elle est immédiatement superposée à la zone cristalline, mais elle ne forme pas, comme celle-ci, une enveloppe continue autour de la terre : elle est interrompue sur les points où la zone granitique surgit à la surface du globe, de même que l'est l'océan sur les points où s'élèvent les masses continentales.

La zone stratifiée offre peut-être un développement moindre que la zone granitique, mais son étude présente, sous tous les rapports, bien plus d'importance. La zone stratifiée se trouve en relation directe avec l'homme et avec tous les êtres organisés; elle renferme d'ailleurs les documents dont le dépouillement doit conduire à la connaissance de l'histoire physique du globe pendant les temps géologiques.

Intervention de la vie dans les phénomènes géologiques. — Tout autour de la terre, il existe une zone qui appelle et concentre la vie en elle et que, pour cette raison, l'on peut appeler *zone vitale*. L'oiseau, en s'élevant dans l'air, s'arrête lorsqu'il atteint la région qu'un froid intense et un air raréfié rendent impropre à la vie. L'homme, en pénétrant dans les mines, ne peut aller au delà de quelques centaines de mètres de profondeur ; il rencontre un air trop vicié et une température trop élevée pour qu'il puisse y vivre. Dans l'océan, les animaux et les plantes disparaissent complètement à 500 mètres de profondeur : l'absence de lumière, une température de plus en plus basse, une pression sans cesse croissante s'y opposent à leur développement.

Cette zone vitale coïncide précisément avec celle où s'accomplissent la majeure partie des phénomènes géologiques, et notamment tous ceux qui se rattachent, directement ou indirectement, à l'action sédimentaire. Il n'est donc pas étonnant que l'étude de ces phénomènes géologiques se lie d'une manière intime à celle de la vie elle-même : les pages qui suivent apporteront des preuves nombreuses à l'appui de cette remarque.

Fossiles : zone fossilifère ; zone strato-cristalline. — L'action sédimentaire s'est manifestée à la surface du globe immédiatement après la période plutonique ; au commencement de la période tellurique, l'océan offrait encore une grande profondeur, et nulle terre émergée ne se montrait à la surface de la terre ; aucun être organisé n'avait encore reçu la vie. Aussi, les

couches les plus anciennes de la zone stratifiée ne renferment-
elles aucune trace de plante ou d'animal : elles sont, comme
le granite lui-même, *azoïques*, (α, privatif, ζωον, animal), et
l'ensemble qu'elles constituent peut être désigné sous le nom
de zone *stratifiée azoïque*. On l'appelle encore zone *strato-
cristalline* à cause du double caractère de ses roches, d'être
stratifiées comme toutes celles qui ont été formées au sein de
l'eau, et d'offrir, comme le granite, une texture cristalline
dont je ferai plus tard connaître l'origine.

Peu à peu, le fond de l'océan s'est soulevé, des îles se sont
montrées, et avec leur surgissement a coïncidé l'apparition de
la vie à la surface de notre planète. Dès ce moment, les matériaux entraînés au sein des mers, pour y déterminer, par leur
accumulation, la formation des strates sédimentaires, se sont
mélangés aux débris des êtres organisés qui se trouvaient, soit
sur leur trajet, soit sur les points où leur dépôt s'effectuait.
Ils ont conservé ces débris, ces *fossiles* (*fossilis*, enfoui dans la
terre), et de là, le nom de strates *fossilifères* qu'on donne
d'une manière générale aux masses qu'ils ont formées postérieurement à la période azoïque.

Le secours que la géologie reçoit de la science des fossiles est
si grand qu'il est permis d'affirmer que, sans cette science,
elle ne pourrait elle-même exister. Il y a une loi mystérieuse
en vertu de laquelle l'espèce meurt comme l'individu : en
vertu de cette loi, une forme animale ou végétale ne reparaît
plus, une fois qu'elle a été détruite, et l'organisme varie sans
cesse dans ses types. Une strate quelconque, ne pouvant renfermer que les débris des êtres organisés qui vivaient pendant l'acte
de son dépôt, se trouve, par cela même, nettement caractérisée : elle porte sa date avec elle, et l'histoire physique du globe,
pendant les temps géologiques, devient une œuvre possible.

Intervention de la vie dans l'édification de l'écorce terrestre. — L'intervention de la vie dans l'édification de l'écorce terrestre peut être directe ou indirecte. Elle est indirecte lorsque la vie ne fait que fournir à l'action sédimentaire les matériaux dont elle a besoin. Les débris d'animaux sont tellement accumulés dans certaines couches qu'ils en constituent la majeure partie : parmi les roches qui sont dans ce cas, je citerai les calcaires coquilliers et les faluns.

L'intervention de la vie est directe lorsque les êtres organisés édifient eux-mêmes une masse destinée à accroître la zone stratifiée. Quelquefois, des espèces sociales forment des masses superposées. Presque toutes les îles de l'Océanie sont *construites* par de très-petits animaux dont les générations successives croissent et sont, pour ainsi dire, entées les unes sur les autres. Je rappellerai aussi l'origine animale, soit du tripoli, soit du fer des marais. Les plus petits infusoires, les monadines, dont le diamètre ne dépasse pas la 1/1500 partie d'un millimètre, forment, sous le sol des contrées humides, des couches vivantes de plusieurs mètres d'épaisseur, et le tripoli n'est autre chose que la réunion des carapaces de ces petits animaux. Enfin, on connaît l'origine végétale de la houille, du lignite et de tous les combustibles fossiles. Des débris de végétaux, tantôt entraînés au fond des amas d'eau douce ou salée, tantôt accumulés sur place, ont subi une modification chimique qui les a transformés en charbon.

Agents de destruction fonctionnant à la surface du globe : leur antagonisme avec les forces intérieures. — Je viens de faire sommairement l'énumération des circonstances qui amènent, sous nos yeux, la formation des diverses parties de l'écorce terrestre ; je

vais maintenant indiquer en peu de mots comment celles-ci
finissent par être détruites.

Un dépôt, une fois formé, ne se maintient pas toujours au
même niveau : tôt ou tard il obéit aux mouvements subis par
l'écorce terrestre. S'il cède à une impulsion de bas en haut, il
est émergé et, dès lors, livré à l'action érosive des agents
atmosphériques. Ses molécules constituantes se désagrègent
une à une et s'éloignent. Cette action persiste jusqu'à ce que
le dépôt soit entièrement détruit.

Pour nous faire une idée exacte du mode d'action et de la
tendance des forces destructives dont le sol subit sans cesse l'influence, représentons-nous ces forces s'exerçant sur une île de
peu d'étendue. — La pluie, le vent, la gelée, les alternatives de
sécheresse et d'humidité, l'industrie de l'homme elle-même ne
cesseront d'agir sur la partie de l'écorce terrestre mise à découvert; ils désagrégeront les éléments constitutifs de chaque roche
et les rendront facilement entraînables par les cours d'eau.
Non-seulement les ruisseaux porteront à la mer, avec le tribut de leurs eaux, ces détritus accumulés sur leur passage,
mais encore ils interviendront directement dans cette même
action destructive, en érodant le sol. D'un autre côté, la mer
agira dans le même but et battra les rivages en brèche. Sous
ces actions destructives, insensibles mais incessantes, l'île
perdra en étendue et en élévation. S'il nous était permis de
faire abstraction des actions qui viendraient compenser les
pertes qu'elle fait chaque jour, nous pourrions nous représenter sans peine le moment où une dernière vague viendrait
enlever ses derniers débris. C'est ainsi que l'île de Julia qui,
en 1831, s'était montrée dans la Méditerranée, disparut quelques mois après son émergement.

Entre les agents qui fonctionnent à la surface du globe et les forces qui tendent à soulever l'écorce terrestre, tantôt sur un point, tantôt sur un autre, il existe un antagonisme très-remarquable. On peut poser en principe que si les agents atmosphériques fonctionnaient seuls, ils auraient bientôt détruit tous les continents. La terre finirait par présenter une surface parfaitement nivelée et par se recouvrir d'une immense nappe d'eau, semblable à une couche de vernis. Cette tendance à tout niveler, dans les agents atmosphériques, est tellement forte que si la terre avait eu, dès son origine, une consistance quelconque et une forme polyédrique, sa sphéricité trouverait, dans leur intervention, une explication suffisante, ainsi que je l'ai rappelé, page 80.

Les forces intérieures tendent, au contraire, à rider la surface du globe; si elles fonctionnaient seules, ou si leur action ne trouvait un contre-poids suffisant dans l'existence des agents atmosphériques, l'écorce terrestre offrirait en quelque sorte l'image du chaos.

En un mot, les agents atmosphériques opèrent à la manière d'un rabot, ils effacent les aspérités de la surface du globe et comblent ses dépressions; les forces soulevantes, au contraire, labourent le sol comme le ferait une charrue. Ce que les uns élèvent, les autres le détruisent; il y a là un conflit continu, une antithèse sans fin, nécessaire non-seulement à la constitution actuelle des choses, mais aussi au développement de l'organisme.

Zone ignée. — Tandis que, sous l'influence de l'action sédimentaire, l'écorce terrestre croît de bas en haut, elle augmente de haut en bas en vertu de la solidification, par voie de refroidissement, des masses sous-jacentes à la croûte du globe. Ce phénomène persiste depuis le commencement de la période géologique; il continuera jusqu'à ce que toute la masse de notre planète soit entièrement solidifiée. Il viendra donc un moment où tout ce que nous réunissons sous le nom de pyrosphère fera partie intégrante de la croûte du globe.

Il est impossible d'arriver à l'observation directe de la partie de l'écorce terrestre formée dans les conditions qui viennent d'être indiquées. Mais chaque masse qui est venue s'adapter à la face inférieure de l'écorce terrestre a envoyé, avant sa complète solidification, une partie de ses éléments constitutifs vers la surface du globe. Ces éléments sont pour nous autant d'échantillons ou d'indices qui peuvent être mis à profit pour étendre nos connaissances sur la composition des régions inaccessibles de l'écorce terrestre.

Phénomènes d'éruption : plutonisme, vulcanicité. — Les phénomènes d'éruption sont ceux en vertu desquels la matière pyrosphérique non solidifiée a pénétré, en conservant son état pâteux, dans les fissures qui existent à travers l'écorce terrestre et s'est montrée à la surface du globe.

Le point de départ des phénomènes éruptifs a toujours été la zone de contact entre l'écorce terrestre et la pyrosphère; il a dû, par conséquent, se rapprocher du centre de la terre à mesure que la croûte du globe croissait en puissance. Par suite de son déplacement, il a fini par ne plus se trouver dans le magma granitique, formé en partie par le concours de l'eau; il a atteint la région où l'eau n'a jamais pu pénétrer. A dater de ce moment, les phénomènes éruptifs, au lieu d'amener à la surface du globe des masses plus ou moins semblables au granite ou au porphyre, y ont poussé des roches analogues au trachyte, au basalte et aux laves de notre époque, roches dans la formation desquelles le rôle prépondé-

rant appartient à la chaleur. Dans le premier cas, c'est-à-dire
dans celui d'un point de départ placé au milieu du magma
granitique, les phénomènes éruptifs sont dits *plutoniques;* ils
sont *volcaniques* dans le second. La différence entre les éruptions plutoniques et les éruptions volcaniques est d'autant plus
sensible que, au moment où ces dernières se sont manifestées,
l'écorce terrestre avait plus de puissance. Cette circonstance,
jointe à la plus grande fluidité des masses volcaniques, nous
fournira la raison d'être des volcans et nous permettra de considérer l'action volcanique comme un plutonisme localisé.

Jusqu'à une certaine période, la matière pyrosphérique avait
pu traverser la croûte du globe en tous ses points; mais il
est venu un moment où l'effort qu'elle faisait pour arriver à
la surface de la terre a été en partie contrarié par la puissance
de plus en plus grande de l'écorce terrestre. Il en est résulté
une sorte de permanence ou de localisation dans les phénomènes éruptifs, de sorte que la matière pyrosphérique, chaque
fois qu'elle a rencontré une issue sur un point quelconque,
a suivi la même voie pendant un temps plus ou moins prolongé.

Humboldt appelait *vulcanicité* la réaction exercée par l'intérieur d'une planète sur son enveloppe, dans les diverses périodes de son refroidissement.

La définition de Humboldt est admise sans restriction par
M. Elie de Beaumont, qui considère même le soulèvement des
chaînes de montagnes comme une action volcanique. Sir Lyell
adopte cette définition, mais sans la rattacher à la théorie du
refroidissement d'un noyau originairement fluide et doué d'une
température très-élevée.

Cette définition comprend, pour ainsi dire, la moitié des phénomènes géologiques : la formation des volcans, les phéno-

mènes éruptifs, les actions métamorphiques, les filons, les dislocations du sol, les tremblements de terre, le soulèvement des chaînes de montagnes, tous les mouvements du sol, etc.

Il me semble que le mot de vulcanicité doit être réservé au cas où il y a projection de matière pyrosphérique par l'intermédiaire des volcans : en un mot, il n'y a vulcanicité que lorsqu'il y a volcan. Bien entendu qu'à chaque volcan se rattachent les phénomènes qui ont annoncé sa formation et l'ont préparée, en quelque sorte, tels que les dislocations du sol et l'apparition des trachytes et des basaltes.

Evidemment, tous les phénomènes que je distingue de l'action volcanique ont entr'eux et avec celle-ci des rapports plus ou moins intimes : tous s'accompagnent, se font cortège et se suppléent de manière à jouer les uns à l'égard des autres le rôle d'équivalents. Mais ce serait apporter de la confusion dans une science que de donner à toutes les choses qui ont des points de contact une désignation que l'usage avait réservée à l'une d'elles. Il vaut mieux, dans ce cas, adopter un mot nouveau, et je propose celui d'action pyrosphérique ou de *pyrosphérisme*.

Action geysérienne. — Immédiatement après sa solidification, le granite primitif renfermait dans sa masse ou au-dessous de lui toutes les substances qui composent maintenant la zone stratifiée. C'est là un fait évident qu'il ne faut pas perdre de vue dans l'étude des phénomènes géologiques, un axiome d'où nous déduirons des conclusions importantes. On ne saurait admettre que l'océan des premiers temps géologiques tînt, en suspension ou en dissolution, dans la masse de ses eaux, les éléments des futurs dépôts. S'il en avait été ainsi, cet océan aurait constitué une zone de boue épaisse, plutôt qu'un milieu liquide convenable au développement des animaux marins.

C'est donc de l'intérieur du globe que la zone sédimentaire a reçu, peu à peu, tous ses éléments.

Les substances, successivement ramenées de l'intérieur de l'écorce terrestre vers la surface du globe, y ont été conduites de deux manières différentes. Dans certains cas, elles y sont arrivées sous forme de masses éruptives ; dans d'autres cas, elles y ont été portées à l'état moléculaire, en se volatilisant d'abord par voie sèche et en se mêlant ensuite aux courants d'eau ascendants, sans lesquels elles se seraient solidifiées avant d'atteindre la surface du globe. « Ce serait, dit M. E. de Beaumont, une supposition gratuite que d'admettre en géologie la sublimation sèche de telle ou telle substance. La nature actuelle ne nous offre pas d'exemple de phénomènes de ce genre. Mais une sublimation, un entraînement moléculaire, ayant la vapeur d'eau ou l'eau condensée pour auxiliaire et pour véhicule, sont des phénomènes dont les exemples abondent sous nos yeux et qui peuvent même avoir été plus fréquents et plus variés encore pendant les périodes géologiques qu'ils ne le sont de nos jours. »

Nous désignons sous le nom d'*action geysérienne* le phénomène par suite duquel l'eau d'origine, contenue dans l'intérieur de l'écorce terrestre, et celle qui y pénètre à chaque instant par infiltration, sont ramenées à la surface du globe après s'être pénétrées de diverses substances. A ce phénomène se rattachent le remplissage des filons et les phénomènes métamorphiques.

Roches, formations, horizons géognostiques, terrains. — Nous venons de voir comment l'écorce terrestre pouvait se décomposer en zones superposées les unes aux autres et en masses éruptives remplissant les fissures qu'elle présente. La figure 6 a pour objet de donner une idée de cette disposition générale des diverses parties de la croûte du globe.

L'écorce terrestre peut encore se décomposer en *roches, formations, terrains, horizons géognostiques.* Ces diverses expressions, surtout les trois premières, sont souvent employées l'une pour l'autre. Il importe peu et il serait bien difficile de faire disparaître cet inconvénient. On ne peut guère, dans la science, réformer une habitude prise, et il est plus aisé de faire recevoir dix mots nouveaux que d'en détourner un seul de sa signification primitive. Ces mots de roche, formation et terrain sont d'ailleurs toujours accompagnés d'un adjectif qui précise le sens dans lequel on les emploie.

Une *roche* (en anglais, *rock;* en allemand, *felsart;* en italien, *rocca,*) est une masse minérale, simple ou composée, formée d'éléments distincts ou intimement confondus de manière à constituer un tout homogène, et occupant un espace assez étendu pour être prise en considération dans la composition de l'écorce terrestre. Ces masses reçoivent leurs caractères distinctifs de leur aspect, de leur nature minéralogique et des circonstances qui ont présidé à leur constitution. Elles peuvent être meubles ou solides : le sable est une roche au même titre que le granite le plus compacte. Le tableau de la page 220 présente l'esquisse d'une classification des roches : cette classification sera plus tard expliquée et développée; les détails seraient déplacés dans ce deuxième livre où l'auteur s'est exclusivement proposé pour but l'étude de la structure générale de l'écorce terrestre.

Une *formation* est, à proprement parler, une roche ou un ensemble de roches dues à un ordre déterminé de causes, de sorte que toutes ces roches, malgré la différence de leur aspect et de leur nature minéralogique, ont été produites sous

ROCHES				
Sédimentaires.	ORIGINE ORGANIQUE.	*Origine animale.*	. . . . (Tripoli, roches à polypiers, faluns). .
		Origine végétale.	**Combustibles** (Anthracite, houille, lignite) . . . .
	ORIGINE INORGANIQUE.	*Sédimentation mécanique.*	**Conglomérées** (Poudingues, conglomérats, brèches). .
			Arénoïdes (Grés, sable, macigno, arkose, psammite).
			Argiloïdes (Marnes, argiles, schiste argileux). . .
		Sédimentation chimique.	**Métalliques** (Fer hydraté) . . . .
			. . . . . diverses (Bitume, gypse, sel gemme) . .
			Carbonatées (Calcaire, dolomie). . . . .
			Siliceuses (Schistes talqueux, schistes micacés, gneiss).
Eruptives.	PLUTONIQUES.	*Hydro-thermales.*	**Granitoïdes** (Granite, syénite, protogyne). . . . .
			Porphyroïdes (Porphyres). . . . .
			Dioritiques (Diorite, serpentine, euphotide). . . .
	VOLCANIQUES.	*Ignées.*	**Trappéennes** (Trapp) . . . .
			Trachitiques (Trachyte, domite). . . . .
			Basaltiques (Basalte, dolérite) . . . .
			Laviques (Lave) . . . .

l'influence des mêmes agents et dans les mêmes conditions. Plus le nombre des causes est limité et plus une formation a un caractère exclusif et précis. Ainsi, l'ensemble des couches reçues dans le bassin d'une même mer constitue une formation marine ; l'ensemble de celles qui se sont déposées au fond d'un lac donne lieu à une formation lacustre ; la réunion des roches éruptives accumulées autour d'un volcan est une formation volcanique, etc.

Un *horizon géognostique* est une réunion de roches et de formations synchroniques, correspondant à une période déterminée de l'histoire physique de la terre. Son importance est variable en raison du temps qui a présidé à sa constitution ; il prend, selon cette importance même, les noms de *série*, *système*, *étage*, *groupe* ou *assise*. Malgré une grande similitude d'aspect, les horizons géognostiques peuvent être distingués les uns des autres. En vertu de la loi qui a été déjà mentionnée (page 214), les diverses parties d'un même horizon géognostique sont susceptibles d'être toujours rattachées les unes aux autres, quelles que soient les distances qui les séparent et les solutions de continuité résultant de l'interposition des mers ou des chaînes de montagnes.

Quant au mot *terrain*, il est le synonyme usuel des expressions roche, formation et surtout horizon géognostique.

Classification des terrains adoptée dans cet ouvrage. — J'ai placé, page 225, un tableau résumant la classification des terrains adoptée dans cet ouvrage. Ce tableau nous montre comment la partie de l'écorce terrestre, susceptible d'être observée directement, se divise en deux grandes zones : la zone *granitique* ou *primitive*, formée pendant la période plutonique et la *zone sédimentaire* édifiée pendant les temps géologiques proprement dits.

La zone sédimentaire se partage, à son tour, en trois parties superposées, correspondant aux grandes périodes ou ères que l'on peut distinguer dans les temps géologiques sous les noms d'ères *neptunienne*, *tellurique* et *jovienne*.

Pendant l'ère neptunienne (*Neptune*, dieu de la mer) un océan sans rivages enveloppait le globe tout entier : nul être organisé n'avait encore été créé. Les dépôts, datant de l'ère neptunienne, ont tous une origine chimique; ils offrent une texture plus ou moins cristalline et une structure presque toujours feuilletée; ils sont constamment dépourvus de fossiles. Ils forment trois groupes que je désigne, d'une manière générale, sous les noms de groupes du *gneiss*, des *schistes cristallins* et des *schistes talqueux*.

L'ère tellurique (*Tellus*, déesse de la Terre) date du moment où la terre-ferme a surgi, pour la première fois; à peu près en même temps, la vie s'est manifestée à la surface du globe. Les dépôts appartenant à l'ère tellurique offrent une texture et structure très-variées et sont toujours plus ou moins fossilifères.

L'ère jovienne (*Jovis*, Jupiter) a vu la création de l'homme et la première manifestation de plusieurs phénomènes qui ont imprimé à la nature inorganique un caractère qu'elle n'avait pas offert jusqu'alors. Le mot de jovien, employé dès 1829 par Alex. Brongniart, désigne la même époque que les mots *quaternaire* ou *diluvien*.

L'ère tellurique se partage en cinq périodes correspondant aux cinq grandes oscillations subies par le sol de la France et des contrées voisines (voir chapitre suivant). Chacune de ces cinq périodes se partage en deux sous-périodes, l'une exclusivement marine, l'autre exclusivement continentale : un trait ponctué marque, sur mon tableau, la ligne de séparation entre ces deux sous-périodes.

Je désigne les cinq périodes de l'ère tellurique sous les noms de périodes *paléozoïque*, *tria-jurassique*, *crétacée*, *nummulitique* et *néozoïque*. Mon tableau indique la concordance qui existe entre ces périodes et celles que l'on appelle habituellement périodes *primaire*, *secondaire* et *tertiaire*. Quant au terrain *quaternaire*, il se présente, dans ma classification, avec un double caractère : il constitue l'ensemble des formations correspondant à l'ère jovienne et, en même temps, la sous-période continentale de la période néozoïque.

Je ne mentionne pas les autres subdivisions indiquées dans mon tableau. L'explication de la classification dont je présente l'esquisse sera fournie par cet ouvrage dont elle constituera, pour ainsi dire, la conclusion.

En décrivant, l'un après l'autre, tous les phénomènes géologiques, en indiquant comment chacun d'eux a varié d'une époque à la suivante, en énumérant tous les changements qui ont été successivement apportés dans les règnes organique et inorganique de notre monde terrestre, — j'espère que, de cette étude, naîtra comme une conséquence naturelle la justification du classement auquel j'ai donné la préférence. Il me restera à faire disparaître, s'il est possible, les imperfections de la nomenclature que j'ai adoptée ou plutôt subie et que je crois devoir laisser subsister pour ne pas encourir le reproche de néologisme.

CHAPITRE IV.

MOUVEMENTS GÉNÉRAUX DE L'ÉCORCE TERRESTRE.

Importance de l'étude des mouvements généraux de l'écorce terrestre.
— C'est le sol qui se soulève et non le niveau de l'océan qui s'abaisse.
— Mouvement seïsmique ou vibratoire : tremblements de terre. —
Mouvements à longue période, affectant des surfaces. — Mouvement
ondulatoire. — Mouvement oscillatoire : périodes d'émergement et
d'immergement. — Mouvement d'intumescence : centres de soulèvement et de sédimentation. — Causes et caractères généraux des mouvements oscillatoire, ondulatoire et d'intumescence. — Mouvement
orogénique : systèmes de soulèvement ou de montagnes. — Résumé :
affaissement permanent et général de la croûte du globe. — Souplesse
et mobilité de l'écorce terrestre.

Importance de l'étude des mouvements généraux de l'écorce terrestre.
— L'écorce terrestre, qui nous paraît soumise à une immobi-
lité complète, obéit à des actions dynamiques qui échappent à
nos investigations quant à leur cause première, mais dont les
divers modes de manifestation peuvent être étudiés et classés.
Ces actions dynamiques opèrent sans interruption depuis la
première apparition de l'écorce terrestre, sauf les intervalles
de repos offerts par le mouvement essentiellement périodique
qui détermine le surgissement des chaînes de montagnes.

Pendant que la croûte du globe s'édifie en vertu du mécanisme général qui vient d'être décrit, elle subit des dislocations et obéit à des mouvements dont le premier résultat est
de s'opposer à l'établissement d'un parallélisme rigoureux,
non-seulement entre les zones superposées vers la périphérie

15

du globe, mais aussi entre les diverses parties dont l'écorce
terrestre se compose.

Les mouvements généraux de l'écorce terrestre exercent la
plus grande influence sur le modelé du globe. Par là, ils interviennent dans les changements qui sont successivement apportés au climat de chaque contrée, et ils réagissent ainsi sur
le caractère de la faune et de la flore de chaque époque.

Ces mouvements sont également en relation avec la plupart
des phénomènes géologiques. Enfin, le rôle important qu'ils
ont joué dans les événements dont l'ensemble constitue l'histoire physique du globe nous a conduit à rechercher en eux
la base principale d'une classification des terrains.

Tous ces mouvements reconnaissent une cause intérieure :
aussi, peut-on dire que la terre porte en elle-même le germe de
presque toutes les révolutions qui s'accomplissent à sa surface.

Les considérations précédentes me paraissent suffisantes
pour me justifier d'accorder, dans le cours de cet ouvrage, à
l'étude des mouvements de l'écorce terrestre, plus d'attention
qu'on ne l'a fait jusqu'à présent dans les traités de géologie.
Dans ce chapitre, je me bornerai à des considérations générales
sur les caractères et les relations des mouvements subis par
l'écorce terrestre.

C'est le sol qui se soulève et non le niveau de l'océan qui s'abaisse.
— La présence des coquilles marines sur les montagnes avait
conduit les anciens géologues à croire que la mer avait jadis
recouvert ces montagnes et s'était ensuite retirée dans des
abîmes souterrains. Les progrès de la science ont démontré
que ce n'est pas la mer qui déserte ses anciens rivages, mais
que c'est le sol qui se soulève.

Dès le dix-septième siècle, Sténon reconnaissait l'horizonta-

lité primitive des strates et leur soulèvement par une force
agissant de bas en haut. Ce fait fut mis hors de doute, vers la
fin du dernier siècle, par les observations de Saussure dans la
Valorsine. Il remarqua que, dans des lits verticaux de conglomérats, les cailloux, ordinairement de forme ovale, avaient
leurs axes les plus longs dirigés parallèlement à la surface
des lits et normalement au plan horizontal; en un mot, ils
n'étaient pas couchés, comme le serait un œuf librement placé
sur le sol; il en concluait avec raison que ces lits ne se trouvaient plus dans leur situation primitive. Depuis Saussure,
d'autres observations du même ordre sont venues mettre de
plus en plus en évidence les déplacements éprouvés par les
strates sédimentaires. J'en citerai un seul exemple, qui m'est
fourni par d'anciennes forêts dont les arbres, enfouis et encore
placés sur le sol où pénétraient leurs racines, ne se montrent
plus dans leur situation primitivement verticale.

Vers la même époque où Saussure se livrait à ses recherches,
Hutton donnait de très-bonnes raisons pour démontrer que
la situation des strates au-dessus de la mer doit être attribuée, non à l'abaissement des eaux de l'océan, mais à l'élévation des strates elles-mêmes. Les strates, disait-il, sont originairement horizontales : les caractères qu'elles présentent
seraient inexplicables sans cela; plus tard, elles deviennent
plus ou moins inclinées, quelquefois même verticales ou ren-
versées sur elles-mêmes. Ailleurs, elles sont recourbées sans
rupture ou fendues dans plusieurs sens. Hutton faisait en
outre remarquer la stratification transversale des couches secondaires par rapport aux strates primaires. Tous ces faits
constituaient pour lui la démonstration complète d'une force
dirigée de bas en haut et combinée avec la pesanteur.

Dans les terrains plus ou moins anciens, on observe, à

chaque instant, des strates qui appartenaient jadis au même ensemble, et qui, après avoir été formées sur un même plan horizontal, se trouvent maintenant à des niveaux différents. Avec l'hypothèse d'un abaissement progressif du niveau de l'océan, un grand nombre de faits géologiques et, notamment, ceux qui nous démontrent que la même contrée a été alternativement recouverte et abandonnée par les eaux marines, ne peuvent recevoir d'explication raisonnable.

Enfin, d'autres preuves des mouvements du sol nous sont fournies par ce qui se passe sous nos yeux ou s'est accompli pendant les temps historiques. Le sol qui supporte le temple de Sérapis, dans les environs de Naples, après avoir été au-dessus du niveau de la mer, s'est plus tard affaissé, comme le démontrent les empreintes des mollusques perforants qui ont habité les colonnes de ce temple, puis il a été soulevé de nouveau, et actuellement il paraît être en voie d'affaissement. Le sol de la Suède s'exhausse sur certains points, mais il s'affaisse sur d'autres, ce qui nous démontre que, dans cette région, c'est le sol qui oscille en obéissant à un mouvement de bascule et non l'océan qui se retire.

Les mots *retrait de la mer* ne doivent donc être employés qu'au figuré, et l'on peut baser l'étude des mouvements de l'écorce terrestre sur ce principe que l'océan a conservé le même niveau pendant la durée des temps géologiques. J'ai déjà calculé, page 132, dans quelle mesure ce principe était exact, et j'ai été conduit à évaluer approximativement à 300 mètres la quantité dont le niveau de l'océan s'était abaissé par suite de la disparition d'une partie de ses eaux dans l'intérieur du globe. Cette quantité est peu de chose pour les régions très-élevées, pour le massif de l'Hymalaya, par exemple. Elle devient plus importante pour les contrées dont l'altitude est peu considérable. Afin de nous en convaincre, voyons ce qui se passerait en France, si le niveau de l'océan venait à s'exhausser de 300 mètres. Tous les points offrant une altitude moindre de 300 mètres seraient recouverts par les eaux. La mer remonterait par la vallée du Rhône jusqu'au pied des Vosges, sans franchir la chaîne de la Côte-d'Or; une communication se trouverait établie, entre l'Océan et la Méditerranée, par la vallée que parcourt le canal du Languedoc. Le bassin de la Loire et de ses affluents se verrait envahi jusqu'au delà de Roanne et de Moulins; celui de la Seine, jusqu'au delà de Châtillon; ces deux bassins se confondraient de nouveau, comme ils l'étaient à une époque peu ancienne. On voit combien l'aspect de notre pays serait modifié.

Mouvement seïsmique ou vibratoire : tremblements de terre. — Sous le nom de *mouvement seïsmique*, je désigne l'action dynamique essentiellement instantanée, violente, de peu de durée, qui produit les tremblements de terre, et dont les contrées volcaniques sont ordinairement le siège. Ce mouvement peut aussi recevoir l'épithète de *vibratoire*, parce que, pendant chacune de ses manifestations, la croûte du globe éprouve des ébranlements en sens opposé et vibre en quelque sorte. « Les tremblements de terre, » disait Humboldt, qui avait au plus haut degré le sentiment de la nature, et auquel un long séjour en Amérique avait permis d'étudier attentivement ces phénomènes, « se manifestent par des oscillations verticales, horizontales ou circulaires, qui se suivent ou se répètent à de courts intervalles : les deux premières espèces de secousses sont souvent simultanées. » Je réserve, pour une autre partie de cet ouvrage, l'étude des tremblements de terre, considérés dans leur cause et leurs principaux effets.

Mouvements à longue période, affectant des surfaces. — L'écorce terrestre est soumise à d'autres mouvements qui se distinguent du mouvement seismique par plusieurs caractères et, notamment, par la persistance avec laquelle ils agissent dans le même sens. Sous leur influence, le sol ne vibre plus, mais se soulève et s'abaisse avec une lenteur telle, qu'on ne peut constater leur existence qu'en recherchant quel a été le relief de chaque contrée aux diverses périodes de son histoire géologique. Ces mouvements généraux ne présentent pas tous la même intensité, ni le même mode de développement, et, sous ce rapport, il y a lieu de distinguer un *mouvement ondulatoire,* un *mouvement oscillatoire* et un *mouvement d'intumescence.*

Mouvement ondulatoire. — Si l'on considère une contrée d'une faible étendue, une province, par exemple, on la voit soumise, pendant les temps géologiques, à des soulèvements et à des affaissements alternatifs : de là, l'épithète d'oscillatoire qu'on pourrait donner au mouvement dans lequel ces affaissements et ces soulèvements alternatifs se résument. Mais, ordinairement, à côté d'une région qui s'affaisse, il en est une autre qui s'exhausse et réciproquement. Par suite de ce mouvement de bascule, les deux régions juxtaposées obéissent à une impulsion semblable à celle qui fait balancer un radeau : de là la possibilité de donner au mouvement ainsi caractérisé l'épithète d'*ondulatoire.* L'écorce terrestre est, comme l'océan, parcourue par des vagues, mais ces vagues ne se soulèvent et ne s'affaissent qu'avec une lenteur telle que leur amplitude n'est atteinte qu'à des intervalles mesurés par chaque époque géologique. La durée apportée à la manifestation d'un phénomène ne change rien à sa nature et ne peut détruire les rapports qu'il offre avec des phénomènes analogues.

Les soulèvements et les affaissements du sol qui, de nos jours, s'effectuent en Suède et dans le Groënland, sont sans doute la conséquence de ce mouvement ondulatoire qui, pas plus que celui des vagues de l'océan, n'est à l'abri de moments de calme soit sur un point restreint, soit, peut-être, à des périodes diverses, sur toute la surface du globe.

Le mouvement ondulatoire peut nous fournir l'explication d'un grand nombre de phénomènes d'abord mal compris. Nous verrons qu'une de ses applications les plus heureuses est due à M. Darwin, lorsqu'il s'en est servi pour rendre compte du mode de formation des atolls de l'Océanie. M. Virlet d'Aoust a été conduit à émettre l'hypothèse d'une oscillation, lente et longtemps continuée, du sol de l'embouchure de la Seine, hypothèse qui lui paraît expliquer bien mieux que la théorie des affluents de C. Prévost, non-seulement les faits d'alternance présentés par les terrains sédimentaires, mais encore les faits de successions paléontologiques que montrent les terrains d'origine exclusivement marine. M. Élie de Beaumont a considéré l'hypothèse d'un enfoncement graduel du sol comme étant, pour la géologie, un moyen d'explication général, dont on pouvait faire usage pour l'étude des bassins houillers et du bassin tertiaire de Paris.

Le mouvement ondulatoire joue un rôle important dans le phénomène de la sédimentation. Pendant les temps géologiques, ce phénomène s'est manifesté principalement au fond des *plis* ou bassins, que les vagues lentes et gigantesques de l'écorce terrestre laissent entre elles, tandis que, sur le sommet de ces vagues, son développement était suspendu. Le mouvement ondulatoire n'a jamais cessé de s'exercer sur l'écorce terrestre, mais pendant les premiers temps géologiques ses effets se sont en partie effacés sous ceux du mouvement d'intumescence. En outre, les effets du mouvement ondulatoire sont plus facilement reconnaissables pendant les périodes récentes, à cause du peu de profondeur et de la faible étendue des bassins qui, en Europe, appartiennent à ces périodes : un exhaussement de cent mètres est sans résultat dans une mer très-profonde, mais il est suffisant pour amener la mise à sec d'un golfe ou d'une petite mer intérieure.

Mouvement oscillatoire : périodes d'émergement et d'immergement. — J'ai dit qu'on pourrait affecter au mouvement dont je viens de parler l'épithète d'*oscillatoire :* il me paraît préférable de réserver cette désignation pour un mouvement qui se manifeste aussi par des oscillations, mais qui s'exerce sur des contrées très-étendues et pendant de très-longues périodes. En un mot, le mouvement oscillatoire est, par rapport au mouvement ondulatoire, ce qu'est la marée relativement à l'agitation des vagues. Le mouvement oscillatoire a successivement abaissé et relevé le sol de la France et des contrées voisines : en chassant l'océan de ses rivages pour le rappeler ensuite, il a déterminé les périodes d'émergement et d'immergement offertes par l'histoire géologique de notre pays. A cinq reprises différentes, le sol d'une vaste région, comprenant le bassin méditerranéen et presque toute l'Europe centrale, a été presque complètement émergé; mais chacun des quatre premiers émergements a été suivi de l'affaissement général du sol et, par suite, de la réapparition des eaux marines. Il en est résulté cinq oscillations complètes dont chacune correspond à une des cinq grandes périodes que j'ai admises dans ma classification des terrains.

Dans le mouvement ascendant de chacune de ces oscillations, la terre a augmenté graduellement d'étendue; à cet accroisse-

ment a correspondu, soit une plus grande extension dans les
bassins lacustres, soit une expulsion complète des eaux douces
ou salées; de là, la possibilité de distinguer dans chaque période
deux sous-périodes : l'une presqu'exclusivement marine, l'autre
presqu'exclusivement continentale ou lacustre.

**Mouvement d'intumescence : centres de soulèvement et de sédimenta-
tion.** — De tous les mouvements auxquels l'écorce terrestre
obéit, le *mouvement d'intumescence* est celui qui fonctionne
avec le plus de lenteur et qui agit le plus longtemps sur le
même point sans dévier de sa direction. Les régions placées
sous son influence n'ont cessé de se soulever de plus en plus
pendant presque toute la durée des temps géologiques : elles
constituent autant de *centres de soulèvement*.

Les centres de soulèvement se distinguent les uns des autres
par la date de leur première apparition, par les diverses circonstances qui ont accompagné le phénomène d'exhaussement
dans chacune de ses périodes, et enfin par l'époque où la plus
grande masse a été définitivement portée au-dessus du niveau
de la mer.

Lorsqu'un point est sollicité par le mouvement d'intumescence, l'écorce terrestre s'exhausse d'abord sans qu'il y ait
rupture au milieu du centre de soulèvement. Puis, l'impulsion
de bas en haut continuant, il se produit, sous l'influence
d'actions dynamiques autres que le mouvement d'intumescence, des déchirures dans la partie centrale de la masse
exhaussée. Plus tard, enfin, la matière pyrosphérique se fait
jour, le mouvement d'intumescence entre dans sa période volcanique et l'exhaussement de la contrée sur laquelle il agit est
complet.

Je signale la marche théorique du phénomène sans prétendre

qu'il ne se présente de nombreuses exceptions et que l'ordre que j'ai indiqué ne soit souvent troublé.

Le plateau central de la France est un des meilleurs exemples de centre de soulèvement. Ce plateau a été un des noyaux primitifs du continent européen. Sa masse principale appartient au terrain granitique : la vaste étendue occupée par celui-ci ne permet pas de supposer que sa présence à découvert provienne de l'ablation d'une masse stratifiée qui l'aurait jadis recouvert ; elle prouve que la partie centrale de la France était déjà émergée dès les temps géologiques les plus reculés. De nos jours, avec sa ceinture de strates schisteuses et d'assises jurassiques, et avec sa couronne de volcans éteints, il forme le trait le plus saillant de notre pays. L'action pyrosphérique y est maintenant sur son déclin ; l'édifice dressé par les agents intérieurs est terminé, et le temps qu'ils ont mis à compléter leur œuvre nous dit assez quelle longue suite de siècles il faudra pour qu'elle soit détruite.

Chaque contrée a un ou plusieurs centres de soulèvement en rapport, par leur importance, avec l'étendue de la contrée à laquelle ils appartiennent.

C'est ainsi qu'on peut considérer le massif de l'Hymalaya comme le centre de soulèvement de tout le continent asiatique, tandis que l'Europe et la France ont respectivement pour centre de soulèvement le massif alpin et le plateau central. Les autres centres de soulèvement de la France sont le massif breton, jadis soudé à la partie occidentale de l'Angleterre : le massif pyrénéen, caractérisé par sa forme allongée ; et le massif ardennais, dont les Vosges forment une sorte de dépendance. Plus tard, nous indiquerons l'âge relatif de ces divers centres de soulèvement.

Les montagnes des Maures et de l'Esterel, en Provence, les

roches granitiques de la Corse et de la Sardaigne, sont les derniers témoins d'un centre de soulèvement qui se prolongeait sans doute à l'ouest jusque vers la Catalogne, où se trouve un massif granitique qui en faisait partie. Cet ancien centre de soulèvement, dont la disparition date de la fin de l'époque éocène, semble avoir cédé la place à deux autres centres de soulèvement qui sont les massifs alpin et pyrénéen. Nous avons ainsi l'exemple d'un déplacement dans les régions audessous desquelles le mouvement d'intumescence exerce son action.

D'autres fois, on constate, dans les centres de soulèvement, une tendance à se réunir : je citerai, comme exemple de cette tendance, le massif des Vosges qui est un peu moins ancien que celui de l'Ardenne avec lequel il a fini par se confondre.

Par suite de cette tendance qu'ont les centres de soulèvement à se souder les uns aux autres, les masses continentales finissent par s'édifier. C'est ainsi que la constitution topographique de l'Europe, d'abord insulaire, est devenue entièrement continentale.

C'est enfin sous la dépendance du mouvement d'intumescence qu'il faut placer le groupement des terres émergées vers l'hémisphère boréal, tandis que l'hémisphère opposé est presque en totalité recouvert par les eaux.

Les centres de soulèvement sont séparés les uns des autres par des espaces qu'on pourrait appeler *centres de sédimentation*, parce que l'action sédimentaire a tendu à s'y manifester de préférence pendant les temps géologiques. Le meilleur exemple que je puisse citer d'un centre de sédimentation est le bassin de Paris, où un si grand nombre de formations se succèdent les unes aux autres et qui est compris entre le plateau central, le massif breton et le massif ardenno-vosgien.

**Causes et caractères généraux des mouvements oscillatoire, ondula-
toire et d'intumescence.** — Je considère ces mouvements comme
le contre-coup de déplacements correspondants dans la masse
fluide du globe, ou, tout au moins, de la pyrosphère. En
adoptant cette manière de voir, je ne résous pas le problème
auquel donne lieu la recherche de ces causes; je ne fais que
déplacer la difficulté et reconnaître, en quelque sorte, que le
problème n'est peut-être pas de la compétence du géologue.
Dans tous les cas, il est évident que la cause qui imprime à
l'écorce terrestre les impulsions auxquelles elle obéit ne se
trouve pas plus dans cette écorce, que celle qui soulève les
flots de l'océan n'existe dans l'océan lui-même.

Nous pouvons nous élever dans l'atmosphère jusqu'à la hauteur où s'accomplissent les phénomènes météorologiques;
notre vue peut même atteindre au delà de cette limite imposée
à nos investigations directes. Si, malgré ces circonstances favorables à l'observation, nos connaissances, en ce qui concerne
l'atmosphère, laissent tant à désirer, que serait-ce si l'homme,
au lieu d'avoir été appelé à vivre sur la terre-ferme, eût reçu
l'océan pour séjour. Pour lui, la météorologie n'eût été qu'un
amas d'hypothèses vaines et contradictoires, ou, plutôt, n'eût
pas existé. Il lui eût été impossible, par conséquent, d'assigner
leur véritable cause au mouvement des vagues et au trouble
apporté par elles dans les régions supérieures de son domaine.
Dans la recherche de ces causes, celui qui aurait déclaré que
le mouvement des vagues n'était que le contre-coup des mouvements d'un fluide superposé à l'océan, aurait vu son hypothèse rejetée à cause de sa simplicité même. N'est-il pas
permis d'établir une certaine analogie entre l'état de nos
connaissances sur les phénomènes qui s'accomplissent à une
grande profondeur, et l'ensemble des opinions que l'homme,

destiné à vivre dans l'océan, eût pu acquérir sur les phénomènes atmosphériques? Nous avons même un avantage sur ce
dernier; nous sommes convaincus de l'existence, à une certaine
profondeur, d'une zone où la matière est à l'état de liquéfaction ignée, tandis que l'homme destiné à vivre dans l'océan
n'eût pas même soupçonné l'existence d'une atmosphère. Or,
la notion d'une pyrosphère une fois admise, il ne faut pas
perdre de vue que les plus faibles déplacements dans sa masse
suffisent pour déterminer l'exhaussement du sol, exhaussement considérable pour nous, mais insignifiant par rapport
à la longueur du rayon terrestre. Le mont Everest (Hymalaya), le plus élevé de la surface du globe, a une altitude de
8 840 mètres. Si, à ces 8 840 mètres on ajoute 2 500 mètres
pour la profondeur de l'océan, au commencement des temps
géologiques, on a une longueur de 11 340 mètres, qui représente l'exhaussement total du point culminant de la surface
du globe. Cette longueur est, par rapport au rayon terrestre,
comme 1 à 565. Par conséquent, pour expliquer la formation
de l'Hymalaya, résultat de plusieurs soulèvements successifs,
il suffit d'admettre que, sur le point où ce massif existe, la
matière fluide interne a subi, pendant toute la durée des
temps géologiques, un exhaussement qui n'égalerait pas un
millimètre sur un globe de plus d'un demi-mètre de rayon.

Les mouvements oscillatoire, ondulatoire et d'intumescence,
ont un caractère commun, celui d'affecter des surfaces; cette
circonstance ne permet pas toujours, dans une impulsion
imprimée à une région de peu d'étendue, de déterminer sous
l'influence de quel mouvement cette impulsion a eu lieu.
Mais ce n'est pas une raison pour contester une autonomie
réelle à chacun des trois mouvements précédemment mentionnés. Il suffit de porter un instant sa pensée autour de soi

pour trouver de nombreux exemples de corps obéissant à la
fois à plusieurs impulsions.

Ces mouvements ont un autre caractère commun, celui de
donner origine à une impulsion de bascule. Puisqu'ils sont
tous le contre-coup de déplacements correspondants dans la
pyrosphère, on conçoit que celle-ci ne puisse se soulever sur
un point sans s'affaisser sur un autre.

La pesanteur, considérée comme force dynamique sollici-
tant l'écorce terrestre, est surtout une puissance négative,
inerte, déterminant la forme du sphéroïde terrestre plutôt
que les oscillations du sol. Elle ne produit d'effet réel que
lorsque les forces, dont elle est en quelque sorte le contre-
poids, se ralentissent sur un point donné. Alors, la contrée
qui avait été portée à une certaine élévation tend à s'affaisser
de plus en plus. Les affaissements de l'écorce terrestre ne sont
pas, d'ailleurs, le résultat de la surcharge des sédiments, car
si le poids seul de la croûte du globe suffisait pour lui imprimer un mouvement de haut en bas, ces affaissements, au lieu
d'affecter les bassins où les sédiments s'accumulent, s'exerce-
raient plutôt sur les contrées montagneuses, où la croûte du
globe acquiert plus de densité et atteint une plus grande élévation.

Mouvement orogénique : systèmes de soulèvement ou de montagnes.
— Les mouvements dont il vient d'être question ne sauraient
rompre ni fracturer le sol : ils impriment à l'écorce terrestre
une flexion dont la flèche de courbure est assez faible pour que
cette écorce puisse la subir sans éprouver de solution de continuité. La croûte du globe offre, d'ailleurs, plus de souplesse
que, de prime abord, on n'est porté à le penser. Pour qu'une
impulsion puisse amener la rupture de l'enveloppe solide de

la terre, il faut que cette impulsion se manifeste d'une manière relativement brusque et qu'elle affecte, non des surfaces,
mais des lignes. L'impulsion susceptible de produire ce résultat est précisément celle qui amène le soulèvement des chaînes
de montagnes, et que, pour ce motif, on peut désigner sous
le nom de *mouvement orogénique*. L'apparition d'une chaîne
de montagnes, sans constituer un événement violent et cata-
clystique, s'est opérée d'une manière rapide. Tandis que les
mouvements ondulatoire, oscillatoire et d'intumescence se manifestent avec lenteur pendant toute la durée d'une époque
géologique, le mouvement orogénique n'intervient qu'à certains intervalles, pour marquer la fin de cette époque et le
commencement de l'époque suivante.

Le mouvement orogénique, si merveilleux dans ses effets, si
mystérieux dans sa véritable cause, agit comme le ferait une
charrue à la surface d'un champ, en traçant des sillons et des
lignes dont M. E. de Beaumont, le premier, a reconnu les
remarquables relations d'âge et de direction. Pendant que le
mouvement d'intumescence préside à l'émersion de masses
considérables et à l'érection des continents; pendant que le
mouvement ondulatoire donne à chacun de ces continents la
forme qui le caractérise, le mouvement orogénique trace à la
surface du sol les grandes failles et les fractures générales de
l'écorce terrestre, les rivages des mers, la direction des vallées,
celle des cours d'eau dans la majeure partie de leur trajet,
l'orientation des archipels et des écueils, les bandes volcaniques, les chaînes de montagnes et tous les accidents topographiques qui, par leur ensemble, constituent le modelé du
globe. Il intervient encore dans la structure intérieure d'un
pays, en dessinant les parois des anciens bassins maritimes,
les lignes suivant lesquelles les roches éruptives ont surgi; et,

enfin, les directions plus ou moins générales et plus ou moins répétées des couches sédimentaires.

Les lignes marquant la direction et l'emplacement des accidents topographiques que je viens d'énumérer constituent des *lignes stratigraphiques.*

Un système de soulèvement est un ensemble de lignes stratigraphiques parallèles entre elles et formées à une même époque. L'expression *système de soulèvement*, qui indique que l'action dynamique dont ce système est le résultat, a opéré de bas en haut, est synonyme des expressions *système de fracture*, de *dislocations*, de *montagnes*, que l'on emploie si l'on a surtout en vue l'effet produit plutôt que le sens dans lequel la cause a agi. On dit encore *système de direction* lorsque, dans les accidents topographiques, c'est leur orientation qui préoccupe avant tout, et *système stratigraphique* lorsqu'on n'a égard qu'à l'orientation des strates. En réalité, ces expressions désignent une seule et même chose, et peuvent être indifféremment employées l'une pour l'autre.

La définition que nous avons donnée d'un système de soulèvement est, comme toutes les lois de l'histoire naturelle, sujette à certaines restrictions et extensions que je signalerai par la suite. Mais reconnaître, en thèse générale, que les lignes stratigraphiques qui existent à la surface du globe forment, pour la plupart, des groupes caractérisés par les conditions d'âge et de direction que j'ai rappelées, c'est admettre en principe la théorie des systèmes de soulèvement. Cette théorie, dont je viens d'indiquer le point de départ, plutôt que d'en donner une idée précise, est susceptible de développements que les progrès de la science feront connaître plus tard. Ainsi que plusieurs lignes synchroniques et parallèles constituent un système de soulèvement, de même, plusieurs systèmes peuvent être liés entre eux par des rapports qui en font des systèmes complexes. Ceux-ci, à leur tour, se réunissent pour constituer à la surface du globe un réseau régulier, basé, d'après M. E. de Beaumont, sur la symétrie pentagonale.

Au début de ce chapitre, j'ai appelé l'attention du lecteur sur l'utilité de l'étude des mouvements variés subis par l'écorce terrestre. De tous ces mouvements, le plus important est, sans contredit, le mouvement orogénique, ainsi que le lecteur pourra s'en convaincre par la suite.

Cette importance même m'amènera à consacrer un des livres suivants à l'étude du mouvement orogénique, considéré dans ses causes et dans ses effets. Je me bornerai, en attendant, à dire quelques mots, dans les deux chapitres qui suivent, sur le rôle que le mouvement orogénique joue dans la détermination du relief du globe.

Résumé : affaissement permanent de la croûte du globe. — Le tableau de la page 242 résume les considérations précédentes sur les mouvements généraux de la croûte du globe.

Il ne me reste plus, pour compléter l'exposé des faits que je voulais mentionner dans ce chapitre, qu'à dire quelques mots du *mouvement d'affaissement général* auquel toute l'écorce terrestre obéit, pendant que chacune de ses parties subit les impulsions diverses que j'ai énumérées.

Ce mouvement dont j'ai déjà parlé (voir p. 130 et suivantes) s'effectue sous l'influence de deux causes.

Depuis la formation d'une première pellicule à la surface de la terre, chaque zone qui, en se solidifiant, a cessé d'appartenir à la pyrosphère pour se rattacher à l'écorce terrestre, n'a pas conservé, en changeant d'état, son épaisseur primitive. Les roches diminuent de volume, non-seulement en passant de

l'état liquide à l'état solide, mais aussi en cristallisant, comme
le font les matériaux qui viennent s'adapter à la face inférieure
de l'écorce terrestre. Il en résulte, dans la masse du globe, un
mouvement de contraction qui, de plus en plus, rapproche
l'écorce terrestre du centre de la terre. Nous avons dit déjà
que, par suite de la cause qui vient d'être rappelée, la surface
du globe, d'après M. Elie de Beaumont, s'était rapprochée du
centre de la terre d'une quantité qui n'est peut-être pas infé-

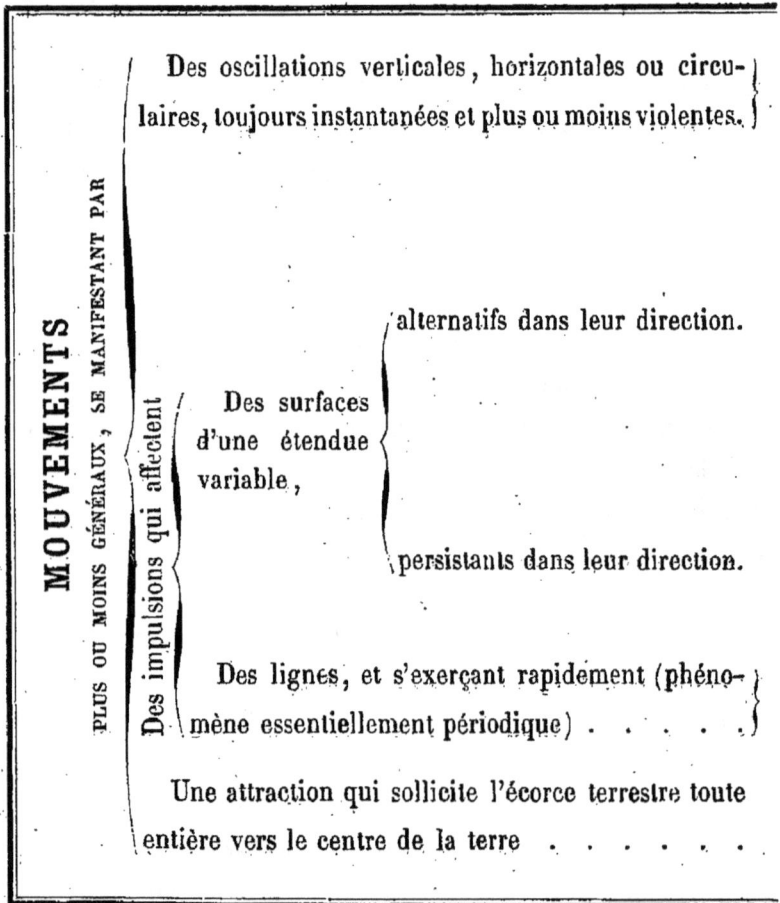

MOUVEMENTS PLUS OU MOINS GÉNÉRAUX, SE MANIFESTANT PAR

Des impulsions qui affectent

Des oscillations verticales, horizontales ou circulaires, toujours instantanées et plus ou moins violentes.

Des surfaces d'une étendue variable,

alternatifs dans leur direction.

persistants dans leur direction.

Des lignes, et s'exerçant rapidement (phénomène essentiellement périodique) . . . . .

Une attraction qui sollicite l'écorce terrestre toute
entière vers le centre de la terre . . . . . .

rieure à l'élévation des plus hauts sommets de l'Hymalaya.

L'autre cause qui oblige l'écorce terrestre à s'affaisser sur elle-même par un mouvement d'ensemble provient du départ d'une quantité considérable de matériaux qui, par voie éruptive ou geysérienne, désertent la pyrosphère et la croûte du globe, et viennent porter à l'action sédimentaire les éléments qu'elle met en œuvre. Ces matériaux laissent des vides, et l'écorce terrestre, n'étant plus supportée sur les points où ces

M. SEISMIQUE OU VIBRATOIRE.	*Tremblements de terre.*
M. OSCILLATOIRE	*Périodes d'émergement et d'immergement dans les contrées d'une vaste étendue.*
M. ONDULATOIRE	*Modifications dans la forme et dans la profondeur des bassins géogéniques.*
M. D'INTUMESCENCE.	*Centres de soulèvement et de sédimentation : masses continentales.*
M. OROGÉNIQUE.	*Systèmes stratigraphiques : chaînes de montagnes.*
M. D'AFFAISSEMENT GÉNÉRAL DE LA CROUTE DU GLOBE. .	*Par voie de solidification et de cristallisation.*

vides se sont établis, tend à s'affaisser de plus en plus. Si l'on accorde à la zone sédimentaire une puissance moyenne de trois kilomètres, il en résulte que l'écorce terrestre s'est déplacée d'une longueur égale, sous l'influence de la cause que j'ai en vue. Rappelons-nous, en effet, le principe que nous avons posé en admettant qu'au début des temps géologiques, l'océan ne contenait aucun des futurs matériaux qui allaient concourir à la formation des terrains stratifiés; ces matériaux, avons-nous dit, appartenaient encore à la pyrosphère.

La cause d'affaissement que je viens d'indiquer n'a pu modifier le volume du globe, puisqu'elle n'a fait que transporter au-dessus de la croûte terrestre ce qui était au-dessous; aussi, n'ai-je pas dû m'en occuper lorsque j'ai examiné (page 128) les circonstances qui tendaient à diminuer le volume de notre planète.

Souplesse et mobilité de la croûte du globe. — Les nombreuses impulsions que l'écorce terrestre subit, et qui ont pour résultat de rendre sa surface si inégale et si accidentée, nous disent suffisamment que cette écorce terrestre non-seulement est très-mobile, mais aussi jouit d'une grande flexibilité.

Les plissements et les contournements, dont les strates schisteuses des terrains anciens et les couches calcaires du terrain jurassique offrent des exemples nombreux, peuvent nous donner une idée de la souplesse de l'écorce terrestre. Diverses circonstances, que je vais mentionner, augmentent même cette souplesse et contribuent à rendre plus efficace la résistance que l'écorce terrestre oppose à toute rupture.

La croûte du globe se compose, dans sa zone stratifiée, de parties assez distinctes, susceptibles, jusqu'à un certain point, de glisser les unes sur les autres.

Remarquons aussi que la durée de l'effort qui s'est exercé contre certains points de l'enveloppe solide du globe, pour déterminer les gibbosités ou les dépressions du sol, embrasse souvent presque tous les temps géologiques, tandis que les terrains sédimentaires se sont constitués les uns après les autres, de sorte que chacun d'eux, dans l'acte de son dépôt, s'est exactement adapté à la nouvelle configuration du sol. Il faut se rappeler enfin que la chaleur, la pression et l'eau elle-même augmentent la plasticité des roches, et, par conséquent, les rendent plus dociles sous l'impulsion qui agit sur elles. Or, la chaleur et la pression croissent avec la profondeur : nous avons vu aussi que l'eau pouvait pénétrer à de grandes distances dans l'intérieur de la terre, et qu'elle imbibait plus ou moins toutes les roches dont la croûte du globe est formée. Il y a, entre l'état hygrométrique des roches situées à une certaine profondeur et celui des roches existant près de la surface du sol, une différence considérable sur laquelle on ne saurait trop insister.

L'écorce terrestre est tellement souple qu'elle aurait pu, sans se fracturer, recevoir le choc des forces intérieures, même de celles dont le mouvement orogénique est le résultat, si sa structure intérieure, ainsi qu'on le verra dans le chapitre suivant, ne l'avait rendue facile à se disloquer. J'ai comparé l'écorce terrestre à un radeau, supporté par une mer incandescente, la pyrosphère : mais ce radeau est flexible et se compose de parties mal rattachées les unes aux autres, susceptibles de se séparer et de se disjoindre.

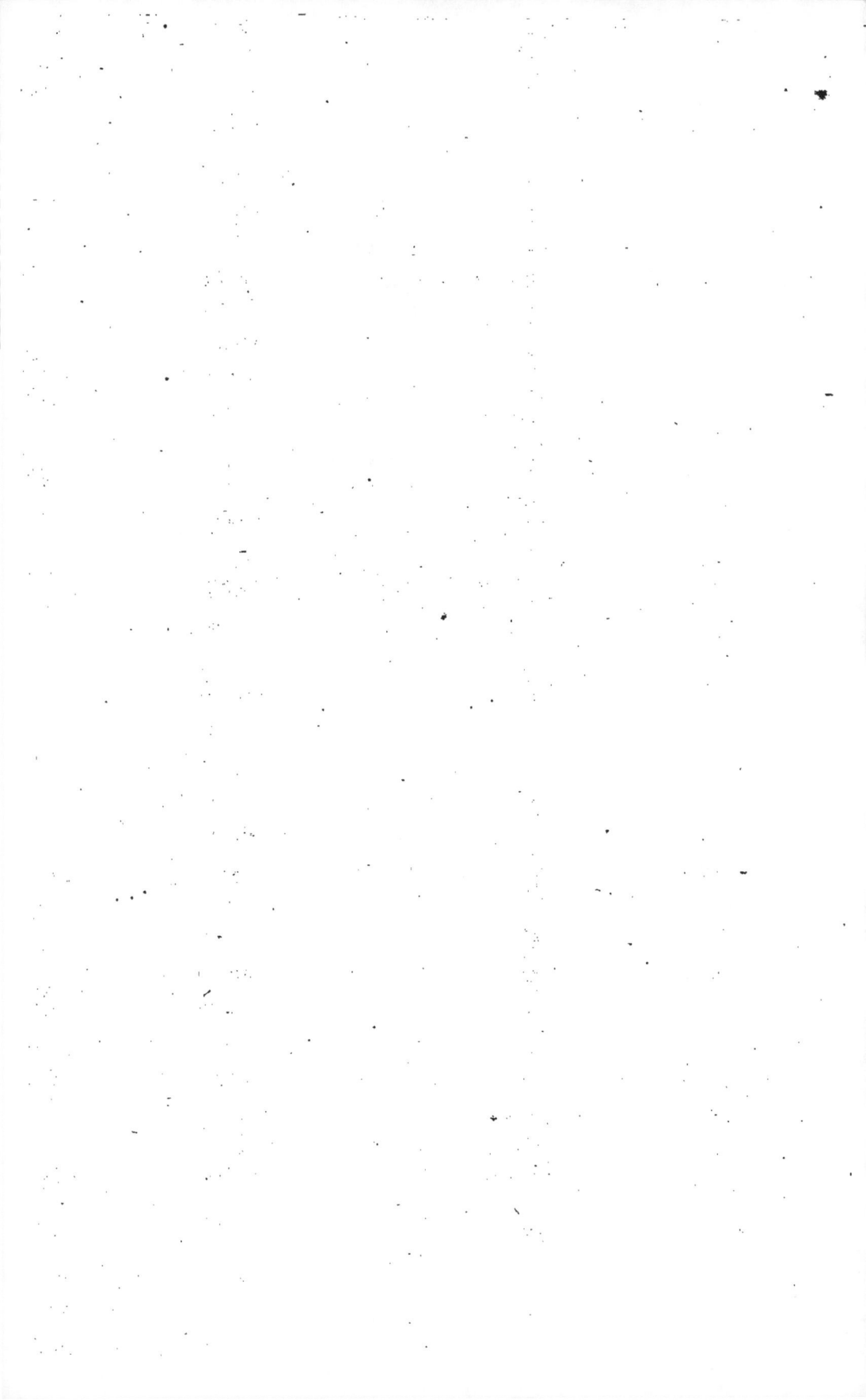

CHAPITRE V.

Epaisseur de l'écorce terrestre. — Puissance probable de la pyrosphère. — Accroissement en puissance de l'écorce terrestre pendant les temps géologiques. — Structure intérieure de la croûte du globe : absence de cavités dans sa masse : hypothèse d'une atmosphère souterraine. — L'écorce terrestre est parcourue, dans le sens vertical, par des fissures dont l'entrecroisement dessine un réseau régulier : réseau pentagonal. — Comment les fissures qui divisent l'écorce terrestre et le réseau qu'elles constituent viennent s'accuser à la surface du globe. — La croûte du globe est formée de fragments prismatiques juxtaposés.

Puissance de l'écorce terrestre. — La puissance de l'écorce terrestre est fonction : 1º du mode dont la chaleur se distribue vers la périphérie du globe; 2º du point de fusion des substances qui existent en deçà de la pyrosphère; 3º de la nature des masses rencontrées par la ligne de séparation entre la pyrosphère et l'écorce terrestre.

En ce qui concerne le mode de distribution de la chaleur vers la périphérie du globe, je renverrai le lecteur au deuxième chapitre du livre précédent.

Quant au point de fusion des substances situées en deçà de la pyrosphère, je rappellerai d'abord que, d'après Mitscherlich, on a beaucoup exagéré les températures auxquelles les substances métalliques entrent en fusion : la flamme de l'hydrogène brûlant dans l'air n'a que 1560º C; dans cette flamme, le platine entre en fusion. Le granite fond à 1300 degrés environ, c'est-à-dire à une température inférieure à celle du fer doux; le fer le plus réfractaire fond à 1600 degrés : le fer est pourtant au nombre des métaux les moins fusibles. La température employée pour la fusion de la fonte et developpée dans les fours à reverbère n'atteint pas 1700 degrés. La chaleur produite dans les hauts-fourneaux suffit pour amener la fusion des guangues quartzeuses et autres dont le minerai est accompagné. La présence des fondants facilite, il est vrai, cette fusion, mais ceux-ci existent également vers la périphérie du globe, et les effets qui se produisent dans les hauts-fourneaux doivent également se présenter au-dessous de l'écorce terrestre.

Quant à la composition générale des masses qui, vers la périphérie du globe, se superposent les unes aux autres, il nous suffit de rappeler qu'au-dessous des terrains de sédiment se trouve une zone très-puissante, qui constitue la majeure partie de l'écorce terrestre, et que nous avons appelée zone granitique. Les phénomènes éruptifs n'amènent plus de roches granitoïdes à la surface du globe; nous en concluons que cette zone est entièrement solidifiée; ce n'est donc pas en elle que se trouve la limite inférieure de l'écorce terrestre.

Au-dessous de la zone du granite, se place celle qui, déjà en voie de solidification, est le siége des phénomènes volcaniques, et d'où proviennent les laves qui s'épanchent à la surface du globe. C'est dans cette zone volcanique qu'il faut placer la limite inférieure de l'écorce terrestre. Cette limite se trouve peu au delà du point de séparation entre les zones volcanique et granitique, car les éruptions de roches exclusivement volcaniques datant d'une époque assez récente, il en résulte que la totalité de ces roches actuellement solidifiées doit être peu considérable (voir fig. 6 et page 265).

Le point de solidification de la lave est à 650° environ : l'épaisseur de l'écorce terrestre dépend, par conséquent, du point où règne cette température.

Si maintenant, le lecteur veut bien se reporter à la page 110, il verra que cette température se trouve, dans le cas d'un accroissement de chaleur par progression arithmétique, à une profondeur de 22 kilomètres, et, dans celui d'un accroissement de chaleur par progression géométrique, à une profondeur de 23 kilomètres. Les deux hypothèses qui se sont présentées à nous, lorsque nous nous sommes demandé quelle était la loi de l'accroissement de température dans l'intérieur du globe, conduisent à des résultats presque identiques. Cet accord, auquel nous attachons une grande importance, provient de ce que le point de fusion de la lave est indiqué par un nombre qui, sur les deux échelles du tableau de la page 110, se trouve presque au même niveau. Il disparaîtrait tout à fait dans le cas où le point de fusion de la lave serait tout autre que ce qu'il est réellement. Il disparaîtrait encore dans le cas où l'on emploierait, pour raison de la progression géométrique, un autre nombre que celui que nous avons adopté. Le choix de la raison de cette progression est arbitraire, mais seulement dans une certaine mesure. Cette raison ne saurait, en effet, être bien supérieure ou bien inférieure à l'unité, sans rapprocher ou éloigner la pyrosphère d'une quantité que le raisonnement et les observations faites dans le voisinage du globe rendent inadmissible.

On devrait supposer à l'écorce terrestre une plus grande puissance dans le cas où la ligne de démarcation, entre cette écorce et la pyrosphère, se trouverait encore dans la région occupée par le magma granitique. Le granite, devenant fluide à la température de 1300 degrés environ, la limite inférieure de l'écorce terrestre existerait à une profondeur de 28 kilomètres, dans le cas d'une progression géométrique, et à 45 kilomètres, dans celui d'une progression arithmétique. Dans les deux cas, le résultat obtenu s'écarte beaucoup de celui auquel nous sommes parvenu tout à l'heure. C'est même en admettant une écorce terrestre, exclusivement granitique dans sa partie inférieure, que plusieurs géologues ont été conduits à accorder à cette écorce une puissance considérable ; quelques-uns ont porté cette puissance à 45 kilomètres. Mais il n'est nullement probable que le granite persiste à une si grande profondeur. Cette roche, ayant une origine hydro-thermale, ne s'est formée que jusqu'au point où l'eau a pu pénétrer, c'est-à-dire, à une faible distance de la surface du sol. Là où l'eau ne pouvait arriver, il se formait, non pas du granite, mais des masses volcaniques ou ignées proprement dites. C'est donc à une faible profondeur, et dans une masse d'origine exclusivement ignée, que se trouve la limite inférieure de la croûte du globe, et nous admettons, conformément à l'opinion déjà exprimée par Beudant, que l'écorce terrestre cesse à 20 kilomètres de la surface du sol ; à cette profondeur, dit-il, même en n'admettant qu'un accroissement de chaleur de un degré par trente mètres, il règne une température de 666 degrés, à laquelle la plupart des silicates sont en pleine fusion.

Les divers mouvements auxquels l'écorce terrestre obéit, sa souplesse, sa mobilité, nous disent assez que l'enveloppe solide du globe est très-mince. Ces mouvements sont presque tous le contre-coup de déplacements correspondants dans la pyrosphère. Évidemment, plus il sera permis de considérer l'écorce terrestre comme ayant une faible épaisseur, mieux on pourra s'expliquer l'action dynamique que la pyrosphère exerce sur elle. La souplesse et la mobilité de l'enveloppe solide du globe sont, par conséquent, des raisons qui plaident en faveur de l'opinion qui accorde à cette enveloppe une faible puissance.

On voit que le foyer de chaleur constitué par la pyrosphère est très-rapproché de nous. Mais l'écorce terrestre se compose de substances conduisant très-mal le calorique, analogues au marbre et à la brique, dont le degré de conductibilité a été approximativement évalué à 24 et à 12, celui de l'or étant 1000. On conçoit mieux que cet écran arrête dans son passage tout afflux de chaleur si l'on a égard à ce qui se passe autour de nous. Une mince couche de cendres, interposée entre un charbon incandescent et la main, met celle-ci à l'abri d'une brûlure; au sommet de l'Etna, des amas de neige, recouverts de cendres volcaniques et reposant sur la lave refroidie, se trouvent ainsi préservés de la fusion que la chaleur de l'intérieur du volcan et celle du soleil sembleraient devoir déterminer.

Il est une autre objection que l'on pourrait faire à l'hypothèse d'une écorce terrestre très-mince. Par suite de la différence de niveau entre les points très-profonds de l'océan et le point culminant de l'Hymalaya, ce massif devrait s'affaisser sur lui-même et obliger le fond de l'océan à s'exhausser dans une région plus ou moins éloignée. Le point le plus bas auquel on ait fait descendre la sonde est à une profondeur de 9144 mètres : il se trouve à 900 milles à l'ouest de l'île Sainte-Hélène (Voyage du capitaine Ross). Le pic le plus élevé de l'Hymalaya est à 7840 mètres au-dessus du niveau de la mer. Il existe donc, entre le point le plus bas et le plus élevé de la surface du globe, une différence minimum de près de 17 000 mètres, de sorte que si, par le point le plus bas, on suppose un cercle, ayant le même centre que la terre et passant au-dessous de l'Hymalaya, ce cercle qui, dans un cas, touche la face supérieure de l'écorce terrestre, ne se trouvera, dans le voisinage de ce massif montagneux, qu'à 3 kilomètres au-dessus de la face inférieure, supposée parallèle à l'autre face.

A l'objection qui vient d'être signalée, il est permis de répondre qu'il existe une différence de densité très-considérable entre les matériaux dont l'écorce terrestre se compose et ceux qui constituent la pyrosphère ; cette circonstance rend insignifiante la différence de pression qui devrait résulter de la différence de niveau. Ajoutons que la face inférieure de l'écorce terrestre s'infléchit en même temps que la face supérieure et que l'écorce terrestre conserve partout à peu près la même puissance. Ces diverses inflexions peuvent être comparées à des voûtes dont toutes les parties se soutiennent mutuellement avec d'autant plus de facilité que la masse sous-jacente qui les supporte permet de voir en elles des voûtes qui n'ont pas encore été débarrassées de leur échafaudage (voir fig. 6).

Puissance probable de la pyrosphère. — La pyrosphère commence à la limite inférieure de l'écorce terrestre, c'est-à-dire à 20 kilomètres environ de profondeur. Elle cesse au point où la matière lavique, en se pénétrant de plus en plus de matière ferrugineuse, se trouve presque exclusivement formée de fer. Rien ne nous dit à quelle profondeur le fer devient le seul élément constitutif du globe. L'appréciation que je vais émettre est un minimûm, dans ce sens qu'elle indique seulement la profondeur où se place la zone en deçà de laquelle le fer ne peut se maintenir à l'état fluide. Le fer se solidifie à 1600 degrés environ : il en résulte que le commencement du nucléus ferrugineux doit apparaître, d'après le tableau de la page 110, à une profondeur d'un peu plus de 50 kilomètres, dans le cas d'un accroissement de chaleur par progression arithmétique, et de moins de

30 kilomètres, dans le cas d'un accroissement de chaleur par progression géométrique. Ici, l'emploi des deux progressions est loin de nous donner des résultats aussi concordants que pour la puissance de l'écorce terrestre. Du reste, il ne faut attacher qu'une faible valeur à ces appréciations, dont l'exactitude plus ou moins grande n'importe nullement à la géologie.

Accroissement, en puissance, de l'écorce terrestre pendant les temps géologiques. — Je dois rappeler ici un fait dont j'ai plusieurs fois parlé et que je considère comme *fondamental* en géologie : c'est que, pendant toute la durée des temps géologiques, l'écorce terrestre n'a pas cessé un seul instant de croître d'épaisseur aux dépens de la pyrosphère dont les zones supérieures sont venues, en se solidifiant, s'adapter contre la face inférieure de la croûte du globe.

Cet accroissement de puissance dans la croûte du globe persistera jusqu'à ce que notre planète soit passée, en totalité, à l'état solide. Dans le passé, il a réagi sur un grand nombre de phénomènes géologiques. Une même impulsion imprimée à la croûte du globe déterminera, de nos jours, une gibbosité bien plus prononcée que pendant les premiers temps géologiques : aussi, les inégalités existant à la surface de la terre ont-elles été en croissant avec l'âge de notre planète, de sorte que les massifs montagneux sont d'autant plus élevés qu'ils appartiennent à une époque plus récente. La chaîne des Pyrénées a surgi avant celle des Alpes et après celle des Vosges; elle est intermédiaire entre l'une et l'autre, non-seulement par l'époque de son élévation définitive, mais aussi par son altitude. Parmi les autres conséquences de l'augmentation en puissance de la croûte terrestre, je signalerai un ralentissement progressif dans l'action geysérienne; je signalerai encore le déplacement du point de départ des phénomènes éruptifs et l'apparition des phénomènes volcaniques, tels qu'ils ont été définis (voir page 216). Quant à l'influence que l'accroissement de la puissance de l'écorce terrestre a pu exercer sur les climats en augmentant l'épaisseur de l'écran interposé entre nous et le foyer de chaleur interne, j'essaierai plus tard de démontrer qu'elle a été, pendant tous les temps géologiques, complètement négligeable.

C'est sous les pôles que la croûte du globe a commencé à se constituer, et c'est également vers les régions polaires qu'elle a crû en puissance d'une manière plus rapide. Aussi la figure 1 (page 107), accuse-t-elle, dans la puissance de la croûte du globe sous l'équateur et sous les pôles, une différence qu'on ne peut évaluer à moins de 1500 mètres, si l'on admet une augmentation de chaleur par progression arithmétique à raison de un degré par trente mètres en profondeur. Cette différence serait encore plus sensible si l'on admettait une augmentation de chaleur par progression géométrique. Mais, dans l'un et l'autre cas, cette différence, qui reconnaît une cause tout à fait extérieure à notre planète, tend à diminuer de plus en plus, à mesure que l'écorce terrestre augmente d'épaisseur, et il viendra un moment où elle disparaîtra tout à fait : ce moment se présentera lorsque la face inférieure de l'écorce terrestre atteindra la zone où la chaleur d'origine solaire n'intervient nullement dans la distribution des lignes isogéothermes.

A part la différence que je viens de signaler dans l'épaisseur de la croûte du globe sous les pôles et sous l'équateur, on peut dire que l'écorce terrestre offre partout la même puissance.

Structure intérieure de la croûte du globe : absence de cavités dans sa masse. — On admet souvent, dans l'intérieur de l'écorce terrestre et à toutes ses profondeurs, l'existence de vastes cavités. On a été jusqu'à supposer, entre l'écorce terrestre et la zone où la matière est à l'état de liquéfaction ignée, une sorte d'atmosphère souterraine, où l'on a placé la cause des tremblements de terre.

Ces hypothèses ne peuvent supporter un examen sérieux, et, si le lecteur s'est bien pénétré de ce que nous avons dit sur le mode de formation de l'écorce terrestre, il sera conduit à ne leur attacher aucune importance.

L'écorce terrestre a dû, dès son origine, s'adapter exactement à la pyrosphère, et, à vrai dire, on ne sait pas s'il existe une ligne de démarcation bien tranchée entre l'une et l'autre : probablement, la zone inférieure de la croûte du globe, dans sa partie voisine de la pyrosphère, ne passe de l'état solide à l'état liquide que par des transitions insensibles. Lorsque, par suite d'un mouvement de retrait ou de causes diverses, l'écorce terrestre subit quelques fractures, la matière pyrosphérique, à l'état de lave ou d'émanation gazeuse, pénètre dans les vides nouvellement produits, et, en s'y refroidissant, tend à former une sorte de soudure qui rétablit les choses dans leur état primitif. Ceci n'implique nullement que l'écorce terrestre forme une masse rigoureusement compacte. Elle est parcourue intérieurement par des courants d'eau, et ce système de circulation, se prolongeant presque jusques au contact de la pyrosphère, suppose l'existence de fissures se croisant dans tous les sens. Vers les parties supérieures de l'écorce terrestre, ces vides contribuent à former les cavités qui, dans les contrées jurassiques, sont tantôt des réservoirs d'eau inépuisables, tantôt des grottes, objet de l'admiration des touristes. D'autres cavités existent probablement dans les conduits des volcans éteints : la lave, après avoir obstrué le cratère par où elle s'é-

tait livré un passage, a pu, en s'affaissant sur elle-même,
avant sa complète solidification, laisser des espaces vides.

**L'écorce terrestre est parcourue, dans le sens vertical, par des fissures
dont l'entrecroisement dessine un réseau régulier.** — Un des caractères essentiels de l'écorce terrestre est de présenter dans toute
sa masse des fentes ou fissures, qui la traversent dans le sens vertical et qui permettent de la considérer comme formée de morceaux placés et, pour ainsi dire, *collés* les uns contre les autres.

On peut aisément se rendre compte de la formation de ces
fissures, si l'on se rappelle que l'argile, en se desséchant, se divise en fragments prismatiques, séparés les uns des autres par
des fentes, dont la largeur va croissant pendant que l'eau déserte le corps où elles se manifestent.

Le même phénomène s'est produit dans le magma granitique, à mesure qu'il a perdu son eau d'origine et que sa température primitive s'est abaissée. La contraction progressive de
ce magma a eu pour résultat l'apparition de fentes de même
nature que celles qui se montrent dans l'argile desséchée ou
même à la surface des corps recouverts d'un vernis.

Ce phénomène de retrait s'est encore produit dans la zone
sous-jacente au magma granitique, c'est-à-dire dans celle qui
s'est constituée aux dépens de la pyrosphère actuelle et qui ne
contient qu'une faible proportion d'eau. Le retrait, dans la
zone sous-granitique, a été la conséquence de la solidification
de masses d'abord à l'état de fusion ignée, et peut se comparer
à celui en vertu duquel le basalte se divise en colonnes prismatiques. Les roches diminuent également de volume en passant
de l'état vitreux à l'état cristallin ; d'après les recherches de
M. Delesse, la contraction des roches par voie de cristallisation
est souvent égale à un dixième de leur volume.

Les fissures produites dans l'écorce terrestre déterminent, par leur entrecroisement, un réseau dont nous allons rechercher la forme. D'après M. Elie de Beaumont, « les effets de la contraction de la masse interne du globe ont une analogie sensible avec ceux du retrait qui a produit la division du basalte en prismes à 3, à 4, et plus souvent encore à 6 faces. Le basalte se divise en prismes hexagonaux, parce que le *triangle équilatéral,* le *carré* et l'*hexagone* sont les seuls polygones réguliers qui puissent servir à diviser un plan en parties toutes égales entre elles, comme on le voit dans les appartements carrelés ; et que, parmi ces trois polygones, l'hexagone est celui qui a le plus grand nombre de côtés et le *périmètre minimum* pour une surface donnée. Mais, à cause de l'*excès sphérique,* la sphère n'est pas divisible en hexagones réguliers ni en quadrilatères à angles droits ; elle ne peut être divisée par des arcs de grands cercles qu'en *triangles équilatéraux,* en *quadrilatères à angles de* 120 *degrés* et en *pentagones réguliers.* Le pentagone remplace ici l'hexagone ; de là l'introduction du nombre 5, et les diverses combinaisons qui en résultent.....
Un triangle sphérique équilatéral ayant nécessairement (1), à cause de l'excès sphérique, des angles de plus de 60 degrés, on ne peut assembler sur la sphère 6 triangles équilatéraux de manière à en former un hexagone, comme on le fait sur un plan. Mais on peut agrandir à volonté l'angle du triangle équilatéral en étendant sa surface, et l'on peut assembler autour d'un point :

1° Trois triangles équilatéraux ayant des angles de 120°. . .

$$3 \times 120 = 360° ;$$

(1) On sait que, dans un triangle plan, la somme des angles est égale à deux angles droits : cette somme, dans un triangle sphérique, est toujours plus grande que deux droits.

2° Quatre triangles équilatéraux ayant des angles de 90°. . .

$$4 \times 90 = 360°;$$

3° Cinq triangles équilatéraux ayant des angles de 72°. . . .

$$5 \times 72 = 360°.$$

De là 3 réseaux différents qui se rattachent l'un à l'autre, » pour former un réseau compliqué où domine la symétrie pentagonale.

Si, sur une surface plane, on trace trois systèmes de lignes équidistantes, parallèles, et se coupant sous des angles de 60°, on produira un assemblage de triangles, de losanges et d'hexagones, tous réguliers et constituant un réseau hexagonal. Ce réseau peut s'obtenir encore en plaçant des hexagones réguliers les uns à côté des autres et en prolongeant leur côtés.

De même, sur une sphère, quinze grands cercles se coupant 5 à 5 sous des angles de 36°, déterminent un assemblage de triangles équilatéraux, de losanges et de pentagones, tous réguliers et formant un réseau pentagonal. Ce réseau peut également être obtenu en traçant douze pentagones réguliers recouvrant exactement une sphère et en prolongeant leurs côtés.

Les travaux de M. Elie de Beaumont (voir *Notice sur les systèmes de montagnes*) me paraissent avoir démontré l'existence d'un réseau basé sur la symétrie pentagonale et constitué par les fissures qui divisent l'écorce terrestre. Quant à la raison d'être de ce réseau, je dirai avec M. Elie de Beaumont que « la symétrie pentagonale étant, comme principe de division d'une enveloppe sphérique, le *nec plus ultra* de la régularité, on pourrait ne pas lui chercher d'autre raison d'être que cette régularité même. »

Comment les fissures qui divisent l'écorce terrestre et le réseau qu'elles constituent viennent s'accuser à la surface du globe. — La symétrie pentagonale forme le caractère essentiel du réseau dessiné par les fissures qui parcourent l'écorce terrestre. Plus tard, j'indiquerai comment le réseau pentagonal se complète par l'adjonction de grands cercles auxiliaires se rattachant au réseau fondamental par diverses relations géométriques. Tous constituent un réseau, à mailles serrées, qui permet de considérer l'écorce terrestre comme étant formée de fragments prismatiques placés les uns contre les autres. Ces fragments sont soudés par la matière pyrosphérique, qui s'injecte, à l'état pâteux, dans les fentes qui les séparent, puis s'y solidifie par voie de refroidissement. Mais cette soudure n'est pas assez forte pour que les fragments qu'elle rattache les uns aux autres ne puissent se disjoindre sous le choc des forces intérieures, et glisser les uns contre les autres, de manière à être portés à des niveaux différents. Les lignes correspondant aux fissures de l'écorce terrestre présentent des points de moindre résistance, dans le sens desquels s'effectuent toujours ses dislocations, et c'est ainsi que le réseau dessiné dans l'intérieur de l'écorce terrestre vient s'accuser à sa surface. Les dislocations de l'écorce terrestre constituent des dénivellations ou des *failles* que je décrirai avec détails lorsque le moment en sera venu : les unes sont partielles et locales ; les autres sont plus générales, et s'adaptent d'une manière plus intime au réseau général de la croûte du globe ; je vais citer quelques exemples de celles-ci.

La figure 8 est la reproduction du diagramme qui se trouve dans l'*Explication de la carte géologique de la France*, t. I, p. 437. Elle représente le soulèvement et l'écroulement combinés qui ont produit la plaine du Rhin. Pour celui qui est placé

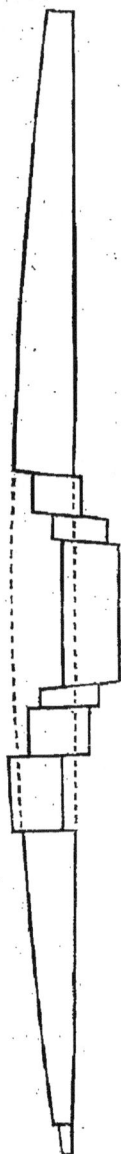

Fig. 8. — Soulèvement et écroulement combinés qui ont produit la plaine du Rhin.

sur le sommet du Röthi-Fluhe, près de So-leure, dit M. Elie de Beaumont, « l'imagina-tion se représente aisément cette plaine, rem-placée par des masses aussi élevées que les Vosges et la Forêt-Noire, entre lesquelles elle s'étend, formant de ces deux groupes une seule proéminence légèrement bombée, dont la voûte extrêmement surbaissée s'incline lé-gèrement, d'un côté vers la Lorraine, et de l'autre vers le Wurtemberg. Il semble qu'il ne manque que la clé de cette voûte, qui s'est un jour abîmée pour donner naissance à la plaine du Rhin, flanquée de part et d'autre par ses culées restées en place, de manière à former sur ses flancs deux escarpements rui-neux en regard l'un de l'autre. C'est ce qu'ex-prime le diagramme ci-joint, qui, en figurant un terrain bombé, fissuré, puis écroulé, me paraît indiquer l'origine la plus probable des failles, qui forment le caractère essentiel des montagnes du Rhin. »

Le massif du Jura est le résultat de deux failles ou dénivellations qui, s'étant produites dans la masse jadis continue comprise entre les Vosges, le plateau central et les Alpes, ont amené l'abaissement des parties de l'écorce terrestre correspondant à la plaine bressane et à la plaine helvétique et l'exhaussement de la région comprise entre ces deux larges vallées.

La Saône, depuis Chalon jusqu'à Lyon, et le Rhône, depuis Lyon jusqu'à la Méditerranée, coulent le long d'une faille dont le côté gauche (plaines de la Bresse et du Dauphiné) s'est abaissé, tandis que le côté droit s'est exhaussé pour produire l'arête montagneuse qui se prolonge dans le sens du méridien en formant les crêtes du Morvan, du Beaujolais, du Lyonnais, du Forez et du Vivarais.

Le réseau intérieur s'accuse, à la surface du globe, non-seulement par les failles, mais aussi par les masses ignées qui les mettent à profit dans leur mouvement d'ascension, par les volcans qui s'alignent dans le sens des fractures de l'écorce terrestre, par les cours d'eau, les chaînes de montagnes, etc. Faire ces remarques, c'est mettre en évidence l'accord qui existe entre le réseau des fissures de l'écorce terrestre et les effets du mouvement orogénique. Si cet accord ne semble pas, au premier examen, aussi intime qu'il l'est réellement, si, notamment, le réseau pentagonal ne se dessine pas à la surface du globe avec la netteté offerte par un damier ou un carrelage d'appartement, c'est que la nature, dans ses manifestations, n'obéit pas à des lois aussi absolues que celles dont l'étude est du ressort des mathématiques. Certes, on ne saurait adresser à la cristallographie le reproche de ne pas être une science exacte, et pourtant à quelles déformations les cristaux ne sont-ils pas soumis! L'inégalité offerte par les faces des prismes bipyramidés du quartz n'empêche pas le minéralogiste de reconnaître en eux leur forme typique qui est celle d'un prisme hexagonal parfaitement régulier. « La surface du globe terrestre, dit M. Elie de Beaumont, malgré son irrégularité apparente, n'est pas dessinée au hasard comme les courbes de fantaisie d'un jardin anglais, mais elle a beaucoup plus d'analogie avec nos parcs à la française, tels que ceux de Versailles et de Saint-Cloud, dont l'ordonnance générale se rapporte à des lignes droites, connexes entre elles, et où

les lignes sinueuses ne se montrent que dans les détails... La
combinaison de ces éléments rectilignes a été susceptible d'une
très-grande variété due à leur discontinuité, à l'inégalité de
leur saillie, à leurs enchevêtrements et aux raccordements
opérés entre eux par diverses causes accessoires. Il faut faire
aussi la part du désordre occasionné par le croisement des
accidents stratigraphiques appartenant à des systèmes différents; mais il ne faut qu'un peu de dextérité pour découvrir
l'ordre caché dans ce pêle-mêle qui semble d'abord si désor-
donné. Il en a fallu beaucoup plus pour faire sortir la cristallographie de l'irrégularité apparente de la plupart des cristaux
souvent incomplets, usés, maclés, etc., dont nos collections
minéralogiques sont composées. »

CHAPITRE VI.

Résumé sur la structure de la partie périphérique du globe. — Dans
ce chapitre, je me propose de placer quelques considérations
sur l'aspect général de la surface du globe; mais, auparavant,
je vais appeler l'attention du lecteur sur la figure 6 dont je
me servirai pour résumer ce que j'ai dit sur la structure de
l'écorce terrestre et des zones placées dans son voisinage.

Vers le haut de la figure 6 se trouve indiquée la partie inférieure de l'atmosphère, A. On a vu, page 138, que diverses
appréciations ont été émises relativement à la puissance de
l'enveloppe gazeuse du globe, puissance qui, selon un grand
nombre de savants, serait de 80 à 100 kilomètres, et qui, d'après
M. Liais, serait quatre fois plus considérable. Dans cette enveloppe atmosphérique, il faut distinguer une zone inférieure
dont la hauteur est à peine de 8 kilomètres et qui offre les
particularités suivantes.

Son poids représente plus de la moitié du poids de l'atmosphère terrestre : la pression barométrique qui est, en moyenne, au bord de l'océan, de 761 millimètres, n'a plus été que de 310 millimètres au point culminant atteint par MM. Barral et Bixio dans leur ascension en ballon.

La diminution de la pression et l'abaissement de la température rendent l'atmosphère complètement impropre à la vie au delà de la zone que nous avons en vue ; probablement même, la limite supérieure de cette zone ne pourra jamais être atteinte par l'homme ni par aucun être organisé. Humboldt a vu un condor s'élever jusqu'à plus de 7000 mètres au-dessus du niveau de l'océan ; c'est, dit-il, de tous les êtres créés, celui qui peut, à son gré, s'éloigner le plus de la surface de la terre. La hauteur la plus grande à laquelle l'homme soit parvenu est celle de 7049 (ascension aérostatique de Barral et Bixio, 27 juillet 1850). Le 16 décembre 1831, Boussingault et Hall se sont élevés, le long du Chimborazo, à 6004 mètres.

D'après Arago, la hauteur des nuages orageux varie entre 214 et 8080 mètres. Rappelons, enfin, que le mont Everest, point culminant de la surface du globe, a 8840 mètres d'altitude.

Divers signes, que le lecteur reconnaîtra avec facilité, représentent, dans la figure 6, les altitudes dont il vient d'être question, et marquent la limite supérieure de la couche atmosphérique si remarquable à plus d'un titre.

Au-dessous de l'atmosphère, viennent l'océan, O, puis l'écorce terrestre. Celle-ci a une épaisseur probable de vingt kilomètres ; elle est constituée, comme on l'a vu, par des fragments prismatiques juxtaposés, et se décompose, dans le sens vertical, en trois bandes.

La bande S est la zone stratifiée qui ne cesse de croître de bas en haut et a, dans l'océan, le siége de sa formation.

Les lettres G et V correspondent à la partie de la croûte du globe qui se forme de haut en bas par voie de solidification. La zone G, la plus ancienne, offre des masses qui, par leur nature, se rapprochent du granite et du porphyre : le magma, auquel ces masses doivent leur origine, ne s'est solidifié qu'après s'être pénétré d'une quantité d'eau d'autant plus grande que la profondeur était moindre. La zone V, au contraire, sans se laisser pénétrer par l'eau, est directement passée de l'état de liquéfaction ignée à l'état solide. Elle est composée de masses analogues au trachyte, au basalte, à la lave, et probablement aussi aux matériaux qui constituent la pyrosphère.

La zone V se rattache donc tout à la fois à l'écorce terrestre et à la pyrosphère. Elle appartient à l'écorce terrestre parce qu'elle est à l'état solide. D'un autre côté, elle se place sous la dépendance de la pyrosphère par la nature de ses matériaux. Ce double caractère explique pourquoi, dans le chapitre précédent, j'ai dit que la ligne de séparation, entre la croûte du globe et la pyrosphère, se dirigeait au milieu d'une zone volcanique.

Dans la figure 6, j'ai supposé à la pyrosphère actuelle une puissance de trente kilomètres : mais, je le répète, cette appréciation est approximative ; il ne faut lui accorder qu'une faible importance. La pyrosphère est le siége des phénomènes volcaniques : elle constitue le réservoir qui alimente les courants de lave auxquels les volcans servent d'issue ; elle renferme le foyer d'où la chaleur se répand dans l'écorce terrestre pour y déterminer divers phénomènes dont nous devrons nous occuper ; enfin, elle n'est jamais en repos, elle obéit à des déplacements dont l'écorce terrestre subit le contre-coup.

Au-dessous de la pyrosphère se place le nucléus ferrugineux, N. Dans ce nucléus, qui constitue la presque totalité du globe terrestre, la matière est à l'état de liquide élastique, c'est-à-dire qu'elle possède, tout à la fois, la force élastique des gaz, l'aspect des liquides et la densité de certains métaux.

Mode de répartition de l'eau et de la terre-ferme à la surface du globe. — Si l'on porte sa pensée à la surface de notre planète, la première chose qui attire l'attention est le mode de répartition de l'eau et de la terre-ferme. Voici, d'après un travail publié en 1837, par M. Rigaud, quelle est, pour les diverses régions du globe, la surface occupée par l'eau, la terre étant représentée par 100 :

Entre le pôle et le cercle polaire boréal. . .   139
Zone tempérée septentrionale.   105
Zone torride (moitié septentrionale) . . .   279
Zone torride (moitié méridionale)   332
Zone tempérée méridionale 1 049
Entre le cercle polaire austral et le pôle . .   »
Surface du globe tout entier   276

M. Rigaud, dont le travail est antérieur aux découvertes de James Ross, Dumont-d'Urville et Wilkes, admettait qu'il n'y avait aucune terre émergée dans la région circumpolaire australe. Le tableau que je viens de reproduire met en évidence l'accumulation de la terre-ferme vers l'hémisphère boréal, et donne une idée exacte de l'état actuel des choses.

J'ai eu plusieurs fois l'occasion de dire que, lors de la période neptunienne, l'océan recouvrait le globe tout entier. La fin de cette période a coïncidé avec l'apparition de la terre-ferme sous forme d'îles, germes des futurs continents.

La période tellurique a été marquée par l'accroissement des continents en étendue et en élévation. C'est là un fait très-

important dont l'étude sera mieux placée dans le livre suivant.
Plus tard, nous verrons aussi comment l'océan a augmenté en
profondeur tout en diminuant en surface, pendant la durée
des temps géologiques. L'étude de ces changements, dans la
constitution topographique du globe, doit accompagner celle
des phénomènes géologiques qui se trouvent en relation avec
eux, par leurs caractères essentiels, par leur mode de développement et par l'époque de leur apparition. Je me bornerai
à dire ici quelques mots sur le niveau de l'océan.

La surface des mers contraste par son uniformité avec celle
des continents. Elle est partout complètement horizontale, et
les inégalités qu'elle présente sont insignifiantes. Ces inégalités
méritent l'attention du géologue à cause seulement de leurs
relations avec la structure de l'écorce terrestre (voir page 141
et suivantes).

A part ces inégalités, qui ne deviennent sensibles que sur
des espaces très-étendus, on peut dire que le niveau des mers
est partout le même : il n'y a d'autres exceptions que celles
qui nous sont fournies par la mer Caspienne et par les amas
d'eau salée n'ayant aucune communication avec l'océan.

D'après les travaux les plus récents, des deux côtés de
l'isthme de Panama, le niveau de l'Océan Pacifique est sensiblement le même que celui de la mer des Antilles : les petites différences que l'on pourrait trouver tiennent à ce que le moment
de la haute et de la basse mer n'a pas lieu en même temps sur
les deux côtes. Les nivellements géodésiques les plus exacts ont
constaté qu'il n'y a pas de différence sensible de niveau entre
la mer Baltique, l'Atlantique et la Méditerranée. Enfin, le
nivellement pratiqué pour le projet du percement de l'isthme
de Suez a réduit à $0^m,18$ à peine la différence de niveau entre
la mer Rouge et la Méditerranée. Les opérations dirigées par

M. Lepère, lors de l'expédition d'Egypte, avaient fait admettre à tort que le niveau de la Méditerranée, à l'embouchure du Nil, était inférieur de 8ᵐ,120 aux basses eaux de la mer Rouge, près de Suez, et de 10ᵐ,069 lors des hautes eaux.

Relief extérieur du globe. — Il ne peut entrer dans ma pensée d'énumérer, de décrire et de définir tous les accidents topographiques que l'on observe à la surface du globe. Ces détails sont incompatibles avec la nature de cet ouvrage et appartiennent, d'ailleurs, plutôt à la géographie qu'à la géologie proprement dite. Je m'en tiendrai aux considérations suivantes.

Les causes qui interviennent dans la détermination du relief d'une contrée sont : 1° la nature des terrains que cette contrée présente à l'observation ; 2° les agents atmosphériques ; 3° les actions dynamiques auxquelles l'écorce terrestre obéit.

La nature des terrains agit en quelque sorte d'une manière passive, mais réelle : les mêmes agents intérieurs ou extérieurs produisent des effets différents, suivant qu'ils s'exercent sur des terrains meubles, sur des masses granitiques, ou sur des roches régulièrement stratifiées.

Les agents atmosphériques jouent un rôle, pour ainsi dire, négatif, en ce sens qu'ils tendent à effacer les effets des agents intérieurs. Leur intervention donne lieu à une puissante action nivelatrice (voir page 213). Les agents atmosphériques ne sont pas, à proprement parler, des forces exerçant une action dynamique sur l'écorce terrestre ; mais, quoique n'agissant que sur une molécule après l'autre, ils n'en ont pas moins une grande influence sur le modelé du globe. Ils reprennent en sous-œuvre le travail commencé par les forces dynamiques proprement dites : ils dénudent les parties émergées, effacent

les angles sortants et les saillies du sol, comblent ses dépressions et achèvent d'imprimer à chaque contrée sa physionomie spéciale.

Quant aux forces intérieures, ce sont elles qui opèrent avec
le plus d'énergie, et qui ont, en quelque sorte, toute l'initiative
dans le phénomène dont je signale les principales causes. Si
les paroles de Bacon, *vere scire est per causas scire*, sont
vraies, c'est surtout à l'étude de ces forces intérieures et de
leurs résultats que doit se livrer celui qui recherche la connaissance rationnelle de la constitution topographique d'un
pays.

Dans le livre précédent, nous avons vu que la terre avait la
forme d'un ellipsoïde dont la régularité n'était pas complète et
que la surface des eaux, réelle ou prolongée par la pensée, présentait des dépressions qui s'opposaient à ce que l'équateur ni
aucun parallèle ne fussent des cercles parfaits. Cette irrégularité,
avons-nous dit, est en rapport avec les anciens mouvements
de l'écorce terrestre : là, où l'écorce terrestre s'est bosselée en
se rapprochant de la surface du globe et s'est pénétrée de matières d'origine interne offrant une grande densité, la surface
des eaux, plus fortement attirée, s'est déprimée en formant un
ménisque.

Ces mouvements ont eu pour résultat non-seulement de
détruire la régularité qui aurait existé dans la forme de notre
planète, si la surface de l'océan et celle de l'écorce terrestre
avaient conservé leur parallélisme primitif, mais aussi de déterminer les accidents topographiques qui, multiples et variés,
se montrent à la surface du globe.

Tous les mouvements que nous avons mentionnés n'exercent
pas la même influence sur le modelé général du globe. Les
mouvements locaux n'ont aucune importance, pas plus que le

mouvement d'affaissement général qui sollicite uniformément toutes les parties de l'écorce terrestre. Quant au mouvement seïsmique, tel que nous le voyons fonctionner de nos jours, le rôle qu'il joue dans la détermination du relief de la terre est minime, et on ne pourrait considérer ce rôle comme ayant été considérable dans les temps géologiques qu'en supposant aux tremblements de terre une énergie plus grande que celle qu'ils ont de nos jours, ou, ce qui revient au même, une moindre résistance à leurs efforts de la part de l'écorce terrestre, jadis moins puissante qu'elle ne l'est maintenant.

Pour bien apprécier la part qui revient à chacun des autres mouvements, il suffit de tracer la silhouette du globe, non dans ses proportions exactes, mais ainsi qu'on le fait pour dresser une coupe géologique, c'est-à-dire en ramenant les longueurs à une échelle moins forte que celle des hauteurs.

Si, pour représenter le sphéroïde terrestre, nous décrivons un cercle marquant le niveau même de l'océan et passant par le continent asiatique, si nous dessinons ensuite, au-dessus et au-dessous de ce niveau, le profil de la terre, avec une échelle qui exagère, d'une manière considérable, mais uniforme, les hauteurs du sol émergé et les profondeurs du sol sous-marin, nous verrons la partie solide du sphéroïde terrestre offrir un renflement très-prononcé. Ce renflement est le résultat du mouvement d'intumescence agissant avec son plus grand degré d'énergie.

Une circonférence plus grande que celle que nous venons de tracer nous montrerait la ligne qui limite le sphéroïde terrestre, laissant la courbure uniforme qu'elle avait d'abord, pour accuser des renflements correspondants aux principales gibbosités du sol, telles que les massifs de l'Hymalaya, des Alpes ou du centre de la France. Ces renflements de second ordre sont le produit du mouvement d'intumescence, lorsqu'il se manifeste dans les proportions qui déterminent les centres de soulèvement.

Des circonférences d'un rayon de plus en plus étendu présenteraient, sur le profil de l'écorce terrestre, des inégalités du sol d'abord insensibles. Celles qui résultent du mouvement ondulatoire correspondraient aux larges vallées du sol sous-marin ou du sol émergé. Puis apparaîtraient les inégalités produites par le passage des lignes de soulèvement ou sous l'impulsion des forces volcaniques.

C'est ainsi que, l'échelle sur laquelle une carte est tracée devenant plus grande, on voit les lignes qui dessinent les côtes et les fleuves montrer des détails d'abord inaperçus.

Les systèmes de soulèvement, affectant des lignes et non des surfaces, ne peuvent à eux seuls déterminer l'édification des continents; s'ils avaient une influence exclusive, non-seulement sur l'aspect des terres émergées, mais aussi sur leur émersion, ils donneraient lieu à un grand nombre d'îles et d'archipels, parsemés au milieu d'un océan recouvrant le globe tout entier. Il n'y aurait pas de continents proprement dits et les montagnes atteindraient des hauteurs assez uniformes. Si les cîmes de l'Hymalaya sont plus élevées que les crêtes qui sillonnent le sol sous-marin et qui appartiennent, par leur âge ou par leur direction, au même système que lui, ce n'est pas que l'action qui a déterminé l'apparition de ce système ait atteint sur ce point sa plus grande énergie. Mais le colosse qui a été en partie son œuvre a trouvé un continent très-élevé pour lui servir de piédestal. De même, le Mont-Blanc ne doit sa hauteur considérable qu'à son privilége d'être placé au milieu du centre de soulèvement constitué par le massif alpin.

Si, au contraire, le mouvement d'intumescence fonctionnait

seul, le globe offrirait une surface mollement ondulée et uniforme. Au-dessus de l'océan, on verrait s'élever des continents peu accidentés, limités par des lignes plus ou moins
flexueuses.

Inégalités de la surface du globe : illusion sur la forme du bassin des mers et l'aspect des montagnes. — Les inégalités produites à la
surface de la terre, même en faisant abstraction de l'océan, qui
dissimule les unes et diminue l'élévation absolue des autres,
sont insignifiantes par rapport au sphéroïde terrestre tout
entier. C'est à peine si, sur une sphère d'un mètre de rayon,
la main pourrait percevoir les aspérités qui représenteraient
les inégalités de la surface du globe. Relativement à l'homme,
ces inégalités sont considérables, et les difficultés que l'on
rencontre pour atteindre les hauts sommets nous disent assez
que les montagnes ont, en définitive, une grande élévation au-
dessus du niveau de la mer, et, à plus forte raison, au-dessus
des points les plus profonds de l'océan.

Mais, des choses sur lesquelles nous nous faisons réellement
illusion, ce sont l'aspect des montagnes et la forme, en apparence concave, en réalité convexe, du bassin des mers ou des
grands lacs. Cette illusion est accrue par les coupes géologiques où les hauteurs sont à une échelle bien plus considérable que les longueurs. Je vais, à ce sujet, entrer dans des
considérations que j'emprunterai presque en entier à M. Elie
de Beaumont. Les deux citations que le lecteur trouvera dans
les pages suivantes sont extraites de la *Notice sur les systèmes
de montagnes.*

« Si, dans l'étude des irrégularités que présente la configuration extérieure du globe, on fait d'abord abstraction des
aspérités dont la base a peu de largeur, c'est-à-dire des mon-

tagnes et des érosions peu profondes, telles que la plupart des vallées, on trouve que la surface solide de la terre est presque universellement convexe..... La forme généralement convexe de la surface solide du globe s'éloigne de la surface du sphéroïde régulier représenté par la superficie des eaux tranquilles d'une quantité suffisante, pour donner lieu à des dépressions que recouvrent les mers, et à des saillies qui forment les continents. Mais la quantité dont les deux surfaces s'écartent l'une de l'autre est si peu considérable, par rapport au rayon moyen de la terre, que leur courbure est non-seulement tournée du même côté, c'est-à-dire convexe vers le ciel, mais qu'elle est généralement assez peu différente dans les points qui se correspondent..... Les bassins des nappes d'eau d'une certaine étendue ne *sont pas des bassins* dans l'acception ordinaire de ce mot. Ce ne sont pas des *cavités*, mais des parties de l'écorce terrestre *un peu moins convexes que les autres.* »

La largeur de la Méditerranée, entre Toulon et Philippeville, est de 733 kilomètres : la profondeur maximum, 2600 mètres; la flèche de la courbure de la surface, 10 534 mètres; la saillie du fond, 7934 mètres. La figure 9 est un diagramme mené, à travers la Méditerranée, de Toulon à Philippeville, qui, sur cette figure, sont respectivement représentés par les points T et P. La ligne droite TP est la corde de deux arcs, dont le plus grand représente la surface de la Méditerranée et, par conséquent, du sphéroïde terrestre : le plus petit représente la ligne convexe qui coïncide avec le fond de la mer. La figure 9 montre comment, pour un observateur placé à Toulon, le fond de la mer, au lieu de s'abaisser pour déterminer une cavité, s'exhausse réellement, de sorte que si cet observateur dirige son regard vers Philippeville, son rayon visuel passera bien au-dessous du point le plus profond de la Méditerranée. Pour rendre

18

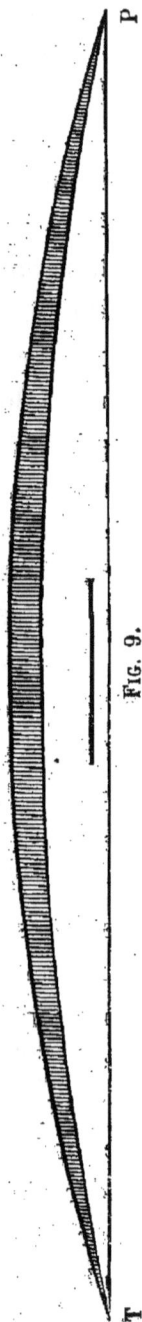

cet effet plus sensible, j'ai ramené les hauteurs à une échelle dix fois plus grande que pour les longueurs. Un trait placé au-dessus de la ligne droite TP ramène ce diagramme à ses véritables proportions : les deux arcs TP devraient passer, l'un, immédiatement au-dessus, et l'autre, immédiatement au-dessous de ce trait.

On est également porté à s'exagérer l'élévation des montagnes et le degré d'inclinaison de leurs pentes. « Les vues pittoresques, dessinées sous l'influence de l'*illusion d'optique* bien connue qui exagère à nos yeux les hauteurs verticales par rapport aux distances horizontales, ne sont réellement que des *caricatures* des objets qu'elles représentent. J'ai signalé ailleurs ce fait, et j'ai indiqué en même temps les moyens de précision que j'ai dû employer pour obtenir des vues de l'Etna qui en fussent des *portraits* exacts. Mais j'ai annoncé en même temps que le voyageur qui les regardera en présence de la montagne les croira d'abord infidèles à cause de leur peu de saillie, ce qui tient à ce que, pour paraître ressemblante, une figure de montagne doit reproduire l'illusion d'optique que j'ai rappelée plus haut. Le langage pittoresque est lui-même empreint de cette illusion d'optique, et c'est sous son influence que Pindare appelait l'Etna la *colonne du ciel*. Cette image poétique ne révolte en aucune façon le voyageur qui voit l'Etna de sa base ; mais elle contraste singulièrement avec l'aspect du modelé en relief de cette montagne, que j'ai dressé en maintenant rigoureusement la proportion des hauteurs aux distances, et qui ressemble à une galette manquée infiniment plus qu'à une colonne.»

Dernières remarques : moyens d'observation mis à la disposition du géologue : cartes, coupes, vues géologiques. — Dans ce deuxième livre, j'ai voulu jeter un regard d'ensemble sur l'écorce terrestre et dresser, en quelque sorte, le programme de la plupart des questions dont l'examen fera l'objet des livres suivants. Cette étude préalable était nécessaire afin de montrer le lien qui rattache entre eux tous les phénomènes géologiques. Elle avait aussi pour but de rendre plus facile l'intelligence des théories qui vont être successivement exposées. Pour compléter ce travail préliminaire, il me reste à rappeler, en peu de mots, quels sont les moyens que le géologue met à profit pour arriver à la connaissance de la composition et de la structure de l'écorce terrestre, et quelles sont les méthodes qu'il emploie pour représenter les résultats de ses recherches.

Les terrains dont l'écorce terrestre se compose sont, par le fait de leur formation, superposés les uns aux autres et se recouvrent mutuellement. Un seul se montre à découvert, sur un point donné, et ne se présente même que par sa partie superficielle à l'observation géologique.

Les moyens que l'homme trouve dans son industrie pour arriver à la connaissance de l'écorce terrestre sont les mines, les carrières, les tranchées des routes et des chemins de fer, les sondages. Tous ces travaux ne sont pas assez rapprochés les uns des autres et ne pénètrent pas à une assez grande profondeur pour être d'une utilité suffisante (1).

(1) Voici, d'après Humboldt, quelques-unes des profondeurs auxquelles les

Si la géologie n'avait pas eu d'autres moyens d'investigation
que ceux mis à sa disposition par l'industrie humaine, il est
probable qu'elle n'existerait pas ou se confondrait avec la géographie physique. Mais la nature nous met à même de donner
plus d'extension à nos connaissances sur l'écorce terrestre :
elle entr'ouvre, pour ainsi dire, le livre que le géologue a
devant lui, en creusant des ravins sur les flancs des montagnes, en traçant dans tous les sens, à la surface du globe, des
vallées plus ou moins profondes, et en dressant, au bord des
mers, des falaises coupées à pic. La figure 10 montre comment
le géologue, en parcourant une vallée, peut aborder l'étude
des terrains qui, sur les plateaux et dans les plaines, se dérobent souvent à son observation.

Mais ce sont surtout les mouvements de l'écorce terrestre
qui nous permettent d'acquérir la connaissance de sa structure
et de sa composition. Ces mouvements soulèvent et disloquent
les diverses parties dont se compose l'enveloppe solide du
globe. Ils amènent au jour des masses qui, sans cela, auraient
été éternellement recouvertes et cachées par les formations de
date plus récente.

Même lorsque les strates conservent leur horizontalité primitive, les failles ont souvent pour résultat de les porter à un
niveau assez élevé pour que leur observation devienne possible, ainsi que le côté gauche de la figure 10 en donne un
exemple. Mais, dans la plupart des cas, les couches se redressent

---

travaux des hommes ont pu atteindre : puits artésien de New-Salzwerk, près
de Minden, en Prusse, 607m,4; — puits de Grenelle, à Paris, 547 mètres; —
puits à gaz hydrogène, en Chine, 975 mètres; — houillère d'Apendale (Staf-
fordshire), 658 mètres; — puits de miné, actuellement abandonné, à Kutten-
berg, en Bohême, 1151 mètres; — profondeur maximum des mines de Freyberg,
en Saxe, 592 mètres; — mines de Joachimsthal, en Bohême, 646 mètres; —
mines de Guanaxato (Mexique), 514 mètres.

en dessinant une courbe d'un rayon plus ou moins étendu : elles viennent ainsi *affleurer* à la surface du sol et se montrer par leur tranche, c'est-à-dire perpendiculairement au sens de leur stratification.

Plateau.   Vallée   Affleurements
              avec faille.   A   B   C   D   E

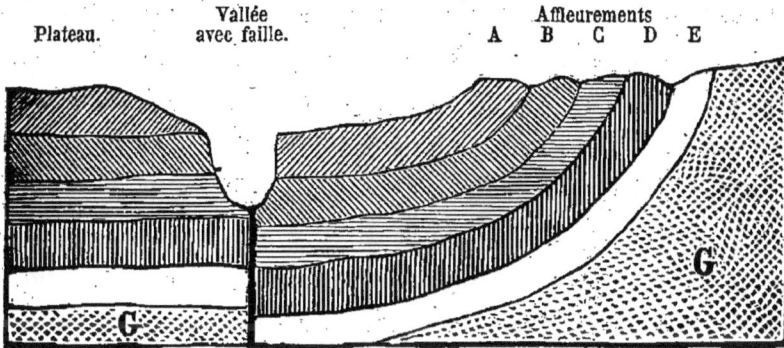

FIG. 10 (G, terrain granitique).

La figure 10 montre à droite une série d'affleurements qui permettent d'étudier les terrains A, B, C, D, E, auxquels ils correspondent. Si la vallée qui est représentée sur le côté gauche de cette figure n'existait pas, le géologue n'en pourrait pas moins arriver, par l'étude des affleurements, à la connaissance des masses au milieu desquelles les agents d'érosion, secondés ou non, par les forces intérieures, ont creusé cette vallée. Ces terrains, une fois étudiés par leurs affleurements, le géologue peut les suivre, par la pensée, jusqu'à une grande distance du point où il les voit s'enfoncer sous le sol. On conçoit comment, dans ce cas, la profondeur à laquelle nos investigations peuvent porter, dépend de la puissance des terrains qui affleurent (voir dans le livre quatrième les détails relatifs à la puissance de la zone stratifiée).

Les procédés de représentation graphique employés en géologie sont les coupes, les cartes géologiques, les vues et les reliefs. Si, par la pensée, on mène, dans une direction déterminée, un plan vertical coupant une série de couches et si l'on suppose les couches de l'un ou de l'autre côté du plan projetées sur le plan lui-même, le dessin reçu par celui-ci sera un *diagramme* ou *coupe géologique*. Ainsi obtenu, ce dessin peut-être reproduit sur le papier, sans subir d'autre modification qu'une réduction; si la coupe est peu étendue, on adopte pour les longueurs et pour les hauteurs la même échelle. Mais très-souvent la dimension longitudinale de la coupe est telle qu'il faut rendre l'échelle des longueurs plus petite que celle des hauteurs; si la différence, entre ces deux échelles, est considérable, on obtient des diagrammes indiquant, d'une manière exacte, la situation relative des masses qu'une coupe représente, mais donnant une idée fausse de la configuration du sol : les montagnes à pentes très-douces semblent coupées à pic, et les vallées les moins inclinées se présentent sous forme de gorges profondes. Le géologue doit autant que possible remédier à cet inconvénient.

« Les coupes géologiques, dit M. d'Archiac, mettent à découvert, jusqu'à une certaine profondeur, la composition ou l'anatomie du sol, et surtout la disposition relative ou l'arrangement des roches qui le constituent. Elles peuvent, à beaucoup d'égards, suppléer au reste, mais rien ne peut les remplacer, et c'est de leur exactitude que dépend la bonne exécution des cartes géologiques. »

Les *cartes géologiques* s'obtiennent avec les cartes géographiques ou topographiques sur lesquelles on indique, par des couleurs convenablement choisies, les terrains qui viennent se montrer à la surface : on suppose enlevés la terre végétale et tout ce qui l'accompagne. Les cartes géologiques ne représentent que la partie superficielle d'une contrée, et c'est en vain qu'on a essayé de leur faire indiquer la composition des masses sous-jacentes : elles ne peuvent, sous ce rapport, fournir que des indications restreintes. Il en résulte que les cartes et les coupes géologiques se complètent mutuellement.

Enfin, les coupes et les cartes ne sauraient à elles seules donner une idée suffisante de la constitution géologique d'un pays. Il faut, pour cela, avoir recours aux *vues géologiques* et il est à désirer que, surtout dans les descriptions des pays accidentés, elles deviennent plus nombreuses.

On remarquera l'analogie des procédés mis en œuvre par les géologues avec ceux qui sont employés en architecture : les vues, les coupes et les cartes géologiques correspondent respectivement à ce que les architectes appellent des élévations, des profils et des plans.

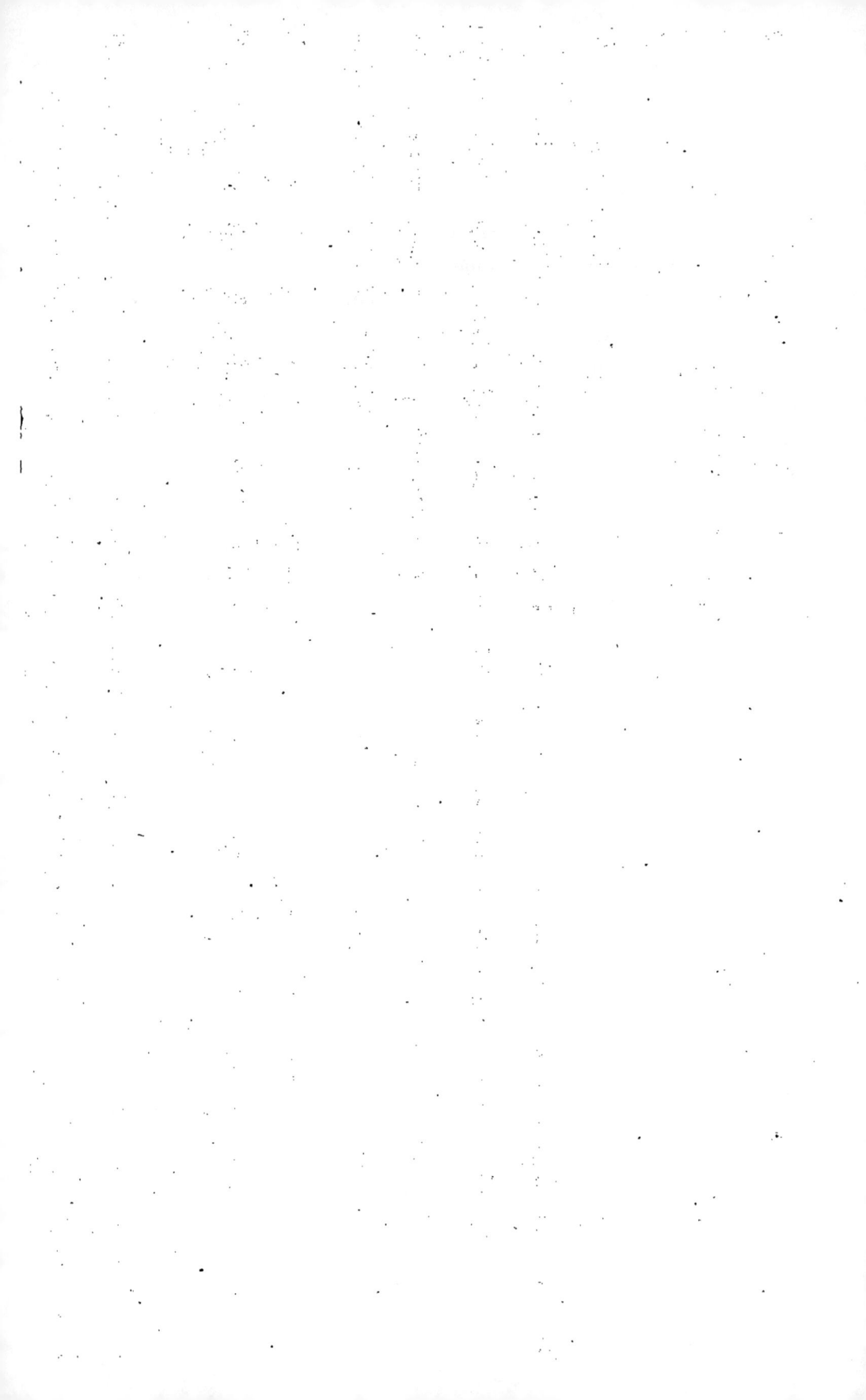

LIVRE TROISIÈME.

PHÉNOMÈNES GÉOLOGIQUES

QUI S'ACCOMPLISSENT A LA SURFACE DES CONTINENTS

ET SUR LE SOL ÉMERGÉ.

CHAPITRE I.

MODIFICATIONS DANS LES CLIMATS ET DANS LA CONSTITUTION TOPOGRAPHIQUE DU GLOBE.

Méthode d'exposition adoptée dans cet ouvrage. — Modifications successives dans l'aspect, l'élévation et l'étendue du sol émergé. — Ère neptunienne : première apparition de la terre-ferme.—Ere tellurique, accroissement de la terre-ferme en étendue et en élévation. — Conséquences de l'extension des masses continentales : ère jovienne. — Périodes alternativement marines et continentales. — Modifications dans la température à la surface du globe. — Apparition relativement récente des lignes isothermes : abaissement progressif de la température ; alternatives dans la marche de ce phénomène.—Lignes isoatmothermes. — Hypothèses émises pour expliquer les changements de climat ; véritables causes : modifications dans la constitution topographique du globe ; refroidissement du système planétaire. — Influence de l'abaissement de la température sur l'état hygrométrique de la surface du globe ; neiges perpétuelles.

Méthode d'exposition adoptée dans cet ouvrage. — Dans ce troisième livre et dans les deux qui le suivent, je me suis proposé de décrire successivement les phénomènes géologiques, dont le siége est : 1º à la surface des continents; 2º au sein des mers ou sur le sol émergé; 3º dans l'intérieur de l'écorce terrestre.

Pour l'étude de ces phénomènes, je conserverai la méthode que j'ai déjà suivie. Après avoir observé chacun d'eux dans son développement lors de l'époque actuelle, je signalerai le moment où il s'est manifesté pour la première fois; je rechercherai ensuite comment ses caractères se sont modifiés d'une époque à la suivante, et je mentionnerai enfin les causes de ces modifications.

Dans l'observation des phénomènes géologiques, comme dans l'exposition de nos connaissances en ce qui les concerne, c'est une mauvaise méthode de séparer les deux points de vue géogénique et chronologique, en établissant une distinction forcée entre les âges anciens et ce que l'on désigne vaguement sous le nom d'époque actuelle. Le vrai moyen de comprendre l'organisation d'une plante ou d'un animal n'est-il pas d'étudier chacun de ses organes dans ses transformations, et de rechercher ensuite les rapports qui lient ces organes les uns aux autres? Et cette étude fondamentale, une fois terminée, ne conduit-elle pas naturellement à la partie systématique de la science des êtres organisés, c'est-à-dire à leur distinction en espèces, et au groupement des espèces en genres, familles, etc.?

Une des causes qui font que la géologie est si peu comprise, et qui conduisent même quelquefois à lui contester son autonomie, c'est l'absence de toute méthode dans les ouvrages généraux qui traitent de cette science. La plupart d'entre eux ne présentent, pour ainsi dire, qu'une face de la géologie. Ils sont surtout, par rapport à l'étude de l'écorce terrestre, ce qu'est une flore relativement à l'étude des végétaux. Or, la description et le classement des espèces, qui croissent dans un pays plus ou moins étendu, ne suffisent pas pour donner des connaissances réelles en botanique, ou, si l'on veut, en anatomie et en physiologie végétales. Pourtant, comme un traité de géologie ne peut se passer de considérations sur les phénomènes dont l'étude appartient à cette science, quelques-unes de ces considérations, dans les ouvrages auxquels je viens de faire allusion, sont intercalées dans la description des terrains. Le lecteur trouve, par exemple, les détails relatifs à la formation de la houille, du sel gemme, du calcaire oolitique, de la craie, etc., respectivement placés au milieu de l'étude systématique des terrains houiller, triasique, oolitique, crétacé, etc.; il est porté, malgré lui, à considérer ces phénomènes comme étant spéciaux à certaines époques. Or, que dirait-on d'un ouvrage consacré à la flore d'un pays, où l'examen critique d'une espèce serait tout à coup interrompu par des questions d'anatomie ou de physiologie végétales?

En lisant les trois derniers livres de ce premier volume, on devra avoir présente à l'esprit la classification des terrains jointe au livre précédent. Le lecteur verra comment chaque phénomène et les variations apportées à son mode de manifestation sont toujours en rapport avec l'âge de notre planète. Plus tard, lorsqu'il entreprendra la lecture du deuxième volume de cet ouvrage, volume qui sera presque tout entier consacré à la géologie systématique et à la description analytique des époques géologiques, le lecteur n'aura qu'à se rappeler les principes généraux antérieurement posés pour rendre ma tâche plus facile et mon exposition plus rapide. Je n'aurai pas, notamment lorsque j'indiquerai la date de chaque phénomène, à m'arrêter à sa description. Je n'aurai pas non plus à insister sur ces difficultés de classification qui résultent de ce qu'un même phénomène s'est modifié d'une manière insensible, et de ce que les transformations marquant le passage d'une époque à la suivante, ne se sont pas opérées d'une manière synchronique.

Les causes qui ont imprimé leur caractère essentiel aux phénomènes dont je vais parler, et qui les ont fait varier d'une époque à une autre, sont : 1° les changements successivement apportés dans l'aspect, l'étendue et l'élévation des terres émergées ; 2° les variations de température à la surface du globe et les modifications climatologiques qui en ont été la conséquence.

Modifications dans la constitution topographique du globe : ère neptunienne : première apparition de la terre-ferme. — Les phénomènes qui se manifestent sur le sol émergé ne datent que du moment où la terre-ferme s'est montrée, pour la première fois, à la surface du globe. Nous sommes ainsi conduits à rechercher quelle est l'époque où cet événement important a eu lieu. Nous allons voir que la surface du globe, dans son mouvement d'ascension, n'a dépassé le niveau de l'océan que vers la fin de l'ère neptunienne, dont nous n'aurons rien à dire dans ce troisième livre.

Enumérons d'abord les motifs qui doivent nous engager à penser qu'il n'y avait pas de sol émergé pendant la majeure partie de l'ère neptunienne.

Les strates qui se sont immédiatement superposées au granite primitif ont reçu tous leurs éléments constitutifs de l'intérieur de l'écorce terrestre ; ces éléments leur ont été amenés, à l'état de molécules chimiques, en vertu d'une action geysérienne.

D'après Durocher, certaines roches semi-cristallines de la Scandinavie, postérieures au gneiss et aux schistes cristallins, présentent une apparence poudingiforme et bréchiforme ; elles semblent avoir été brisées et reconsolidées sur place, de même que cela s'est produit pour beaucoup de calcaires bréchiformes. Mais, sur d'autres points de la même contrée, on voit des schistes qui recouvrent le gneiss, et qui sont antérieurs au terrain cumbrien, renfermer un conglomérat avec gros cailloux roulés de 50 centimètres de longueur. Ces cailloux roulés appartiennent à diverses roches ; ils jouent, au même titre que les cailloux striés des glaciers, le rôle de fossiles, car ils indiquent le moment où la surface de l'écorce terrestre, dans son mouvement d'ascension, a rencontré le niveau où les eaux de l'océan sont agitées. Mais rien ne prouve que l'émersion du point d'où provenaient ces débris fût complète.

Sur le plateau central de la France, le granite primitif et le gneiss se montrent à découvert sur une grande étendue ; ainsi que je l'ai déjà dit, il n'est pas probable que l'absence de terrain stratifié sur ce plateau provienne d'une action dénudatrice dont on ne trouve plus les traces. On peut conclure de là que le plateau central formait déjà une île au milieu de l'océan, où s'effectuaient les premiers dépôts sédimentaires venant immédiatement après le gneiss. Toutefois, cette conclusion n'est fondée que dans une certaine mesure, car le plateau central pouvait, pendant cette époque, constituer un bas-fond où, par suite des courants et de l'agitation des eaux, il n'était permis à aucun dépôt de se constituer.

Si l'on tient compte de la présence, dans les roches antérieures à l'époque cumbrienne, de l'anthracite ou, tout au moins, du graphite, dont l'origine est végétale, on ne doit pas hésiter à penser que l'apparition de la terre-ferme a eu lieu vers la fin de l'ère neptunienne. Les indications suivantes semblent devoir donner à cet événement une date moins ancienne; mais il faut, dans ces appréciations, prévoir de futures découvertes, et les escompter, pour ainsi dire, quant aux conclusions qu'elles pourront fournir.

D'après les recherches de Gœppert, la flore des époques cumbrienne et silurienne est exclusivement marine. La flore du terrain dévonien inférieur présente la plus ancienne plante terrestre connue : c'est la *Sigillaria Hausmanni*, trouvée en Scandinavie. La flore du terrain dévonien supérieur comprend 55 espèces, dont 4 seulement appartiennent aux algues; les autres sont terrestres.

Les lits à ossements du groupe de Ludlow supérieur renferment de nombreux corps globulaires qui, suivant le docteur Hooker, seraient des spores d'une plante cryptogame terrestre.

La première trace d'un animal pouvant avoir eu une respiration aérienne a été trouvée dans le terrain dévonien du Morayshire : ce sont les débris d'un reptile de petite taille, intermédiaire entre les lacertiens et les batraciens : ce reptile est connu sous le nom de *telerpeton elginense*.

Je dois signaler ici les difficultés qui se présentent lorsque l'on veut reconnaître l'état des choses, pendant l'ère neptunienne et au commencement de l'ère tellurique. La majeure partie du terrain paléozoïque est recouvert par les formations de date plus récente : sur beaucoup d'autres points, il a disparu à la suite des puissantes dénudations qu'il a subies, à cause de sa grande ancienneté.

Ère tellurique : accroissement de la terre-ferme en étendue et en élévation. — Pendant l'ère tellurique, il y a eu tendance, dans le sol émergé, à former, non des îles également réparties à la

surface du globe, mais des continents qui ont augmenté d'é-
tendue et d'élévation en se soudant les uns aux autres.

La preuve de cet accroissement de la terre-ferme nous est
fournie par l'observation de ce qui s'est passé, en Europe, pendant les temps géologiques.

La période paléozoïque marine ne nous montre, en France,
qu'une seule terre émergée de quelque étendue : c'est le plateau
central. Tout le reste de ce pays est recouvert par les eaux.
Quelques îlots granitiques existent çà et là comme autant de
pierres d'attente, sur les points où se montreront, plus tard,
les autres massifs montagneux.

Les massifs breton, vosgien, pyrénéen et alpin se sont successivement constitués les uns après les autres. L'émersion
totale du massif breton date de la fin de la période paléozoïque
marine ; celle du massif vosgien se place après le dépôt du
trias ; celle du massif pyrénéen s'est effectuée après le dépôt
du terrain nummulitique méditerranéen ; quant à l'émersion
de la région des Alpes, elle s'est produite lentement pendant
toute la durée des temps géologiques et n'a été complète qu'a-
près la disparition de la mer miocène, qui recouvrait une partie de la Suisse et du nord de l'Italie.

Au commencement de la période tria-jurassique, la constitution topographique de la France était encore insulaire ; les
massifs vosgien, pyrénéen et alpin n'existaient qu'à l'état rudimentaire ; la mer circulait librement autour du plateau
central qu'elle séparait du massif breton. Pendant la période
crétacée, le massif breton, le plateau central et le massif vosgien se soudaient définitivement les uns aux autres, et sépa-
raient en deux bassins l'espace recouvert par les eaux marines. Le commencement de la période nummulitique a vu
la même configuration du sol se maintenir ; seulement, l'es-

pace envahi par l'océan a été plus étroit dans chacun de ces deux bassins. Puis, l'apparition du massif pyrénéen et sa réunion avec le plateau central sont venues accroître l'étendue de la terre-ferme, et compléter la formation de cette arête qui marque la séparation des versants océanien et méditerranéen. Dès le début de la période miocène, des cinq massifs montagneux de la France, il y en avait trois qui étaient déjà réunis entre eux; l'océan occupait, sous forme de golfes ou de mers intérieures, l'espace qui les séparait les uns des autres; il dessinait deux détroits, l'un entre les Alpes et le plateau central, l'autre entre ce plateau et le massif breton. Ces golfes et ces détroits ont diminué peu à peu d'étendue, et il est venu un moment où la mer ne se montrait plus qu'aux environs de Montpellier, de Perpignan et vers quelques points du littoral océanien. Un dernier soulèvement, qui a coïncidé avec la fin de la période pliocène, l'a fait disparaître définitivement de la France et de l'Italie qu'elle recouvrait encore en majeure partie. Cet événement important a marqué le commencement de l'ère jovienne : il a donné à l'océan ses rivages actuels, et c'est à lui que les géologues ont fait allusion par ces mots : *dernière retraite des mers.*

Les modifications topographiques dont je viens de tracer l'esquisse se sont effectuées sous l'influence du mouvement d'intumescence : elles se sont opérées d'une manière continue, car on ne peut considérer comme une véritable interruption les effets résultant des mouvements oscillatoire et ondulatoire.

Les modifications dont on constate l'existence pour la France se sont également produites en Europe, dans l'Amérique et dans toutes les contrées où les géologues ont porté leurs investigations. Il est permis d'en conclure que l'exhaussement des masses continentales a exigé toute la durée des temps géo-

logiques, et a constitué un phénomène permanent. Il faut
déduire de ce fait une autre conséquence : c'est que, par com-
pensation, certaines parties de la surface du globe ont obéi,
dans le même intervalle de temps, à une impulsion contraire
et n'ont cessé de s'affaisser. Ces régions sont celles où l'océan
recouvre la plus vaste surface et offre la plus grande profondeur, c'est-à-dire toute la zone circumpolaire de l'hémisphère
austral, et presque toute cette grande dépression qui, sous le
nom d'Océan Atlantique, se prolonge, comme une vallée immense, d'un pôle à l'autre. La surface du globe actuellement
recouverte par les eaux offre partout ailleurs une profondeur
moyenne, et occupe une zone intermédiaire entre les continents et les régions profondes de l'océan; pendant les temps
géologiques, cette zone a été alternativement portée au-dessus
et au-dessous du niveau des mers. Par ses déplacements dans
le sens horizontal, elle a déterminé les modifications successives qui se sont produites, non-seulement dans l'étendue, mais
aussi dans le mode de répartition des terres émergées.

L'accroissement des continents en étendue et leur forme
générale, qui se ramène à celle d'un cône surbaissé, ont eu
pour corollaire leur exhaussement progressif. Cette augmentation d'altitude se déduit aussi de l'accroissement en puissance de l'écorce terrestre. Elle est également en relation
avec ce que l'orographie systématique nous apprend, lorsqu'elle nous fait voir que les massifs montagneux sont d'autant
plus élevés qu'ils sont d'une date plus récente.

Conséquences de l'extension des masses continentales : ère jovienne.
— Je vais mentionner les conséquences qui se déduisent naturellement, comme autant de corollaires, de l'extension des
masses continentales :

1º *L'apparition des mers intérieures, c'est-à-dire celles où la marée tend à ne pas se faire sentir;*

2º *L'accroissement dans la longueur et le volume des cours d'eau;*

3º *L'apparition des lacs ou des amas d'eau douce;*

4º *L'étendue, de plus en plus grande, de la surface destinée à être érodée : par suite, l'accroissement dans la masse des débris accumulés au fond des mers et des vallées;*

5º *Le développement graduel des lignes de côtes;*

6º *La tendance des massifs montagneux à se rapprocher des zones atmosphériques, où règne une basse température, et, comme conséquence secondaire, l'établissement des neiges perpétuelles et des glaciers.*

Dans l'histoire physique de la terre, il y a eu un moment où les conséquences qui viennent d'être énumérées se sont produites sur une immense échelle, et où les phénomènes géologiques qui se rattachent au sol émergé ont rapidement atteint une extension qu'ils étaient loin d'avoir possédée antérieurement. Alors, les deltas qui existent encore et dont l'apparition a été amenée par la formation des mers intérieures et par la grande extension des cours d'eau, ont pris origine : en même temps, les puissants amas d'alluvion qui occupent le fond des vallées actuelles ont commencé à s'accumuler, et les glaciers se sont montrés au sommet des principaux massifs montagneux. Nous verrons que ce moment coïncide avec la fin de l'époque subapennine inférieure, et, si l'on tenait compte seulement des phénomènes géologiques que nous avons en vue, c'est à la fin de cette époque qu'il faudrait placer le point de départ de l'ère jovienne.

Périodes alternativement marines et continentales. — J'ai déjà dit que le sol de la France et des contrées voisines avait subi, pendant toute la durée des temps géologiques, cinq oscillations qui avaient alternativement chassé et ramené les eaux de l'océan. Ce mouvement oscillatoire a produit cinq périodes continentales succédant à autant de périodes marines, et l'ère jovienne n'est rien autre chose que la période continentale succédant à la période marine, qui a reçu, dans le tableau de la page 224, l'épithète de néozoïque. Pendant chaque période continentale, les phénomènes du sol émergé ont pris une intensité sans cesse croissante, et ont présenté divers caractères que j'indiquerai plus tard.

J'ai déjà mentionné l'usage qui pouvait être fait de ces cinq oscillations dans la classification des terrains. Au point de vue tout géogénique où je me placerai dans ce livre et dans le suivant, je n'aurai nullement à me préoccuper des difficultés auxquelles donne lieu, en géologie systématique, l'emploi du mouvement oscillatoire. Ces difficultés résultent de ce qu'il n'y a pas concordance rigoureuse entre les changements organiques et les changements inorganiques. Quelle que soit l'importance que l'on accorde aux mouvements du sol dans une classification des terrains, cette importance doit toujours être subordonnée aux indications qui nous sont fournies par l'examen de la faune et de la flore de chaque époque. C'est ainsi que, pendant la période continentale qui a suivi le dépôt du terrain jurassique marin, se sont successivement établies des formations se rattachant par leur faune, les unes à la période jurassique, les autres à la période crétacée : au nombre des premières, je citerai le terrain lacustre supra-oolitique du Jura, de Purbeck, etc. : parmi les secondes, la formation wealdienne de l'Angleterre. Quelle que soit la place que l'on accorde, dans l'échelle géologique, à cette dernière formation, elle n'en est pas moins là conséquence du mouvement du sol terminant la deuxième oscillation.

Modifications dans la température à la surface du globe. — Les lois qui ont présidé à ces modifications peuvent se résumer de la manière suivante :

1° *Depuis les premiers temps géologiques jusqu'à nos jours, la température a été en s'abaissant à la surface du globe.*

2° *Cette marche décroissante a été soumise à des oscillations : des périodes relativement chaudes ont succédé à des périodes relativement froides.*

3° *La température était jadis plus uniforme qu'elle ne l'est maintenant des pôles à l'équateur : les lignes isothermes ne se sont montrées qu'insensiblement.*

Les lignes isothermes, c'est-à-dire celles qui réunissent tous les points qui ont la même température moyenne, sont de date peu ancienne. Pourtant, ce fait ne doit pas être formulé d'une manière absolue; il faut tenir compte du principe de la constance dans l'inclinaison de l'axe terrestre (voir page 124). On peut dire que l'existence de ces lignes était jadis virtuelle, en ce sens que certaines circonstances venaient contrebalancer les effets de l'inclinaison de l'axe terrestre de rotation.

En étudiant les lignes isothermes, il ne faut pas oublier que leur absence a été établie sur l'uniformité du mode de distribution des fossiles dans les terrains anciens; mais cette uniformité n'accuse pas seulement une similitude réelle dans les climats, elle provient également de l'uniformité avec laquelle la puissance créatrice a répandu les êtres à la surface de la terre. Les courants marins, en se dirigeant librement dans tous les sens, contribuaient aussi à la dispersion des germes. Je ferai remarquer, en dernier lieu, que cette uniformité dans le mode de distribution des êtres organisés, lors des premiers temps géologiques, n'est peut-être pas aussi grande que l'on s'accorde à l'admettre. Il faut, dans cette affirmative, ne pas s'éloigner d'une certaine réserve, à cause du peu de connaissances que nous possédons sur ce qui s'est passé jadis, soit sous la zone équatoriale, soit sous les pôles. Parmi les indications qui permettent de retrouver, dans les temps anciens, le témoignage de l'existence des lignes isothermes, je signalerai le mode de répartition des bassins houillers qui, pour l'ancien comme pour le nouveau monde, se montrent dans une zone également éloignée du pôle et de l'équateur. Je signalerai encore, pendant la période crétacée, la distribution géographique des rudistes, si rares dans le nord de l'Europe et si nombreux dans le midi de ce continent et le nord de l'Afrique. Mais c'est principalement à partir de la période éocène qu'il devient facile de constater de plus en plus l'existence des lignes isothermes. L'observation de la faune et de la flore des époques qui se sont succédées, depuis la période éocène jusqu'à nos jours, nous démontrera que les formes animales et végétales propres au climat tropical ont d'abord habité sous nos latitudes, puis ont émigré vers les régions plus rapprochées de l'équateur; elles ont été remplacées par les formes des climats moins chauds, et celles-ci ont émigré à leur tour vers le sud pour céder la place à des espèces des zones froides et tempérées.

Non-seulement, l'examen de la faune et de la flore de chaque époque géologique nous met à même d'assister au développement des lignes isothermes, mais il nous démontre également que la température a été en s'abaissant depuis les premiers âges géologiques jusqu'à nos jours. Le temps n'est plus où les fougères arborescentes croissaient près du pôle, et

les palmiers sur l'emplacement de Paris. Les glaces accumulées sur les hauts massifs montagneux et vers les régions polaires n'y ont pas toujours existé, et trahissent aussi, par leur
présence, le refroidissement de l'atmosphère et de la surface
du globe.

On a vu, page 105, ce qu'il fallait entendre par lignes ou surfaces isogéothermes. On peut concevoir, à travers l'atmosphère,
des surfaces *isoatmothermes*, réunissant entre eux tous les
points dont la température moyenne de l'année est approximativement la même. Ces surfaces déterminent par leur intersection avec la surface du globe, des courbes à peu près circulaires qui sont précisément les lignes isothermes. Si nous
supposons un plan vertical mené de l'équateur au pôle selon
le méridien, ce plan dessinera, par sa rencontre avec les surfaces isoatmothermes, des lignes dont les déplacements successifs, pendant les temps géologiques, nous représenteront
les modifications de température dont il vient d'être question,
et que les figures 11 et 12 sont destinées à rendre plus saisis-
sables à l'esprit.

Dans la figure 11, la ligne A représente la surface du globe ;
les lignes isoatmothermes *a*, *b*, *c*, *d*, se dirigent à peu près
parallèlement à cette surface qu'elles ne rencontrent pas, en

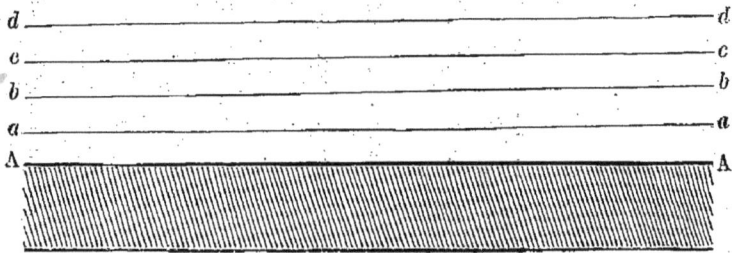

Fig. 11.

s'infléchissant vers les pôles; il n'y a pas encore de lignes isothermes.

La figure 12 montre comment les lignes isoatmothermes se

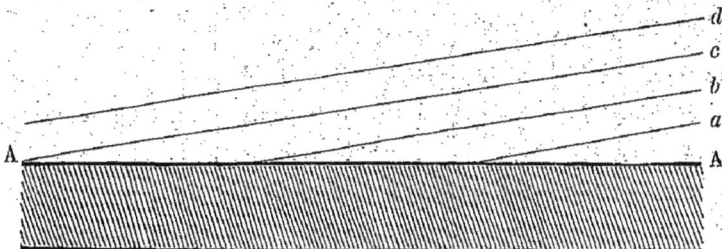

FIG. 12.

sont insensiblement affaissées du côté des pôles, et sont venues, l'une après l'autre, rencontrer la surface du globe; elles ont ainsi déterminé, par cette rencontre, l'apparition des lignes isothermes. Tout le système qu'elles constituent a obéi, en même temps, à un mouvement de haut en bas, en subissant, dans ce mouvement, des oscillations dont j'indiquerai la cause.

Causes des modifications de la température à la surface du globe. — Au commencement de la période neptunienne, alors qu'aucune terre émergée ne se montrait à la surface du globe, deux courants, l'un supérieur, l'autre inférieur, portaient les eaux de l'équateur vers les pôles et celles des pôles vers l'équateur. Il y avait là une sorte de brassage qui rendait assez uniforme la température des eaux entourant le globe d'une enveloppe continue.

Des courants analogues parcouraient l'atmosphère; ils contribuaient à abaisser la température sous la zone équatoriale, à l'élever vers les pôles et à la rendre d'autant plus uniforme sur toute la surface de la terre, que, jadis comme de nos jours, les eaux de l'océan tendaient, par leur voisinage, à accroître la similitude des climats.

Telles étaient les circonstances dont le concours détruisait ou contrebalançait l'influence de l'inclinaison de l'axe terrestre et s'opposait à la manifestation des lignes isothermes.

Peu à peu ces circonstances ont disparu, et les lignes isothermes se sont accusées à la surface du globe; les terres ont surgi au-dessus des eaux; les courants sous-marins ont été arrêtés dans leur marche ou ont dévié dans leur direction. En même temps, les courants atmosphériques ont perdu de leur régularité. Le sol, en s'exhaussant de plus en plus, a fini par atteindre les régions froides de l'atmosphère; alors se sont produits des courants d'air et d'eau descendants, courants toujours plus froids que ceux qui montent. Les massifs montagneux, en se couvrant de neiges éternelles et de glaciers, sont devenus autant de *réservoirs de froid*. Il en a été de même pour les régions polaires dont les glaces ont toujours progressé, et qui ont joué, par rapport au globe tout entier, le rôle qui est rempli par chaque massif montagneux relativement au pays qui l'environne.

L'abaissement progressif et général de la température à la surface du globe a été, en partie, la conséquence de l'apparition des lignes isothermes; mais il reconnaît aussi une cause spéciale, car si les causes qui ont amené l'établissement de ces lignes isothermes cessaient de fonctionner, il est douteux que les conditions climatologiques de la période neptunienne se produisissent de nouveau. Si les massifs montagneux venaient à disparaître et si les eaux recouvraient de nouveau la terre toute entière, l'uniformité de température pourrait, dans une certaine mesure, reparaître à la surface du globe, mais cette température serait moins élevée que pendant les premiers temps géologiques. Ce qui nous engage à émettre cette opinion, c'est d'abord la nécessité où nous nous trouvons de tenir compte d'un fait admis, celui du refroidissement du système planétaire; c'est ensuite ce qui se passe dans l'hémisphère austral. Dans cet hémisphère, les eaux recouvrent presque toute la surface du globe, et pourtant une immense calotte de glace s'accumule tout autour du pôle : les lignes isothermes y existent, et la température moyenne n'y est pas plus élevée que sous nos latitudes.

Il y a une cause de refroidissement qui s'est exercée en dehors de notre planète, et cette cause, je l'ai signalée presque dès le début de cet ouvrage. La terre, tous les corps qui font partie du système solaire, l'espace dans lequel ce système est plongé se trouvent, depuis les temps cosmogoniques les plus reculés, à l'état permanent de refroidissement, et ce refroidissement s'effectue d'une manière plus rapide dans l'espace interplanétaire et dans notre atmosphère que dans l'intérieur du globe.

Hypothèses diverses émises pour expliquer les changements de climat: influence de la chaleur interne. — Beaucoup de géologues, pour expliquer les variations de température à la surface de la terre, font jouer un très-grand rôle à la chaleur interne, mais c'est à tort. Il y a eu, disent-ils, abaissement de température parce que l'écran qui nous sépare du foyer central a été sans cesse en croissant d'épaisseur. La quantité de chaleur passant à travers l'écorce terrestre était même, selon eux, suffisante pour effacer l'influence des lignes isothermes.

Dans cette hypothèse, il n'y a aucune relation entre l'effet et la cause invoquée. L'effet, c'est-à-dire l'abaissement de la température à la surface du globe, a été un phénomène intermittent, sujet à des alternatives et à des oscillations assez brusques. La cause invoquée, c'est-à-dire le refroidissement de la masse interne de notre planète, est un phénomène très-lent, continu, et n'offrant dans sa marche rien de saccadé.

On ne peut pas non plus expliquer, par l'intervention de la chaleur interne, l'ancienne absence des lignes isothermes. Pour effacer la différence de température existant entre la zone tempérée et la zone torride, par suite de l'inclinaison de l'axe terrestre, l'intérieur de la terre aurait dû fournir une telle quantité de chaleur que le développement de l'organisme serait devenu impossible sur toute la surface de notre planète. La température moyenne étant, sous l'équateur, de 27°, 5 environ, et de 12° sous nos latitudes, un accroissement général de 30° par suite de l'afflux de chaleur interne, aurait porté la tempé-rature moyenne à 57°, 5 sous l'équateur, et à 42° sous nos lati-tudes. Tout indique que, pendant les temps géologiques, la température n'a jamais été aussi élevée, et pourtant, même avec cet accroissement de chaleur, l'existence des lignes iso-thermes se serait maintenue.

Si l'on suppose un corps terminé par deux faces parallèles, et si l'on place un foyer de chaleur très-intense contre l'une de ses faces, l'autre face recevra une quantité de calorique qui diminuera à mesure que le corps augmentera d'épaisseur. Il viendra un moment où la quantité de chaleur, transmise d'une face à l'autre, sera excessivement faible, et, à dater de ce mo-ment, le corps pourra croître d'épaisseur, sans apporter de changement important dans la quantité de chaleur acquise par la face opposée à celle qui se trouve en contact avec le foyer.

Le calcul démontre que la quantité de calorique qui, de l'intérieur de la terre, arrive à sa surface, n'accroît pas la tem-pérature de cette surface de plus d'un trentième de degré. Or,

il est naturel de penser que cet état de choses est de longue
date, et que, dès les premiers temps géologiques, l'écorce terrestre avait assez de puissance pour rendre presque négligeable
l'augmentation de température produite à la surface du globe
par suite de l'afflux de la chaleur d'origine interne.

Changements dans l'inclinaison de l'axe terrestre de rotation. — On
a supposé que l'axe de la terre était jadis perpendiculaire à
son orbite et avait insensiblement acquis son degré actuel d'inclinaison. D'après cela, les diverses régions de la terre auraient
eu toute l'année des jours égaux aux nuits, et le refroidissement
causé par la longueur plus ou moins grande des hivers n'aurait pu se manifester et amener toutes ses conséquences : de là
l'ancienne uniformité des climats. L'inclinaison de l'axe terrestre ayant été en croissant, les lignes isothermes se seraient
insensiblement montrées, et leur apparition aurait eu pour
contre-coup l'abaissement général de la température. Quant
aux alternatives présentées par ce dernier phénomène, elles
trouveraient leur explication dans des oscillations de l'axe terrestre, plus ou moins semblables à celle que les astronomes
ont reconnue et désignée sous le nom de mouvement de nuta-
tion. Cette hypothèse, combinée avec celle des transformations
dans l'altitude, le mode de répartition et l'étendue des masses
continentales, rendrait compte de toutes les modifications climatologiques qui se sont produites à la surface de la terre;
mais nous avons dit, page 127, que l'astronomie ne permettait
pas d'admettre cette hypothèse, si simple et si naturelle de
prime-abord.

**Oscillations auxquelles a été soumis le phénomène de l'abaissement
de la température.** — L'observation de la faune et de la flore des

temps passés conduit à un dernier résultat qu'il nous reste à rappeler : c'est que l'abaissement de la température à la surface du globe a été soumis à des oscillations.

Les phénomènes glaciaires démontrent même qu'il y a eu, pendant l'ère jovienne, deux périodes de froid, l'une vers le commencement, l'autre vers la fin, et, par conséquent, deux oscillations dans le refroidissement des climats.

Ces oscillations sont plus difficiles à constater pour l'ère tellurique, mais plusieurs faits démontrent qu'elles ont dû exister.

Les terrains correspondant aux diverses périodes marines sont loin de posséder la même composition pétrographique; il en est qui sont principalement formés de grès et de conglomérats, c'est-à-dire de roches à éléments détritiques, dont la nature implique des phénomènes d'érosion d'une grande intensité, un climat pluvieux et, par conséquent, relativement froid. C'est ainsi que les terrains houiller, permien et triasique, dans la composition desquels les argiles, les grès et les conglomérats dominent, correspondent à des périodes probablement plus froides non-seulement que les périodes antérieures, mais aussi que les périodes jurassique et crétacée, pendant lesquelles les dépôts reçus au fond des mers ont été en majeure partie le résultat d'une sédimentation chimique.

Les causes qui ont déterminé l'abaissement de la température ont également produit les oscillations que ce phénomène présente dans sa marche; elles sont au nombre de deux : les modifications apportées dans la constitution topographique du globe et le refroidissement du système planétaire tout entier.

Puisque l'exhaussement d'un continent est une cause de refroidissement pour les contrées dont il se compose, il a dû se produire, dans chaque période continentale, un refroidisse-

ment par rapport à la période marine immédiatement antérieure. Toutefois, il faut observer que les transformations
topographiques qui constituent ces périodes alternativement
marines et continentales, n'affectent pas, dans un moment
donné, toute la surface du globe; les oscillations de température, qui en sont la conséquence, suivent la même loi et ne se
manifestent que dans des régions plus ou moins restreintes.

Le mode de répartition des terres émergées, leur groupement sous forme d'îles ou de continents, leur situation sous
les pôles ou sous l'équateur exercent, sur l'état thermométrique de la surface du globe, une action plus générale.
Sir Lyell a placé, dans ses *Principes de géologie,* tome I, deux
cartes montrant la disposition que les mers et les continents,
avec leur étendue et leur configuration actuelles, devraient
occuper pour apporter à la surface du globe le maximum et le
minimum de chaleur. Le maximum de chaleur correspond au
cas où toutes les terres, groupées vers la zone équatoriale, recevraient verticalement les rayons du soleil, absorberaient une
grande quantité de chaleur et la répandraient ensuite par voie
de rayonnement dans l'atmosphère : on sait, en effet, que les
corps solides ont, pour le calorique, un pouvoir absorbant bien
plus considérable que celui de l'eau. Si ces mêmes terres
étaient concentrées vers les pôles, la quantité de chaleur solaire reçue par le globe serait bien plus faible. Rappelons-nous
encore les diverses circonstances qui ont été précédemment
mentionnées comme faisant des montagnes autant de réservoirs de froid, surtout lorsqu'elles pénètrent dans la région
des neiges perpétuelles; un même massif montagneux exercera
une action réfrigérante d'autant plus considérable qu'on le
supposera placé plus près du pôle.

Cela posé, on conçoit que le mode de répartition des terres

émergées, ayant varié d'une période à la suivante, ait ainsi
déterminé des oscillations dans l'abaissement progressif de la
température : par conséquent, ces oscillations peuvent non-
seulement être reconnues par l'observation directe, mais aussi
se deviner et se démontrer *à priori*.

Les oscillations de température ont revêtu, pendant l'ère
jovienne, un caractère incontestable de généralité, et se sont
manifestées dans un intervalle de temps qui n'a pas vu se produire d'importantes modifications dans la constitution topographique du globe. Les causes dont ces oscillations ont été le
résultat sont, au moins en partie, différentes de celles qui
viennent d'être mentionnées ; elles se trouvent en dehors de
notre planète. Elles rappellent, sur une large échelle, celles
qui se manifestent de nos jours, lorsque l'on voit des hivers
très-rudes venir après des hivers très-doux, et des étés très-
chauds après des étés tempérés. Elles dénotent des changements dans l'état thermométrique du milieu planétaire dans
lequel la terre se meut ; l'uniformité de température de ce
milieu planétaire n'est pas telle qu'il ne puisse y exister, entre
des points plus ou moins éloignés, des différences de trois à
quatre degrés.

Le refroidissement des climats a été plus apparent que réel. — Dans
les diverses appréciations que l'on est conduit à émettre sur les
modifications climatologiques, on a toujours en vue la température moyenne. Mais afin de se rendre un compte exact de
ces changements, il faut se rappeler la distinction établie par
les météorologistes entre les climats marins et les climats continentaux. Des contrées voisines de la mer et, à ce titre, jouissant d'un climat tempéré et uniforme pendant toute l'année,
ont la même température moyenne que d'autres régions où

l'hiver est très-froid, et l'été très-chaud. Ces différences, entre des contrées souvent placées sous la même latitude, ont commencé à se manifester en même temps que les lignes isothermes. Par conséquent, tout en persistant à déclarer qu'il s'est produit à la surface du globe un refroidissement évident et que ce refroidissement a été soumis à des alternatives, il est permis de faire dans ce phénomène la part d'un effet plus apparent que réel, provenant de l'apparition des lignes isothermes. Les formes végétales ou animales qui ont déserté nos latitudes ont fui surtout devant la rigueur des hivers, et peut-être, sous nos climats, la température moyenne des anciennes périodes n'était-elle pas bien supérieure à celle de nos jours. Ajoutons que la température de la grande époque glaciaire, de celle qui a eu pour conséquence l'ensevelissement de presque toute la Suisse sous les glaciers, n'a pas été aussi basse que l'on est porté à le penser de prime-abord ; nous verrons que, d'après les calculs de M. Martins, il a suffi pour cela d'une différence de 4° en moins sur la température moyenne actuelle de Genève. Si on fait la part du refroidissement produit par le développement des massifs montagneux, on est conduit à reconnaître que le refroidissement effectif qui a produit les phénomènes glaciaires a été très-faible : aussi, pouvons-nous répéter que, dans le domaine des choses géologiques, de même que dans celui de l'histoire humaine, les plus grands changements reconnaissent souvent les plus petites causes.

Influence de l'abaissement de la température sur l'état hygrométrique du globe : limite des neiges perpétuelles. — Les changements dans la température de la surface du globe attireront de nouveau mon attention, lorsque j'aurai à rappeler comment ces changements ont réagi sur les caractères de la faune et de la flore de chaque époque et de chaque pays. Ce que j'en ai dit me suffira pour apprécier la part d'influence qui revient à ces changements, dans les variations qui ont été apportées dans les phénomènes géologiques qui se rattachent au sol émergé. Cette influence n'a pas été directe ; elle s'est manifestée en modifiant les climats et en déterminant l'état sous lequel l'eau se présente à la surface du globe.

Nous avons admis, pendant les premiers temps géologiques, la réalité d'un courant supérieur traversant l'atmosphère dans le sens de l'équateur aux pôles : ce courant existe encore, et nous avons vu (page 152) le rôle qu'il jouait dans la formation des aurores boréales. Jadis, de même qu'aujourd'hui, il s'abaissait en s'avançant vers les hautes latitudes pour y amener les vapeurs dont l'origine se trouvait dans la zone tropicale. En arrivant au-dessus des régions polaires, ces vapeurs se condensaient et se transformaient en pluie. Sur toute la surface du globe, ces régions étaient probablement celles où la quantité de pluie tombée dans une année atteignait son maximum : chaque pôle avait, chaque année, sa saison pluvieuse ; c'était celle où il était privé des rayons du soleil. Pendant cette saison, l'eau se condensait et se transformait en pluie avec une plus grande rapidité. Plus tard, il est venu un moment où l'abaissement de la température a été suffisant pour transformer la pluie en neige, et amener, sous les pôles, l'apparition de couches de glaces d'abord hivernales, puis perpétuelles. L'observation directe n'a pas encore permis, et ne permettra sans doute jamais, de déterminer avec certitude la date où une première couche de glace, encore très-peu étendue, a recouvert pour toujours chaque pôle de la terre. Cette date doit précéder de fort peu l'époque où les lignes isothermes ont commencé à se dessiner nettement, et pourrait bien coïncider avec la fin de la période crétacée. Quant à la couche de glace, elle a, depuis lors, augmenté de dimensions; elle est destinée, ainsi que je l'ai déjà dit, à se développer en une nappe qui finira par recouvrir le globe tout entier.

Peu après le moment où les neiges éternelles prenaient possession des régions polaires, elles se montraient successivement d'abord sur les massifs montagneux les plus élevés et les plus voisins des pôles, puis sur ceux qui atteignent une moindre altitude ou qui se rapprochent de la zone équatoriale. L'extension des amas neigeux était due à deux circonstances : 1° à l'abaissement des lignes isoatmothermes; 2° à l'exhaussement du sol. Cette apparition des neiges éternelles a été suivie de celle des glaciers.

Limite actuelle des neiges perpétuelles. — La limite des neiges perpétuelles est celle où la neige tombée dans le courant de l'année ne fond pas en été. Cette limite dépend d'un grand nombre de circonstances, telles que : 1° la direction des vents régnants et leur contact soit avec la mer, soit avec la terre; 2° l'isolement d'une montagne ou son raccordement à un massif montagneux; 3° la quantité de neige qui tombe en hiver et de celle qui fond en été. Elle s'élève dans les continents où la quantité de neige tombée en hiver est plus petite que près de la mer, tandis que la quantité de neige fondue en été y est plus grande. C'est pour le même motif que cette limite s'abaisse de l'équateur vers les pôles, mais non d'une manière uniforme.

La figure 13 représente approximativement la courbe dessinée par la limite des neiges perpétuelles. Cette courbe ne coïncide pas avec la ligne isoatmotherme 0° ni avec aucune autre. A la hauteur où se trouve cette courbe, la température moyenne de l'air est, près de l'équateur, de + 1°, 5; dans les Alpes, de — 4°, et en Norwège, sous le cercle polaire, de — 6°.

Dans le tracé de la limite des neiges éternelles, on a pris pour base le tableau que Humboldt a placé dans le tome III de l'*Asie centrale*, et qui se trouve reproduit dans la plupart des traités de météorologie. Les données fournies par Humboldt n'atteignent pas le 78° de latitude nord. Les observations recueillies par Durocher, dans son voyage au Spitzberg et dans le nord de la Scandinavie, lui ont permis de retrouver le point où la limite des neiges perpétuelles rencontrait le niveau de l'océan. Les neiges descendent jusqu'au niveau de la mer sur la côte nord-ouest du Spitzberg, par 79° 30' de latitude. D'après Durocher, leur limite inférieure s'y trouve même un peu au-dessous, et le point de coïncidence entre cette limite et le niveau de l'océan doit être placé vers le 78° de latitude nord.

La ligne représentée dans la figure 13 diffère très-peu de celle que Durocher a dessinée dans ses *Etudes sur la limite des neiges perpétuelles*. La différence la plus importante consiste en ce que la ligne que j'ai tracée a constamment sa convexité dirigée dans le même sens, tandis que, d'après Durocher, cette convexité, d'abord tournée vers le ciel, se dirige en sens opposé, depuis le 70° jusqu'au pôle.

CHAPITRE II.

Caractères généraux des agents extérieurs. — Les agents extérieurs, lorsqu'ils s'exercent sur le sol émergé, opèrent surtout
comme puissances de destruction ; ils dégradent sans cesse les
continents, dont ils entraînent les débris et, pour ainsi dire,
les lambeaux, au fond des vallées et au sein de l'océan.
Lorsque les débris charriés par les courants d'eau atteignent
le bassin des mers, les agents extérieurs prennent le caractère
de forces reproductrices. Les dépôts formés au fond des vallées offrent peu de cohérence et, par suite, peu de chances de
conservation. Ils constituent, en quelque sorte, des entrepôts
où l'action sédimentaire vient bientôt chercher une partie des
éléments qu'elle met en œuvre. On peut, à l'exemple de

sir Lyell, comparer les continents à d'immenses carrières d'où
proviennent les matériaux de l'édifice qui s'élève au sein des
eaux sous forme de strates superposées les unes aux autres;
les débris accumulés au fond des vallées sont assimilables aux
fragments qui, tombés sur la route, entre la carrière et la
construction, gisent dispersés çà et là sur le sol.

Le résultat définitif du double mode d'action des agents extérieurs est de leur faire jouer le rôle d'agents de nivellement,
rôle que j'ai déjà signalé, page 213.

**Destruction des continents par voie de décomposition chimique et de
désagrégation mécanique.** — Les agents extérieurs, dans leur rôle
de forces destructives, agissent sur le sol par voie d'altération
chimique et surtout de désagrégation mécanique.

L'atmosphère décompose les roches ; elle exerce sur elles
une action qui est accusée par la décoloration qui se manifeste
à leur surface. On sait que les roches, mises à découvert dans
les carrières ou dans les tranchées des routes et des chemins
de fer, offrent des nuances plus ou moins vives qui disparaissent rapidement. Ces phénomènes de décomposition constituent une sorte de métamorphisme extérieur dont je vais citer
quelques exemples.

L'affinité de l'oxygène, pour certaines substances, détermine
la séparation de leurs éléments et rend plus soluble ou plus
friable un corps qui l'était à peine. On sait avec quelle rapidité
le fer se transforme en rouille et devient ainsi plus facile à se
désagréger. Le sulfure de fer passe à l'état de sulfate, que l'eau
dissout aisément. Des marnes bleuâtres ou noirâtres prennent
rapidement une nuance jaune ou grise, parce que le carbone
qui leur donnait leur couleur foncée s'éloigne en se combinant avec l'oxygène de l'air; un effet semblable amène la dis-

parition des taches bleuâtres qui s'observent à la surface des blocs fraîchement taillés des calcaires dits bicolores de diverses contrées.

L'acide carbonique contenu dans l'atmosphère, celui qui se dégage de l'intérieur de la terre et l'acide nitrique qui se forme dans les orages, attaquent les roches calcaires.

Les roches, dont le carbonate de chaux constitue l'élément dominant, ne se prêtent pas seules à une facile altération chimique. Celles qui se composent surtout de feldspath, et qui sont si répandues, subissent une transformation dont la nature n'est pas encore bien connue et que l'on désigne sous le nom de *kaolinisation*. Dans ce phénomène, il y a séparation des deux silicates dont le feldspath se compose : le silicate alcalin, soluble dans l'eau, est entraîné par elle et laisse en place le silicate d'alumine; celui-ci devient hydraté et forme la partie essentielle des argiles plus ou moins pures que l'on observe dans les terrains de sédiment.

Quant aux roches solubles dans l'eau, comme le sel gemme, elles ne peuvent avoir, dès qu'elles sont mises à nu, qu'une existence éphémère. Il en est de même pour celles dont les éléments sont faiblement cimentés : tels sont les sables, les graviers, les argiles, les marnes.

Parmi les actions qui opèrent mécaniquement, mentionnons d'abord celles qui, quoique s'exerçant avec une grande lenteur, sont les plus générales, les plus persistantes, et, en définitive, les plus efficaces dans leur œuvre de destruction. Telles sont l'action de la pluie, des eaux courantes, les alternatives de sécheresse et d'humidité, et surtout de gelée et de dégel. L'eau, qui s'introduit à l'état liquide dans les roches poreuses, et, par conséquent, plus ou moins gélives, croît de volume dans la proportion d'un seizième environ, lorsqu'elle passe à

l'état de glace ; elle occasionne ainsi la séparation des parties
de la masse dans laquelle elle pénètre, elle les retient cimentées les unes contre les autres tant qu'elle conserve l'état
solide, mais elle les abandonne à l'action de la pesanteur dès
qu'elle reprend l'état liquide : de là, ces débris qui s'accumulent, pendant l'hiver, au pied des murailles ou des rochers
formant talus.

Puisque, dans ces phénomènes de destruction qui s'accomplissent sur le sol émergé, je commence par mentionner les
infiniment petits, je ferai remarquer l'action exercée par les
êtres organisés. Les tiges des arbres et des plantes, en pénétrant dans les fissures des roches, contribuent quelquefois à
leur dislocation. La surface des calcaires présente souvent des
cavités plus petites qu'une tête d'épingle, qui occupent la place
des apothécies des lichens saxicoles, et, au sein des eaux marines, certains animaux perforent les rochers qu'ils habitent.

Diverses circonstances contribuent à ralentir les phénomènes
de *rongement* et d'*usure* dont il vient d'être question. Je mentionnerai d'abord l'influence du manteau de neige qui recouvre constamment les contrées voisines des pôles et les massifs montagneux très-élevés. Evidemment, ces phénomènes
sont également suspendus là où les eaux de la mer atteignent
une grande profondeur et jouissent d'un calme presque complet. Enfin, ils sont encore ralentis par le tapis végétal qui
protège et a toujours protégé le sol contre les agents extérieurs.

« Les dégradations ne sont constamment sensibles que dans
les endroits qui sont perpétuellement *remis au vif*, comme les
falaises au bord de la mer, les berges des lits des torrents, les
points attaqués annuellement par les instruments aratoires, etc.
Les végétaux, en fixant par leurs racines la couche superfi-

cielle des terrains, ajoutent beaucoup à sa stabilité et facilitent sa conservation. En général, la conservation de la terre végétale sur les pentes peut être attribuée en grande partie à l'existence des racines des végétaux qui, constituant dans l'intérieur des terres comme une espèce de feutrage, en retiennent les parties les plus fines : lorsqu'on défriche un terrain en pente, il est quelquefois dépouillé de terre végétale par un seul orage. Dans beaucoup d'endroits où l'on a défriché des forêts pour les remplacer par des champs cultivés, la terre végétale a été entraînée par les eaux, et le sol est devenu incultivable pour un temps qui sera très-long, parce que les phénomènes relatifs à la reproduction de la terre végétale sont très-lents. Mais il faut remarquer que l'état de culture est l'état exceptionnel. Nos travaux tendent à faire prédominer l'exception sur la règle; mais l'état naturel du globe a été d'être couvert de végétation, de manière que, quand on raisonne sur la terre végétale, on raisonne sur une surface qui a été pendant très-longtemps couverte de gazon ou de forêts. » (Elie de Beaumont, *Leçons de géologie pratique*, tome I.)

Débacles, glissements de terrains, inondations, etc. — Les actions que je viens d'énumérer détruisent molécule à molécule, usent et rongent lentement la surface du sol émergé : il en est d'autres qui ne se manifestent que par intervalles, et ont pour résultat de démanteler les continents et de les détruire, pour ainsi dire, en bloc.

« Un livre relié se gâte beaucoup la première année où on s'en sert, un peu moins la seconde, moins encore la troisième; puis quand il est parvenu à un certain état, qu'on caractérise vulgairement par le nom de *bouquin*, son usure annuelle est imperceptible. La surface de la terre a été généralement plus ou moins usée, dans toutes ses parties, par l'effet des agents extérieurs; elle est parvenue généralement à un état comparable à celui de la reliure d'un bouquin, et c'est pour cela qu'elle se dégrade très-lentement. » (Elie de Beaumont, *Leçons de géologie pratique*, tome I.) Un vieux livre, mis par un long usage à l'abri d'une usure rapide, n'en est pas moins exposé à des accidents qui peuvent le détériorer complètement : il en est de même pour la surface du globe. Je vais mentionner quelques-unes des circonstances qui, de nos jours, amènent tout à coup la destruction de parties de l'écorce terrestre assez considérables.

Si la barrière qui retient les eaux d'un lac, permanent ou accidentellement formé, vient à être rompue, celles-ci se précipitent vers la vallée inférieure pour y exercer des ravages d'une importance dont il serait quelquefois difficile de se faire une idée. Les cours d'eau, surtout ceux des pays de montagnes, prennent également un caractère dévastateur lorsqu'ils augmentent subitement de volume, à la suite d'une trombe, d'un orage, pendant la fonte des neiges, et, sous les tropiques, pendant la saison des pluies. La tradition et l'histoire ont conservé le souvenir de désastres survenus dans ces cas, et souvent désignés, lorsqu'ils remontent à une époque éloignée, sous le nom de déluges.

En 1818, les avalanches ayant formé un barrage dans la vallée de Bagnes (Valais), les eaux provenant de la fonte des neiges s'accumulèrent dans la partie supérieure de cette vallée : elles y formèrent un lac qui, sur certains points, atteignait une profondeur de 60 mètres et une largeur de 200 mètres. Au commencement de l'été, la barrière de glace qui retenait les eaux s'étant rompue, le lac fut vidé en une demi-heure. Dans la prévision de cette catastrophe, les habitants de la vallée avaient fait échapper une partie des eaux par une galerie artificielle. Malgré cela, « la quantité d'eau qui s'écoula par seconde, dit sir Lyell, fut cinq fois plus grande que celle qui coule dans le Rhin, pendant le même temps, au-dessous de Bâle. Le torrent ressemblait à une masse mouvante de roches et de limon : sa vitesse, dans la première partie de son cours, était de 10 mètres par seconde. »

Il faut signaler ici une conséquence de l'infiltration de l'eau dans des couches perméables. Si une couche, ainsi pénétrée par l'eau, offre une forte inclinaison, la masse qui la recouvre, ne trouvant pas un point d'appui suffisant, glisse sous son propre poids. Il arrive quelquefois que la masse, ainsi entraînée, se déplace lentement sans que les arbres et les objets qu'elle supporte soient ébranlés. Le plus souvent elle s'écroule avec fracas, et ses débris, mêlés au cours d'eau, en accroissent l'action dévastatrice. Un phénomène de ce genre amena la destruction de la ville de Pleurs, dans la Valteline, en 1618, et d'une partie de Salzbourg, en 1669. Le 27 septembre 1806, après une saison très-pluvieuse, les couches de brèche placées sur les flancs du Rossberg se détachèrent de cette montagne, en formant une masse d'une lieue de longueur, de mille pieds de largeur et de cent pieds d'épaisseur; les vallées de Goldau et de Bousingen et quatre villages furent ensevelis en cinq minutes : dans la matinée du jour de cette catastrophe, un terrible craquement s'était fait entendre du côté de la montagne.

Les éboulements de masses considérables peuvent encore résulter de fentes profondes qui se produisent sur les hautes montagnes. Dans la soirée du 25 août 1835, un violent orage éclata autour de la Dent-du-Midi (Valais); on prétend même que la foudre tomba sur la cime à plusieurs reprises. Le

21

lendemain, vers onze heures du matin, une partie de la
montagne se détacha avec un bruit épouvantable, en imprimant au sol une secousse semblable à un tremblement de
terre. Elle se précipita sur un glacier, dont une portion fut
entraînée dans sa chute. Une masse énorme de pierres et de
glace vint s'abîmer dans le ravin où coule le torrent de Saint-
Barthélemy. Une boue noire et visqueuse, à la surface de
laquelle des blocs de roches de plusieurs mètres de côté flot-
taient comme des glaçons à la surface de l'eau, forma comme
un courant de lave qui se dirigea vers les bords du Rhône, et
parcourut un espace de quatre à cinq lieues dans une demi-
heure.

Les roches placées sur le flanc ou sur le sommet des montagnes, surtout dans le massif des Alpes, sont, pour ainsi dire,
dans un état d'équilibre instable, et de nombreuses circonstances peuvent occasionner leur chute, — un tremblement de
terre, la foudre, le vent, le dégel, ou même la simple secousse
résultant de la décharge d'une arme à feu.

Les *avalanches* sont des amas de neige qui se détachent
subitement des hautes montagnes lorsque l'élévation de la
température, à la fin de l'hiver, diminue leur adhérence avec
le sol : le moindre ébranlement dans l'air suffit pour hâter
leur chute. L'accélération qu'elles acquièrent en tombant augmente leur puissance destructive : on les voit rouler avec
fracas vers les vallées, renverser tout ce qu'elles trouvent sur
leur passage, et entraîner après elles tout un cortège de troncs
d'arbres et de débris de roches.

**Circulation de l'eau à la surface et dans l'intérieur de l'écorce ter-
restre.** — L'eau, après s'être éloignée de l'océan sous forme de
vapeur, se condense dès qu'elle atteint les froides régions de

l'atmosphère, se transforme en nuages, puis tombe à la surface du globe sous forme de neige ou de pluie, pour revenir,
par des voies diverses, vers son point de départ.

La quantité d'eau apportée par la Seine à l'océan n'est que
le huitième de celle qui tombe dans le bassin qu'elle arrose.
Cette même quantité n'est que d'un dixième pour le Mississipi.
Quelque approximatifs que soient ces calculs, ils n'en démontrent pas moins qu'une faible partie de l'eau tombée dans un
bassin se dirige vers la mer par les courants superficiels, torrents, ruisseaux, rivières et fleuves.

Plus le cours d'un fleuve est étendu, plus le volume de
l'eau qu'il amène vers la mer est faible, relativement à celui
de l'eau qui tombe dans son bassin sous forme de neige ou de
pluie. Les chances d'atteindre l'océan diminuent, pour une
goutte d'eau, à mesure que la distance entre la mer et le point
où cette goutte d'eau est tombée augmente.

Or, la différence entre les volumes de l'eau provenant de
l'atmosphère et de celle qui est reçue par l'océan ne saurait
être compensée par celle qui est reprise par l'évaporation. Le
retour de l'eau vers son point de départ doit donc, en majeure
partie, s'effectuer par les conduits souterrains.

Les sols argileux s'opposent seuls à l'absorption de l'eau plu-
viale par le sol. Celle-ci filtre avec facilité à travers les sols
sableux. Quant aux roches calcaires, si elles ne se laissent pas
facilement imbiber par l'eau, les terrains qu'elles constituent
n'en sont pas moins, à cause de leur structure caverneuse,
très-perméables. Ces terrains présentent des gouffres qui portent les noms d'entonnoir ou de puits dans le Jura, de sink-
hole dans la Jamaïque, de katavotron en Grèce, d'avën dans
le midi de la France. Ces gouffres, où se perdent des cours
d'eau assez puissants pour faire aller des moulins, sont très-

nombreux dans le Jura; ils y rendent impossible l'existence
de rivières, si ce n'est au fond des vallées très-encaissées.
D'après M. Thomassy, qui a publié un remarquable travail
sur l'hydrologie du Mississipi, les formations calcaires qui
accompagnent le cours de ce fleuve et celui de son affluent,
le Missouri, présentent une multitude d'orifices absorbants ou
sink-holes; ils sont en forme d'entonnoirs dont l'ouverture a
jusqu'à cent mètres sur une profondeur de quarante pieds, et
où s'engouffrent les pluies torrentielles. Ces entonnoirs se trouvent quelquefois sur le trajet des fleuves : ils expliquent pourquoi, dans certains sondages, le courant du Mississipi a été
reconnu plus rapide au fond qu'à sa surface. Ils expliquent
aussi pourquoi les inondations du Mississipi supérieur restent
le plus souvent inaperçues pour la Nouvelle-Orléans.

Tant que l'eau, en pénétrant dans la croûte du globe, n'a
pas dépassé le niveau correspondant à la profondeur maximum
de l'océan, elle peut, en suivant sa pente naturelle, revenir
vers le bassin des mers et y donner naissance à des sources
sous-marines. Mais dès que ce niveau est atteint, et même
avant, l'eau peut encore retrouver son point de départ en
passant à l'état de vapeur sous l'influence de la chaleur intérieure. Elle remonte vers les régions supérieures de l'écorce
terrestre, douée d'une température plus ou moins élevée, et
tenant un grand nombre de substances en suspension ou en
dissolution.

Il y a donc lieu de distinguer deux circulations intérieures :
1° une circulation *souterraine* ou *sous-superficielle,* commençant avec le moment où l'eau pénètre dans le sol et finissant
avec celui où elle revient, par les sources émergées et sous-
marines, avec une température assez peu élevée pour autoriser
à penser que l'eau n'a pas atteint une grande profondeur;

2° une *circulation profonde,* se prolongeant jusqu'au point où la chaleur intérieure est assez intense pour faire passer l'eau à l'état de vapeur.

Nous n'avons à nous occuper ici que de la circulation superficielle.

Le vent, agent de transport. — Les matériaux qui existent à la surface du globe, une fois qu'ils ont été détachés de la masse dont ils faisaient partie, tendent à se déplacer. L'eau est l'agent sous l'influence duquel ce déplacement s'effectue presque toujours : le rôle du vent, dans ce phénomène, est très-restreint.

Le vent, s'exerçant comme agent de transport, détermine la formation des dunes ou monticules de sables qui existent sur le littoral de quelques contrées, et dans les déserts sablonneux de l'Afrique boréale. Sur les autres points de la surface du globe, son rôle est beaucoup plus effacé. « Les mouvements de particules terreuses occasionnés par le vent se développent sous plusieurs formes différentes, dont la plus simple est celle d'un tourbillon de poussière. Sur une grande route, il se forme souvent de véritables nuages de poussière, qui restent longtemps en suspension dans l'air, et sont entraînés à de grandes distances. Les cendres volcaniques nous fournissent les meilleurs exemples de ces transports sur des points éloignés. Celles du Vésuve ont été transportées à 500 et à 700 kilomètres. Les cendres produites en 1815 par l'éruption du volcan de Tamboro, dans l'île de Sumbava, ont été transportées jusqu'à Bencoolen, dans l'île de Sumatra, à 1700 kilomètres de distance. C'est dans les vastes déserts de l'intérieur de l'Afrique et de l'Asie que le vent exerce le plus fortement son empire sur les sables mobiles. Entre le Sir et l'Amou, il accumule des masses de sables mouvants à une hauteur prodigieuse. La partie occi-

dentale qui borde le désert de Lybie est de même exposée aux
envahissements des sables qui, dans quelques endroits, sont
arrivés jusqu'aux bords du bras occidental du Nil. Ces sables
ont recouvert des terrains cultivés et habités du temps des
anciens Egyptiens : on a trouvé des villes anciennes ou de
grands monuments qu'ils ont ensevelis. » (Elie de Beaumont,
Leçons de géologie pratique, tome I.)

**Circulation superficielle de l'eau : phénomènes qui en sont la consé-
quence.** — Tous les corps plus ou moins mobiles, placés à la
surface du globe, tendent, en vertu de la pesanteur, à se diriger vers les dépressions du sol, et de là vers la mer. Je citerai,
comme exemples, les éboulis qui s'accumulent au pied des
montagnes, les glaciers qui cheminent lentement vers les
vallées, et la lave qui coule sur les flancs des volcans.

Cette tendance se manifeste au plus haut degré pour l'eau,
qui charrie même les corps qu'elle peut saisir. Le sable, à
cause de sa grande légèreté, se dirige dans tous les sens, sous
l'impulsion du vent, mais s'il tombe dans un cours d'eau, il
est entraîné par lui vers l'océan. D'énormes blocs de roches
sont également transportés par l'eau, lorsqu'elle prend l'état
solide et forme, soit les glaciers, soit les glaçons que les rivières
charrient après chaque débâcle.

L'eau, pendant sa circulation superficielle, détermine des
phénomènes d'érosion et de transport dont je vais m'occuper.
Son rôle, comme agent de dépôt sur le sol émergé, sera décrit dans le chapitre suivant.

Phénomènes d'érosion et de dénudation. — Les cours d'eau, fleuves,
rivières et torrents, contribuent énergiquement à la destruction des parties de l'écorce terrestre portées au-dessus du ni-

veau de l'océan. En creusant, en élargissant et en déplaçant
leur lit, ils amènent l'ablation de portions de terrain considérables. La puissance destructive des cours d'eau est rendue
plus énergique par les matériaux qu'ils charrient avec eux :
tantôt, ceux-ci usent par frottement les masses qu'ils rencontrent ; tantôt, par suite de leur dimension et de leur vitesse,
les blocs transportés jouent le rôle de béliers et détachent
des fragments de roches plus ou moins volumineux. Lorsqu'un torrent, après avoir exercé ses ravages, rentre dans son
lit, il laisse des traces évidentes de son passage sur les roches
les plus tenaces : il en a poli les surfaces ; il y a tracé des
cannelures plus ou moins profondes, et il en a détaché les
arêtes dont la disparition est attestée par la couleur plus vive
de l'intérieur de la roche.

Un des exemples les plus intéressants que les temps actuels
nous présentent de l'action érosive des cours d'eau, est la chute
du Niagara. « Le Niagara sort du lac Erié, et se jette dans le
lac Ontario. Avant d'atteindre les cataractes, il acquiert une
très-grande rapidité ; il a plus d'un tiers de lieue de largeur et
une profondeur de 7m,5. Cette grande masse d'eau se précipite sur un lit de calcaire dur, disposé en strates horizontales,
au-dessous desquelles se trouve un banc d'argile schisteuse
tendre, qui se dégrade plus rapidement que le calcaire, d'où
il suit que la roche supérieure semble, en s'avançant de
12 mètres au-dessus de l'espace vide résultant de la dégradation de l'argile, prête à s'y précipiter. Les bouffées de vent
chargées d'écume qui viennent du bassin dans lequel retombe
cette énorme cascade, frappent contre les lits d'argile schisteuse, ce qui devient pour eux une cause de dégradation constante, indépendamment de celle qu'ils éprouvent en certaines
saisons par la force d'expansion de la gelée. De temps à autre,

il se détache du calcaire ainsi privé d'appui des fragments énormes qui, en tombant, déterminent un choc que l'on ressent même à quelque distance. Ce choc est accompagné d'un bruit semblable à celui d'un tonnerre éloigné. Quand le fleuve a passé les chutes, son lit se resserre et n'offre plus qu'une largeur de 160 mètres au plus. Il coule dans un ravin qui conserve une élévation moyenne de soixante mètres et se prolonge, pendant deux lieues et demie, jusqu'à Queenstown, où règne, des deux côtés de la rivière, une sorte de falaise abrupte. Là, le fleuve abandonne le ravin pour couler dans une plaine qui se prolonge jusques aux bords du lac Ontario. On a généralement adopté l'opinion que jadis les chutes se trouvaient à Queenstown, d'où elles se sont graduellement éloignées jusqu'à leur place actuelle. » (Sir Lyell, *Principes de géologie*, tome II.)

J'ai transcrit, page 41, un passage où se trouve décrite par Hutton l'action en vertu de laquelle un cours d'eau se pratique un lit à travers le rocher. Si on ne peut accorder à cet aphorisme : *chaque vallée est l'ouvrage du ruisseau qui l'arrose*, toute la portée que lui donnait Hutton, il n'en est pas moins évident que chaque cours d'eau, petit ou grand, a lui-même formé le lit dans lequel il est encaissé. En creusant son lit, il a exercé un action érosive qui s'est répétée chaque fois qu'il a changé de direction.

Les lits des torrents et des rivières, qui coulent à travers des roches d'une certaine dureté, présentent des cannelures et quelquefois des cavités plus ou moins cylindroïdes ou hémisphériques qui sont dues à l'action des courants. On voit souvent, au fond de ces cavités, désignées sous le nom de marmites de géants, en anglais *pot-holes*, une ou plusieurs pierres qui, par leur mouvement de rotation, ont perforé et taraudé le rocher. Ces cannelures et ces cavités se trouvent souvent bien au-dessus du niveau actuel des eaux. M. Hogard a signalé notamment, au sommet de presque toutes les montagnes gra-nitiques couronnées de grès, des environs de Saint-Dié, de Remiremont, etc., des trous arrondis de diverses grandeurs, au fond desquels existent des fragments de roches très-dures ou de granite : on observe souvent dans leur voisinage des sillons parallèles à la direction des cours d'eau.

Pourtant, dit M. Martins, on remarque, sur les parois plus ou moins abruptes des montagnes calcaires, des sillons, des cavités, des érosions qui, vus de loin, simulent l'action des eaux courantes, mais qui, examinés de près, sont dus à une altération locale de la roche, décomposée en menus fragments qui se détachent journellement. Le mont Salève présente des cavités conoïdales, des sillons et des grottes que de Saussure considérait comme les traces et les ornières du courant qui a charrié, dans les vallées de la Suisse, les débris des rochers des Alpes. Cette explication n'avait pas été admise par Deluc, et, de nos jours, M. Favre et M. Martins ont démontré que ces cavités et ces sillons proviennent de l'action de l'atmo-sphère et se creusent chaque année sous les yeux des obser-vateurs genevois.

Phénomènes de transport. — L'énergie des phénomènes de transport dépend non-seulement de la quantité moyenne de pluie tombée dans une année, mais aussi de la manière plus ou moins rapide dont l'eau, par suite de circonstances fortuites, se précipite de l'atmosphère ou s'écoule des points où elle s'est accumulée. Lors de l'inondation de la vallée de Bagnes, dont j'ai parlé tout à l'heure, quelques fragments de roches granitiques, mesurant jusqu'à soixante pas de circonférence,

furent transportés à la distance d'un quart de mille. Cette force
de translation doit moins nous surprendre, si nous nous rappelons le principe de physique en vertu duquel tout corps
plongé dans l'eau perd une partie de son poids égale au poids
du volume d'eau qu'il déplace. Une vitesse de 75 millimètres
par seconde, dans le fond, suffit pour entraîner de l'argile
fine; 15 centimètres, du sable fin; 30 centimètres, du gravier
fin, et 90 centimètres, des pierres de la grosseur d'un œuf.

L'énergie des phénomènes de transport, étant en rapport
avec la vitesse des courants, l'est aussi avec le degré de leur
pente. Dans les plaines, la pente diminue, et les cours d'eau
prennent le caractère d'agents de dépôt.

Enfin, la masse des eaux mises en mouvement sur un point
donné contribue évidemment à augmenter leur pouvoir de
transport. C'est ainsi que les plus grands fleuves, et notamment le Mississipi, conduisent jusqu'à la mer des îles flottantes, formées par l'accumulation de bois, appelées *rafts* en
Amérique. Elles portent avec elles les animaux qui viennent
s'y reposer, ceux qui, ne pouvant nager, s'y trouvent prison-
niers, et les arbres qui, pendant qu'elles se formaient, ont pris
racine à leur surface.

Influence des phénomènes d'érosion sur le modelé du globe. — Il
n'est pas de contrée qui ne présente des traces de dénudation
plus ou moins anciennes, et dont l'aspect ne soit en partie
déterminé par l'intervention des agents atmosphériques.

Les pays dont le sol est formé de cailloux roulés, d'argile,
de marne ou de roches friables comme le granite décomposé,
sont parcourus dans tous les sens par des ravins plus ou moins
profonds, qui ont été creusés par les eaux. Ce ravinement se
produit aussi dans les terrains solides, mais d'une manière

moins sensible. Dans aucun cas, le sol ne reste parfaitement uni comme lorsqu'il était placé sous les eaux. C'est pour cela qu'au point de contact des terrains on observe souvent, à la surface du terrain inférieur, des ravins et des inégalités que les matériaux faisant partie du terrain supérieur ont comblés. Ce ravinement indique qu'entre les deux époques qui ont vu le dépôt de chaque terrain, il s'est écoulé un intervalle de temps plus ou moins long, pendant lequel le terrain inférieur a été, par suite de son émergement, soumis à l'action érosive des agents atmosphériques. De nombreux exemples de ces traces de ravinement s'observent notamment, dans le bassin de Paris, au point de contact du terrain crétacé et des formations plus récentes. La figure 14 représente trois terrains, A, B, C, offrant à leur point de jonction des traces d'érosion qui sont surtout très-prononcées entre les terrains B et C; celui-ci renferme même des blocs arrachés à la formation sous-jacente.

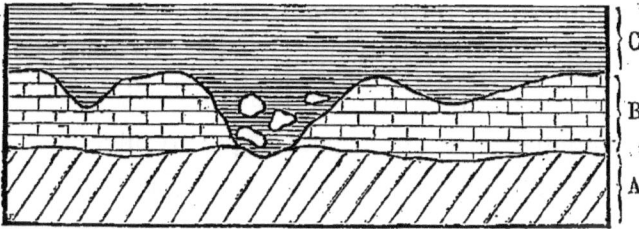

Fɪɢ. 14.

Lorsque les phénomènes d'érosion prennent un grand développement, ils amènent, à eux seuls ou avec le concours des forces intérieures, la formation des vallées. On appelle *vallées d'érosion* celles qui se sont produites par la seule action des courants d'eau : on peut donner le nom de *vallées d'affaissement* à celles qui résultent simplement de dépressions longitudinales dues aux forces intérieures. Les premières s'observent surtout dans les plaines, les secondes dans les pays de montagnes. Souvent, la distinction que nous venons d'établir ne peut être observée, car, pour la plupart des cas, les forces intérieures et les agents d'érosion interviennent dans la formation d'une vallée, les unes, en amenant, à la surface du globe, des fentes ou fissures que les autres élargissent et creusent de plus en plus.

Dans ce qui précède, j'ai considéré les dépressions d'une faible étendue. Lorsque les vallées prennent de grandes dimensions, elles sont dues à l'intervention du mouvement ondulatoire et à la structure de l'écorce terrestre (voir page 260). Celle-ci se compose de parties indépendantes qui, sous l'influence des forces intérieures, ne se maintiennent pas au même niveau. Les parties affaissées présentent des dépressions auxquelles les noms de plaine ou de bassin conviennent aussi bien que celui de vallée.

Les vallées ne sont pas les seuls témoignages de l'action des eaux courantes pendant les époques antérieures à l'époque actuelle.

Le régime des cours d'eau arrosant une vallée ou un bassin hydrographique varie d'une époque à la suivante. Si le sol d'un bassin s'abaisse, et, par conséquent, si la pente des cours d'eau qui l'arrosent diminue, ceux-ci tendent à prendre le rôle d'agents édificateurs, et comblent le sol plutôt qu'ils le dénudent. Il en est de même si, par suite de modifications climatologiques, leur volume augmente : leur lit devenant trop petit, ils débordent avec plus de facilité et rejettent à droite et à gauche les matériaux qu'ils charrient.

Un effet inverse se produit si le sol se soulève, et, par conséquent, si la pente des cours d'eau vient à augmenter. Ceux-ci dénudent la plaine au milieu de laquelle ils coulent : le fleuve creuse son lit, en abandonnant successivement ses anciennes berges, et en donnant origine au phénomène des terrasses parallèles. Un changement dans les climats, amenant une diminution dans le volume des eaux reçues par un bassin hydrographique, conduit à un résultat semblable.

Lorsque le niveau d'un lac s'abaisse par suite de diverses circonstances, il laisse également des traces de ses anciens rivages sous forme de terrasses ou de cordons littoraux.

Si plusieurs vallées d'érosion sont très-voisines, ou si le cours d'eau qui a creusé une même vallée a successivement suivi plusieurs directions qui se croisent, il se produit, comme autant de *témoins* d'anciens déblais, des *cônes de dénudation*. Souvent, en regardant les couches correspondantes de deux cônes voisins, on peut se convaincre, *de visu*, de la continuité primitive de ces cônes, et éloigner toute incertitude sur la cause qui a présidé à leur formation. Tous les pays fournissent des exemples de ce mode de dénudation.

Les exemples les plus souvent cités sont celui de la butte de Montmartre, de la butte de Ménilmontant et des buttes du Mont-Valérien, composées de couches qui formaient jadis un même ensemble et dont on peut suivre la continuation du côté de Clamart.

Je signalerai un autre exemple pris dans le Jura, massif montagneux que sa grande altitude semblerait avoir pu mettre à l'abri de l'action des courants. Au sud de Besançon, près des villages de Tarcenay, Montrond, Epeugney, etc., sur un plateau qui s'élève, entre le Doubs et la Loue, à une hauteur moyenne de près de 300 mètres au-dessus de ces rivières, on observe des cônes de dénudation supportés par un terrain calcaire appartenant aux dernières assises de l'oolite inférieure. Ces cônes rappellent, par leur composition géognostique et

leur aspect général, ce que J. Phillips nomme, dans le
Yorkshire oriental, des *collines oolitiques tabulaires* ou *à
plateaux*. Ils se composent, à la base, des marnes oxfordiennes
qui ont facilité le rôle des agents d'érosion, et que recouvre
un chapiteau constitué par le terrain à chailles de la Franche-
Comté et par l'étage corallien. Les courants ont en même
temps dénudé la contrée environnante; tout démontre qu'ils
ont fonctionné avant le soulèvement définitif du Jura, et que
l'action dénudatrice commencée par eux persiste de nos jours.
(Voir figure 15.)

Dans les lignes qui précèdent, j'ai eu en vue les agents d'érosion opérant comme des burins à la surface du globe qu'ils
creusent dans des directions longitudinales. Mais l'étude de la
constitution topographique de chaque contrée met en évidence
l'existence passée d'agents d'érosion plus énergiques et fonctionnant comme des rabots qui effacent les saillies du sol les
plus prononcées. Je rechercherai bientôt quels peuvent avoir
été ces agents : en attendant, pour donner une idée de leur
puissance, j'invite le lecteur à jeter un regard sur la figure 16.
Il y verra des couches ployées dont la courbure dirigée vers le
ciel a disparu, et une faille dont la partie supérieure de l'un
des bords a été enlevée. Des traits ponctués indiquent, dans
l'un et l'autre cas, la partie qui manque.

La puissance des agents d'érosion a été telle que des terrains, pouvant atteindre de trois à quatre cents mètres
d'épaisseur, et occupant de vastes régions, ont ainsi disparu.
Les dernières assises de la série crétacée (étage danien)
n'existent plus, dans le bassin de Paris, que sous forme de
lambeaux éloignés les uns des autres. Les dépôts qui, lors de
l'époque sénonienne ou de la craie blanche, ont été reçus au
sein de la mer recouvrant une partie de la région jurassienne,

ne sont plus représentés que par deux lambeaux de quelques kilomètres d'étendue, récemment signalés, l'un auprès de Saint-Julien, dans le département du Jura, l'autre, dans le département de l'Ain.

De l'intensité des phénomènes de transport et d'érosion pendant les temps antérieurs à l'époque actuelle. — Les agents d'érosion n'avaient pas jadis moins d'intensité qu'aujourd'hui, mais la surface sur laquelle ils s'exerçaient était moins étendue. Par conséquent, on peut dire que les phénomènes d'érosion et de dénudation ont augmenté d'énergie et se sont manifestés sur une échelle de plus en plus grande. Dans leur accroissement d'importance, ils ont suivi les lois qui ont présidé aux changements du climat et de la constitution topographique de chaque contrée : pendant la partie marine de chaque période géologique, leur développement s'est ralenti, tandis que, pendant la partie continentale, il s'est ranimé.

On arriverait à des appréciations tout à fait fausses si, pour mesurer l'intensité des phénomènes d'érosion pendant toutes les époques géologiques, on prenait pour base de ce calcul ce qui se passe de nos jours. On serait, en même temps, conduit à donner aux périodes passées une durée plus grande que celle qu'elles ont réellement.

Le *statu quo* dont nous sommes les témoins n'a pas toujours existé : il est la conséquence du calme momentané des forces intérieures. Mais, lorsque ces forces se réveillent, le sol change de niveau, et chaque changement de niveau est accompagné d'une nouvelle recrudescence dans les phénomènes d'érosion et de transport. Si le sol se soulève, la pente des cours d'eau augmente; quelquefois ils changent de lit; dans d'autres cas, ils se réunissent entre eux et acquièrent ainsi un plus grand volume. Ils reprennent alors une nouvelle énergie dans cette œuvre de destruction, à laquelle les forces intérieures viennent, dans leur réveil, s'associer en disloquant l'écorce terrestre.

Pour se rendre compte de l'extension que les phénomènes de destruction ont prise à certaines époques, il faut non-seulement se rappeler les ablations de terrains dont nous venons de parler, mais apprécier la masse totale des dépôts détritiques qui existent dans presque tous les terrains, depuis la grau-wacke ou le vieux grès rouge jusqu'au diluvium de l'ère jo-vienne. Les roches résultant d'une sédimentation mécanique, c'est-à-dire formées aux dépens des parties de l'écorce terrestre qui ont été détruites, entrent pour la moitié environ dans la composition de la zone sédimentaire. La puissance de cette zone ne pouvant pas être évaluée à moins de 3000 mètres, il en résulte que les phénomènes d'érosion ont détruit, à la surface du globe, depuis le commencement de l'ère neptunienne jus-qu'à nos jours, une zone dont l'épaisseur n'est pas, en moyenne, moindre de 1500 mètres.

L'action de grands cours d'eau, creusant profondément leur lit et se déplaçant à chaque instant, ne saurait suffire pour expliquer à elle seule des dénudations aussi puissantes que celles que l'on observe dans toutes les contrées. Il faut recourir à une cause en relation, par son énergie, avec l'effet produit, et cette cause, nous la trouverons dans les déplacements suc-cessifs de la mer, ne cessant, chaque fois qu'elle envahit de nouvelles contrées, de ronger ses rivages.

CHAPITRE III.

Tufs. — Sous le nom de *tufs*, on peut réunir tous les dépôts
que les sources pétrogéniques édifient autour du point où elles
jaillissent, avant de se confondre avec les cours d'eau qui
entraînent vers les lacs ou vers la mer les éléments qu'elles
tiennent en dissolution.

La formation des tufs est un phénomène complexe qui se
rattache tout à la fois à l'action geysérienne et aux phénomènes dont l'étude fait l'objet de ce troisième livre. Elle n'est
qu'un diminutif d'une action plus générale qui s'est autrefois
exercée sur une immense échelle, et par suite de laquelle les
strates d'origine marine ont reçu une partie de leurs matériaux. Les tufs qui se produisent de nos jours sont de deux
sortes, les *tufs siliceux* et les *tufs calcaires*.

22

Tufs siliceux. — Les eaux de source qui charrient une forte proportion de silice doivent cette propriété à leur haute température. Dès qu'elles arrivent à la surface du sol, elles se refroidissent et laissent se précipiter la silice qu'elles tiennent en dissolution. C'est ainsi que s'effectuent les dépôts de tuf siliceux.

Les régions volcaniques offrent souvent des sources thermales plus ou moins chargées de silice ; mais les deux localités actuellement connues où la formation du tuf siliceux s'opère de la manière la plus active, sont le val de Furnas, dans l'île Saint-Michel, une des Açores, et quelques parties de l'Islande.

Les sources du val de Furnas sont situées dans un terrain formé de lave et de trachyte. Leur température varie de 23° à 97° ; elles contiennent, avec la silice, un peu de soufre et de l'argile ; leurs sédiments constituent des lits de un à deux centimètres, qui se réunissent en couches épaisses d'un pied environ, ordinairement horizontales, rarement ondulées. Les eaux saisissent et pétrifient les végétaux qui croissent sur leur passage, et il existe un lit de 3 à 5 pieds de puissance, entièrement composé des mêmes roseaux qui végètent encore dans l'île. Le dépôt général paraît considérable et forme de petites collines.

L'Islande renferme aussi plusieurs sources siliceuses ; il en est qui coulent d'une manière constante, et l'une d'elles a donné naissance à un dépôt siliceux qui a plus de quatre lieues de longueur. Les autres, situées à six lieues du bourg de Reinkinrik, sont intermittentes et portent le nom de *geysers*. Ceux-ci sont au nombre d'une centaine dans une plaine de trois mille mètres d'étendue, recouverte par une nappe de lave. L'eau du grand geyser a une température de 124° à une profondeur de vingt mètres, et contient, avec la silice, une forte proportion de chlorure de sodium, du sulfate de chaux et un peu d'alumine. Chaque source jaillit du sommet d'un monticule formé par la silice qu'elle charrie et qui se dépose tout autour en concrétions offrant des empreintes de végétaux.

Tufs calcaires. — Les sources calcaires sont bien plus nombreuses que les sources siliceuses, et il est peu de contrées où leur existence ne puisse être signalée. Pourtant, c'est dans les régions volcaniques qu'elles se montrent le plus répandues et qu'elles donnent origine aux dépôts les plus puissants. Elles peuvent être thermales ou ne posséder que la température des sources ordinaires. C'est surtout à la faveur de l'acide carbonique dissous dans leur eau qu'elles tiennent le carbonate de chaux en dissolution. Dès qu'elles arrivent au contact de l'atmosphère, l'acide carbonique, qui s'y trouve en proportion assez forte pour que l'eau soit acidule et quelquefois gazeuse, se dégage et le carbonate de chaux tend à se déposer.

Lorsque l'on fait tomber, sous forme de pluie, l'eau d'une source fortement chargée de carbonate de chaux, les objets sur lesquels la source est dirigée se recouvrent d'un encroûtement calcaire. L'encroûtement ne pénètre pas dans leur tissu, et c'est à tort que l'on donne à ces objets, fruits, nids d'oiseaux, etc., le nom de *pétrifications*. Une de ces sources est ainsi exploitée en France : c'est celle de Saint-Allyre, à Clermont.

Le tuf déposé par les sources calcaires est constitué par des parties plus ou moins compactes, à formes fistuleuses ou coralloïdes, agglomérées de manière à laisser entre elles des vides nombreux qui donnent à la roche sa légèreté et son aspect caverneux. La légèreté et la faible dureté du tuf le font fréquemment employer comme pierre de construction.

Il renferme ordinairement des coquilles terrestres et de nombreuses empreintes végétales, sous forme de fruits, de feuilles ou de tiges.

Travertin : Panchina. — C'est surtout en Italie que la formation du tuf a lieu sur une grande échelle. Dans quelques parties de la Toscane et de la campagne de Rome, le sol est recouvert de tuf et rend un son creux sous le pas du voyageur. Par suite de l'abondance du carbonate de chaux amené par les sources pétrogéniques, la formation de cette roche y est non-seulement plus abondante, mais aussi plus rapide. Il en résulte, pour cette roche, un aspect tout différent de celui qu'elle présente dans nos pays, et la nécessité de lui donner une désignation différente. On l'appelle *travertin*, en italien *travertino*, mot qui provient de *tiburtinus*, parce que la roche qu'elle désigne est très-abondante près de Tivoli, en latin *Tibur*.

Le travertin se distingue du tuf par une texture très-compacte, quelquefois même cristalline; il n'offre pas, dans sa masse, de vides aussi considérables, mais il est presque toujours criblé de petites cavités arrondies ou vermiculées qui le rendent plus ou moins vacuolaire. Ces cavités, qui souvent ne peuvent s'apercevoir qu'à la loupe, permettent d'établir une distinction entre le travertin et les calcaires des terrains antérieurs à l'ère jovienne; elles proviennent des bulles d'acide carbonique traversant la roche pendant sa formation. Les nuances du travertin sont très-variées, quelquefois assez vives. Il prend le nom de *panchina*, lorsqu'il se forme sous l'eau de la mer; il est alors plus ou moins mélangé de sable et de débris de coquilles marines.

Parmi les localités de l'Italie où l'action pétrogénique des sources se manifeste avec le plus d'énergie, je citerai : 1° la montagne de *San Vignone*, en Toscane; une couche de travertin, de 15 centimètres d'épaisseur, s'y dépose chaque année au fond d'un conduit ayant une pente de 30°; la colline d'où s'échappe la source qui se dirige dans ce conduit est couverte de strates de travertin, dont l'épaisseur atteint sur certains points jusqu'à près de soixante mètres; 2° les sources de *San Filippo* situées dans le voisinage de la précédente: elles se rendent dans un étang, où s'est formée, en vingt années, une couche de travertin ayant neuf mètres d'épaisseur; 3° les environs de Tivoli où, sur les côtés de la cascade, on voit des lits horizontaux de tuf et de travertin constituer une masse dont la puissance varie de 120 à 150 mètres.

Les édifices de Rome ancienne et moderne ont été construits avec le travertin. Pour apprécier toute l'importance des dépôts dus, en Italie, à l'action des sources calcaires, on ne doit pas oublier que, pour la plupart, ils se dérobent à nos investigations directes; ils sont encore au fond de la mer, d'où jaillissent les sources pétrogéniques qui les ont formés. Ajoutons que les substances apportées par les sources jaillissant sur le continent sont également entraînées en majeure partie, par les ruisseaux et les rivières, vers la Méditerranée. Presque tous les matériaux ainsi amenés de l'intérieur de l'écorce terrestre vont se déposer sur les points où la mer offre une grande profondeur : là, se renouvelle le phénomène qui a déterminé l'accumulation des couches calcaires, si nombreuses et si puissantes, des terrains jurassique et crétacé. On voit comment la formation du tuf se rattache géogéniquement et chronologiquement aux phénomènes des temps anciens.

La formation du travertin, tel qu'il se présente à nous, c'est-à-dire avec son caractère de roche exclusivement terrestre, date du commencement de l'ère jovienne. Pour faire remonter ce phénomène à une époque plus ancienne, il faudrait lui rattacher les roches qui lui ressemblent beaucoup par leur aspect, et que, dans le bassin de Paris, on appelle quelquefois travertin, mais qu'il vaut mieux désigner sous le nom de calcaire lacustre.

La formation du travertin et de la plupart des amas tufacés qui se présentent dans diverses contrées a été sans doute en rapport avec cette recrudescence des phénomènes volcaniques, qui a eu pour résultat l'apparition des cratères à volcans.

Sur beaucoup de points du midi de l'Europe, les alluvions anciennes offrent un faible développement, et le terrain glaciaire manque pour ainsi dire complètement. Le travertin y est la roche dominante et caractéristique de la période quaternaire. Il règne sur presque tout le littoral méditerranéen. Aux environs de Barcelone, nous l'avons vu constituer, le long de la mer, une nappe qui a quelquefois deux ou trois mètres de puissance et qui recouvre les formations sous-jacentes.

Le travertin, qui existe sur presque tout le littoral méditerranéen, doit se prolonger sous les eaux et s'y transformer en panchina ou travertin d'origine marine. Rarement les mouvements du sol ont amené l'émergement des couches de travertin reçues au sein des eaux. En Sicile seulement, les forces intérieures ont porté ces couches au-dessus du niveau de la mer; elles y recouvrent presque la moitié de l'île, et s'y montrent, avec une épaisseur qui varie de 200 à 300 mètres, jusqu'à une altitude de 900 mètres.

Stalactites et stalagmites, calcaire concrétionné. — L'eau des sources n'est jamais rigoureusement pure; elle contient toujours des substances étrangères qu'elle emprunte, même lorsqu'elle provient d'une faible profondeur, aux roches qui se trouvent sur son passage. Elle renferme également une quantité variable d'acide carbonique provenant soit de l'atmosphère, soit de l'intérieur de l'écorce terrestre, soit même de la décomposition des débris d'êtres organisés contenus dans la couche superficielle du globe. Dans les pays calcaires, elle dissout, à la faveur de cet acide carbonique, une quantité de carbonate de chaux qui, quoique n'étant pas suffisante pour déterminer la production du tuf, n'en trahit pas moins son existence par les dépôts de calcaire concrétionné qui apparaissent dans l'intérieur des conduits où cette eau est dirigée.

Ce que je viens de dire explique également comment l'eau qui imbibe la terre végétale ou la partie superficielle du globe est toujours plus ou moins chargée d'acide carbonique, et, par conséquent, plus ou moins apte à dissoudre le carbonate de chaux. Lorsque cette eau suinte à travers les parois des cavités et des grottes existant surtout dans les terrains calcaires, elle persiste pendant quelque temps, sous forme de goutte, contre les parois de ces cavités; elle subit une faible évaporation, perd une partie de son acide carbonique, et, lorsqu'elle tombe, elle laisse à sa place quelques parcelles de carbonate de chaux. Une autre goutte vient la remplacer, subit le même sort, laisse après elle les mêmes traces de son passage, et il se produit ainsi des concrétions dont la structure interne est toujours cristalline, et dont la forme est plus ou moins cylindrique ou conoïdale. Elles apparaissent à la voûte des grottes et des cavernes, comme des espèces de pendentifs à croissance continue, désignés sous le nom de *stalactites* (σταλάζω, tomber goutte à goutte). L'eau, qui détermine la formation des stalactites, n'y laisse pas tout son carbonate de chaux : en tombant sur le sol de la caverne, elle donne lieu à une autre concrétion calcaire, appelée *stalagmite* (στάλαγμὸς, distillation), qui s'exhausse de plus en plus et finit quelquefois par se souder avec la stalactite correspondante. C'est ainsi que s'édifient les colonnes et les masses d'aspect si varié, que les curieux admirent dans certaines grottes. Les stalagmites, en se soudant entre elles, forment une couche continue, qu'il faut rompre lorsqu'on veut retirer des cavernes les ossements qu'elles renferment.

Le carbonate de chaux, abandonné par l'eau qui le tient en dissolution, se dépose quelquefois entre les fragments de roches dont se composent les éboulis, ou entre les graviers des bords des rivières : les fragments de roches et les graviers, en se cimentant entre eux, donnent origine à une sorte de *béton naturel*. D'autres fois, le carbonate de chaux se dépose sous forme de craie; il produit une substance qui a reçu de sa friabilité et de sa couleur le nom de *farine fossile*. Ce nom se donne aussi à une terre dont il sera question par la suite, et qui est entièrement composée de carapaces d'infusoires siliceux.

Éboulis. — On appelle *éboulis* la masse constituée par les débris de roches qui s'accumulent au pied des montagnes et au bas des terrains à pente très-rapide. Ces débris n'offrent jamais la forme arrondie des cailloux qui ont été roulés par les eaux, à moins qu'ils n'aient déjà cette forme dans les roches d'où ils proviennent.

Un éboulis croît par sa base et par sa hauteur. Dans le sens de la hauteur, il n'a d'autre limite, sa base étant d'une largeur suffisante, que le sommet de la montagne à laquelle il appartient. Quant à la base, elle se développe ordinairement jusqu'à ce qu'elle atteigne un cours d'eau qui ronge l'éboulis à mesure qu'il se forme. Un éboulis peut persister indéfiniment sans croître ni diminuer; les débris glissent sur sa surface, et sont bientôt entraînés par le cours d'eau qui les reçoit. Dans le cas d'une base limitée, un éboulis ne peut croître indéfiniment, quelle que soit l'élévation de la montagne dont il provient, car les débris qu'il reçoit ne s'arrêtent plus sur le plan incliné qui se présente devant eux, dès que celui-ci atteint un certain degré d'inclinaison, qui varie, en raison de plusieurs circonstances, mais ne saurait dépasser 40 ou 45 degrés (1).

Terre végétale, son origine récente : déserts. — On a vu que les roches, au point de contact avec l'atmosphère, ne présentent pas le même aspect qu'à une faible profondeur. Elles sont très-fracturées, plus ou moins décomposées, et quelquefois à l'état pulvérulent. Elles constituent ainsi le *sous-sol*, ordinairement formé aux dépens de la roche sous-jacente qui lui communique ses propriétés.

Le sous-sol, dans sa partie supérieure, offre des éléments de

---

(1) Voici quelques indications fournies par M. Elie de Beaumont :

Pente du cône de débris, au pied duquel est appuyé le village de Naturn (Tyrol) et qui paraît très-incliné . . . . 10°

Pentes gazonnées en haut des falaises de l'île d'Ouessant. (Une pierre sur sa tranche y roule sans s'arrêter.). . . . . 30°

Pentes des talus de menus débris couverts d'herbe fine au pied du flanc méridional du vallon de Verne (Bas-Valais) . . . . 32°

Pentes gazonnées les plus inclinées sur les flancs des vallées de Belle-Ile. (Elles sont difficiles à gravir.). . . . . 35°

Pente maximum que prennent naturellement, lorsqu'on les décharge sur la digue de Cherbourg, les amas de gros blocs de quartz qu'on livre à l'action de la mer. . . . . 39°

Pente couverte de sapins, entre la route et la Sarine (canton de Fribourg). (Elle fait l'effet d'un précipice.) . . . . 42°

Pente des parties les plus rapides des cônes du Vésuve, du pic de Ténériffe et du volcan du Pichincha . . . . 42°

plus en plus ténus et de plus en plus meubles : il se mélange
de débris venus des points plus ou moins voisins, et il se pénètre de substances résultant de la décomposition des plantes
et des animaux. Ces substances constituent le *terreau* ou l'*humus,* dont le mélange avec une proportion variable d'éléments
inorganiques donne origine à la *terre végétale.*

Le sol végétal forme la couche la plus superficielle du globe,
son épiderme en quelque sorte : les plantes trouvent en lui
leur soutien et leur nourriture.

D'après ce qui vient d'être dit, deux ordres de matériaux
entrent dans la composition du sol végétal : 1° l'humus ou
terreau, auquel il doit sa fertilité ; 2° les éléments inorganiques,
qui lui impriment ses caractères spéciaux, suivant que l'un ou
l'autre domine ; ces éléments sont surtout l'alumine, sous
forme d'argile ; la silice, sous forme de sable, et le carbonate de
chaux, à l'état de calcaire ou de marne. Parmi les autres éléments, je citerai le fer, à l'état de peroxyde ou d'hydrate, et
surtout le phosphate de chaux, auquel on accorde actuellement
en agriculture une si grande importance.

On peut, à l'exemple de M. Elie de Beaumont, considérer la
tourbe comme la limite extrême de l'abondance du terreau, et
voir, dans les sables des déserts, la limite extrême de la prédominance de l'élément inorganique.

« Les déserts sont, dit l'auteur des *Leçons de géologie pratique,* les points où la terre végétale n'existe pas ou bien ne
possède pas sa constitution normale. Il faut distinguer : 1° les
déserts de sable, où il ne croît rien, à cause de la mobilité du
sable, sans cesse mise en jeu par les vents ; 2° les *déserts de
roches,* où le roc, en ne se décomposant pas, ne donne pas
naissance à la terre végétale ; tels sont les *karrenfelder,* dans
les Alpes de la Suisse, et les *cheires* de l'Auvergne ; 3° les

déserts salés, où il se dépose à la surface du sol des matières salines ; 4° les *déserts glacés*, qui sont les endroits couverts de neige ou de glace pendant toute l'année, c'est-à-dire les parties les plus élevées des montagnes, ou les contrées voisines des pôles. »

Historiquement parlant, la terre végétale est d'une haute antiquité ; elle existait même pendant les temps antérieurs à ceux dont la tradition a pu nous conserver le souvenir.

Adanson a observé aux îles du Cap-Vert un baobab (*adansonia digitata*) qui avait trente pieds de diamètre et plus de 5,000 ans d'âge. Cette date est bien peu ancienne lorsqu'on la met en présence des indications que la géologie nous fournit. La constitution topographique de chaque contrée n'a pas subi de modifications assez importantes, pendant l'ère jovienne, pour que les phénomènes d'érosion aient pris un grand développement (voir page 327) ; tant que les mouvements du sol n'amènent pas le déplacement des mers, les dénudations sont toujours plus ou moins locales ; la terre végétale, au lieu d'être facilement détruite, préserve même le sol sous-jacent contre les agents d'érosion. Celle qui existe dans un grand nombre de localités est aussi ancienne que la période dite quaternaire. Mais, à mesure que l'on remonte dans la série des âges géologiques, les présomptions en faveur de l'ancienneté de la terre végétale, sur un point donné, diminuent rapidement ; la plupart des exemples de conservation de terre végétale antérieure à l'ère jovienne sont très-peu nombreux et presque toujours contestables.

Dans l'île de Portland, on observe, au-dessus du Portland-stone, formation d'origine marine, un calcaire lacustre ayant 2 mètres de puissance. Ce calcaire supporte une couche appelée *lit de boue* (*dirt-bed*), qui a 30 à 45 centimètres d'épaisseur. Le lit de boue est brun-noirâtre, il renferme du lignite terreux, des cailloux roulés atteignant jusqu'à 22 centimètres de diamètre, et des troncs silicifiés de conifères et de cycadés. Quelques-uns de ces troncs sont couchés dans le lit de boue, et leurs fragments, rattachés les uns aux autres, indiquent des arbres dont l'élévation était de 7 mètres environ : leur partie inférieure restée en place a une élévation qui varie de 30 à 40 centimètres, et qui, quelquefois, atteint 2 mètres. Les racines sont encore fixées à la roche où elles pénétraient jadis. Le lit de boue supporte un schiste calcaire d'eau douce.

Essayons de retrouver la trace des événements qui se sont accomplis sur le point où l'on observe la superposition précédente. Immédiatement après la disparition du lac qui avait reçu le calcaire d'eau douce inférieur, une épaisse forêt a recouvert toute la région abandonnée par les eaux. Plus tard, le retour de ces eaux s'étant opéré d'une manière violente et subite, la forêt a été complètement détruite et la terre végétale entraînée ou, tout au moins, délayée dans la masse des eaux envahissantes. La boue entourant les arbres laissés en place ne peut être une ancienne terre végétale : c'est la vase ou le limon que les eaux, devenues plus tranquilles, après avoir pris possession de leur ancien domaine, ont déposés avec les cailloux roulés qu'elles avaient charriés et les débris de la forêt qu'elles avaient anéantie.

Les dépôts terrestres pendant les temps antérieurs à l'ère jovienne. — Évidemment, depuis que la terre-ferme existe, c'est-à-dire pendant presque toute la durée des temps géologiques, il y a eu à la surface du globe des végétaux, et, par conséquent, de la terre végétale. Les éboulis n'ont jamais cessé de s'accumuler au pied des montagnes. Les sources, qui ont apporté aux roches

calcaires de tous les terrains leurs éléments constitutifs, ont dû
déposer des amas de tuf sur les continents qui existaient lorsque ces terrains se formaient. En un mot, tous les dépôts dont
il vient d'être question ne sont pas spéciaux à notre époque.
Mais ils ne peuvent avoir qu'une existence éphémère à cause
de leur faible développement, de leur peu de cohérence et de
leur situation toujours superficielle. A chaque retour de l'o-
céan, ceux qui ont résisté à l'action destructive des agents
atmosphériques sont balayés par les eaux marines. Je fais cette
remarque, afin que ma pensée ne soit pas mal interprétée,
lorsque je considère les dépôts terrestres actuellement exis-
tants comme spéciaux à l'ère jovienne, ou comme ne remontant pas plus haut que la fin de la période pliocène.

Grottes et cavernes; leur mode de formation. — L'écorce terrestre
offre, vers sa partie supérieure, des vides nombreux dont
l'origine première est due aux dislocations et au brisement des
strates dont se compose le terrain sédimentaire. Ces dislocations se produisent quelquefois à la suite des mouvements de
la croûte du globe, et sont plus ou moins générales; le plus
souvent, elles sont locales et reconnaissent des causes accidentelles. Je mentionnerai encore les vides que laissent entre eux
les blocs de rochers qui constituent les moraines ou qui s'accumulent au pied des hautes montagnes.

Les vides ou fissures qui se produisent dans les circonstances
qui viennent d'être indiquées sont plus tard élargis : 1° par
les émanations gazeuses et les sources thermales qui usent
et corrodent les roches placées sur leur passage; 2° par les
eaux ordinaires qui, dans leur trajet souterrain, fonctionnent
comme agents d'érosion mécanique ou de décomposition chimique, grâce à l'acide carbonique qu'elles contiennent; 3° par

les vagues de la mer, exerçant contre les côtes escarpées une
action analogue à celle des cours d'eau sur la surface des continents.

Les cavités de l'écorce terrestre prennent, dans leur partie
accessible pour nous, le nom de grotte ou de caverne. Leur
mode de formation, tel qu'il vient d'être sommairement indiqué, nous explique pourquoi elles sont si nombreuses dans les
terrains calcaires. Elles existent, mais elles sont plus rares et
plus restreintes dans les autres terrains.

La dimension des cavités de l'écorce terrestre varie beaucoup : tantôt ce sont de simples excavations, pénétrant à quelques mètres de profondeur, tantôt elles se prolongent à des
distances qu'il est impossible d'apprécier. Une caverne creusée
dans le calcaire ancien du Kentucky, dans le bassin de *Green
river*, un des affluents de l'Ohio, a trois lieues et demie de
longueur : des embranchements latéraux augmentent beaucoup la superficie totale de cette immense cavité. J'ai déjà dit
que le Jura présente une structure très-caverneuse, et je ne
crois pas émettre une appréciation exagérée, en supposant que
les vides entrent pour un vingtième au moins dans la composition de ce massif montagneux.

Remplissage des cavernes et des grottes. — Je réserve pour une
autre partie de cet ouvrage la description plus détaillée des
cavités qui parcourent l'écorce terrestre dans tous les sens. Je
dois me borner ici à décrire le mode dont ces cavités se sont
remplies d'ossements et de débris de roches, et à parler du
phénomène qui a donné origine aux brèches osseuses et aux
cavernes à ossements.

Tant qu'une grotte est parcourue par les eaux, elle se trouve
dans sa période de formation ou d'accroissement. Puis, lorsque

par suite de diverses circonstances, telles que le soulèvement de la masse où elle existe, les eaux l'abandonnent; elle entre dans une seconde période qui peut être une période de *statu quo* ou de remplissage.

Trois sortes d'éléments tendent à pénétrer dans une grotte et à la combler.

Une grotte, après son dessèchement, n'est pas définitivement mise à l'abri de l'invasion des eaux. Les courants, les uns temporaires, les autres permanents, continuent d'y circuler. Ils y apportent du limon souvent rougeâtre, du sable, du gravier provenant de points éloignés, et des débris des roches dans lesquelles cette grotte est creusée. Ceux-ci déterminent, dans l'intérieur de cette grotte, un terrain de transport quelquefois assez nettement stratifié, mais le plus souvent formant une masse confuse.

Le calcaire concrétionné dont j'ai indiqué le mode de formation (page 334) contribue, avec le terrain de transport, à remplir les cavités de toute nature existant dans l'intérieur de l'écorce terrestre. Il tapisse les parois, la voûte et le sol des cavernes; il constitue les stalactites et les stalagmites qui, en augmentant de nombre et de diamètre, finissent par se souder les unes aux autres, et tendent ainsi à combler les cavernes où elles se produisent. Ce calcaire concrétionné forme des couches stalagmitiques qui recouvrent le terrain de transport et quelquefois alternent avec lui.

A ces éléments d'origine inorganique se joignent les débris d'animaux, coquilles et ossements de mammifères. Ces débris sont mélangés avec le terrain de transport, au milieu duquel ils se présentent pêle-mêle ou se disposent par zones.

Ordinairement, une seule couche stalagmitique recouvre le terrain de transport et les ossements qu'il contient; d'autres

fois, les divers éléments dont je viens de faire l'énumération
présentent des alternances, ce qui indique que le remplissage
des cavernes ne s'est pas effectué d'un seul coup.

Brèches osseuses. — Les *brèches osseuses* sont des fissures
verticales ou plus ou moins inclinées, ordinairement remplies
des mêmes éléments qui se rencontrent dans les cavernes ;
mais ces éléments y sont disposés sans aucun ordre. Les débris
de roches proviennent, pour la plupart, des parois mêmes des
fissures ; ils sont anguleux ou à peine arrondis, comme ceux
des éboulis. Les ossements sont d'une faible dimension, surtout lorsque les fissures offrent peu de largeur. Le calcaire
concrétionné y est sous forme de travertin, tantôt argileux,
tantôt spathique : il constitue la guangue dans laquelle les
ossements et les débris de roches sont empâtés.

Très-souvent, le tout est coloré par un dépôt ferrugineux
dont l'origine est geysérienne et se lie à celle des fissures où
les brèches osseuses se sont produites. Le travertin provient
également des sources pétrogéniques qui ont traversé ces fissures. Plus tard, je pourrai insister sur ces rapports qui rattachent les brèches osseuses, non-seulement aux fentes remplies du minerai de fer appelé *bonherz* en Suisse, mais aussi
aux filons et même aux failles qui sont également des fentes
remplies de matériaux détritiques.

Ces relations ne doivent pas nous faire perdre de vue celles
qui existent entre les brèches osseuses et les cavernes à ossements. Les brèches osseuses n'ont été souvent que les conduits
qui établissaient une communication entre les cavernes et
le sol.

**Distribution géologique et géographique des cavernes à ossements et
des brèches osseuses.** — Les cavernes de la Belgique (Chockier),

de la Westphalie rhénane, du nord-ouest de l'Angleterre, plusieurs de celles des Pyrénées, une partie de celles du Hartz, la plupart de celles de l'Amérique septentrionale se trouvent dans des roches calcaires du terrain paléozoïque. Aux calcaires des différents étages jurassiques se rapportent les cavernes de la Franche-Comté (Osselle, Echenoz, Gondenans), de la Bourgogne, la plupart de celles des Cévennes, de la Franconie (Gaylenreuth), une partie de celles du comté d'York (Kirkdale), presque toutes celles de la Bavière. — Les calcaires du terrain crétacé, surtout du terrain néocomien, renferment le plus grand nombre des cavernes du Périgord, du Quercy, de l'Angoumois, une partie de celles de la Provence et du Languedoc, celles de l'Italie septentrionale, de la Morée et de la Turquie d'Europe. — Les calcaires des terrains tertiaires offrent aussi, mais bien plus rarement, quelques cavernes, devenues célèbres par les ossements qu'elles contiennent. (Grotte de Lunel-Viel et la plupart de celles de la Sicile.)

Après les calcaires, la roche dans laquelle les grottes sont le plus abondantes est le gypse. Les grès présentent aussi quelquefois des grottes, mais dans des circonstances différentes de celles des calcaires et des gypses. Les roches de cristallisation n'en offrent que très-rarement. Les grottes sont fréquentes dans les roches d'origine volcanique, mais elles ne renferment ni concrétions, ni graviers ossifères (1).

Les brèches osseuses sont surtout répandues autour de la Méditerranée ; les plus connues sont celles de Cette, d'Antibes, de Cagliari, de Nice, de San-Ciro (Sicile), etc. Dans ces deux

---

(1) Cette énumération est empruntée à un fort bon travail sur les grottes, inséré par M. Desnoyers dans le *Dictionnaire d'Histoire naturelle*, de M. Ch. d'Orbigny.

dernières, les débris de coquilles mêlés aux ossements de mammifères sont d'origine marine, tandis que pour les autres, ils sont d'origine lacustre ou terrestre.

Les brèches et les cavernes ossifères se retrouvent dans les diverses parties du monde, notamment dans la Nouvelle-Hollande et le Brésil.

Comment les ossements ont-ils été introduits dans les cavernes et dans les brèches ? — Nul doute que les débris de roches et les ossements qui se trouvent dans les brèches n'y aient été apportés par les courants.

C. Prévost, et, après lui, plusieurs géologues, parmi lesquels je citerai M. Marcel de Serres, ont soutenu que les ossements avaient été introduits dans les cavernes de la même manière que dans les brèches.

D'après une autre opinion, formulée en premier lieu par Buckland, considérée comme la plus vraisemblable par Cuvier et complètement adoptée par Owen pour les grottes de l'Angleterre, et par M. Lund, l'actif explorateur des cavernes du Brésil, les ossements accumulés dans les cavernes seraient ceux des mammifères qui les habitaient, et des animaux que les carnassiers y entraînaient pour en faire leur proie.

Les deux opinions que je viens de rappeler me paraissent soutenables. Toutefois, le mode de comblement indiqué par Buckland me semble être le plus général. Mais, en adoptant l'opinion de ce géologue, il ne faut pas perdre de vue que, si les courants ont rarement introduit des ossements dans les cavernes, l'intervention des eaux, dans le phénomène du comblement des grottes ossifères, est nécessaire pour expliquer certaines particularités qu'elles présentent.

Un grand nombre de mammifères ont pour habitat les cavernes et les cavités existant près de la surface du sol. Je citerai les petits carnassiers insectivores, tels que la taupe; les carnassiers carnivores, tels que l'hyène, l'ours; les animaux vivant dans les terriers, tels que le renard, le blaireau, le lapin, etc. On ne conçoit pas pourquoi, lorsque leur fin arrive, ces habitants des cavernes ne laisseraient pas leurs débris dans leur demeure, après y avoir accumulé les os des animaux dont quelques-uns d'entre eux avaient fait leur nourriture.

M. Paul Marès a décrit une caverne située près de l'oasis de Laghouat (sud de la province d'Alger) et servant de repaire à des hyènes : « L'entrée de cette caverne a 1^m, 50 de diamètre et donne accès dans une excavation à pic, dont les parois offrent de fortes saillies qui en rendent la descente et la montée assez praticable. Au fond de cette excavation vient un couloir étroit, conduisant à une salle de six mètres de longueur sur trois de hauteur et quatre de largeur. Sur le sol de la caverne sont répandus des ossements nombreux, les uns entiers, les autres brisés ou rongés, portant quelquefois encore des lambeaux de chair desséchée. Ces os appartiennent tous aux divers animaux sauvages ou domestiques qui se trouvent dans les environs, et que nous avons reconnus, tels que chiens, chacals, gazelles, antilopes, lièvres, chameaux, moutons, autruches, chèvres. Plusieurs têtes humaines sont mêlées à ces débris, au milieu desquels sont répandus de nombreux excréments de hyène. Dans cette première salle se trouvent deux orifices. Le premier descend peu à peu dans le sein de la terre, et conduit à une suite de salles très-petites où, au dire de plusieurs personnes qui l'ont parcourue, on trouve des ossements très-nombreux et plusieurs têtes humaines. Les hyènes fuient le jour et les bruits du dehors : aussi emportent-elles volontiers leur proie dans les plus profonds replis de leur sombre repaire. Le lion et la panthère vivent exclusivement dans les pays boisés et arrosés de cours d'eau permanents. Le second couloir descend presque à pic dans le sein de la montagne; il s'y est produit une ou deux fissures dans lesquelles ont glissé, pêle-mêle, des ossements et des matières terreuses de la première salle. »

Dans les contrées où l'écorce terrestre est formée de roches calcaires et caverneuses, les cours d'eau s'engouffrent quelquefois tout à coup dans les cavités souterraines; en reparaissant à des distances plus ou moins éloignées, ils constituent les sources si abondantes de ces contrées. Lorsque ces cours d'eau sont grossis par les pluies, ils entraînent le limon, les fragments de roche et toutes sortes de débris qui recouvrent le sol. Les sources ne perdant nullement leur limpidité lorsque les eaux qui les alimentent deviennent troubles ou boueuses, il faut en conclure que ce limon, ces fragments de roches et ces débris s'accumulent dans les cavités souterraines. Ce phénomène s'observe dans le Jura et dans divers pays; mais il se produit d'une manière très-remarquable en Morée, où il a été étudié par MM. Boblaye et Virlet, qui ont fait partie de l'expédition française en Grèce.

La Morée présente des bassins profonds, complètement fermés par des montagnes calcaires dont les couches sont très-disloquées. Dans chacun de ces bassins, des gouffres ou *kata-vothra* se montrent à différents niveaux. En Morée, comme sur une grande partie du littoral de la Méditerranée et sous les tropiques, l'année se partage en deux saisons, l'une sèche et l'autre pluvieuse. Pendant la saison sèche, les gouffres s'entourent d'une végétation vigoureuse, et servent de retraite aux chacals et aux renards, qui y entraînent leur proie. Pendant la saison pluvieuse, les torrents se précipitent dans ces gouffres; ils y entraînent du gravier, du limon rouge, des ossements d'animaux et des débris de végétaux.

Par conséquent, si nous observons ce qui se passe de nos jours, nous voyons fonctionner les deux modes d'enfouissement de débris d'animaux dans les cavernes; ce qui se passe en Morée nous semble indiquer comment les brèches osseuses se sont produites, tandis que les cavernes habitées par les hyènes sont un exemple de la manière dont les grottes se sont remplies d'ossements. Et comme les grottes se rattachent souvent à des brèches, il faut en conclure que, sur certains points, l'enfouissement est le résultat de deux causes différentes.

Si l'on n'admettait pas les idées émises par Buckland, on ne saurait s'expliquer pourquoi les nombreux ossements renfermés dans certaines cavernes appartiennent tous à la même espèce. En 1827, on retira de la grotte d'Osselle quatre grandes charretées d'os, appartenant tous à l'*Ursus spelœus* : il n'y avait point, parmi eux, de débris d'hyène. Dans la grotte de Kirkdale, les ossements appartenaient à un grand nombre d'espèces : ceux d'*Ursus spelœus* étaient très-rares, tandis que les restes d'hyène se rapportaient à près de trois cents individus. Aussi, Buckland a-t-il attribué à l'hyène seule l'accumulation des ossements dans les cavernes, en déclarant que dans les grottes où ne se trouvent pas d'ossements d'hyène, les os ont été introduits avec le limon et les graviers. Les ours vivent de graines et de fruits; ils sont bien moins sanguinaires que les autres carnassiers, et ils ne se nourrissent de chair que lorsqu'ils y sont poussés par la nécessité. Cette différence de régime explique parfaitement pourquoi, dans certaines grottes, les débris d'ours ne se montrent pas accompagnés d'os d'herbivores.

On a remarqué que les ossements de carnassiers sont plus

fréquemment intacts que ceux d'herbivores. Ceux-ci sont souvent marqués d'impressions généralement considérées comme des traces de dents. Dans certaines cavernes, on trouve des coprolites (*album vetus*) qui sont probablement les excréments des hyènes et des ours.

Les ossements accumulés dans les cavernes ont pu y être remaniés par les eaux, à la suite d'inondations passagères ; c'est pour cela que les squelettes ne s'y montrent pas entiers, et que les ossements de carnassiers ne vivant jamais ensemble, tels que les hyènes, les lions et les ours, se trouvent pêle-mêle sur le même point. L'intervention des courants d'eau, dans le phénomène qui nous occupe, rend compte de la conservation des ossements, qui sans cela se seraient décomposés. Ces ossements, enveloppés par le limon et les graviers comme le sont ceux que l'on rencontre dans les alluvions anciennes, ont dû leur conservation, d'abord au limon qui leur sert de guangue, et ensuite au glacis stalagmitique qui a intercepté le passage de l'air atmosphérique dans le magma dont ils constituent un des éléments. Ce fait nous explique pourquoi les ossements n'existent pas dans les cavernes où il n'y a pas de limon et de cailloux roulés.

Les cavernes et les brèches ossifères au point de vue chronologique. — De tout temps, des fissures et des cavités ont existé dans l'intérieur de l'écorce terrestre et ont reçu des débris des roches encaissantes : c'est ainsi que se sont comblées les failles se montrant dans tous les terrains et appartenant à toutes les époques géologiques. Pourtant le phénomène du remplissage des fissures et des cavernes par des débris d'animaux est relativement récent ; tous les ossements que l'on rencontre dans les cavernes appartiennent à des animaux de la période dite quaternaire, et les mollusques dont on y trouve les coquilles se rattachent à des espèces actuellement vivantes. Cette loi souffre à peine quelques exceptions pour les brèches.

Quelle que soit l'opinion que l'on adopte sur le mode dont s'est produit le remplissage des brèches et des cavernes à ossements, on est toujours amené à conclure que c'est là un phénomène essentiellement continental. Ce phénomène n'a pu se manifester qu'après l'apparition des mammifères, et non lorsque la plupart des animaux qui vivaient à la surface du globe étaient aquatiques ou amphibies.

Dans certaines fissures, et notamment dans celles du terrain sidérolitique, on a recueilli, mais rarement, des débris de lophiodon, de paléotherium, etc., c'est-à-dire de mammifères de la période éocène.

Pendant la période miocène, les eaux recouvraient la majeure partie de l'Europe, et ce n'est que lors de la période pliocène que le phénomène dont nous venons de nous occuper aurait pu se produire. Il ne date pourtant que du commencement de l'ère jovienne, et c'est là un fait dont il est aisé de trouver la raison.

Nous avons vu que l'introduction des ossements dans les cavités de l'écorce terrestre reconnaissait deux causes, le transport par les courants et l'intervention des animaux.

Pour ceux qui admettent une relation immédiate entre les phénomènes de transport et le remplissage des cavités intérieures par les ossements, il est évident que ce remplissage n'a pu s'effectuer qu'à dater du moment où l'action alluviale ou diluvienne s'est manifestée sur une large échelle, c'est-à-dire pendant l'ère jovienne.

Si l'on admet que les débris d'animaux existant dans les cavernes y ont été introduits par les animaux eux-mêmes, il

devient encore plus certain que le remplissage des cavernes
par les ossements n'a pu se manifester que pendant l'ère jovienne. La plupart des genres dont on y a signalé les débris,
et que leur mode d'existence attirait dans les cavités souterraines, ont eu une apparition récente. Pendant les périodes
éocène et miocène, la faune mastozoïque était surtout composée d'herbivores, ruminants et pachydermes. La faune pliocène, moins connue ou plus pauvre que celles qui l'avaient
précédée ou suivie, offre des caractères intermédiaires. C'est
pendant l'ère jovienne que les carnassiers se sont montrés
nombreux en espèces, en individus, et surtout en individus de
grande taille. Le genre *Ursus* ne date que de la période pliocène, et les débris d'espèces de ce genre sont très-rares dans
les terrains de cette période. On a vu que les hyènes avaient
joué, dans le remplissage des cavernes, un rôle très-impor-
tant ; or, ce que nous venons de dire du genre *Ursus* s'applique
également au genre *Hyæna*.

Des raisons semblables à celles qui viennent d'être données
peuvent nous expliquer pourquoi, dans les Pyrénées, les Alpes
et le Jura, les cavernes ne contiennent plus, au delà d'une certaine altitude, ni limon, ni ossements. Elles ont été inaccessibles aux courants d'eau, et peut-être moins habitées par des
animaux qui trouvaient dans la plaine un climat plus doux.

Quant à l'abondance des brèches autour de la Méditerranée,
elle a, sans doute, sa raison d'être dans les nombreuses dislocations du sol produites par les tremblements de terre qui,
pendant l'ère jovienne comme de nos jours, semblent s'être
manifestés de préférence dans cette région.

Formations fluviatiles, paludéennes et lacustres. — Les formations
fluviatiles sont dues aux mêmes agents qui déterminent l'éta-

blissement des terrains de transport; elles se distinguent des
alluvions proprement dites, parce que tous leurs caractères
accusent en elles un dépôt tranquille. Rarement les cailloux
roulés entrent dans leur composition; leur élément essentiel
est le limon, plus ou moins argileux et plus ou moins chargé
de sable fin. Leur stratification est régulière. Elles renferment
des débris de végétaux, quelquefois transformés en lignite, et
souvent de nombreux fossiles terrestres ou d'eau douce. Les
formations fluviatiles se forment surtout dans le voisinage des
embouchures des fleuves, et presque tout ce que nous dirons
des deltas leur sera applicable.

Les formations fluviatiles, qui se lient par des transitions
insensibles aux alluvions, passent de même aux formations
paludéennes ou des marais. Il y a également un passage
entre les formations paludéennes et les formations lacustres.
Les lacs diffèrent des mers par leur moindre étendue, et
les formations lacustres sont la reproduction, sur une petite
échelle, des formations marines. Il y a donc, des éboulis aux
dépôts marins, une série de formations intermédiaires fournissant un nouvel exemple des relations nombreuses qui
rattachent tous les phénomènes géologiques entre eux; ces
relations nous permettront de revenir sur quelques-unes des
questions qui n'ont pu trouver place dans ce chapitre déjà
trop long.

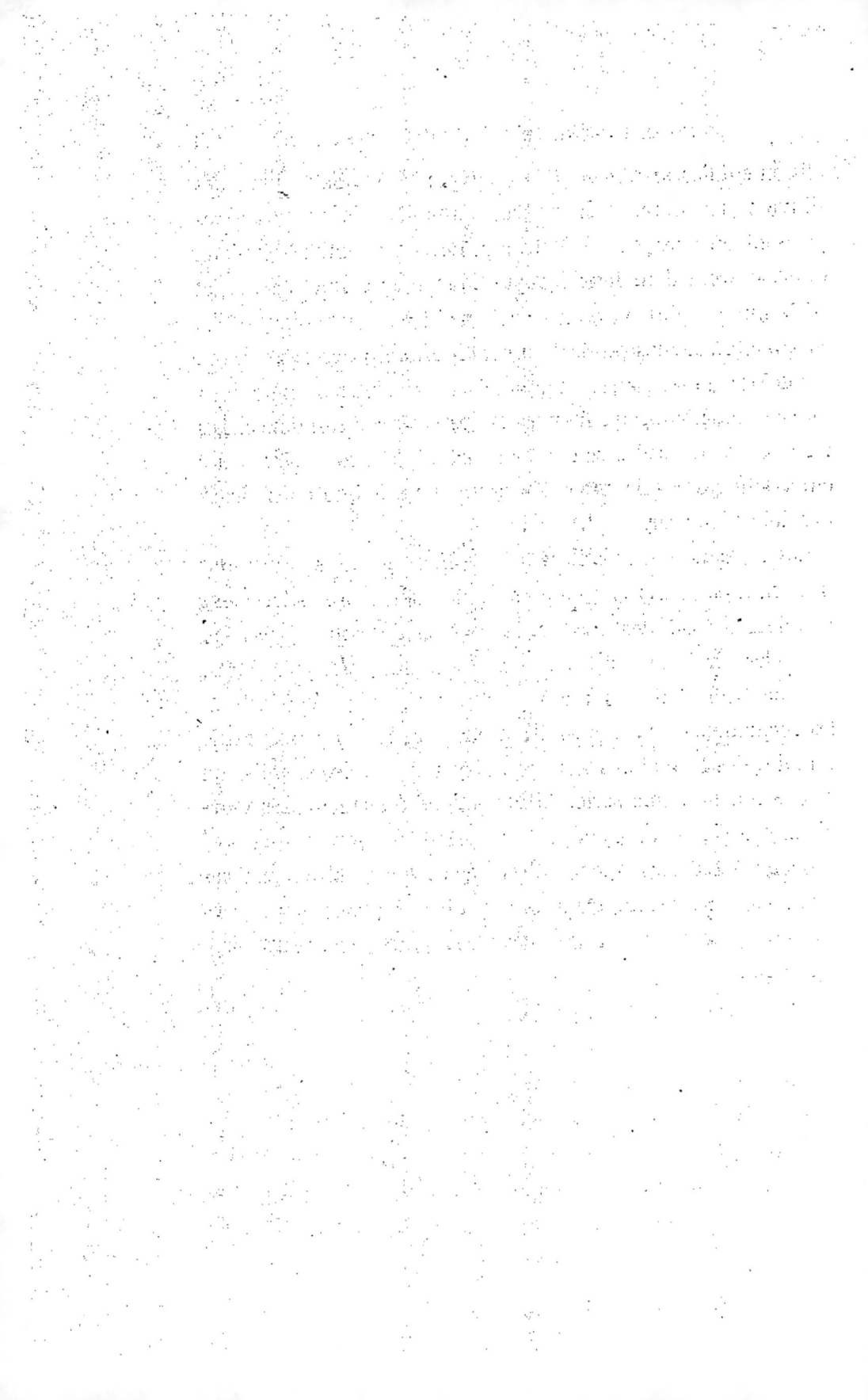

CHAPITRE IV.

**Alluvions : terrains d'atterrissement ou de transport formés sur le sol
émergé.** — Les débris détachés du sol, à la suite des actions
dont j'ai essayé de donner une idée dans le deuxième chapitre,
sont, tôt ou tard, saisis et transportés par les courants d'eau
jusqu'à ce que ceux-ci, ayant perdu par le ralentissement
leur puissance de transport, laissent tomber les objets charriés
par eux.

La puissance et la vitesse des cours d'eau restant la même,
la distance à laquelle les détritus de roches peuvent être
entraînés dépend de leur densité, de leur forme et de leur
volume. Evidemment, les corps les plus denses parmi ceux
qui ont le même volume, et les corps les plus volumineux

parmi ceux qui ont la même densité, doivent tomber les premiers au fond de l'eau. Si de deux corps ayant le même volume et la même pesanteur spécifique, l'un est sphérique et l'autre en lamelle, celui-ci restera plus longtemps en suspension dans l'eau parce qu'il éprouvera de sa part une plus grande résistance : c'est lui qui sera entraîné le plus loin.

Ces principes, sur lesquels est basée la méthode employée dans le traitement mécanique des minerais, sont mis en œuvre par la nature sur une échelle immense. Les courants exercent ainsi, sur les matériaux qu'ils charrient, une sorte de triage ou de lavage qui a pour résultat de déposer aux mêmes endroits ceux de ces matériaux qui se ressemblent par leur densité, leur forme ou leur volume. C'est pour cela que, dans les alluvions aurifères, l'or, en pépites ou en paillettes, se trouve concentré sur certains points; c'est pour cela également que, dans plusieurs pays, et notamment dans la Franche-Comté, les grains de minerai de fer se montrent plus ou moins débarrassés de l'argile ferrugineuse qui leur servait de guangue, lorsqu'ils sont arrivés à la surface du globe en vertu d'une action geysérienne très-énergique.

Les alluvions sont toujours le résultat d'une sédimentation mécanique. La rareté des éléments à l'état de molécule chimique est facile à comprendre. Sous l'influence des agents de transport, ces éléments finissent par atteindre le bassin des mers, le seul point où leur dépôt puisse s'effectuer. Ils sont accompagnés, dans leur trajet, par les corps flottants, comme le bois, quand ceux-ci ne sont pas rejetés par accident sur les bords du cours d'eau qui les charrie. Les grands fleuves, comme le Gange, le Nil, le Mississipi, ne portent plus, dans la partie inférieure de leur cours, que du sable très-fin ou du limon.

Les graviers, les cailloux et les blocs charriés par les cours d'eau, à mesure qu'ils s'éloignent de leur point de départ, diminuent de volume et prennent une forme de plus en plus arrondie. Ce double résultat est dû au frottement qu'ils exercent les uns sur les autres, et l'on conçoit pourquoi les corps les plus durs et les moins attaquables chimiquement par les agents atmosphériques peuvent persister le plus longtemps. Nous avons là l'explication d'un caractère assez constant présenté par beaucoup de terrains de transport et consistant en ce qu'ils sont composés, en totalité ou en majeure partie, d'éléments siliceux sous forme de cailloux roulés, de sable ou d'argile. Je pourrais citer de nombreux exemples de cette persistance de l'élément siliceux dans la composition des terrains de transport ; j'en mentionnerai un seul que j'emprunterai à une localité du Jura que j'ai déjà nommée (voir page 325).

On a vu que le plateau qui s'élève au sud de Besançon, entre la Loue et le Doubs, présentait les traces d'une puissante dénudation, à la suite de laquelle avait disparu une série d'assises comprenant les marnes oxfordiennes, le calcaire oxfordien, le terrain à chailles et l'étage corallien. Le terrain à chailles doit sa désignation aux rognons siliceux qu'il renferme, et ses fossiles sont aussi ordinairement pénétrés de silice. Or, les roches et les fossiles des terrains que je viens d'énumérer ont tous disparu, à l'exception des rognons siliceux et des fossiles du terrain à chailles : ceux-ci ont donné naissance à une couche qui peut recevoir le nom de terrain à chailles remanié. Le même fait s'observe sur un grand nombre d'autres points du Jura bisontin. Quant à l'époque de ce remaniement, elle coïncide avec celle des phénomènes de dénudation qui se sont produits dans les mêmes localités.

Les causes qui déterminent, dans les terrains de transport, la prédominance de l'élément siliceux, ont aussi pour consé-

quence d'y amener l'absence presque complète de fossiles.
Les coquilles, en se heurtant contre les débris de roches transportés avec elles, sont bientôt triturées, à moins qu'en vertu
de leur faible pesanteur le courant ne les entraîne à une plus
grande distance. Les ossements des mammifères, surtout ceux
de grande taille, ont plus de chances de s'y rencontrer et s'y
présentent quelquefois.

Les alluvions et les terrains de transport sont caractérisés,
non-seulement par leur situation toujours superficielle, par la
manière incohérente dont leurs matériaux sont réunis, par
l'absence habituelle de ciment entre ces matériaux, mais
aussi par leur stratification presque nulle et toujours irrégulière.

On a vu que les terrains, reçus au fond des eaux douces ou
marines, ne formaient pas, même sur un point restreint, une
masse continue, et qu'ils étaient séparés par des plans limitant
les couches ou strates. Ces plans, dans un même ensemble,
sont parallèles entre eux, et, primitivement, étaient horizontaux.

Les alluvions, de même que les terrains de sédiment, ne
constituent pas des masses non divisibles; mais les lignes de
séparation qu'elles présentent n'offrent aucune régularité. Elles
sont plus ou moins recourbées ou ondulées, rarement parallèles, jamais horizontales au moment de leur dépôt. Elles présentent divers degrés d'inclinaison, se placent en retrait les
unes par rapport aux autres, se croisent dans tous les sens
et s'interrompent mutuellement à chaque instant. Tout démontre, dans une alluvion, qu'elle s'est déposée sous des eaux
agitées, sujettes à des remous, à des contre-courants, et possédant des vitesses très-différentes sur des points rapprochés.

L'action alluviale pendant les temps antérieurs à l'époque jovienne. — Après avoir décrit, d'une manière générale, les phénomènes qui donnent naissance aux terrains de transport, il me reste à rechercher vers quelle époque l'action alluviale s'est manifestée pour la première fois, et à mentionner quelques-uns des principaux dépôts qui lui doivent leur origine.

Si, sous le nom de terrains de transport, on réunit tous les dépôts résultant d'une sédimentation mécanique et formés de débris plus ou moins volumineux, sans tenir compte du milieu où ces débris ont été reçus, il faut reconnaître que toutes les époques géologiques présentent des exemples de ces terrains.

Mais si l'on affecte spécialement la désignation d'alluvions aux terrains de transport qui ont été déposés sur le sol émergé, on est conduit à déclarer que les formations alluviales existant aujourd'hui ne sont pas antérieures à la période pliocène.

De vastes continents pour fournir une quantité considérable de détritus, de grands cours d'eau pour charrier tous ces débris et de larges dépressions pour les recevoir, — telles sont les conditions qui permettent à l'action alluviale de prendre tout son développement. Ces conditions, dont l'existence sur une large échelle est un des caractères de l'ère jovienne, se sont présentées pendant chaque période continentale, mais dans une plus faible proportion que de nos jours.

Remarquons encore que, pendant la période continentale paléozoïque, les débris de roches ont été reçus, d'abord dans les lacs où le terrain houiller s'est déposé, puis dans une dépression qui, vers le nord-est de la France, a été successivement occupée par les mers permienne et vosgienne. Dans aucun de ces cas, les terrains de transport ne s'étant formés dans les conditions que j'ai en vue, on ne peut les considérer

comme le produit d'une action alluviale proprement dite.
Pendant les périodes continentales tria-jurassique, crétacée et
nummulitique, les phénomènes d'érosion ont dû donner
naissance à une masse considérable de détritus; mais ceux-ci
ont été également reçus dans le bassin des mers : ils ont déterminé la formation de terrains de sédiment, et non de
terrains de transport. En outre, comme les terrains jurassique
et crétacé sont surtout constitués par des roches marneuses et
calcaires, leurs débris, en se dirigeant vers l'océan, se sont
de plus en plus réduits dans leur volume; les roches qu'ils
ont contribué à édifier ont rarement offert le caractère détritique.

Enfin, si nous nous rappelons qu'après chaque période continentale, la mer a repris possession de son domaine, et que
son retour a été marqué par des phénomènes de dénudation
s'exerçant avec facilité sur les terrains meubles, nous comprendrons sans peine que les traces d'action alluviale, se rattachant aux périodes paléozoïque, tria-jurassique, crétacée et
nummulitique, aient disparu en même temps que les dépôts
terrestres appartenant à chacune de ces périodes.

Premières alluvions. — Voyons maintenant ce qui s'est passé
pendant et immédiatement après la période néozoïque, à laquelle correspondent les systèmes miocène et pliocène.

Lors de la période miocène, les eaux douces et marines ont
recouvert la majeure partie de la France et des régions voisines; jamais, depuis les premiers temps géologiques, elles
n'avaient occupé, dans ces régions, une aussi vaste étendue.
Si le terrain miocène présente des alluvions, celles-ci doivent
être très-restreintes, et, pour ainsi dire, exceptionnelles.

Au commencement de la période pliocène, la mer, ainsi que

je l'ai déjà dit, a déserté la presque totalité de la France et des contrées situées au nord des Alpes. Pourtant, malgré l'extension des terres émergées, l'action alluviale ne s'est manifestée que lors du dépôt du conglomérat bressan, dont la place est indécise entre les terrains tertiaire et jovien.

Lac de la Bresse, conglomérat bressan. — Pendant presque toute la période pliocène, un lac a occupé la dépression qui se prolonge depuis Tournon jusqu'à Gray, en laissant, à l'est, le Jura et une partie des montagnes du Dauphiné; à l'ouest, le Morvan et les montagnes du Beaujolais et du Lyonnais.

Dans ce lac, se sont déposés des conglomérats, des sables quartzeux, des argiles bleuâtres ou jaunâtres avec fossiles d'eau douce, et lignite exploité à la Tour-du-Pin, à Soblay (Ain), etc. : tantôt le lignite est en couches régulières, tantôt les arbres qui le constituent accusent un transport violent.

Ce dépôt se divise en deux parties : le lignite et les argiles dominent dans la partie inférieure, et les conglomérats dans la partie supérieure, qu'ils semblent seuls constituer. Ces différences, dans l'aspect pétrogénique du dépôt, nous autorisent à penser que, vers la fin de la période pliocène, le lac de la Bresse était comblé; sur son emplacement, occupé peut-être par quelques marais ou flaques d'eau, il s'est répandu une masse alluviale que M. Elie de Beaumont, dans un mémoire déjà ancien, appelle le *conglomérat bressan*, et qu'il considère comme formant la partie la plus supérieure du terrain tertiaire. Ce conglomérat a reçu à tort le nom de diluvium alpin. Il a été aussi confondu avec un autre conglomérat renfermant des fossiles marins, dans les environs de Lyon; celui-ci appartient à la partie supérieure du terrain miocène ou de la molasse marine; il ne renferme jamais de cailloux alpins, tandis que ceux-ci existent dans le conglomérat bressan.

24

La formation qui vient d'être décrite se retrouve dans le département des Basses-Alpes, entre Digne, Manosque et Barjols, et dans le Sundgau, entre Bâle et Béfort. Elle n'existe pas sur le versant méridional des Alpes qui formait, lors de la période pliocène, le rivage de la Méditerranée.

Versant septentrional des Pyrénées. — Si l'on jette un coup-d'œil sur la partie sud-ouest de la carte géologique de la France, on voit le terrain pliocène recouvrir presque tout l'espace compris entre la Garonne et les Pyrénées. Dans le voisinage de cette chaîne, il forme un cône de déjection dont le Mont-Perdu est le point culminant, et qui est limité à l'ouest par le Gave de Pau, à l'est par la Garonne. Ce cône constituait jadis une masse continue que les cours d'eau ont érodée en la divisant en lanières qui donnent à tout l'ensemble un aspect digité.

Au sud de Bagnères, on remarque un amas de matières tumultueusement transportées, n'offrant que de faibles indices de stratification, et consistant en un limon sableux, assez grossier, qui renferme des cailloux quartzeux ; ces cailloux ont une tendance manifeste à se porter vers la partie supérieure où ils abondent, au point de joncher le sol. Ce dépôt persiste aux environs de Bagnères, où il repose immédiatement sur le terrain crétacé. Un peu plus loin, il constitue les coteaux qui accompagnent la vallée de l'Adour, et, à la hauteur de Tarbes, il laisse apercevoir, au milieu d'un amas limoneux jaunâtre, des niveaux d'une couleur plus claire, indiquant une stratification horizontale et formés par de petites masses grumelées de calcaire. A mesure que l'on s'avance vers le nord, on voit la stratification devenir de plus en plus nette à la base du dépôt ; en même temps, les cailloux roulés qui, dans le voisinage de la chaîne, se montraient au sein du terrain limoneux, vont se réfugier à sa partie supérieure.

Les faits précédents, presque textuellement extraits d'un travail récent de M. Leymerie (*Actes de la Soc. Lin. de Bordeaux*, tome XXIV), me paraissent susceptibles de recevoir l'interprétation suivante.

L'action alluviale a commencé à se produire immédiatement après le soulèvement des Pyrénées. Elle offrait déjà une certaine intensité vers le commencement de la période miocène, mais les débris qu'elle entraînait, après avoir subi une trituration prolongée, étaient reçus dans les lacs ou dans la mer qui venaient baigner le pied de la chaîne pyrénéenne. A la fin de la période miocène, les eaux douces ou salées se sont retirées par suite soit du comblement du bassin qu'elles occupaient, soit d'un soulèvement dans le sol. Les alluvions accumulées sur le versant septentrional de cette chaîne ont continué leur mouvement de progression, à la manière d'un glacier. Elles sont venues se répandre sur le terrain miocène récemment déposé, et l'emplacement qu'elles désertaient a été recouvert par des alluvions de formation nouvelle. Le même phénomène a persisté pendant la période pliocène. La prédominance des cailloux roulés vers la partie supérieure du dépôt limoneux correspond au moment où l'action alluviale a pris sa plus grande extension.

On voit que, lors de la période pliocène, il s'est passé, sur le versant septentrional des Pyrénées, quelque chose d'absolument semblable à ce qui s'est produit dans la dépression bressane. Dans la Bresse, les conglomérats dominent également vers la partie supérieure du terrain de transport qui, dans ce pays, représente le système pliocène. Le conglomérat bressan et la nappe de cailloux roulés dont il vient d'être question appartiennent à la même époque et dépendent de la même cause.

Littoral méditerranéen. — Le terrain pliocène, si puissant dans le bassin méditerranéen, s'y montre nettement divisible en deux étages. L'étage inférieur y est composé de marnes bleuâtres ou grisâtres, presque toujours marines, renfermant quelquefois des coquilles d'eau douce. Au-dessus de ces marnes bleues, viennent des sables quartzeux jaunâtres qui atteignent leur plus grand développement aux environs d'Asti, dans le Piémont. Dans tout le bassin méditerranéen, ils passent tantôt à des formations alluviales par l'accroissement du volume de leurs éléments et le changement du milieu où ceux-ci ont été reçus, tantôt à des bancs fluvio-lacustres. Le terrain de transport du val d'Arno et les formations alluviales, que j'ai vues très-développées, dans les environs de Barcelone, correspondent, en partie, au conglomérat bressan et aux alluvions anciennes du versant septentrional des Pyrénées.

Que faut-il entendre par ère jovienne? — Le problème relatif à l'époque où l'action alluviale et la plupart des phénomènes dont je parlerai dans les chapitres suivants se sont manifestés pour la première fois, est subordonnée à une question de géologie systématique que je ne puis traiter ici avec détails. Cette question est la suivante : Que faut-il entendre par ère jovienne et quel est le moment précis où elle commence ?

Pour nous, l'ère jovienne date du moment où les mers se sont renfermées dans leurs limites actuelles. Elle commence immédiatement après le dépôt des derniers sédiments marins de la période pliocène. Parmi ces sédiments se trouvent les sables jaunâtres de Montpellier et ceux des environs d'Asti; les uns et les autres renfermant des débris de *Mastodon brevirostris.* Les sables des Landes, qu'il ne faut pas confondre avec les dunes de la même région, le terrain lacustre à lignite de la Bresse, etc., se placent sur le même niveau géologique que les sables astiens.

Dans l'étude des phénomènes qui se sont manifestés lors de l'ère jovienne, ainsi que dans la division de, cette période en époques successives, j'établirai toutes mes déductions sur trois faits fondamentaux que je formule de la manière suivante :

1° *Dès le commencement de l'ère jovienne, le mode de répartition entre la terre-ferme et la mer était presque le même qu'aujourd'hui.* Les soulèvements locaux qui ont eu lieu sur le littoral méditerranéen sont trop restreints pour infirmer ce fait général. C'est surtout autour du massif scandinave que les mouvements du sol ont offert le plus d'importance : nous verrons dans quelle mesure ils doivent modifier les conclusions qui peuvent se tirer du principe général qui vient d'être posé. La partie centrale de l'Europe, et surtout le massif alpin, n'ont pas subi de changement important dans leur constitution topographique : les fleuves de l'époque actuelle coulent précisément dans les dépressions qui ont reçu les premiers glaciers et où se sont accumulés les anciens terrains de transport.

2° *L'ère jovienne a eu deux périodes pendant lesquelles les glaciers ont pris une grande extension, et à chacune de ces périodes correspond un minimum de température.* Entre les deux périodes glaciaires, il s'est écoulé un long intervalle de temps pendant lequel la température a été relativement élevée à la surface du globe.

3° Les modifications de climat qui ont eu lieu pendant l'ère jovienne proviennent surtout de changements dans la température du milieu sidéral où la terre a été successivement placée. *Elles se sont donc manifestées à la surface du globe d'une manière générale et synchronique pour toutes les contrées et pour les deux hémisphères.*

**Premières alluvions : phénomènes alternatifs d'érosion et de comble-
ment.** — L'ère jovienne étant définie et limitée ainsi que je
viens de le faire, on est naturellement conduit à reconnaître
que l'action alluviale, qui s'était à peine manifestée vers la
fin de la période pliocène, constitue un phénomène spécial
à ce troisième âge dans l'histoire géologique de notre planète.
Le rapide développement pris par l'action alluviale, au commencement de l'ère jovienne, était dû, en partie, à l'extension
des continents et à l'exhaussement des massifs montagneux.
Mais il provenait aussi d'une modification apportée dans le
climat à la suite de l'abaissement progressif de la température.

   Depuis le commencement de l'ère jovienne jusqu'à nos
jours, l'action alluviale a persisté en subissant, à divers intervalles, des moments de ralentissement, pendant lesquels elle
a été en partie remplacée par des phénomènes d'érosion et par
le creusement des vallées.

   La figure 17 est destinée à donner une idée de ces phéno-

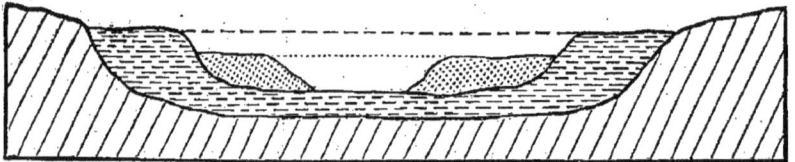

FIG. 17.

mènes alternatifs de comblement et de creusement des vallées.
Elle représente une première masse alluviale, indiquée par
de petits traits et dans laquelle les agents d'érosion ont creusé
une large vallée, en laissant de chaque côté deux terrasses qui
indiquent l'ancien niveau des eaux. Cette vallée a été, à son
tour, en partie remplie par un second terrain de transport représenté par la partie ponctuée de la figure. Puis, les agents

d'érosion ont creusé, dans ce second terrain de transport, une deuxième vallée, et ils ont agi avec assez d'énergie pour atteindre la première masse alluviale.

Caractères distinctifs du diluvium et des alluvions : alluvions remaniées. — Le mot *diluvium* a plusieurs significations en géologie. Il est quelquefois employé dans un sens chronologique et, pour beaucoup de géologues, il est le synonyme de l'expression terrain quaternaire. Mais le véritable sens qu'il faut attacher au mot diluvium est tout géogénique. Il doit désigner les terrains de transport qui se placent sous la dépendance des glaciers ; c'est ainsi que le diluvium alpin est formé par les cailloux roulés qui se sont accumulés dans la vallée du Rhône à la suite de la fonte des glaciers.

« En été, dit M. Ch. Martins, quand un glacier fond, le torrent qui sort de son escarpement terminal entraîne avec lui des fragments empruntés aux moraines ; il les roule, il les arrondit et les dépose à une distance plus ou moins grande du glacier. Le torrent ne s'échappant pas chaque année du même point de l'escarpement terminal, la vallée se trouve parcourue successivement dans toute sa largeur par des torrents qui la couvrent de cailloux. Nous pourrions multiplier les exemples qui montreraient qu'un glacier est, pour ainsi dire, précédé d'un diluvium qui lui doit son origine. Quand le glacier est en voie de progression, c'est sur le diluvium qu'il édifie ses moraines. Quand le glacier fond et se retire, c'est sur le diluvium qu'il laisse sa moraine profonde unie à la moraine superficielle, ce qui constitue le terrain erratique éparpillé. »

M. Agassiz a émis l'opinion que les galets rayés entraînés par les torrents des glaciers perdent leur burinage à peu de distance de leur origine, pour prendre l'aspect mat et uni des galets de transport aqueux. A l'appui de cette opinion, M. Ed. Collomb cite l'expérience suivante.

Une cinquantaine de galets rayés, de roche schisteuse assez dure, recueillis sur la moraine de Wesserling (Vosges), ont été mis dans un grand cylindre horizontal creux, en fonte, fermé aux extrémités par deux disques également en fonte et tournant sur son axe. Ces galets ont été préalablement mélangés avec un volume égal de sable de rivière et 25 litres d'eau, puis on a imprimé au cylindre un mouvement lent de 15 tours par minute seulement. Ce mouvement de rotation, en agitant les galets, le sable et l'eau dans tous les sens, imite l'action produite dans la nature par le frottement de ces cailloux les uns contre les autres dans le courant des rivières. Après six heures de mouvement, on en a retiré quelques-uns : les stries les plus délicates étaient déjà effacées, il restait encore la trace des raies plus profondément dessinées. Après vingt heures de mouvement, les stries ont complètement disparu ; il n'en restait pas trace sur les galets, qui avaient l'aspect des galets de rivière.

Le terrain de transport qui se forme dans la région immédiatement contigüe à un glacier peut recevoir le nom d'*alluvion glaciaire*. Son origine est accusée par les stries et les raies que les cailloux roulés qui la composent portent à leur surface ; mais à mesure que ces cailloux s'éloignent de leur point de départ, les stries s'effacent, et l'origine glaciaire d'un terrain de transport ne peut être reconnue qu'en consultant son âge et sa situation topographique.

Les terrains de transport, de même que les vallées où ils sont encaissés, se coordonnent par rapport aux massifs montagneux d'où proviennent les débris dont ils se composent. Lorsqu'ils dépendent de massifs montagneux occupés par les glaciers au moment de leur dépôt, on est naturellement conduit à leur accorder une origine glaciaire. Mais les traces de cette origine disparaissent vite à mesure que les terrains de transport, à la suite de remaniements successifs, se rapprochent de la mer. Ces remaniements successifs, qui s'opèrent après chaque station d'un amas détritique dans son trajet vers la mer, ont également pour résultat de rendre quelquefois difficile la détermination de l'âge précis d'un terrain de transport. Si une alluvion s'est reconstruite à une certaine distance du point où elle existait primitivement, et dont elle ne s'est éloignée qu'en partie, le géologue peut facilement se tromper lorsqu'il recherche l'âge de deux formations dont les caractères pétrogéniques sont identiques. Les chances d'erreur augmentent pour lui lorsque l'alluvion remaniée renferme des ossements de l'alluvion primitive.

Alluvions se rattachant aux massifs montagneux avec glaciers. — Les phénomènes glaciaires, qui ont marqué le commencement de l'ère jovienne, ne se sont pas montrés tout à coup; ils ont été précédés d'abondantes chutes de neige. La fusion totale ou partielle de cette neige donnait naissance, chaque été, à de grandes crues et aux débordements des cours d'eau, qui accumulaient ainsi autour d'eux de puissants amas de blocs et de cailloux roulés. Alors se sont déposées la plupart des formations alluviales qui, par leur âge, sont intermédiaires entre les terrains tertiaire et quaternaire des auteurs. Je citerai parmi elles : 1° le conglomérat bressan; 2° le terrain de transport qui se développe sur le versant septentrional des Pyrénées, et dont il vient d'être question; 3° celui qui recouvre la plaine de la Crau, etc.

Le refroidissement du climat avait eu pour conséquence la formation de puissants terrains de transport, les plus anciens

de ceux qui existent. Un autre abaissement de température
déterminé la première manifestation des phénomènes glaciaires.

Ce nouvel état de choses semblait devoir amener une recrudescence dans l'action alluviale; mais celle-ci, au contraire,
s'est ralentie. Les glaciers ont occupé un espace immense dans
l'hémisphère boréal. Les contrées recouvertes par la glace ont
été évidemment soustraites à l'action alluviale. En outre, les
neiges, au lieu de disparaître annuellement à la suite de fontes
subites et générales, se sont converties en une masse de glace
dont l'épaisseur et l'étendue ont été en croissant. Les pertes
faites par cette masse se sont produites par voie d'évaporation
à sa surface, ou de fusion très-lente au point de contact de la
glace et du sol sous-glaciaire. Par conséquent, les fleuves ont
reçu moins d'eau, et, ce qu'il importe de remarquer, ils en
ont reçu d'une manière plus régulière et plus continue.

On doit se faire une idée très-nette de ce qui s'est passé
au commencement de l'ère jovienne, lorsqu'on a égard au régime des eaux du Rhône, si abondantes pendant l'été, au
moment de la fonte des neiges, et si basses pendant l'hiver.
En été, les affluents du Pô sont taris sur sa rive droite, tandis
que ceux de la rive gauche sont grossis par les eaux provenant de la fonte des glaciers.

Ces changements dans le mode d'alimentation des cours
d'eau ont réagi sur le caractère des phénomènes qui se manifestent sur le sol émergé. Après avoir été des agents de comblement, les fleuves et les rivières sont devenus des agents
d'érosion : alors s'est opéré le creusement des vallées, et se
sont formées les terrasses indiquant l'ancien niveau des eaux
dans les bassins des fleuves, tels que le Rhône et la Garonne.

La fin de la première période glaciaire a été marquée

par une élévation de la température. A la suite de ce phénomène, qui n'a pas été accompagné de modifications importantes
dans le relief du continent européen, les glaciers ont perdu
tout l'espace qu'ils avaient conquis : ils ont rétrogradé vers
leur point de départ. L'action alluviale s'est ranimée ; la masse
des eaux mise en mouvement à la surface des continents s'est
accrue ; les courants fluviatiles ont pris une autre fois le caractère d'agents de comblement, et c'est alors que tous les dépôts
réunis, d'une manière générale, sous les noms de *diluvium* et
d'*alluvions anciennes*, ont commencé à s'opérer.

La seconde période glaciaire a vu se renouveler les phénomènes qui s'étaient manifestés pendant la première. Il y a eu
une époque où les glaciers ont repris une partie de leur ancienne extension, et pendant laquelle le phénomène du creusement des vallées s'est reproduit. Autour des massifs montagneux avec glaciers, cette époque a été précédée et suivie d'un
diluvium, c'est-à-dire de la formation de puissants terrains de
transport.

Ordinairement, le diluvium qui a précédé la seconde période
glaciaire et celui qui a suivi la première ne sont pas immédiatement superposés l'un à l'autre ; ils ne se suivent pas d'une
manière continue dans la série des siècles géologiques. Il existe
entre eux une ligne de démarcation résultant des phénomènes
d'érosion qui correspondent à l'intervalle pendant lequel la
température atteignait son maximum, en même temps que
l'action alluviale était très-ralentie. Dans les zones glaciale et
tempérée, qui sont celles que nous avons surtout en vue dans
ces considérations générales, une élévation de température
peut ralentir l'action alluviale en s'opposant à l'accumulation
des neiges et des glaces dont, par moments, la fonte subite
ravive ou entretient l'action glaciaire.

En résumé, l'ère jovienne a vu se succéder, autour des massifs montagneux, sept périodes, alternativement caractérisées par des phénomènes de comblement et de creusement des vallées : c'est là une classification théorique, et nous verrons par la suite que les faits concordent avec elle.

Alluvions se rattachant en totalité ou en partie aux massifs montagneux sans glaciers. — Dans ces contrées, la série des alluvions qui se sont déposées pendant l'ère jovienne se divise en deux grands groupes correspondant respectivement à la première et à la seconde période glaciaire.

Au premier groupe appartiennent, 1° le terrain de transport du val d'Arno, et tous les conglomérats qui, sur le littoral méditerranéen, se placent entre les sables astiens et le terrain dit quaternaire ; 2° les alluvions sous-volcaniques de la montagne de Perrier (Auvergne) : les débris de mammifères renfermés dans ces alluvions appartiennent, d'après M. P. Gervais, dont l'opinion fait autorité dans les questions de cette nature, à une faune intermédiaire par ses caractères entre les faunes pliocène et quaternaire proprement dites ; 3° les alluvions ponceuses de Palerme, etc. ; 4° les *alluvions anciennes* d'un grand nombre de contrées. C'est dans ces alluvions que se trouvent les gisements d'or exploités en Californie, en Australie et dans l'Oural ; ceux d'étain de la Cornouailles, et de fer en grain de divers pays. Ces alluvions renferment également le platine, le diamant et diverses pierres précieuses. Ces substances ont été détachées de leur gisement primitif par les agents atmosphériques, puis entraînées, lavées et triées par l'action alluviale. Enfin, c'est dans les alluvions anciennes qu'ont été rencontrés les seuls aérolites fossiles que l'on connaisse.

Les alluvions du second groupe indiquent, par tous leurs

caractères, une action alluviale moins intense que celle du commencement de l'ère jovienne. Parmi elles, se trouvent le *lehm* (*loess* en Allemagne), désignation que l'on donne en Alsace à un dépôt argileux très-puissant qui recouvre le diluvium et dont l'origine est complexe. Avec le lehm, citons les argiles des *pampas* de l'Amérique méridionale, les argiles diluviennes de beaucoup de pays, la *terre à pisé* des environs de Lyon, une argile avec nodules calcaires qui règne sur tout le littoral méditerranéen, etc.

Influence de la température sur l'action alluviale. — L'intensité des phénomènes de transport est en relation avec la quantité d'eau qui tombe de l'atmosphère; celle-ci dépend à son tour de la manière plus ou moins active dont l'évaporation s'effectue à la surface du sol; enfin, pour une contrée ou une époque quelconques, l'évaporation est d'autant plus forte que cette époque ou cette contrée jouissent d'un climat plus chaud. Or, les terrains de transport diminuent en importance à mesure que l'on s'éloigne des pôles pour se rapprocher de l'équateur, et, d'un autre côté, nous venons de voir que l'action alluviale avait atteint son plus haut degré d'énergie pendant chaque période glaciaire ou de froid. L'observation ne vient donc nullement confirmer cette première idée d'une relation entre l'intensité de l'action alluviale et l'élévation de la température. Indiquons les causes de cette contradiction apparente.

Dans la zone tempérée, il tombe plus d'eau en été qu'en hiver, et, pourtant, c'est en hiver que les rivières débordent. Mais en été, la pluie ne persiste pas, comme en hiver, pendant plusieurs jours ou pendant plusieurs semaines. En outre, l'écoulement des eaux est alors plus rapide, une partie des eaux pluviales est reprise par l'évaporation ou absorbée par la terre desséchée ; le niveau des rivières est plus bas. Aussi les désastres occasionnés par les orages d'été sont-ils ordinairement locaux.

La quantité annuelle de pluie est plus considérable sous la zone tropicale que sous la zone tempérée, mais des raisons du même ordre que celles qui viennent d'être invoquées expliquent pourquoi l'action alluviale n'y prend pas toute l'extension qu'on est porté à lui supposer dans ces régions. Sous l'équateur, lors de la saison des pluies, les jours pluvieux se suivent sans interruption, mais il ne pleut pas pendant toute la journée ; la nuit est presque toujours sereine, et, pendant la majeure partie de la saison pluvieuse, les nuages et la pluie n'apparaissent que pendant les heures brûlantes de la journée.

Mais ce qui contribue à donner une grande extension à l'action alluviale, ce sont la neige et la glace qui s'accumulent en hiver, surtout dans les massifs montagneux, et qui constituent des réservoirs, destinés à déterminer un écoulement d'eau subit, lorsque la température s'élève tout d'un coup. Il n'est donc pas étonnant qu'une période ou une région à climat froid soient favorables au développement de l'action alluviale.

CHAPITRE V.

Les phénomènes géologiques dont il va être question dans
ce chapitre sont le produit complexe des agents qui fonctionnent sur le sol émergé et de ceux qui opèrent au sein de
l'océan. Je diviserai leur étude en trois parties. J'indiquerai,
en premier lieu, la disposition générale de l'appareil littoral.
Puis, après avoir fait remarquer que la zone littorale est le
siége de deux ordres d'actions géologiques bien distincts, je
m'occuperai d'abord de celles qui tendent à augmenter l'étendue de la terre-ferme et, ensuite, de celles qui déterminent
l'empiètement de la mer sur les continents.

Appareil littoral. — « Le bourrelet de matières meubles que
la mer élève sur ses bords comme pour clore son domaine

peut être désigné sous le nom de *cordon littoral*. En y joignant les *dunes*, auxquelles le cordon littoral donne naissance lorsqu'il est formé de sable fin, non argileux, les *lagunes* qui accompagnent souvent le cordon littoral, les *barres*, situées à l'entrée des rivières, etc., on a un ensemble que l'on peut appeler *appareil littoral*. Celui-ci dessine le rivage de la mer d'une manière très-nette : en dehors est le domaine de la mer, et en dedans celui de la terre ; en dehors l'agitation, en dedans le calme. » (Elie de Beaumont ; *Leçons de géologie pratique.*)

L'appareil littoral, souvent très-compliqué sur les points où le sol, au bord de la mer, est presque horizontal, se simplifie de plus en plus à mesure que la pente du terrain augmente. Lorsque la côte est abrupte, il se réduit à un cordon de cailloux roulés et de gravier provenant ordinairement des falaises au pied desquelles ils s'accumulent.

Barres. — Les *barres* sont la continuation du cordon littoral, à l'embouchure des fleuves et à l'entrée des baies ou des ports. Elles sont formées de sables et de galets : souvent elles obstruent l'embouchure des fleuves et des rivières, ainsi que cela s'observe pour l'Adour.

Plages. — Sous le nom général de *plages*, on peut désigner toute la partie du littoral comprise entre la ligne des basses eaux et le point où commencent les lagunes, les dunes ou la terre végétale. Dans les mers où la marée se fait sentir, une partie de la plage est alternativement recouverte et abandonnée par les eaux. La partie que les eaux n'atteignent pas peut être considérée comme une extension du cordon littoral.

Lagunes, marais littoraux, étangs maritimes. — Derrière le cordon littoral, se montrent souvent de petits lacs ou des flaques d'eau, qu'on peut appeler des *lagunes* en employant la désignation qu'on leur donne à Venise (en italien *laguna*; du latin *lacuna*, petit lac).

Les lagunes sont quelquefois le résultat des eaux qui proviennent de la pluie ou des ruisseaux, et qui sont retenues par le cordon littoral ou par la ligne des dunes. Ces eaux s'accumulent jusqu'à ce que la rupture fortuite du cordon littoral leur permette de prendre leur écoulement vers la mer. « La Hollande proprement dite n'existe qu'à la faveur des dunes; tout ce pays, ainsi que la partie littorale de la Flandre, la Zélande, la Frise, ne sont que des lagunes en partie comblées. La mer de Harlem et quelques nappes d'eau intérieures correspondent, en Hollande, aux étangs qui existent derrière les dunes de Gascogne. » (Elie de Beaumont, *Leçons de géologie pratique.*) Le niveau de ces lagunes se trouve tantôt au-dessus, tantôt au-dessous de celui des hautes marées : ce dernier cas se présente surtout lorsque l'évaporation devient considérable dans la lagune.

Les lagunes résultent encore de la transformation des baies par suite du développement des barres formées sur le point où la baie communique avec la mer : dans ce cas, il peut arriver que le niveau de la lagune soit même inférieur à celui des basses eaux.

La surface du globe présente des inégalités au fond de la mer de même que sur les continents : si, dans une mer peu profonde, il existe, à une faible distance de la côte, une arête, celle-ci retiendra les débris que la mer repousse vers ses bords pour former son cordon littoral. La portion de la mer, comprise entre cette arête et le continent, deviendra une lagune. Telle est l'origine de la plupart des lagunes, et principalement de celles qui conservent avec la mer une communication par un canal qui porte les noms de *passe* dans divers pays, et de

25

grau sur le littoral du Languedoc, de la Catalogne et du royaume de Valence.

Toutes les lagunes ne sont pas également profondes. Quelques-unes ont assez de profondeur pour que des barques de pêcheur et même des bateaux à vapeur puissent y naviguer : elles doivent alors être appelées *étangs maritimes;* je citerai comme exemple l'étang de Thau, près de Cette. Dans d'autres cas, les lagunes, en se comblant insensiblement, deviennent de véritables marais, tels que les marais Pontins, les maremmes de Toscane, etc.

Dunes: mécanisme de leur formation; leur mouvement de progression. — Lorsqu'une plage sablonneuse est faiblement inclinée, le sable dont elle se compose se dessèche sous l'influence de la chaleur solaire, chaque fois que la mer se retire. Il est ensuite entraîné par le vent qui souffle du large, puis, par son accumulation sur divers points, il donne origine aux monticules qu'on appelle *dunes* (*dun*, en celtique, lieu élevé).

Ces monticules présentent un plan incliné du côté de la mer et se terminent, du côté opposé, par un talus d'éboulement. Leur élévation n'est pas ordinairement supérieure à 15 ou 20 mètres; ce n'est que dans les cas exceptionnels qu'elle peut atteindre 80 mètres.

Parmi les contrées où les dunes acquièrent une grande extension, il faut citer les côtes des Pays-Bas, de la Vendée, de la Gascogne, du désert de Sahara, de la Patagonie, etc. « A l'ouest de Calais, la côte est élevée et présente des falaises de craie. Au point où cessent les falaises, commencent immédiatement les dunes, qui s'étendent, presque sans interruption, jusqu'à la pointe septentrionale du Jutland. Quand on parcourt les prairies de la Hollande et que la vue n'est pas bornée par les arbres, on ne peut cependant pas voir la mer, ni même la mâture des vaisseaux qui y naviguent, à cause de l'élévation des dunes qui bornent la vue. Des promenades de La Haye et des remparts de Harlem on voit l'horizon bordé par la ligne des dunes. Ici les dunes constituent une zone fort large : quand on ne connaît pas les sentiers qui serpentent au milieu du labyrinthe de leurs monticules, on peut s'y perdre de manière à errer un jour entier. » (Elie de Beaumont, *Leçons de géologie pratique.*)

Les dunes prennent un développement bien plus grand sur les côtes de l'Océan que sur celles de la Méditerranée et des mers intérieures où la marée ne se fait pas sentir. Sur les côtes de l'Océan, le reflux a pour effet de donner bien plus de largeur à la zone qui, sous l'influence desséchante de l'air et de la chaleur solaire, alimente les dunes. Sur les côtes de la Méditerranée, les eaux marines ne se retirent que lorsque le vent souffle du côté de la terre, mais alors le sable tend plutôt à rejoindre la mer qu'à l'abandonner.

Si, sur les points où des dunes existent, le vent souffle autant du côté de la mer que du côté de la terre, ces dunes occupent toujours la même étendue : ce qu'elles gagnent un jour, elles le perdent le lendemain. Mais si le vent dominant vient de la mer, les dunes croissent indéfiniment, sinon en élévation, du moins quant à l'espace qu'elles recouvrent. Elles forment des collines ambulantes qui s'avancent progressivement dans l'intérieur des terres. « Les dunes une fois formées, le vent ne les laisse pas en repos : en faisant ébouler leur sommet et en élevant le sable sur leur plan incliné, il les chasse sans cesse devant lui, puis il en fait naître d'autres à la place qu'elles abandonnent, au moyen du sable qui vient de la plage. La masse des dunes s'avance ainsi vers l'intérieur à

peu près comme les vagues de la mer, mais non avec une régularité complète; elle s'avance successivement en différents
points : tantôt c'est un point, tantôt c'est l'autre qui s'avance.
S'il existe au bord de la mer un grand espace uni, les dunes
l'envahissent; elles ensevelissent les terres qui étaient couvertes de végétation, les terres cultivées, et même les villages.
Les dunes de Gascogne, en s'avançant vers l'intérieur des terres,
font reculer les nombreux étangs qui leur doivent leur existence et dont les eaux empiètent sur les landes, en s'élevant de
plus en plus. » (Elie de Beaumont, *Leçons de géologie pratique*.)

Aux environs de Saint-Pol-de-Léon, en Basse-Bretagne, il y
a, sur le bord de la mer, un canton qui, avant 1666, était habité et qui, cinquante ans après, était recouvert de sable jusqu'à une hauteur de vingt pieds : dans le pays submergé, on
voyait encore quelques pointes de clochers et quelques chemi-
nées sortant de cette mer de sable. Le mouvement de progression des dunes avait été de 537 mètres par an.

Les dunes de la Gascogne ont également recouvert des
villages dont les noms sont mentionnés dans les titres du
moyen-âge, et dont il n'existe plus que le souvenir. Elles s'a-
vancent souvent de 23 mètres par an, et si leur progression
était toujours la même, elles arriveraient à Bordeaux dans
2000 ans. Mais il s'en faut de beaucoup que toutes les dunes
s'avancent d'une manière aussi rapide, et progressent en même
temps.

L'appareil littoral pendant les temps géologiques : ère des dunes.
— Tout ce que j'ai dit relativement aux dépôts terrestres,
considérés au point de vue chronologique, est également vrai
pour l'appareil littoral et pour les parties dont il se compose.

Pendant toute la durée des temps géologiques, l'océan a

rejeté sur ses bords du sable, du gravier et des coquilles brisées pour former son cordon littoral; les vents du large ont
toujours eu pour conséquence, dans les régions basses, la formation de dunes; des lagunes, destinées à être insensiblement
comblées, se sont échelonnées, à toutes les époques, le long
des côtes. Mais toutes ces formations ont disparu chaque fois
que l'océan a changé de rivages, tantôt balayées par la mer,
lorsque celle-ci envahissait les continents, tantôt entraînées
vers elle lorsqu'elle s'éloignait de ses rives.

L'appareil littoral actuel ne date donc que du moment où
la mer s'est renfermée dans les limites qu'elle possède maintenant, c'est-à-dire du commencement de l'ère jovienne qui
peut, à juste titre, recevoir le nom d'*ère des dunes*. (Voir,
page 364, le sens qu'il faut accorder aux mots: ère jovienne.)

« Les dunes s'étendent sans cesse, et il est aisé de concevoir
que la largeur totale de la bande de terrain occupé par elles
forme une espèce de chronomètre, un immense *sablier naturel*. Pour bien concevoir toute la valeur de la mesure chrono-
métrique fournie par les dunes de Gascogne, il faut remarquer
combien la ligne de la côte bordée par les dunes est peu ondulée : elle s'étend entre deux points fixes, l'un près de la pointe
de Grave, en face des falaises de Royan, l'autre près des falaises
de Biaritz. La plage que bordent les dunes, entre ces deux points
invariables, étant sensiblement rectiligne, et se trouvant à peu
près sur la ligne d'intersection du plan prolongé de la surface
des landes avec la surface de la mer, il est clair que ce doit
être à peu près là sa disposition originaire. Elle ne pourrait
avoir eu une disposition notablement différente que dans le
cas où il serait survenu des changements récents dans les niveaux relatifs de la terre et de la mer, ce que rien n'indique,
d'une manière générale, sur cette côte. Les dunes qui les bor-

dent sont donc à peu près dans la position où le phénomène a
dû commencer. Cette remarque est commune à plusieurs
autres contrées, quoiqu'elle ne soit pas universelle. » (Elie de
Beaumont, *Leçons de géologie pratique.*)

Le sable des landes qui supporte immédiatement les dunes
de Gascogne est un ancien fond de mer qui s'est formé pendant la période pliocène, et dont l'émergement date du commencement de l'ère jovienne. La largeur moyenne de ces
dunes est de 6 à 8 kilomètres. Par conséquent, si l'on con-
naissait le nombre des années qui se sont écoulées depuis
le commencement de l'ère jovienne, une simple division
nous donnerait le taux moyen de leur avancement. D'un autre
côté, si, ce qui n'est peut-être pas impossible à obtenir, on
pouvait arriver à la connaissance de ce taux moyen, il serait
permis d'apprécier la durée de l'ère jovienne. Une progression
de un mètre par année correspondrait à une période de
8000 ans, nombre qui est évidemment trop faible pour représenter la durée de l'ère jovienne, mais qui doit nous autoriser
à penser que cette durée n'est pas aussi considérable que
le pensent plusieurs auteurs.

Ce que nous venons de dire des dunes de Gascogne peut
s'appliquer aux dunes des autres contrées. Pour la plupart,
elles remontent à la même époque, et, lorsqu'elles recouvrent
une zone très-étendue, elles reposent sur un sol dont la formation ou l'émergement datent de la fin de la période pliocène.

La *geest*, par rapport aux dunes de la Belgique et de la
Hollande, se trouve, au point de vue géognostique et chronologique, dans la même situation que le sable des landes par
rapport aux dunes de Gascogne. J'en dirai à peu près autant
des sables pliocènes de Montpellier, par rapport aux dunes du
delta du Rhône.

Ce qui peut rendre difficile l'emploi des dunes comme chronomètre, c'est que, dans certaines localités, le rivage de la mer a pu se déplacer par suite des mouvements du sol qui s'effectuent sous nos yeux. La mer tend encore à se retirer par suite des atterrissements formés par les fleuves à leur embouchure. C'est pour cela que plusieurs contrées, et notamment la côte occidentale du Danemark, présentent une double rangée de dunes : évidemment, dans ce cas, la rangée la plus intérieure, par rapport aux continents, est la plus ancienne. Vers les premiers temps de l'ère des dunes, le cordon littoral, à l'embouchure du Rhône, n'occupait pas le même emplacement que de nos jours. Il passait auprès et au nord-ouest d'Aigues-Mortes, et, sur ce point, situé à 6 kilomètres environ de la Méditerranée, on voit encore l'ancienne ligne des dunes, en partie couverte de forêts de pins. Ces anciennes dunes sont bien antérieures aux temps historiques. Entre l'emplacement qu'elles occupent et le cordon littoral moderne, se trouvent des lagunes et des marais. La ligne ancienne et la ligne actuelle des dunes se réunissent entre Aigues-Mortes et Manguio, et se prolongent, ainsi confondues, jusqu'au cap de Creuss.

Pour éviter toute équivoque, je dois faire remarquer, en terminant ces considérations, que, pour moi, l'ère des dunes est plus ancienne que ne semblait l'admettre M. E. de Beaumont, lorsqu'il disait, dans l'admirable ouvrage auquel je fais de si fréquents emprunts : « Nous voyons par la faiblesse de la largeur de la bande des dunes, comparée à son extension incessante, que le moment où le mouvement a commencé n'est pas très-reculé. Il y a certains végétaux, dont deux vies successives forment un total aussi long que toute l'ère des dunes; il y a même peut-être des végétaux aussi anciens que le commencement des dunes actuelles. C'est dans ce cadre extrême-

ment simple que se trouve renfermée toute l'histoire des
hommes. »

En admettant que, parmi les dunes actuelles, il y en ait qui
datent du commencement de l'ère jovienne, je suis conduit
à les considérer comme un chronomètre qui ne doit fournir
que des indications approximatives. Pendant la période jovienne, des changements ont été apportés au climat et à la constitution topographique de chaque contrée; ces changements
ont pu réagir sur la marche des dunes, ralentir ou accélérer
leur mouvement de progression et en modifier la direction.

Deltas: circonstances favorables à leur formation.— Dans certaines
circonstances que je vais indiquer, un fleuve, avant d'être reçu
par la mer, se divise en deux ou plusieurs branches, dont les
plus extérieures dessinent avec le littoral un triangle plus ou
moins régulier. Ce triangle rappelle quelquefois par son aspect
la lettre grecque Δ; de là le nom de *delta* que l'on a donné,
dans l'antiquité, à la région basse comprise entre les branches
du Nil, et qui sert à désigner aujourd'hui les terrains que les
fleuves forment à leur embouchure.

Parmi les circonstances qui peuvent favoriser et rendre plus
rapide la formation d'un delta, je mentionnerai les suivantes :

a) L'importance d'un delta est évidemment en relation avec
la masse des matériaux charriés par le fleuve auquel il appartient. Elle dépend, par conséquent, de l'étendue du bassin
hydrographique arrosé par ce fleuve et par ses affluents. C'est
pour cela que le delta du Mississipi est, après celui du Gange,
le plus important de tous ceux qui existent.

b) Les deltas se forment surtout à l'embouchure des fleuves
qui se rendent dans des mers intérieures où la marée est nulle
ou très-peu sensible.

Lorsque le flux pénètre dans le lit d'un fleuve, il s'établit, entre le courant marin qui monte et le courant fluviatile qui descend, une lutte déterminant une grande agitation dans les eaux, et, par suite, des phénomènes d'érosion sur les rives du fleuve. Au moment du reflux, les eaux du fleuve, après s'être accumulées, s'écoulent vers l'océan avec une grande rapidité : elles entraînent non-seulement tous les matériaux qu'elles avaient charriés, mais aussi tous les débris résultant de l'usure des rives du fleuve. Dans ce cas, le lit de ce fleuve se creuse et s'élargit; il ne se forme pas de dépôts à son embouchure : il y a, selon l'expression de Rennell, *delta négatif*. Il en est ainsi pour la Tamise, le Tage, le Saint-Laurent, l'Amazone, etc. Ce dernier fleuve donne origine à un courant d'eau douce qui persiste jusqu'à cent lieues de son embouchure; les sédiments qu'il apporte avec lui sont saisis par le courant équatorial et vont constituer, le long de la côte de Guyane, des hauts-fonds limoneux qui se convertissent en marais et en terre-ferme. Ces hauts-fonds sont, pour ainsi dire, l'équivalent du delta qui aurait dû se produire à l'embouchure de l'Amazone.

Dans la lutte que je viens de décrire, il peut arriver que la masse des eaux d'un fleuve soit assez considérable pour que l'avantage lui reste, et que le delta se produise même dans une mer où la marée est assez forte : c'est ce qui a lieu pour le Gange. Quant au Mississipi, il se trouve dans des conditions intermédiaires entre celles qui viennent d'être énumérées; puisqu'il est reçu par une mer intérieure, le golfe du Mexique, où la marée est peu sensible; son delta est intermédiaire entre les deltas méditerranéens et les deltas océaniens.

c) Un courant marin peut favoriser ou contrarier la formation d'un delta. Il la favorise lorsque sa direction est perpendiculaire au littoral : il la contrarie lorsqu'elle lui est parallèle;

dans ce cas, les matériaux apportés par le fleuve sont saisis par un courant marin transversal, et transportés à une distance quelquefois considérable de son embouchure.

d) Une mer est d'autant plus tôt comblée, et se prête d'autant mieux à la formation rapide d'un delta, qu'elle est peu profonde. Le delta du Pô progresse rapidement, parce que ce fleuve se rend dans une mer d'une faible profondeur, l'Adriatique.

e) Lorsque la région où un fleuve édifie son delta est séparée de la mer par le cordon littoral, la formation du delta marche d'une manière plus rapide. Le cordon littoral retient la majeure partie du limon et du sable qui est apportée par le fleuve. Il protège, pour ainsi dire, le fleuve dans son rôle d'agent de reproduction. Lorsqu'un fleuve franchit son cordon littoral, ainsi que le fait le Mississipi, la formation de son delta se trouve ralentie; les matériaux qu'il charrie doivent se répartir sur une plus large surface, et les amas qu'il parvient à constituer sont quelquefois détruits pendant les grandes tempêtes.

f) L'homme exerce également une influence sur le mode de progression des deltas, et nous avons, dans cette influence, un exemple des modifications que la civilisation pourra, par la suite, apporter au mode de développement des phénomènes géologiques.

En défrichant le sol et en détruisant les forêts, l'homme augmente la masse des eaux qui, lors des fortes pluies, s'écoulent par les rivières. Il rend ainsi plus considérable la quantité des débris que celles-ci charrient. Il agit dans le même sens en endiguant les cours d'eau.

L'observation de ce qui se passe pour le Nil, le Pô et le Mississipi, démontre l'influence exercée par l'endiguement sur la rapidité avec laquelle un delta peut s'édifier.

Les grands travaux d'endiguement du Pô et une partie des défrichements des revers méridionaux des Alpes ont eu lieu du treizième au dix-septième siècle. Depuis lors, l'embouchure de ce fleuve s'est avancée avec une grande rapidité dans l'intérieur de l'Adriatique : l'endiguement a eu pour résultat, non-seulement d'accroître la masse des matériaux transportés par le Pô vers la mer, mais aussi d'exhausser de plus en plus son lit qui, actuellement, se trouve plus élevé que les maisons de Ferrare.

Les mêmes causes ont produit les mêmes effets pour le Mississipi, depuis que l'industrie de l'homme a pris possession de la vaste région parcourue par ce fleuve ou par ses affluents. Mais, fait observer M. Elie de Beaumont, tout semble annoncer que la rapidité singulière avec laquelle s'allonge aujourd'hui le Mississipi est un phénomène temporaire, et pour ainsi dire artificiel.

Les habitants de l'Egypte, au lieu de retenir par des digues les eaux du Nil à l'époque de chaque crue, les reçoivent dans des canaux, afin de les répandre d'une manière plus complète sur le sol de leur pays. Aussi, le delta du Nil croît-il d'une manière bien moins rapide que ceux du Mississipi et du Pô, quoique ce dernier fleuve ait un cours relativement peu étendu. Le contour du delta du Nil n'a pas subi de changement important pendant les temps historiques, tandis que ceux du Pô et du Mississipi ont rapidement dépassé leur cordon littoral. Après avoir franchi son cordon littoral, le Mississipi forme un môle qui s'avance au milieu du golfe du Mexique et se termine par cinq bouches disposées en patte d'oie.

Constitution générale d'un delta. — Lorsqu'un fleuve atteint la région où son delta s'édifie, sa pente devient de plus en plus faible, son courant se ralentit, et la masse de ses eaux accumulées sur un même point augmente. D'un autre côté, son lit se comble de plus en plus. Il n'est donc pas étonnant que le fleuve tende à changer de lit, et, dans ce changement, à prendre plusieurs directions à la fois.

Mais la circonstance qui contribue le plus à la division d'un fleuve en plusieurs branches, au moment où il va se jeter dans la mer, c'est le mode dont il répartit autour de lui les détritus qu'il a transportés.

Avant d'atteindre son delta, un fleuve coule au milieu d'une région dont la forme se ramène à celle de deux plans inclinés dans le même sens. La rencontre de ces deux plans détermine une *ligne anticlinale* ou *thalweg* qui coïncide avec le lit du fleuve. D'après cette disposition, représentée par la figure 18, on conçoit que les eaux du fleuve, dans chacun de ses débordements, n'en continuent pas moins à se diriger parallèlement au cours d'eau dont elles ont déserté le lit. Sur les bords du fleuve, momentanément élargi, elles opèrent comme agents de dénudation plutôt que de dépôt, et lorsqu'elles laissent après elles des amas de sable et de gravier, ceux-ci tendent à former des masses terminées par des surfaces à peu près horizontales. La manière dont se déposent les détritus apportés par les affluents du fleuve explique pourquoi la vallée qu'il arrose se présente sous la forme de deux plans inclinés dans le même sens.

Mais lorsque le fleuve se rapproche de son delta, il coule au milieu d'une vaste région sensiblement plane; ses eaux, à chaque crue, suivent, en s'éloignant de son lit, une direction plus ou moins transversale par rapport à la sienne, et comme leur vitesse diminue à mesure qu'elles s'éloignent du fleuve, leur puissance de transport s'affaiblit. C'est donc près des rives du fleuve que la plus grande partie des détritus charriés par les eaux débordées et les plus volumineux d'entre eux tendent à se déposer; il se produit ainsi un plan incliné de chaque côté de son lit, et ce lit coïncide avec le sommet d'un angle dièdre. Les rives du Mississipi sont la partie la plus sèche de la basse Louisiane; auprès et au-dessus de la Nouvelle-Orléans, il existe, entre le bord du Mississipi et un point situé à 2100 mètres de ce fleuve, une différence de niveau de $3^m,55$. La même chose s'observe, quoique à un moindre degré, pour toutes les branches de ce fleuve, qui coulent également au sommet d'un dos-d'âne.

La disposition que je viens de décrire, et dont la figure 19 donne une idée, s'observe à l'embouchure de tous les grands fleuves, et notamment du Nil, du Pô, du Rhône; les travaux de l'homme tendent même à la rendre plus nettement accusée. Elle favorise la tendance de tous les fleuves à se bifurquer plusieurs fois près de leur embouchure : elle rend compte de l'existence des lagunes et des marais qui se montrent entre les diverses branches par lesquelles un grand cours d'eau arrive à la mer; elle explique enfin pourquoi un bras du delta, après avoir fonctionné pendant un temps plus ou moins long, s'obstrue et cède la place à une ou à plusieurs autres branches.

« Le Mississipi forme d'abord dans la mer des bas-fonds qui se couvrent d'une forte végétation de plantes aquatiques et de véritables forêts de roseaux. Chaque année la crue du fleuve ensevelit leurs tiges sous une épaisse couche de limon qui, en s'y fixant, élève le fond d'une quantité variable, et sert de sol à une nouvelle végétation, sur laquelle viendra se déposer un nouveau lit d'argile. Les débris de forêts entraînés à la mer et refoulés par la vague, ou entassés sur les battures du fleuve, se réunissent en radeaux ou forment des amas puissants qui, bientôt recouverts de limon, servent de sol à d'innombrables plantes. Les rives du fleuve, toujours plus exposées aux causes d'atterrissement que d'autres lieux plus éloignés, s'élèvent ainsi rapidement, et, grâce à cette circonstance, le Mississipi a fini par couler au sommet d'une colline d'irrigation. Par suite de cette structure, les débordements qui franchissent les rives du fleuve ne peuvent plus rentrer dans son lit. Les eaux qui le quittent sans retour suivent alors des canaux innombrables nommés *bayous*, traversant des étangs et formant ainsi des espèces de rivières en chapelet. Les bayous se comportent à leur tour comme l'artère dont ils émanent : leurs rives s'élèvent, et, en débordant, ils donnent naissance à des bayous de second ordre. » (Thomassy, *Géologie pratique de la Louisiane.*)

J'ai déjà dit que les fleuves ne charriaient pas habituellement de cailloux roulés jusqu'à la mer ; les gros graviers transportés par le Gange s'arrêtent dans son lit à 400 milles de la mer et à 180 milles en amont de l'origine du delta. Au delà de Plaisance, le Pô ne charrie plus de cailloux. Les dépôts qui constituent un delta sont exclusivement formés de limon et de sable. Aux dépôts limoneux et sableux se mêlent des troncs d'arbres charriés par le fleuve et des amas de tourbe déposés dans les marais et dans les lagunes qui existent entre les branches du fleuve après sa bifurcation. Ces dépôts contiennent encore des coquilles terrestres ou d'eau douce, auxquelles se mêlent des coquilles d'eau saumâtre et plus rarement des coquilles marines. Le sol du delta doit également enfouir les débris d'animaux de plus grande taille, tels que les alligators vivant dans le delta du Mississipi, ainsi que dans celui du Gange, qui est également habité par des tigres.

Tous les deltas, dit M. Elie de Beaumont, semblent modelés sur le même type fondamental. Les détails qui précèdent, et dont une bonne partie est empruntée aux *Leçons de géologie pratique*, s'appliquent, par conséquent, à tous les deltas qui existent.

En résumé, un delta se présente sous la forme d'un triangle plus ou moins irrégulier. Le point où le fleuve se bifurque pour la première fois est le *sommet* du delta ; la partie du littoral comprise entre les deux branches extérieures en est la *base*. La forme d'un delta tend à perdre sa régularité lorsqu'il correspond à deux fleuves dont les embouchures sont très-voisines, ainsi que cela s'observe pour le Pô et l'Adige, pour le Gange et le Barrampooter.

Chacune des branches produites par la première bifurcation du fleuve se divise, à son tour, en branches secondaires, dont le nombre est quelquefois peu considérable (Rhône, Pô), mais qui, d'autres fois, se multiplient, s'anastomosent entre elles et forment un réseau compliqué (Gange, Mississipi).

Tous les canaux qui circulent à travers un delta n'ont pas la même importance ; il en est ordinairement un ou deux par où s'écoule la masse principale des eaux, et ceux-ci ne jouissent pas toujours du même privilège.

Jadis, le Nil se rendait à la mer par sept bouches, parmi lesquelles trois dominaient : il n'en compte plus que deux, celles de Rosette et de Damiette.

A l'époque des anciens Etrusques, le cours primitif du Pô était le *Pô-di-Primaro*, qui longe les dernières pentes des Apennins ; aujourd'hui sa branche principale est plus au nord.

Le Rhône se divise, à Arles, en deux branches, comprenant entre elles le delta proprement dit ou *Camargue*. La branche orientale est la plus importante ; jadis c'était la branche occidentale, actuellement désignée sous le nom de *Petit Rhône*, qui avait succédé elle-même à une autre branche qu'on appelle le *Rhône mort*. Près de son embouchure, le grand Rhône actuel se divise en plusieurs bras, dont l'un finira par dominer, et qui sont séparés par des îles basses (*teys*) formées de sable recouvert en partie par la végétation.

Le Mississipi, dont le nom signifie, dans la langue indienne, *père des eaux troubles*, se dirige vers la mer par une branche principale, après avoir laissé à sa droite une branche importante appelée l'*Atchafalaya*.

Le Gange présente deux bras principaux : l'Hoogly est le moins important des deux.

Entre les ramifications du fleuve se terminant par un delta se trouvent des lagunes et des marais dont le niveau est souvent inférieur, jamais supérieur à celui de ses eaux.

Enfin, le long de la base du delta se développe l'appareil littoral auquel le delta doit en partie son existence, et que, d'autres fois, il contribue à former. Cet appareil littoral présente des solutions de continuité auxquelles correspondent les bouches du fleuve.

Accroissement des deltas dans le sens horizontal et dans le sens vertical. — Empiètement de la terre-ferme sur la mer. — Tous les cours d'eau, qu'ils se terminent ou non par des deltas, contribuent à augmenter l'étendue de la terre-ferme. Les prêtres égyptiens disaient que le sol de l'Egypte était un *présent du Nil*. De même, la basse Louisiane est un produit du Mississipi. Le fleuve des Amazones nous a fourni un exemple des dépôts littoraux auxquels un fleuve pouvait donner naissance, même lorsqu'il n'avait pas de delta.

J'ai fait l'énumération des circonstances susceptibles d'accélérer ou de ralentir la progression des deltas; quant au taux annuel de cette progression, elle varie évidemment avec ces circonstances elles-mêmes.

L'avancement annuel des branches du Nil n'est que de quatre mètres par an. Cette faible progression est le résultat de circonstances déjà mentionnées; elle provient aussi du courant transversal qui passe devant les bouches du Nil, et qui non-seulement emporte vers l'est une partie du limon charrié par le fleuve, mais quelquefois aussi détruit des parties de son delta déjà constituées.

Du temps d'Auguste, la mer Adriatique baignait les murs d'Adria, qui s'en trouve maintenant à huit lieues. Le mouvement de progression du delta du Pô a été de 25 mètres par an, depuis le douzième jusqu'au seizième siècle, et de 70 mètres pendant les deux derniers siècles.

Le mouvement de progression du Rhône est de 50 mètres par an; d'autres calculs l'évaluent à 69 mètres. Celui du Mississipi a été évalué à 350 mètres. Quant au delta du Gange, c'est un pays très-insalubre que les Indiens n'ont jamais habité; l'absence de monuments ne permet pas d'apprécier la marche de ses atterrissements.

Les nombres qui viennent d'être donnés s'appliquent aux bouches principales d'un fleuve et non à son delta tout entier. Il se passe, pour les deltas, quelque chose de semblable à ce qui a lieu pour les dunes appartenant à une même zone; tandis que les unes s'avancent dans l'intérieur des terres, les autres sont en repos.

Pendant que le delta croît par sa base, son sommet doit tendre à se rapprocher de la mer par suite de l'oblitération d'une des branches qui se trouvent à sa bifurcation. L'oblitération d'une des branches est elle-même la conséquence de l'exhaussement du sol par voie d'action alluviale. Cette con-

26

ception théorique du déplacement du sommet d'un delta est réalisée pour le Nil. Jadis, le sommet du delta du Nil se trouvait sous le parallèle d'Héliopolis; aujourd'hui, par suite de l'oblitération des deux branches extérieures de ce fleuve, la branche canopique et la branche pélusiaque, ce sommet se trouve à 12 kilomètres environ en aval de sa situation primitive.

Par suite du déplacement de son sommet et de sa base, on peut dire que le delta s'avance insensiblement, en conservant approximativement les mêmes relations entre toutes les parties dont il se compose.

Ère des deltas. — Le phénomène de la formation des deltas étant lié à l'existence de grands cours d'eau, et, par suite, à celle de vastes continents, a pris une extension croissante depuis les premiers temps géologiques jusqu'à nos jours. C'est pendant l'ère jovienne qu'il a dû, en même temps que l'action alluviale, atteindre son plus grand développement.

Remarquons, en outre, que les deltas se rattachent, de la manière la plus intime, à l'appareil littoral. Les deltas qui ont pu exister jadis ont disparu en même temps que les anciennes dunes, et ceux de nos jours datent de la même époque que l'appareil littoral actuel, c'est-à-dire du commencement de l'ère jovienne. Les dépôts dont ceux-ci se composent ont commencé, pour la plupart, à se former immédiatement après les derniers sédiments marins de la période pliocène, et en même temps que les premiers terrains d'alluvion. C'est là un fait important qui se déduit de l'examen de la contrée qui environne chaque delta, et que démontrera l'observation directe chaque fois que des sondages permettront d'étudier, dans le sens vertical, la série des dépôts constituant la masse d'un delta.

En déclarant que l'ère jovienne est l'ère des deltas, je ne prétends pas soutenir que les autres périodes géologiques n'aient pas vu de deltas se former, mais je veux dire que les deltas des périodes antérieures à l'ère jovienne étaient moins vastes que ceux qui sont en voie d'édification, qu'ils ont, d'ailleurs, entièrement disparu, que les deltas *actuels* datent, pour la plupart, du commencement de l'ère jovienne, et qu'aucun d'eux ne remonte plus haut.

Les deltas nous serviront plus tard de chronomètre pour mesurer le nombre de siècles écoulés depuis qu'ils existent, c'est-à-dire depuis le commencement de l'ère jovienne. Ils nous conduiront même à des résultats plus exacts que ceux qui nous seront fournis par les dunes.

Estuaires : formations fluvio-marines. — Les détritus charriés par les fleuves ne se terminant pas par des deltas sont reçus par les courants marins, qui les entraînent et les déposent à une distance plus ou moins grande des côtes, selon les lois qui président à la sédimentation marine. Pourtant, les sédiments constitués par ces détritus offrent, soit dans leur constitution géognostique, soit dans leurs fossiles, les uns marins, les autres terrestres ou d'eau douce, des caractères mixtes : ils constituent les formations *fluvio-marines*.

Un *estuaire*, en anglais *œstuary*, est un golfe très-étroit dans lequel se jettent un ou plusieurs fleuves. Les sédiments qui se forment dans ce golfe offrent, comme les précédents, des caractères mixtes, et peuvent être désignés de la même manière. On conçoit qu'il y ait une transition insensible entre les estuaires et les embouchures des fleuves à *delta négatif*.

Les dépôts fluvio-marins se sont formés pendant toutes les époques géologiques, à dater du moment où des cours d'eau d'une certaine importance ont circulé à la surface du globe, et un grand nombre d'entre eux, contrairement à ce qui s'observe pour les deltas, sont parvenus jusqu'à nous. Leur étude trouvera mieux sa place dans le livre suivant.

Action destructive exercée par la mer contre ses rivages : Intervention des mouvements du sol dans les phénomènes littoraux. — La mer, poussée par les vents ou par le flux, précipite ses vagues comme autant de béliers contre ses rivages. Si ses flots rencontrent une plage basse, son action destructive est nulle. S'ils viennent frapper contre une côte plus ou moins élevée, ils tendent à détruire l'obstacle qui se présente devant eux. Dans ce cas, leurs efforts peuvent être contrariés par la texture ou la stratification des roches qui forment le bord de la mer. Des roches meubles sont plus facilement détruites que des roches solides. L'effet produit est intermédiaire entre les précédents, lorsqu'il y a alternance de roches solides et de roches meubles. Les roches solides protègent pendant quelque temps les roches meubles, mais lorsque celles-ci disparaissent, elles entraînent celles-là dans leur chute.

Une roche massive, comme le granite, résiste plus longtemps, à dureté égale, qu'une roche stratifiée. Une roche stratifiée, dans le cas où ses strates sont horizontales ou plongent vers l'intérieur des terres, lutte avec moins d'avantage que dans le cas de l'inclinaison de ses strates vers la mer.

Si la côte forme un escarpement, la mer sape d'abord la base de la falaise jusqu'à ce que la partie supérieure manquant d'appui s'écroule. L'éboulis, ainsi produit, retarde l'action destructive des flots, qui ne peuvent avancer de nouveau qu'après avoir enlevé la digue accidentellement placée devant eux. Lorsque les blocs résultant de l'éboulement de la partie supérieure de la falaise ont été détruits en s'entrechoquant les uns contre les autres, les vagues sapent de nouveau le pied de cette falaise. Dans ce cas, le phénomène de destruction est soumis à des alternatives de repos et d'activité.

Lorsque les flots subissent tout à la fois l'impulsion de la tempête, des courants et de la marée, ils acquièrent une telle force d'impulsion que dans l'île de Sterness, dit sir Lyell, des blocs de sept mètres cubes ont été transportés à une distance de 27 mètres.

L'usure persistante des côtes permet à la mer de pénétrer dans l'intérieur des terres avec une vitesse qui, dans certaines localités, peut être appréciée au moyen des documents historiques.

Le phénomène de l'empiètement lent mais continu de la mer, par suite de l'usure de ses rivages, ne doit pas être confondu avec celui de son envahissement après la destruction des digues construites par l'homme. C'est surtout dans la Hollande que se produisent le plus souvent ces irruptions subites de la mer qui se lient aux mouvements de l'écorce terrestre et dont, plus tard, j'aurai l'occasion de parler. Le sol de ce pays s'affaisse insensiblement, et, malgré les atterrissements formés par les fleuves, il serait peu à peu envahi par les eaux marines, sans l'obstacle que leur opposent les dunes établies par la nature et les digues construites par l'homme. Lorsque la mer parvient à rompre cet obstacle, elle prend tout d'un coup possession de la contrée que, sans lui, elle eût antérieurement occupé d'une manière progressive.

Le littoral est le théâtre d'une lutte qui a pour acteurs l'océan et la terre-ferme, cherchant à empiéter sur le domaine l'un de l'autre. Cette lutte se terminerait, ainsi que je l'ai déjà dit, par la disparition des continents : toutefois, ce ne serait qu'après un temps d'une durée excessivement longue et probablement supérieure à celle des siècles géologiques. Mais les forces intérieures interviennent à divers intervalles pour abaisser ou soulever l'écorce terrestre. Elles déplacent, d'une manière relativement rapide, l'appareil littoral, c'est-à-dire le théâtre de la lutte, et augmentent ainsi les effets destructeurs de l'océan, qui entraîne avec lui tous les dépôts meubles ou incohérents qu'il rencontre en changeant de rivages. Mais la partie du sol soulevée, à chaque époque géologique, est plus étendue que la partie qui s'affaisse; en définitive, les forces intérieures, en intervenant dans cette lutte, rendent l'avantage à la terre-ferme qui, depuis la fin de l'ère neptunienne, ne cesse de croître en surface et en altitude.

CHAPITRE VI.

Les glaciers ; mécanisme de leur formation ; transformation du névé en glace. — Mouvements des glaciers : lois de ces mouvements ; un glacier est un fleuve stéréotypé. — Causes des mouvements du glacier : hypothèses de de Saussure, de MM. Agassiz et J. Forbes : théorie de M. Tyndall : conséquences du phénomène du regel ; influence de la pente. — Striage et polissage des roches : roches moutonnées ; dénudations par les glaciers. — Moraines latérales, médianes, superficielles, profondes, terminales. — Blocs erratiques, terrain glaciaire éparpillé, diluvium. — Les glaciers de l'époque actuelle : glaciers des Alpes, de la Scandinavie, de l'Islande, du Spitzberg. — Glaces circumpolaires : glaces flottantes. — Glaces de fond : transport des roches par les glaces des rivières.

L'étude des glaciers appartient tout à la fois à la géologie, à la physique du globe et à la météorologie. Ces deux dernières sciences ont surtout en vue, dans l'étude des glaciers, leur mode de formation, leur structure, les lois de leurs mouvements, leurs conditions d'existence et toutes les particularités qu'ils présentent à l'époque actuelle. La géologie s'attache de préférence à rechercher l'action exercée par les glaciers sur les roches qu'ils rencontrent dans leur mouvement de translation, l'aspect des dépôts qu'ils forment en disparaissant, et les traces de leur existence dans des contrées qu'ils ne recouvrent plus. La nature de cet ouvrage ne me permet pas de résumer ce que la météorologie et la physique du globe nous enseignent au sujet des glaciers; je devrai me borner à rappeler sommairement leur mode de formation et la nature de leurs mouvements. Les limites dans lesquelles je suis obligé de me renfermer m'empêcheront même de décrire complètement les phénomènes glaciaires considérés au point de vue géologique. Les lacunes les plus importantes qui pourront exister dans ce chapitre seront comblées dans le courant de cet ouvrage

Les glaciers : mécanisme de leur formation. — « En hiver, » dit M. Ch. Martins, « au printemps et en automne, il tombe sur les sommets des Alpes des masses de neiges considérables. La hauteur de la neige tombée au Grimsel, à 1880 mètres audessus de la mer, a été de plus de 16 mètres depuis le mois de novembre 1845 jusqu'au mois d'avril 1846. La couche d'eau résultant de la fusion de cette neige aurait près d'un mètre et demi d'épaisseur. Ces neiges, chassées par les vents, emportées par les tourbillons, s'accumulent surtout dans les grandes dépressions qui avoisinent les hautes cimes. Ces dépressions sont connues sous le nom de *cirques*, car elles se terminent ordinairement par une enceinte demi-circulaire, couronnée de sommets élevés. Les neiges qui s'accumulent dans les cirques ne restent pas immobiles; elles sont animées d'un mouvement de progression qui les entraîne vers la vallée. A mesure que cette neige descend dans les régions plus tempérées, elle subit, surtout dans la belle saison, des modifications importantes qui en changent complètement la nature et l'aspect : elle se transforme en glace. Voici comment s'opère cette transformation : à la chaleur des rayons du soleil, la surface de la neige commence à fondre; l'eau résultant de cette fusion s'infiltre dans

les couches inférieures, qui se changent, sous l'influence des
gelées nocturnes, en une masse granuleuse, composée de petits
glaçons désagrégés, mais plus adhérents entre eux que les flocons qui leur ont donné naissance. Cet état de la neige a été
désigné par les physiciens suisses sous le nom de *névé*. Pendant tout l'été, ce névé s'infiltre de nouvelles quantités d'eau
provenant toujours de la fonte superficielle ou de celle des
neiges environnantes, dont les eaux viennent se réunir dans la
dépression qui forme le berceau du glacier. Dans ces régions,
le thermomètre tombant chaque nuit au-dessous de zéro, même
au cœur de l'été, ce névé se congèle à plusieurs reprises. A la
suite de ces fusions et de ces congélations successives, il offre
l'apparence d'une glace blanche compacte, mais remplie d'une
infinité de petites bulles d'air sphériques ou sphéroïdales :
c'est la *glace bulleuse* des auteurs qui ont écrit sur ce sujet.
L'infiltration et la congélation de la masse devenant de plus en
plus parfaite à mesure que le glacier descend vers les régions
habitées, l'eau finit par remplacer toutes les bulles d'air : alors
la transformation est complète, la glace paraît homogène et
présente ces belles teintes azurées qui font l'admiration des
voyageurs. Telle est, en peu de mots, l'histoire de la formation
d'un glacier : en réalité, il se compose, comme on le voit, de
toutes les couches de neige accumulées pendant une longue série
d'années, et qui, peu à peu, se sont converties en glace plus ou
moins compacte. Si les chaleurs de l'été ne limitaient pas
l'accroissement des glaciers, ils grandiraient indéfiniment en
longueur et en puissance ; mais chaque été voit disparaître une
épaisseur considérable de la surface glaciaire, trois mètres
environ : c'est le phénomène que M. Agassiz a désigné sous le
nom d'*ablation*. En même temps, l'extrémité inférieure fond
rapidement, et le glacier diminuerait chaque année si une

progression incessante ne venait contrebalancer cet effet. Il s'établit ainsi une espèce d'équilibre entre la fonte estivale d'un côté et la progression annuelle de l'autre. Si la saison est chaude et sèche, c'est la fusion qui l'emporte et le glacier recule ; si l'été est froid et pluvieux, la progression compense largement les effets de la fusion, et le glacier avance (1). » (*Revue des Deux-Mondes*, 1er mars 1847.)

Mouvements des glaciers : lois de ces mouvements. — Les glaciers se meuvent dans le sens de la pente des vallées où ils sont encaissés ; une observation superficielle suffit pour démontrer, avant toute expérience, ce fait important. Les blocs placés à leur surface appartiennent rarement à la roche qui constitue leurs bords sur le point où ces blocs apparaissent. Pour retrouver leur origine, il faut monter vers le haut du glacier à une distance plus ou moins grande. Le fait suivant démontre également le mouvement descendant des glaciers. Hugi, un des premiers explorateurs des glaciers des Alpes, avait construit, en 1827, une cabane près du confluent des glaciers du Finsteraar et du Lauteraar ; cette cabane se trouvait, en 1843, à 4620 pieds du point où elle avait été d'abord établie, ce qui indique un déplacement annuel de 288 pieds.

Dans les expériences qui ont pour but de mesurer le mouvement du glacier, on place à sa surface une série de jalons dessinant une ligne droite perpendiculaire à son axe et se terminant à deux points fixes marqués sur les roches de ses parois. En procédant ainsi, divers observateurs ont pu se con-

---

(1) L'article inséré par M. Ch. Martins a pour titre : *De l'ancienne extension des glaciers de Chamonix depuis le Mont-Blanc jusqu'au Jura.* Je crois ne pouvoir mieux faire, pour exposer certains faits de la théorie glaciaire, que d'emprunter la plume toujours si élégante et si précise de cet éminent naturaliste.

vaincre : 1° que la ligne déterminée par ces jalons se déplaçait dans le sens de la pente du glacier ; 2° qu'elle se transformait en une ligne courbe dont la convexité était dirigée dans le même sens. La conclusion qui se déduit de ces expériences c'est que le glacier se meut, et se meut plus rapidement dans sa région médiane que sur les bords. Ces expériences ont été reprises par M. Tyndall, qui a démontré que ce n'était pas toujours le jalon du milieu qui avait le mouvement le plus rapide. Il a formulé la loi suivante, qui est identique avec celle du mouvement des rivières dans un lit sinueux : quand un glacier se meut dans une vallée sinueuse, le lieu des points de mouvement maximum ne coïncide pas avec une ligne tracée le long du centre du glacier, mais il est toujours situé du côté convexe de la ligne centrale. Il forme donc une courbe d'une plus grande sinuosité que la vallée elle-même, et il croise l'axe du glacier à chaque point du changement de courbure.

Les expériences de M. Tyndall ont également confirmé les observations d'autres savants, qui avaient été conduits à reconnaître que le fond du lit d'un glacier, de même que ses parois latérales, exerçait une action retardatrice sur son mouvement.

D'autres points de ressemblance existent entre les cours d'eau et les glaciers et permettent de considérer ceux-ci comme des fleuves stéréotypés. Un glacier se confond ordinairement avec d'autres glaciers qui sont pour lui autant d'affluents. Il peut aussi avoir ses remous et ses cascades. La partie supérieure du glacier de Schwarzwald, dit M. Agassiz, repose sur le sommet des Weterhoerner, dont les parois sont très-escarpées du côté de la Scheideck, de manière qu'il s'en détache souvent des masses de glace très-considérables qui, en tombant, se brisent et se triturent complètement. En peu de temps, ces éboulis se cimentent de nouveau et redeviennent une glace aussi compacte qu'auparavant; le glacier reprend tout à fait le caractère qu'il avait antérieurement.

Causes des mouvements des glaciers : conséquences du phénomène du regel. — De Saussure pensait que le glacier était entraîné par son propre poids; il le comparait à un corps glissant sur un plan incliné, et une circonstance lui semblait devoir favoriser ce glissement; c'est l'existence d'une couche formée de boue, de gravier et d'eau qui s'interpose entre le glacier et le sol sous-jacent. A l'hypothèse soutenue par de Saussure, on a objecté que le glacier, en obéissant aux lois de la pesanteur, devrait prendre un mouvement de plus en plus rapide. Or, l'expérience fait voir qu'il se produit un effet tout opposé. Le glacier de l'Aar a une vitesse de 75 mètres par an dans sa partie supérieure, de 71 mètres dans sa partie moyenne, et de 39 mètres seulement dans sa partie inférieure. Cette objection ne me paraît pas sérieuse. Le ralentissement dans la marche d'un glacier est susceptible de recevoir plusieurs explications. Il peut provenir d'une diminution dans la pente ou d'une augmentation dans la largeur de la vallée où le glacier est encaissé; en outre, à mesure que le glacier s'éloigne du point où il a pris naissance, sa masse diminue par suite du phénomène désigné sous le nom d'ablation ou de la fonte de sa partie immédiatement en contact avec le sol. Mais ce qui ne permet nullement d'admettre l'hypothèse de de Saussure, c'est que, à cause de sa simplicité même, elle ne rend pas compte des mouvements compliqués d'un glacier; elle ne saurait nous dire pourquoi les diverses parties d'un glacier sont animées de vitesses différentes, quoique formant un tout en apparence indivisible; elle ne saurait non plus nous expliquer comment un glacier se moule exactement dans les cavités qui l'encaissent, comment il s'élargit ou se rétrécit selon que la vallée où il *coule* augmente ou diminue de largeur.

M. Agassiz a supposé dans les glaciers un mouvement de dilatation se produisant à la suite de l'infiltration de l'eau dans les nombreuses fissures qui existent dans sa masse. Mais cette explication est inconciliable avec ce que l'on sait sur la saison où le glacier progresse. Si l'hypothèse de M. Agassiz était fondée, le glacier devrait progresser en hiver; or, l'hiver est pour le glacier le moment du repos; c'est pendant l'été qu'il reprend son mouvement de progression.

Postérieurement à l'époque où M. Agassiz a émis sa théorie, M. James Forbes a été conduit à supposer, dans le glacier, une sorte de *plasticité* ou de *viscosité*, semblable à celle du mortier, du miel ou du goudron.

Cette supposition se rapprochait bien plus de la vérité que les hypothèses antérieurement émises; pourtant, elle était encore loin de satisfaire l'esprit, car on ne saurait comparer la glace aux corps que je viens de citer : elle ne s'étire pas comme eux, et un fragment de glace se rompt sous la main qui veut lui imprimer une flexion.

En dernier lieu, M. Tyndall a eu l'heureuse idée de rattacher la théorie du mouvement des glaciers au phénomène du *regel* de la glace, et de montrer que la glace des glaciers était douée d'une propriété mécanique équivalente à la viscosité.

Deux morceaux de glace à 0° se soudent quand ils sont mis en contact; ce phénomène se produit même lorsque les deux morceaux sont placés dans de l'eau chaude; mais il ne se manifeste nullement lorsque la glace est sèche, c'est-à-dire au-dessous de 0°.

Cette propriété de la glace, permet d'imprimer successivement à un même bloc les formes les plus variées, en le soumettant, dans des moules en bois convenablement préparés, à la presse hydraulique. En très-peu d'instants, on peut transformer un bloc cubique en une coupe, et un prisme en un anneau. Dans ces expériences, la glace se brise en un grand nombre de morceaux qui se soudent ensuite les uns aux autres; la glace fait entendre, en se brisant, un craquement produisant quelquefois un son presque musical.

Or, la vallée où un glacier est encaissé représente le moule qui, dans les expériences précédentes, agit sur le bloc de glace; le glacier n'est rien autre chose que le bloc de glace lui-même, et la pression mutuelle de toutes ses parties fait fonction de presse hydraulique. Si la glace des glaciers était complètement rigide, incapable de se rompre ou de se briser, la masse qu'elle constitue resterait toujours à la même place. Il serait, par exemple, impossible au glacier de franchir les points où la vallée qui le reçoit se rétrécit. Il se trouverait dans le cas d'une pierre retenue entre les parois de la fente de rocher où elle a pénétré.

Diverses circonstances tendent sans cesse à déterminer, dans le glacier, des solutions de continuité; telles sont les inégalités de température et les vides qui se produisent lorsque le glacier fond à sa paroi inférieure par suite de l'afflux de la chaleur interne, ou lorsque, en été, les eaux circulent dans sa masse; telles sont encore les tensions mécaniques que le glacier subit sous la pression mutuelle de ses parties et qui donnent origine aux crevasses. Les crevasses marginales, dit M. Tyndall, résultent d'une traction oblique provenant du mouvement plus rapide des parties centrales; les crevasses transversales, du passage du glacier au sommet d'une pente plus rapide; les crevasses longitudinales, d'une pression par derrière jointe à une résistance par devant, qui force la masse à se partager à angle droit sur la direction de la pression.

L'observation suivante, faite par M. Desor, montre combien la glace des glaciers se prête facilement à toutes sortes de ruptures. Lorsqu'on nettoie une place sur la moraine centrale près de l'Abschwung, au moment où on la met à découvert, la glace des bandes bleues est parfaitement transparente, l'œil y plonge jusqu'à une profondeur de plusieurs pieds ; mais cette pureté ne dure qu'un instant, et l'on voit bientôt se former de petites félures, d'abord superficielles, qui se combinent en réseaux, de manière à enlever peu à peu à la glace bleue toute sa transparence ; lorsqu'on approche l'oreille de la surface de la glace, on entend distinctement un léger bruit de crépitation qui accompagne la formation de ces félures.

M. James Forbes appelle le glacier une masse *craquante ;* il parle de la glace comme *craquant* et se *poussant en avant : le glacier,* dit-il, *cède en gémissant à son sort.*

En résumé, la cause essentielle qui détermine les mouvements d'un glacier se trouve dans la propriété qu'il a, de se disloquer et de se briser en fragments de tout volume sous la pression mutuelle de ses parties. La pesanteur intervient pour déterminer le sens dans lequel, à la suite de tous ces mouvements, s'effectue le déplacement du glacier. Enfin, le phénomène du regel complète cette théorie en nous expliquant la compacité de la glace du glacier : il soude entre eux les fragments déterminés par les solutions de continuité qui, à chaque instant, s'établissent dans la masse du glacier. Par suite du phénomène du regel, les glaciers remaniés reprennent rapidement l'aspect de ceux dont ils proviennent, et aucune trace de séparation ne s'établit entre deux glaciers qui se confondent. Sans le regel, un glacier serait comparable, non à un fleuve, mais à un éboulement immense se produisant avec une lenteur excessive.

Striage et polissage des roches par les glaciers; dénudations qu'ils détermlnent au-dessous de leur masse. — « Le frottement que le glacier exerce sur son fond et sur ses parois est trop considérable pour ne pas laisser de traces sur les roches avec lesquelles il se trouve en contact; mais son action est différente suivant la nature minéralogique de ces roches et la configuration du lit qu'il occupe. Si l'on pénètre entre le sol et la surface inférieure d'un glacier, on rampe sur une couche de cailloux et de sable fin imprégné d'eau. Si l'on enlève cette couche, on reconnaît que la roche sous-jacente est nivelée, polie, usée par le frottement et recouverte de stries rectilignes ressemblant tantôt à de petits sillons, plus souvent à des rayures parfaitement droites qui auraient été gravées à l'aide d'un burin ou même d'une aiguille très-fine. Le mécanisme par lequel ces stries ont été gravées est celui que l'industrie emploie pour polir les pierres ou les métaux. A l'aide d'une poudre fine appelée *émeri*, on frotte la surface métallique et on lui donne un éclat qui provient de la réflexion de la lumière par une infinité de petites stries excessivement ténues. La couche de cailloux et de boue interposée entre le glacier et le roc subjacent, voilà l'émeri. Le roc est la surface métallique, et la masse du glacier, qui presse et déplace la couche de boue en descendant continuellement vers la plaine, représente l'action de la main du polisseur. Aussi les stries dont nous parlons sont-elles toujours dirigées dans le sens de la marche du glacier; mais comme celui-ci est sujet à de petites déviations latérales, les stries se croisent quelquefois en formant entre elles des angles très-petits. Les stries gravées sur les rochers qui contiennent les glaciers sont en général horizontales ou parallèles à sa surface. Toutefois, aux rétrécissements des vallées, ces stries se redressent et se rapprochent de la verticale. Forcé de franchir un détroit, le glacier se relève sur ses bords et remonte le long des flancs de la montagne qui lui barre le passage. En outre, le glacier imprime souvent à tous les rochers une forme particulière et caractéristique. En détruisant toutes les aspérités de ces rochers, il en nivèle la surface et les arrondit en amont, tandis qu'en aval ils conservent quelquefois leurs formes abruptes, inégales et raboteuses. Vu de loin, un groupe de rochers ainsi arrondis rappelle l'aspect d'un troupeau de moutons; de là le nom de *roches moutonnées* que de Saussure leur a donné, et qui leur est resté. » (Martins, *loc. cit.*)

D'après les expériences de Durocher, il n'est pas nécessaire, pour qu'un corps détermine des stries, qu'il soit soumis à des vitesses ou à des pressions considérables. En outre, la vitesse et la pression nécessaires varient en sens inverse l'un de l'autre. Quand la vitesse est inférieure à un millimètre par seconde, la pression exercée sur le galet frotteur doit être au moins de 100 kilogrammes, tandis qu'avec une vitesse de 40 millimètres, le même galet n'a plus besoin pour strier que d'une pression de 5 kilogrammes. Dans un glacier, la vitesse est bien plus faible que dans ces expériences, mais la pression y est bien plus considérable. Les conditions dans lesquelles ces expériences ont été faites se rapprochent un peu plus de celles où se trouvent les glaces flottantes, et nous expliquent comment les blocs que celles-ci transportent peuvent strier les roches sur lesquelles elles passent.

Non-seulement des matériaux de même dureté mordent ainsi parfaitement l'un sur l'autre, mais une roche relativement molle peut strier une roche dure si elle est animée d'une vitesse suffisante. Du calcaire lithographique doué d'une vitesse de 40 centimètres par seconde, et pressé seulement à raison de 35 kilogrammes par millimètre carré, strie très-nettement le granite. Les glaciers étant loin de posséder une vitesse aussi grande, les corps qui, sous leur pression, déterminent les stries, doivent être d'une grande dureté.

Enfin, dans les expériences de Durocher, les fragments frotteurs, à chaque instant de leur mouvement, subissent eux-mêmes des modifications. On les voit s'user avec rapidité et souvent s'écraser sur les angles, de sorte que, si l'appareil leur permet de tourner sur eux-mêmes, d'anguleux qu'ils étaient d'abord, ils s'arrondissent bientôt. Il suffit souvent d'un parcours de quelques dizaines de mètres pour qu'ils se transforment en véritables galets. De là la formation de cailloux et de boue entre le glacier et le sol qui le supporte.

L'eau polit également les rochers, mais elle ne marque pas de stries à leur surface. En outre, le poli qu'elle leur imprime est plus mat et moins parfait que celui qui est produit par les glaciers; il n'affecte pas d'une manière uniforme toute la surface des rochers. C'est, dit M. Agassiz, une conséquence de sa nature mobile et incohérente que l'eau use, en creusant d'une manière très-inégale et par saccades, le lit des torrents. La glace, au contraire, n'épargne pas plus les reliefs que les dépressions : elle tend à niveler toutes les surfaces.

On vient de voir que les roches les plus tenaces sont rabotées par les glaciers. S'ils reposent sur des roches peu résistantes ou sur un terrain de transport, il leur est facile de produire au-dessous d'eux des phénomènes de dénudation assez intenses, et c'est ainsi qu'ils ont creusé la plupart des lacs de l'Italie septentrionale.

Moraines; blocs erratiques : terrain glaciaire éparpillé; diluvium. — La pluie, la foudre, les alternatives de gelée et de dégel, les avalanches détachent des montagnes qui encaissent un glacier des débris de tout volume, depuis le grain de sable jusqu'à des blocs de 10 à 15 mètres de longueur dans tous les sens. Ces débris forment au bord du glacier une traînée, cheminant comme un immense convoi avec le glacier qui les supporte; c'est à cette accumulation de débris que l'on donne le nom de *moraine latérale*. Lorsque deux glaciers se réunissent, la moraine gauche de l'un se confond avec la moraine droite de l'autre, pour n'en constituer qu'une seule, qu'on appelle *moraine médiane*. Evidemment, un glacier a autant de moraines médianes que d'affluents.

Les moraines latérales et médianes sont désignées, d'une manière collective, sous le nom de *moraines superficielles*, par opposition aux *moraines profondes*, constituées par la réunion de tous les débris accumulés entre les glaciers et le sol sous-jacent. L'eau mêlée à ces débris provient de la partie du glacier qui est en contact avec le sol, et qui, d'après les calculs de M. Elie de Beaumont, donne origine, chaque année, sous l'influence de la chaleur interne, à une couche d'eau ayant 0^m,006 d'épaisseur. Elle provient aussi, soit des sources qui jaillissent du sol caché sous le glacier, soit des eaux qui coulent à sa surface et pénètrent dans ses crevasses. Cette eau n'est abondante que pendant l'été, et c'est elle qui alimente en majeure partie les cours d'eau qui, comme le Rhône, prennent naissance dans la région supérieure des Alpes. C'est sous l'influence de ces sources jaillissant des glaciers que se sont accumulés les alluvions glaciaires, et les terrains de transport plus spécialement désignés sous le nom de diluvium. (Voir p. 370.)

Les matériaux dont se composent les moraines superficielles finissent par atteindre l'escarpement terminant un glacier. Ils tombent au pied de cet escarpement, et, par leur accumulation, amènent la formation de la *moraine terminale* ou *frontale*.

Suivons maintenant le glacier dans ses mouvements d'extension et de retrait. S'il est stationnaire, sa moraine terminale le
sera également et croîtra en dimensions. S'il s'avance, il pous-
sera devant lui sa moraine terminale. S'il recule, son mouvement de retrait pourra s'effectuer par saccades, et chacune de
ses stations sera marquée par la formation d'une moraine.
D'autres fois, ce mouvement de retrait aura lieu d'une manière
continue; dans ce cas, le sol qu'il aura délaissé, au lieu de
présenter une série de moraines, sera uniformément jonché de
blocs dits *erratiques*, de gravier et de cailloux striés. Il déterminera un terrain glaciaire *éparpillé*, se distinguant par de
nombreux caractères des alluvions et des terrains de transport
proprement dits. Dans les deux cas qui viennent d'être examinés, les moraines latérales donneront origine à une traînée de
blocs disposés, à différents niveaux, de chaque côté de la
vallée qui renfermait le glacier disparu.

Les blocs erratiques n'ont aucun angle émoussé; ils atteignent quelquefois des dimensions telles que leur transport par
l'eau n'est pas admissible. Les cailloux sont striés; souvent
imparfaitement arrondis, ils ont conservé quelque chose de
leurs anciennes facettes.

Tous ces matériaux sont disposés sans ordre; souvent les
moins denses ou les moins volumineux sont au-dessous;
chaque bloc erratique repose sur une couche de limon, de
sable et de gravier. Cette disposition est incompatible avec ce
que l'on sait sur la manière dont l'eau dépose les matériaux
qu'elle charrie. Enfin, le sol qui supporte ces débris porte les
traces du polissage et du striage par les glaciers.

Les glaciers de l'époque actuelle. — Les conditions qu'exige la
formation d'un glacier sont au nombre de trois : 1° Il faut un

massif montagneux présentant une certaine configuration;
2° ce massif doit pénétrer plus ou moins dans la région des
neiges perpétuelles; 3° il est enfin nécessaire que, dans la zone
placée au-dessous de la ligne des neiges perpétuelles, la température oscille autour de zéro. Cette dernière condition est
remplie lorsque la ligne des neiges perpétuelles ne coïncide
pas avec le niveau de l'océan.

La figure 13, qui représente la direction de la ligne des
neiges perpétuelles, indique aussi l'altitude des principales
chaînes de montagnes de l'Europe. Le lecteur peut aussi reconnaître d'un coup d'œil les pays montagneux qui ont des
glaciers et ceux qui n'en ont pas.

En Europe, les glaciers se montrent encore dans les Pyrénées; ils existent dans les montagnes de la Scandinavie, où de
vastes plateaux, appelés *fonden*, sont uniformément couverts
de névé. Les grands glaciers du sud de l'Islande s'étendent
sur une largeur de 6 à 7 lieues, et sont séparés de la mer par
une large moraine terminale formée de cailloux. L'Islande
est le siége des deux phénomènes géologiques les plus remarquables de l'époque actuelle : les glaciers et les volcans. Elle
nous donne, sur une petite échelle, l'image de ce qu'était
jadis l'Europe, lorsque tout autour du plateau central de la
France, siége d'une action volcanique si énergique, se dres-
saient, avec leurs vastes glaciers, les Pyrénées, les Alpes et les
Vosges.

Dans les Alpes, les glaciers se partagent en deux zones :
l'une supérieure, où la glace est encore à l'état de névé et
qui constitue les *mers de glace* ou *glaciers-réservoirs;* l'autre,
inférieure, occupée par les glaciers proprement dits ou *glaciers d'écoulement*. Les glaciers réservoirs n'ont pas de moraines; les blocs de roches pénètrent et se maintiennent dans

leur masse, tandis que les glaciers proprement dits ne contiennent jamais de corps étrangers.

A mesure que l'on se rapproche du pôle, la limite inférieure des neiges perpétuelles et, avec elle, celle des mers de glace, s'abaissent de plus en plus. On conçoit que cette ligne doive finir par coïncider avec le niveau de l'océan, et, qu'à une certaine latitude, il ne puisse plus exister que des mers de glace. C'est ce qui s'observe pour le Spitzberg, île située entre les 78° et 80° de latitude nord. D'après Durocher, les glaciers ne paraissent pas s'y élever à plus de 400 à 500 mètres au-dessus de la mer : plus haut, il n'y a que des neiges qui ne fondent pas et qui ne passent point à l'état de névé ou de glace. L'île se termine par un plateau dont l'altitude est de 1000 à 1200 mètres. Les moraines des glaciers du Spitzberg sont très-peu développées et toutes latérales ; l'absence de moraines médianes est en relation avec celle des affluents. Les moraines latérales sont même peu élevées, et constituent plutôt des torrents de boue placés et se mouvant sur les deux côtés du glacier. Quant aux moraines terminales, elles disparaissent au fond de la mer. D'après M. Ch. Martins, la partie des glaciers du Spitzberg qui regarde la mer forme toujours un mur vertical, dont la hauteur varie entre 30 et 120 mètres. En Suisse, les glaciers inférieurs ont de 10 à 25 mètres d'épaisseur, et les supérieurs de 40 à 60, ce qui montre une nouvelle analogie entre ces mers de glace et celles du Spitzberg. Ceux qui sont situés au fond des baies ne s'arrêtent pas au bord du rivage ; ils s'avancent dans la mer, et, sans glisser sur le fond de celle-ci, ils la surplombent, de sorte que leur face inférieure est en contact avec la surface de l'eau. D'après M. E. Robert, la couche inférieure des glaciers du Spitzberg est adhérente avec le sol, et peut être considérée comme une nouvelle roche superposée à l'ancienne. Cette île ne présente pas de sources, et les eaux provenant de la fonte estivale des neiges et des glaces s'écoulent à la surface des glaciers. C'est surtout la partie supérieure des glaciers qui se meut; ce mouvement s'effectue en vertu des mêmes causes qui ont été indiquées pour expliquer les mouvements des glaciers des Alpes.

Glaces polaires. — Lorsque le navigateur atteint les hautes latitudes, il voit flotter des blocs de glace qui, à mesure qu'il se rapproche du pôle, se montrent de plus en plus nombreux, augmentent de volume, et finissent par entraver la marche de son navire. Ces blocs proviennent en partie de vastes nappes que l'on désigne sous le nom de *champs de glace*, et dont voici le mode de formation.

Dans les mers polaires, à une grande distance des côtes aussi bien que près des rivages, dès que la température de l'eau de mer descend à — 2°,6, on voit apparaître de petits cristaux isolés qui ressemblent à de la neige que l'eau très-froide ne pourrait fondre; la houle s'apaise comme si on eût couvert les flots d'une couche d'huile. Les cristaux s'unissent entre eux pour former des noyaux plus volumineux, et même, sous l'influence des vagues, ils acquièrent de 3 à 4 pouces de diamètre. Ces petits glaçons, constamment heurtés les uns contre les autres, s'arrondissent, se relèvent par leurs bords, s'unissent, et présentent bientôt de petits plateaux d'un pied d'épaisseur et de plusieurs mètres de circonférence. Dès que la houle a complètement cessé, ces divers glaçons s'unissent et forment des champs immenses qui occupent quelquefois plus de cent lieues carrées. (W. Scoresby, *An account of the artic regions.*)

La première couche de glace s'accroît de haut en bas par suite de la congélation de l'eau de la mer; elle s'augmente aussi par la superposition de la neige qui tombe sur les champs de glace. M. J. Grange, dans ses *Recherches sur les glaciers*, a calculé que les glaces qui se forment à la mer sous le *pôle de froid* ne peuvent pas, en un seul hiver, atteindre une épaisseur de plus de vingt pieds, parce que, d'une part, il tombe très-peu de neige sous des latitudes très-élevées et à des températures très-basses, et que, d'autre part, la glace est un très-mauvais conducteur du calorique.

Vers le mois de juin, par suite de l'élévation de la température, du mouvement de la mer ou d'autres circonstances, les champs de glace les moins rapprochés du pôle et des côtes se disloquent tout à coup en fragments qui ont de 100 à 200 mètres carrés. Les autres résistent à ces chances de destruction, et peuvent croître pendant un temps plus ou moins long. Ils présentent alors des strates alternantes de neige, de névé et de glace compacte. Le passage de la neige au névé s'effectue de la même manière que dans les glaciers des Alpes; d'autres fois, il peut provenir soit de l'infiltration de l'eau de mer dans la neige par voie de capillarité, soit de la pression qui, d'après les expériences de J. Forbes, transforme la neige en glace.

Lorsque, pendant l'été, le navigateur a franchi la région des champs de glace temporaires, il trouve devant lui de véritables montagnes de glace se présentant sous forme d'îles, et désignées sous le nom de *banquises*. La navigation à travers ces banquises devient de plus en plus dangereuse, et bientôt apparaît la limite qu'il n'a pas encore été donné à l'homme de franchir. Pourtant, on aurait tort de penser que le manteau de glace qui recouvre la région polaire croît en puissance jusqu'au pôle. Les champs de glace qui persistent pendant plusieurs années n'augmentent pas indéfiniment d'épaisseur par leur surface inférieure; la neige et la glace conduisent mal le calorique, et, avec un froid de — 47°, la température reste à — 2°,7 sous un couche de glace de 10 pieds d'épaisseur; dans ce cas, un champ de glace fond au lieu de croître par sa surface inférieure. Son accroissement d'épaisseur s'effectue par la neige; or, il est très-rare qu'il neige lorsque la température est de — 20°, alors l'atmosphère renferme fort peu de vapeur d'eau.

On voit la relation qui existe entre les glaciers des Alpes et les champs de glace des pôles : les uns et les autres s'alimentent par les neiges, et se détruisent par leur partie inférieure continuellement placée dans une zone dont la température n'est pas assez basse pour que l'eau puisse s'y maintenir à l'état solide. Dans les mers polaires, contrairement à ce qui s'observe pour les mers équatoriales, la température croît avec la profondeur, et cette circonstance contribue à rendre plus considérable la fusion dont la partie inférieure des champs de glace est le siège. C'est probablement l'eau provenant de cette fusion qui alimente les courants que l'on voit entraîner les glaces flottantes vers le sud.

Transport par les glaces flottantes; glaces de fond. — Les glaces flottantes proviennent, les unes, des champs de glace, les autres des banquises. Les premières sont les moins denses et ont une faible épaisseur; dans leur mouvement de translation, elles obéissent surtout à l'action des vents. Les dernières forment des masses d'une grande puissance, et, près de leur point de départ, atteignent une élévation de 40 mètres au-dessus du niveau de la mer. Leur densité varie de 0,84 à 0,90 et leur rapport de flottaison est en moyenne, de ⅛; la partie cachée sous les eaux peut avoir, par conséquent, une profondeur de 280 mètres; aussi, doit-on supposer que leur déplacement s'effectue sous l'influence des courants marins,

Parmi les glaces flottantes, il en est qui sont détachées des glaciers proprement dits dont le front atteint le littoral. Celles-ci se distinguent par leur aspect général, par leur homogénéité et par leur compacité plus grandes. Ce sont elles qui transportent des blocs de roche, du gravier et de la boue. Toutes les glaces flottantes sont entraînées vers l'équateur ; elles peuvent atteindre le 40° de latitude dans l'hémisphère boréal, et le 36° dans l'hémisphère austral. Pendant leur voyage, elles sont peu à peu détruites par les chocs qu'elles éprouvent en se heurtant les unes contre les autres, par l'action des vagues, et enfin, par la fonte qu'elles subissent à mesure qu'elles atteignent des zones dont la température est de plus en plus élevée. Celles qui transportent des fragments de roche s'en débarrassent successivement et les répandent sur leur zone de parcours.

Le phénomène du transport par les glaces flottantes se reproduit sur les rivières après chaque débâcle. Les glaçons charrient les débris qui tombent des bords des cours d'eau et ceux qu'ils enlèvent au fond des rivières. Tous les corps augmentent de densité à mesure que leur température diminue ; toutes les substances sont toujours plus denses à l'état solide qu'à l'état liquide. L'eau et le bismuth font exception à cette loi. Le maximum de densité de l'eau distillée est à 4°,1 et non à 0°, qui est son point de solidification : aussi la glace se forme-t-elle toujours à la surface de l'eau, excepté dans quelques cas exceptionnels, qui ne s'observent que dans les rivières, et dont Arago a donné une explication satisfaisante. Lorsque les blocs de glace ainsi formés au fond d'une rivière viennent flotter à sa surface, ils soulèvent les cailloux qu'ils ont saisis et les charrient avec eux.

CHAPITRE VII.

Les glaciers pendant les époques antérieures à l'ère jovienne : causes de leur grande extension après la période néozoïque. — Pendant presque tous les temps géologiques, il n'y a pas eu de glaciers à la surface du globe. La température n'était pas assez basse et les massifs montagneux n'étaient pas assez élevés pour que les phénomènes qui viennent d'être décrits pussent se manifester. La première apparition des glaciers date du commencement de l'ère jovienne telle que nous l'avons définie. Les premières alluvions déposées autour du massif alpin, le conglomérat bressan, le terrain de transport de la Crau, etc., sont sans doute le résultat de l'action glaciaire à son début.

Les glaciers, avant de prendre définitivement possession des Alpes et des autres massifs montagneux, ont dû s'y présenter sous forme de glaciers *temporaires*, que M. Agassiz appelle des glaciers *bâtards*, et qui pourraient recevoir aussi l'épithète d'*embryonnaires*.

« Si, à la fin d'un hiver abondant en neiges, une grande avalanche s'arrête dans un endroit que sa hauteur ou sa situation tient à l'abri des vents du midi et de l'ardeur du soleil, et que l'été suivant ne soit pas bien chaud, toute cette neige n'aura pas le temps de se fondre; sa partie inférieure, imbibée d'eau, se convertira en glace; l'on verra des neiges permanentes et même des glaces dans un endroit où il n'y en avait point auparavant. L'hiver suivant, de nouvelles neiges s'arrêteront dans cette même place, et leur masse augmentée résistera encore mieux que la première fois aux chaleurs de l'été. Si donc on a quelques étés consécutifs qui ne soient pas bien chauds, et qui succèdent à des hivers abondants en neiges, il se formera des glaciers dans des places où l'on ne se souvenait pas d'en avoir vu. » (De Saussure, *Voyages dans les Alpes.*)

Les Vosges voient également se former de petits glaciers temporaires que les chaleurs du mois d'août font disparaître. M. E. Collomb, qui s'en est occupé le premier, y a reconnu, dans une épaisseur de quelques mètres, le même ordre de superposition que dans les Alpes, c'est-à-dire de haut en bas, petit névé ou neige poudreuse, névé à gros grains, glace de névé, glace bulleuse, glace compacte reposant sur le sol. Ces glaciers temporaires sont également doués de mouvement comme ceux dont ils sont une reproduction en petit.

Il y a eu probablement, avant le commencement de l'ère jovienne, une période de glaciers temporaires qui a précédé et, pour ainsi dire, annoncé l'apparition des grands glaciers.

Quelles sont les causes qui ont amené l'énorme extension des phénomènes glaciaires? Je mentionnerai d'abord l'exhaussement des massifs montagneux qui tendaient à se rapprocher de la ligne des neiges perpétuelles, et l'abaissement de cette ligne par suite du refroidissement lent et régulier de la masse terrestre. Mais, ainsi que je l'ai déjà fait remarquer, page 302, il y a eu, en dehors de notre planète, une cause de refroidissement qui est intervenue d'une manière relativement subite pour disparaître de même.

L'ancienne extension des glaciers s'est produite d'une manière trop rapide pour qu'on puisse la rattacher exclusivement au refroidissement lent et régulier du globe. Faire intervenir un brusque exhaussement du sol, ce n'est pas résoudre le problème, car les anciens glaciers ont disparu, puis se sont montrés de nouveau pour disparaître encore, sans que la configuration topographique de l'Europe ait subi de modifications importantes. On est obligé d'admettre que le globe s'est trouvé, pendant la première période glaciaire, dans un milieu sidéral dont la température était moins élevée que ne l'est celle du point de l'espace où il est actuellement placé. Admettre cette explication, c'est reconnaître implicitement que la cause de refroidissement s'est exercée sur toute la surface du globe à la fois, dans l'hémisphère boréal en même temps que dans l'hémisphère opposé.

Hâtons-nous de dire que, pendant la première période glaciaire, la température n'était pas aussi basse qu'on pourrait le penser. Le mécanisme qui détermine la formation des glaciers et leur imprime le mouvement ne saurait fonctionner avec un climat rigoureux comme celui de la Sibérie. Voici le calcul fort simple qui a été fait par M. Ch. Martins, pour donner une idée du climat qui a pu amener les glaciers jusqu'aux

bords du lac de Genève. — La température moyenne de Genève
est de 9° 56. Sur les montagnes environnantes, la limite des
neiges perpétuelles se trouve à 2700 mètres au-dessus de la
mer. Les grands glaciers de la vallée de Chamonix descendent à 1550 mètres au-dessous de cette ligne. Cela posé,
supposons que la température moyenne de Genève s'abaisse
de 5 degrés (1) seulement et devienne par conséquent 4° 56. Le
décroissement de la température avec la hauteur étant d'un
degré pour 188 mètres, la limite des neiges perpétuelles s'abaissera de 940 mètres, et ne sera plus qu'à 1760 mètres au-dessus
de la mer. On accordera sans difficulté que les glaciers de
Chamonix descendraient au-dessous de cette nouvelle limite
d'une quantité au moins égale à celle qui existe entre la limite
actuelle et leur extrémité inférieure. Or, actuellement le pied
de ces glaciers est à 1150 mètres au-dessus de l'océan : avec
un climat plus froid de 5 degrés, il sera de 940 mètres plus
bas, c'est-à-dire au-dessous du niveau de la plaine suisse. Avec
un abaissement de 5 degrés, les glaciers viendraient butter
contre le Jura avec d'autant plus de facilité qu'un glacier
descend d'autant plus bas que le cirque d'où il provient es
plus vaste : or, les glaciers, dans l'hypothèse qui vient d'être
examinée, auraient, pour bassin d'alimentation, toutes les
vallées et toutes les gorges au-dessus de 1760 mètres.

En partant de l'hypothèse très-admissible que, jadis, la ligne
des neiges perpétuelles s'est abaissée partout de la même quantité, j'ai tracé dans la figure 13 la ligne des neiges perpétuelles
lors de l'époque des grands glaciers. Il y a, entre les deux

(1) Dans ses calculs, M. Ch. Martins prend pour point de départ un abaissement de 4° seulement. Cet abaissement, suffisant pour expliquer le phénomène
glaciaire alpin, ne l'est pas pour rendre compte de l'existence des glaciers
sur d'autres massifs montagneux, et notamment dans les Vosges.

lignes, une différence de niveau de 1000 mètres environ. La figure 13 montre comment certains massifs montagneux atteignaient jadis la région des neiges perpétuelles et, par conséquent, avaient des glaciers.

Ces changements, relativement subits, dans la température du milieu sidéral, ne sont pas particuliers à l'ère jovienne; ils ont dû se manifester pendant toutes les périodes géologiques, mais leur influence sur les phénomènes d'ordre inorganique a été jadis moins sensible, parce que la configuration du sol et la température propre du globe n'étaient pas les mêmes que pendant l'ère jovienne. Que la température s'abaisse de 20° à 15°, l'action modificatrice exercée par ce changement sur les êtres organisés et sur les phénomènes géologiques sera très-faible. Mais que le même abaissement de 5° dans la température s'opère à une époque ou dans une région dont la température est à peine supérieure au zéro de l'échelle thermométrique, alors l'eau passera à l'état de glace, et les phénomènes géologiques prendront un cours tout différent. C'est pour cela que l'ère jovienne a vu se développer, sur une large échelle, des phénomènes qui ne s'étaient pas encore produits ou qui ne s'étaient manifestés que dans des proportions très-minimes; aussi l'ère jovienne, que nous avons dit être celle des dunes et des deltas, est-elle également celle des glaciers.

Pendant longtemps, on n'avait admis, dans l'histoire physique de la terre, qu'une seule période glaciaire; mais une étude de plus en plus minutieuse a démontré que les phénomènes glaciaires se rattachaient à deux périodes distinctes, séparées par un large intervalle. Un nouveau pas fait dans la connaissance des événements qui ont marqué l'ère jovienne a eu pour résultat de prouver que les phénomènes glaciaires avaient offert un plus large développement pendant la première période que pendant la seconde, contrairement à l'opinion qui avait été adoptée en premier lieu.

La période interglaciaire a été marquée par l'apparition d'une nouvelle faune et par une élévation dans la température. A-t-elle vu l'entière disparition des glaciers? Je répondrai à cette question par la négative, mais je ne le ferai qu'avec réserve, car, dans l'état actuel de nos connaissances, il est difficile d'apporter des preuves incontestables à l'appui d'une opinion quelconque sur l'étendue des glaciers pendant la période interglaciaire.

Pendant cette période, des terrains de transport d'une grande puissance se sont successivement déposés autour du massif alpin et dans beaucoup d'autres contrées. Leur ordre de superposition sera indiqué dans la partie de cet ouvrage réservée à la géologie systématique. Je me bornerai à dire qu'autour du massif alpin ces terrains de transport offrent, à divers degrés, le caractère diluvien. Ce fait, prouvé par l'observation directe, est aussi en relation avec la théorie, puisque tout glacier doit être précédé et suivi d'un diluvium.

Les anciens glaciers dans les Alpes et dans les autres massifs montagneux. — Les anciens glaciers étaient sur le versant septentrional des Alpes : *a*) celui du *Rhin*, qui occupait tout le bassin du lac de Constance et s'étendait jusques sur les parties limitrophes de l'Allemagne; *b*) celui de la *Linth*, s'arrêtant à l'extrémité du lac de Zurich : cette ville est bâtie sur sa moraine terminale; *c*) celui de la *Reuss*, qui a couvert le lac des Quatre-Cantons de blocs arrachés aux cimes du Saint-Gothard; *d*) celui de l'*Aar*, dont les dernières moraines couronnent les collines des environs de Berne; *e*) celui de l'*Arve*; *f*) celui de l'*Isère*, débouchant par les lacs d'Annecy et du Bourget; *g*) celui du *Rhône*, le plus important de tous. C'est lui qui a porté sur les flancs du Jura les blocs erratiques dont il sera question tout à l'heure. Il prenait naissance dans toutes les vallées latérales qui découpent les deux chaînes parallèles du Valais. Il remplissait le Valais et s'étendait dans la plaine comprise entre les Alpes et le Jura, depuis le fort de l'Ecluse, près de la perte du Rhône, jusque dans les environs d'Aarau.

Les débris de roches transportés par la mer de glace qui occupait toute la plaine helvétique prenaient, vers le nord, la direction de la vallée du Rhin. Du côté opposé, le glacier du Rhône, après avoir atteint la plaine suisse, obliquait vers le sud, recevait le glacier de l'Arve, puis celui de l'Isère, passait entre le Jura et les montagnes de la Grande-Chartreuse, recouvrait la Bresse, presque tout le Dauphiné, et venait se terminer aux environs de Lyon.

Sur le versant méridional des Alpes, les anciens glaciers, d'après la carte qui en a été tracée par M. G. de Mortillet, occupaient toutes les grandes vallées, à partir de celle de la Doire, à l'ouest, jusqu'à celle du Tagliamento, à l'est. « Le glacier de la *Doire* débouchait dans la vallée du Pô, tout près de Turin. Celui de la *Doire-Baltée* débouchait dans la plaine d'Ivrée, où il a laissé un magnifique hémicycle de collines qui formaient sa moraine terminale. Celui de la *Toce* venait se heurter, dans le bassin du lac Majeur, contre le glacier du Tessin, et se rejetait dans la vallée du lac d'Orta, à l'extrémité méridionale duquel se trouvent ses moraines terminales. Celui du *Tessin* remplissait le bassin du lac Majeur, et s'étalait entre Lugano et Varèse. Celui de l'*Adda* remplissait le bassin du lac de Côme et venait s'étaler entre Mendrizio et Lecco, en décrivant un vaste demi-cercle. Celui de l'*Oglio* se terminait un peu au delà du lac d'Iséo. Celui de l'*Adige*, né

28

pouvant continuer son trajet par Roveredo, où la vallée devient très-étroite, allait remplir l'immense bassin du lac de Garde ; à Novi, il a laissé une magnifique moraine dont le Dante a parlé dans son *Inferno*. Celui de la *Brenta* s'étendait sur le plateau de Sette-Commune. La *Drave* et le *Tagliamento* avaient aussi leurs glaciers. Enfin, dit M. de Mortillet, les glaciers occupaient toutes les vallées des Alpes autrichiennes et bavaroises ; et j'ai reconnu leurs traces dans la vallée de l'Inn et dans celle de la Drave, jusqu'au-dessous de Klagenfurt. »

Les autres contrées de l'Europe, où les anciens glaciers ont laissé des traces de leur existence, sont les Pyrénées, la Corse, le nord du pays de Galles, l'Écosse, le Jura, les Vosges, etc. Le glacier de la Moselle était le plus considérable des Vosges : il recevait de nombreux affluents, avait 36 kilomètres de long, 2000 mètres de large ; sa moraine frontale la plus inférieure est située un peu au-dessous de Remiremont et présente un développement de deux kilomètres.

Lors de la seconde période glaciaire, les glaciers, en envahissant une partie de l'espace qu'ils avaient jadis abandonné, ont dû détruire et remanier les anciennes moraines et les anciens dépôts erratiques. Il n'est resté du terrain erratique primitif que celui qui occupait la zone que les glaciers de la seconde période n'ont pu atteindre. Les moraines qui existent encore ne peuvent donc appartenir qu'à cette seconde période.

Blocs erratiques du Jura : hypothèses successivement émises sur leur mode de transport. — Les blocs alpins, qui se montrent dans la plaine suisse sous forme de terrain glaciaire éparpillé, existent également sur le flanc helvétique du Jura. Vis-à-vis Yverdun, ils atteignent une altitude de près de 1100 mètres, et, de ce point, la zone qu'ils occupent va en s'abaissant vers le nord-est

et vers le sud-ouest. Ils sont accumulés en plus grand nombre
en face des débouchés des grandes vallées alpines. Ceux du
Jura vaudois et neufchâtelois proviennent des Alpes du Valais
et du Mont-Blanc; ceux du Jura bernois, de l'Oberland, et ceux
de l'Argovie et de Zurich, des petits cantons. Les blocs de ces
provenances diverses ne se mêlent que sur les limites des régions qu'ils occupent. Ils pénètrent également dans le Jura,
sur les points où ce massif montagneux s'abaisse. Deluc les a
reconnus sur la pente du Doubs et les a observés jusqu'au delà
de Pontarlier et d'Ornans; probablement, la rivière de la Loue
qui passe par cette ville était en partie alimentée par les eaux
provenant de la fonte des bords du glacier suisse, lors de sa
plus grande extension.

Le volume des blocs alpins du Jura varie beaucoup; la fa-
meuse pierre-à-bot, située à 700 mètres environ de hauteur
au-dessus du niveau de la mer, a 12 mètres de diamètre.

Les blocs alpins du Jura ne sont nullement émoussés sur
leurs angles. Ils reposent sur des cailloux roulés formant une
couche dont l'épaisseur varie de quelques pouces à quelques
pieds; les plus volumineux de ces cailloux occupent la partie
supérieure de la couche qu'ils constituent; inférieurement, ils
passent à un sable fin. La roche en place qui supporte les cailloux a été polie et striée par eux. Dans la partie du Jura où
existent les blocs erratiques, on observe des surfaces, appelées
laves par les habitants de la contrée. Ces surfaces sont aussi
unies qu'un miroir, tantôt planes, tantôt ondulées, souvent
moutonnées et toujours uniformes pour des roches voisines,
même lorsque celles-ci sont de dureté différente. Un dernier
caractère qui rattache le polissage de ces surfaces à une action
glaciaire nous est fourni par les fines stries qu'elles présentent.

Les faits dont je viens de faire la rapide énumération, et

d'autres que j'aurais pu citer, démontrent jusqu'à l'évidence que les blocs alpins du Jura y ont été apportés par les glaciers. On s'étonne même que le doute ait pu régner si longtemps sur cette question. En énumérant les diverses hypothèses qui ont été successivement émises pour expliquer le transport des blocs alpins, et en mentionnant les objections auxquelles ces hypothèses donnaient lieu, je n'aurai nullement l'intention de leur accorder plus d'importance qu'elles n'en méritent.

Deluc admettait (1813) que les blocs alpins du Jura avaient été projetés par des éruptions volcaniques survenues dans la chaîne des Alpes. Or, cette chaîne n'offre aucune trace de volcans, et, quand même il en serait ainsi, on ne conçoit pas comment l'action volcanique aurait eu assez de force pour projeter, à 80 kilomètres de distance, des blocs d'un volume tel que celui de la pierre-à-bot ; on ne conçoit pas non plus comment ces blocs, en tombant sur le sol, au lieu de se poser doucement sur une couche de sable et de gravier de même origine qu'eux, ne se seraient pas brisés en fragments et n'auraient pas effondré le sol.

De Saussure avait émis l'idée de grands courants qui se seraient produits à la suite de l'écoulement subit d'un grand lac qui jadis recouvrait toute la Suisse ; mais, dans ce cas, les blocs alpins, au lieu de se diriger vers le Jura, auraient été entraînés pêle-mêle vers le point par où leur écoulement aurait eu lieu ; leurs angles se seraient émoussés et leur dépôt se serait effectué dans des conditions différentes de celles que nous avons rappelées.

En 1818, L. de Buch, pour concilier l'idée de de Saussure avec la distribution géographique des blocs, supposait que leur transport s'était effectué par des courants débouchant des vallées alpines et traversant le lac suisse. Mais cette hypothèse donne lieu aux mêmes objections que celle de de Saussure, puisque les courants, après s'être heurtés contre le Jura, auraient dû prendre ensuite une direction commune et confondre, dans un même dépôt, tous les matériaux charriés par eux. D'ailleurs, quelle force ne faudrait-il pas supposer à ces courants s'ils avaient réellement transporté en droite ligne les blocs alpins? Où faudrait-il placer l'immense réservoir qui leur aurait donné naissance?

Sir Lyell a pensé (1835) résoudre la question en remplaçant les courants par des radeaux de glace. Cette hypothèse semble très-naturelle au premier abord, mais un examen superficiel suffit pour la faire rejeter. Les dépôts effectués par des glaces flottantes ne ressemblent nullement à ceux qui constituent le terrain erratique du Jura. En outre, les glaces flottantes se seraient toutes dirigées vers le même point sous l'influence des vents ou des courants, et le vaste lac traversé par elles aurait reçu des dépôts qui témoigneraient de son existence.

Citons enfin, pour mémoire, l'opinion de Dolomieu, admettant le transport des blocs erratiques sur un plan incliné, et le soulèvement du Jura postérieurement à ce transport. Entre autres objections, on peut faire à l'idée de Dolomieu la suivante : c'est que la région comprise entre les Alpes et le Jura avait, dès le commencement de la période glaciaire, sa configuration actuelle.

L'honneur d'avoir, les premiers, introduit dans la science l'idée de l'extension des glaciers des Alpes jusqu'au Jura revient à Venetz et à Charpentier. Celui-ci formula son opinion et celle de son ami, en 1834, au congrès des naturalistes suisses réunis à Lucerne; Venetz l'avait déjà consignée dans un mémoire communiqué à la Société Helvétique en 1821, mais imprimé seulement en 1833.

L'opinion qui règne actuellement parmi les savants paraît avoir été, depuis longtemps, celle des guides. Dans un article inséré, en 1821, dans le *Dictionnaire d'histoire naturelle*, il est dit qu'un guide, nommé Deville, attribuait le transport des blocs erratiques à l'action des glaciers jadis plus étendus qu'aujourd'hui. Charpentier, en revenant, en 1815, d'une excursion dans les glaciers de la vallée de Lourtier, avait entendu un guide, appelé Perraudin, exprimer la même idée. En parlant ainsi, dit M. Ch. Martins, Perraudin ne se doutait guère avoir fait une grande découverte et résolu, à force de bon sens, un problème que le génie des plus célèbres géologues avait abordé sans succès.

Phénomène erratique du nord de l'Europe. — Dans le même moment où les glaciers ont pris possession des Alpes et de tous les massifs montagneux de l'Europe centrale, ils ont occupé la Suède et la Norwège, alors plus élevées, et par conséquent plus étendues que de nos jours. En même temps se sont opérés le striage et le polissage des roches, phénomène dont les traces sont encore parfaitement reconnaissables jusqu'à une profondeur de 200 mètres au-dessous du niveau de la mer actuelle. Après ce phénomène, qui a coïncidé avec le commencement de l'ère jovienne, la Scandinavie et les contrées voisines se sont affaissées; la mer a envahi toute une vaste zone dont nous indiquerons la limite méridionale, et les glaciers qui existaient déjà dans les Alpes scandinaves se sont trouvés dans les mêmes conditions que ceux qui recouvrent maintenant le Spitzberg et le Groënland. Les glaces flottantes détachées de ces glaciers parcouraient la mer qui entourait la Scandinavie, en dispersant çà et là les blocs et les détritus de roches qu'elles portaient avec elles. Ces blocs occupent une

zone dessinant une demi-circonférence dont le rayon est de
280 lieues, et qui a Stockholm pour centre. La ligne qui forme
la limite méridionale de cette zone passe par Nikolskoï,
Toula, Cracovie, Breslau, Leipzig, Hanovre, Arnheim, et se
continue sur la côte orientale de l'Angleterre. Les blocs erratiques de la Russie et de la Pologne sont de granite et proviennent de la Finlande et de la Laponie. La Suède et la Norwège ont fourni les blocs de gneiss, de syénite, de porphyre et
de trapp, que l'on observe dans la Poméranie, le Holstein et
le Danemark. Ceux de l'Angleterre proviennent de la Norwège.
La formation erratique renferme aussi des blocs appartenant
au pays même où on les observe ; tout à l'heure, nous indiquerons leur raison d'être, en parlant de l'ancienne limite
des neiges perpétuelles.

Les blocs erratiques sont disséminés au milieu et à la surface d'un vaste dépôt d'argile, de sable et de gravier qui a été
reçu au fond de la mer que parcouraient les glaces flottantes
parties de la Scandinavie. C'est ce dépôt qu'il est convenable
de désigner sous le nom de *drift* (1), qui est remplacé par
celui de *till*, lorsque ce dépôt est formé d'argile ou de limon
non stratifié.

Les coquilles marines contenues dans la partie inférieure du
drift ne se retrouvent plus aujourd'hui qu'au delà du cercle
polaire, au Spitzberg, au Groënland, à l'île Melville. Elles ont
un caractère arctique très-net, et nous trouvons dans ce fait un
motif suffisant pour considérer le drift comme correspondant
à la première période glaciaire du centre et du sud de l'Europe.

(1) Le mot drift est souvent employé par les géologues anglais et améri-
cains comme synonyme de dépôt de transport, dépôt diluvien ou dépôt erratique. Sir Lyell a proposé de s'en servir pour désigner tout diluvium qui
n'est pas prouvé être d'eau douce.

ÈRE JOVIENNE.

PREMIÈRE PÉRIODE GLACIAIRE.	PÉRIODE INTERGLACIAIRE.	DEUXIÈME PÉRIODE GLACIAIRE.
Drift inférieur. — Blocs erratiques dans le nord de l'Europe et de l'Amérique. — Alluvions aurifères. — Terrains de transport avec *Elephas meridionalis*, *Rhinoceros elatus*, *Mastodon arvernensis*, etc.	Maximum de température. — Creusement général de vallées. — Alluvion ancienne à ossements (en partie).	Lehm du Rhin et dépôts lehmiens de diverses contrées. — Remplissage des brèches osseuses et des cavernes à ossements. — Terrains de transport avec *Elephas primigenius*, *Rhinoceros tichorhinus*, *Ursus spelæus*, etc.

III. Dernier retrait des glaciers. — Formation des âsars et des moraines. — Terrain glaciaire éparpillé.

II. Miminum dans la température. — Grande extension des glaciers. — Creusement des vallées autour des massifs montagneux avec glaciers; maximum dans l'action alluviale autour des massifs montagneux sans glaciers.

I. Réapparition des glaciers. — Diluvium rouge sans fossiles du bassin du Rhône.

Sédiments quaternaires : drift supérieur dans le nord de l'Europe, travertin en Italie et sur tout le littoral méditerranéen.

III. Premier retrait des glaciers. — Blocs erratiques dans le Jura. — Diluvium à quarzites du bassin du Rhône.

II. Minimum dans la température. — Grande extension des glaciers. — Creusement des vallées autour des massifs montagneux avec glaciers; maximum dans l'action alluviale autour des massifs montagneux sans glaciers.

I. Première apparition des glaciers. — Striage et polissage des roches dans le nord de l'Europe. — Commencement de l'action alluviale. — Conglomérat bressan, plaine de la Crau, alluvions de l'Arno, alluvions sous-volcaniques de Palerme.

Formation des dunes et des deltas; développement de l'appareil littoral.

Après le dépôt du drift, il s'est produit, dans tout le nord de l'Europe, un soulèvement du sol; ce phénomène a persisté jusqu'à nos jours, en se manifestant par saccades; il a eu pour résultat la séparation de la mer Baltique de la mer Glaciale; il n'est pas encore arrivé à son dernier terme, comme le prouvent les mouvements que l'on observe encore dans le sud de la Suède.

Pendant que la mer comprise entre la Scandinavie et l'Europe centrale diminuait d'étendue, l'action sédimentaire n'en persistait pas moins sur les points non abandonnés par les eaux marines. Elle donnait origine à des dépôts qui se distinguent du drift ancien, non-seulement par leur situation relative, mais aussi par les coquilles qu'ils renferment. Ces coquilles sont identiques avec celles qui vivent actuellement dans la Baltique; elles indiquent que la température s'était élevée après le dépôt du drift ancien : le terrain où elles sont contenues, et qui peut être distingué sous le nom de *drift supérieur*, correspond à la période interglaciaire : cette manière d'apprécier son âge est une conséquence naturelle de ce fait que nous avons admis, en reconnaissant que les modifications de température s'étaient manifestées en même temps et de la même manière sur toute la surface du globe.

La deuxième période glaciaire est représentée, dans la Suède et la Norwège, par les traînées de sable et de gravier, qui sont d'anciennes moraines, et qu'on appelle *ra'er* en Norwège, et *åsar* (pron. osar) en Suède. Les motifs qui nous ont engagé à considérer les moraines des Vosges et des Alpes comme le dernier effet de l'action glaciaire, dans ces contrées, doivent également nous conduire à voir dans les åsars le dernier terme du phénomène erratique du nord de l'Europe. Cette opinion est d'autant mieux fondée que les åsars contiennent, non-seule-

ment des coquilles vivant encore dans la Baltique, mais aussi
des débris de l'industrie humaine.

En 1836, M. Selfstrœm avait émis l'hypothèse d'un courant
chargé de pierres roulantes, ou *courant pétridiluvien*, dont
les traces, selon lui, pouvaient être suivies jusqu'à l'extrémité
méridionale de l'Afrique. Depuis lors, la théorie de M. Selfstrœm, qui avait été adoptée avec peu de modifications par
Durocher, a été abandonnée, et, maintenant, il n'est aucun
géologue scandinave ou danois qui s'en déclare le partisan.

L'intervention des glaciers peut seule nous rendre compte
de toutes les circonstances du phénomène erratique du nord :
par elle, on peut notamment s'expliquer pourquoi les stries,
au lieu d'être parallèles aux moraines, leur sont quelquefois
perpendiculaires.

D'après sir Lyell, les glaces flottantes seraient seules intervenues dans le phénomène erratique du nord de l'Europe;
elles auraient tout à la fois déterminé le burinage des roches
et le transport des blocs erratiques. Charpentier et M. Agassiz
pensaient que ces deux phénomènes étaient le résultat d'anciens glaciers qui auraient recouvert, non-seulement la Scandinavie, mais aussi le nord de l'Allemagne et le nord-ouest de
la Russie. La vérité se trouve entre ces deux opinions. Les
glaciers ont poli et strié les roches de la Scandinavie, tandis
que le transport des blocs erratiques s'est effectué par les glaces
flottantes. On voit que le phénomène glaciaire du nord de
l'Europe et celui des Alpes sont synchroniques, mais ne se sont
pas manifestés dans des circonstances absolument identiques.

Les phénomènes dont le nord de l'Europe a été le théâtre,
pendant l'ère jovienne, se sont également manifestés dans le
nord de l'Amérique septentrionale; ils s'y sont produits dans
le même ordre. Le sol y a obéi à un mouvement lent d'ascen-

sion, et le striage des roches y a précédé le transport des blocs erratiques. Dans un mémoire, publié en 1841, M. Darwin a décrit le terrain erratique des terres magellaniques; il a montré que ce terrain y présente les mêmes caractères que dans le nord de l'Europe.

Ancienne limite des neiges perpétuelles. — Nous avons admis que, dans le massif alpin, la ligne des neiges perpétuelles, lors de la première période glaciaire, se trouvait à mille mètres environ au-dessous de sa situation actuelle (voir figure 20). Dans la figure 13, on a tracé l'ancienne ligne des neiges perpétuelles, en supposant, ce qui n'est vrai que dans une certaine mesure, qu'elle se trouvait partout dans la même situation relativement à la ligne actuelle et qu'elle lui était parallèle. Dans cette figure, les hauts sommets de la Corse dépassent assez l'ancienne limite des neiges perpétuelles, pour expliquer les traces de glaciers qui existent dans cette île, et pour permettre de supposer que ces traces pourront également être observées dans la Sierra-Nevada. Mais les Vosges, dont les glaciers étaient si étendus, n'atteignent pas cette limite; d'autres massifs montagneux, situés au nord des Alpes, la dépassent à peine.

Il faut conclure de là que la ligne ancienne des neiges perpétuelles s'abaissait, vers le nord, d'une manière plus rapide que ne le fait la ligne actuelle; elle s'abaissait un peu plus que ne l'indique la figure 13, où on la voit rencontrer le niveau de l'océan vers le 67° 30' de latitude, tandis que cette rencontre s'effectuait à une latitude moins élevée et probablement vers le 65°. Cet abaissement des lignes perpétuelles une fois admis, on est conduit à déclarer que les Carpathes, et les chaînes de montagnes qui se placent entre le bassin du Danube et les bassins de l'Oder, de l'Elbe et du Rhin avaient également leurs glaciers. Ceux-ci ont transporté les blocs qui, vers le sud de la zone embrassée par le phénomène erratique du nord, se mêlent à ceux venus de la Scandinavie et occupent quelquefois des régions distinctes.

Ce fait ne prouve pas que les massifs montagneux de l'Europe, situés à une latitude plus élevée que celle des Alpes, eussent une plus grande altitude que de nos jours. Les uns, tels que les Vosges, n'ont pas sensiblement varié de hauteur; les autres, tels que les Alpes scandinaves, avaient une élévation moindre que maintenant. L'abaissement considérable des lignes perpétuelles pendant l'ère jovienne était en relation avec la constitution topographique du nord de l'Europe. Les eaux marines y occupaient une plus vaste étendue que de nos jours; elles rendaient le climat de l'Europe sinon plus froid, du moins plus favorable à l'abondance et à la conservation des neiges ainsi qu'au développement des glaciers. C'est également par la plus grande étendue de l'espace recouvert par les eaux marines que s'explique le vaste développement des glaciers, des banquises et des glaces flottantes dans l'hémisphère austral, à l'époque actuelle.

Glaces circumpolaires pendant les temps anciens. — Il existe, autour de chaque pôle, une zone où l'eau est toujours à l'état de neige ou de glace. Cette zone est approximativement limitée par un cercle dont le centre est au pôle, et qui a pour rayon la distance comprise entre ce pôle et le point où la ligne des neiges perpétuelles vient rencontrer le niveau de l'océan. Dans l'hémisphère boréal et à l'époque actuelle, cette limite se trouve vers le 78° de latitude, mais nous venons de dire que, lors de la période qui a précédé l'époque actuelle, ce point de rencontre était plus éloigné du pôle et se trouvait probablement vers le 65° de latitude boréale. La zone polaire, alors recouverte par l'eau à l'état de neige ou de glace, avait une plus grande étendue que de nos jours. Sa limite était marquée par une ligne passant un peu au nord d'Arkhangel, et traversant l'Islande.

Pendant chacune des deux périodes glaciaires, les phénomènes que nous voyons se produire vers les pôles se manifestaient déjà, et leur zone d'action était bien plus vaste qu'à présent. Toutefois, ce serait une grave erreur de rattacher le phénomène erratique du nord de l'Europe à l'accumulation des glaces vers le pôle. Ce phénomène se coordonne par rapport aux massifs montagneux et non par rapport au pôle; les stries et les traînées de débris que l'on observe sur le sol de la Scandinavie irradient autour des hauts sommets de cette contrée; à l'extrémité septentrionale de cette presqu'île, on les voit se diriger du sud vers le nord, c'est-à-dire dans un sens opposé à celui qu'elles auraient dû avoir d'après les théories, nullement fondées, qui ont été formulées dans ces derniers temps.

J'ai déjà dit, page 304, quelques mots des neiges et des glaces polaires; je ne dois pas insister davantage à leur sujet, puisque, dans ce troisième livre, j'ai eu en partie pour but d'étudier les variations de température considérées, non en elles-mêmes, mais quant à l'influence qu'elles exercent sur les phénomènes continentaux d'ordre inorganique.

Pour résumer les principaux faits que j'ai eu l'occasion de rappeler, j'ai dressé un tableau que le lecteur trouvera à la page 432; il y verra dans quel ordre quelques-uns des phénomènes de l'ère jovienne se sont succédés en se modifiant en même temps que les climats.

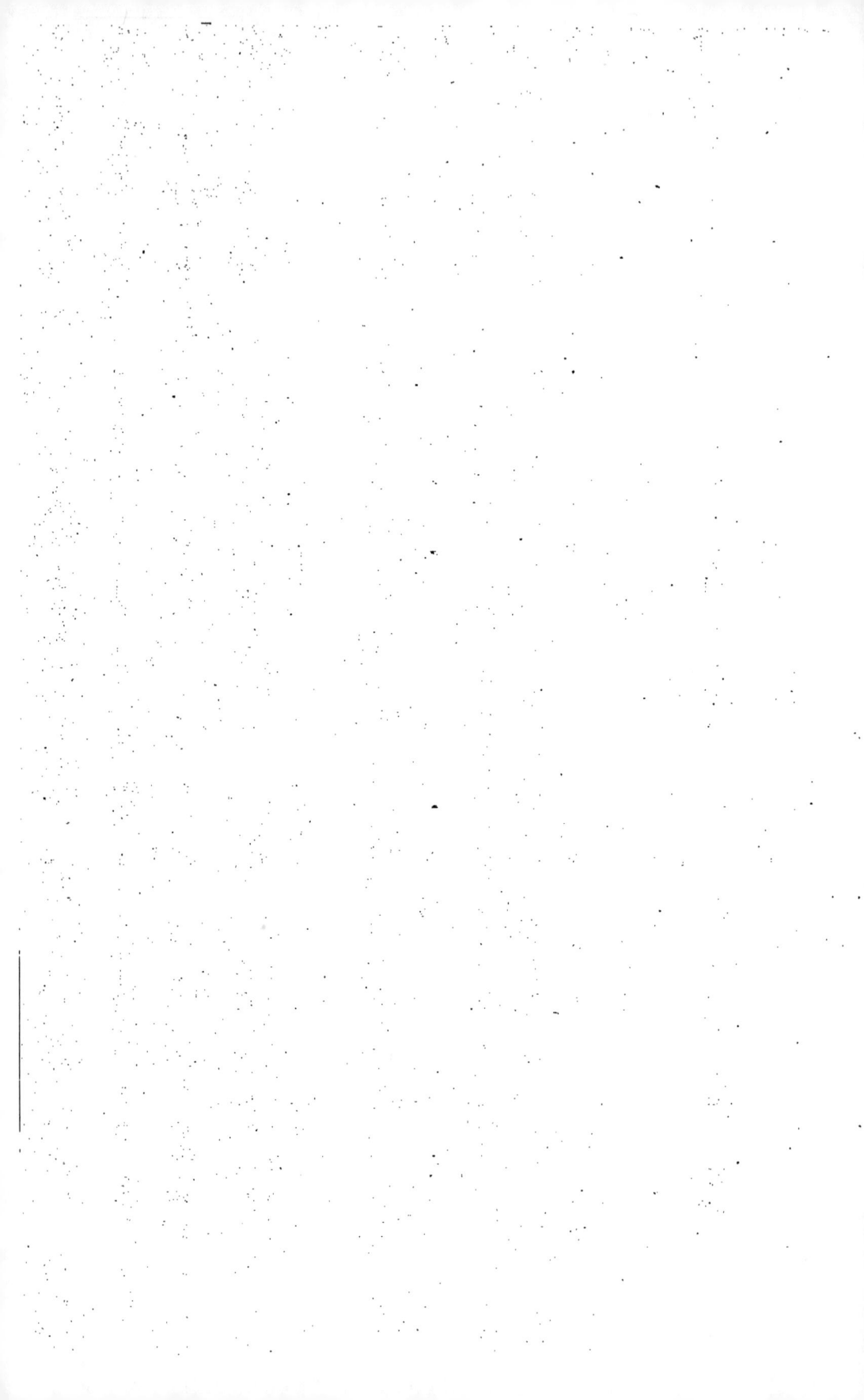

LIVRE QUATRIÈME.

PHÉNOMÈNES GÉOLOGIQUES

QUI S'ACCOMPLISSENT AU SEIN DES EAUX ET SUR LE SOL IMMERGÉ.

CHAPITRE I.

CONSIDÉRATIONS GÉNÉRALES SUR L'ACTION SÉDIMENTAIRE. — ORIGINE
DES MATÉRIAUX DONT LA ZONE STRATIFIÉE SE COMPOSE.

Action sédimentaire. — Formation de la zone aqueuse, stratifiée ou sédimentaire. — Appareil de sédimentation : bassins géogéniques. —
L'action geysérienne dans ses relations avec l'action sédimentaire. —
Modifications dans la nature des roches d'origine aqueuse. — Opinion
de Cordier et de M. Leymerie sur l'origine des roches calcaires. —
Origine de la dolomie, du fer, du bitume, du sel gemme, etc. —
Théorie de l'origine geysérienne des marnes et des argiles. — Que
faut-il entendre par terrain geysérien? — Deux modes de sédimentation, l'un chimique, l'autre mécanique.

Action sédimentaire. — L'étude des phénomènes qui s'accomplissent à la surface du globe se divise en deux parties, de
même que cette surface se partage en terre et en eau. Après
nous être occupé des actions géologiques qui se manifestent
sur le sol émergé, il nous reste à porter notre attention sur

les phénomènes qui se produisent au sein des eaux marines ou lacustres. Mais avant d'aborder cette nouvelle étude, je dois rappeler et compléter les considérations générales précédemment émises sur le rôle des agents atmosphériques.

On a vu, page 207, que le jeu simultané des agents extérieurs donne naissance à un phénomène général désigné, à cause de son dernier terme, sous le nom d'*action sédimentaire*. En vertu de ce phénomène, les débris arrachés aux parties préexistantes de l'écorce terrestre sont entraînés par les eaux au fond des mers; ils y vont constituer, par leur accumulation, les masses stratifiées dont la zone aqueuse se compose.

L'action sédimentaire, avons-nous dit, offre dans son développement trois phases ou périodes : la période de désagrégation ou de détrition, puis celle de transport ou de charroi, et enfin celle de dépôt ou de sédimentation. Chacune de ces trois périodes s'accomplit tout à la fois sur le sol émergé et sur le sol immergé; mais, tandis que les phénomènes de désagrégation et de transport se manifestent en majeure partie à la surface des continents, le sol sous-marin est surtout le siége des phénomènes de dépôt et de reproduction.

Formation de la zone aqueuse, stratifiée ou sédimentaire. — Les agents géologiques qui fonctionnent sur le sol émergé ont pour mission principale de détruire les parties de la croûte du globe soumises à leur influence (voir page 208). Les dépôts qui se forment sur la terre ferme, et dont j'ai parlé dans le livre précédent, ne peuvent avoir qu'une faible durée; ils doivent être considérés comme des entrepôts où l'action sédimentaire vient, de temps à autre, prendre les matériaux qu'elle met en œuvre. Les agents géologiques qui opèrent au sein des eaux revêtent, au contraire, le caractère de forces reproductives; ils

déterminent la formation de masses très étendues, très persistantes, et ce sont eux qui président exclusivement à l'édification
de la *zone aqueuse, stratifiée ou sédimentaire.*

FIG. 21.

Appareil de sédimentation : bassins géogéniques. — La figure 21 est
destinée à donner une idée des phénomènes dont l'étude va
nous occuper; elle représente ce que nous avons désigné,
page 207, sous le nom d'*appareil de sédimentation.* Dans cette
figure on voit, indiquée par des traits horizontaux, une dépression remplie d'eau douce ou salée; cette dépression constitue un *bassin géogénique;* elle reçoit tous les débris détachés
des contrées qui l'environnent; aussi a-t-on comparé un appareil de sédimentation à un vase se remplissant aux dépens de
ses parois soumises à une destruction incessante.

Les débris entraînés vers chaque bassin géogénique varient
de volume. Depuis le bloc erratique, que sa masse énorme retient sur le point où la glace l'a abandonné, jusqu'à la molécule chimique qui, grâce à sa légèreté, reste longtemps suspendue dans l'eau et peut atteindre la haute mer, on conçoit
qu'il y ait tous les intermédiaires possibles. Au pied des montagnes s'accumulent ces fragments de roche constituant les
éboulis, ou couvrant le lit des rivières et des torrents. Plus loin,
ces fragments, de plus en plus arrondis, de plus en plus amoindris dans leur volume, s'étendent dans la plaine en nappes
alluviales; ils sont alors mêlés à une quantité variable de sable

et d'argile, résultant d'une trituration prolongée. Apportés sur
le littoral, ils y éprouvent de nouveau une diminution de volume et un changement de forme. Ils constituent alors ces
cordons de galets, indiquant, au sein des couches sédimentaires,
les plages des mers géologiques, et bordant de nos jours l'o-
céan ainsi que les grands amas d'eau douce.

Aux débris provenant de la surface des continents se joignent
ceux que la mer arrache elle-même à ses rivages. Les uns et
les autres sont transportés par les courants marins ou par ceux
qui règnent à l'embouchure des fleuves; ils vont se déposer
au fond de la mer, en obéissant à des lois qui seront successivement indiquées dans le cours de ce quatrième livre.

L'action geysérienne dans ses rapports avec l'action sédimentaire. —
Les matériaux que l'action sédimentaire met en œuvre ont une
double origine. Les uns sont empruntés à la surface du globe,
et charriés par les courants d'eau appartenant à la circulation
superficielle. Ces matériaux offrent presque constamment une
nature détritique : ce sont les seuls dont j'ai voulu parler dans
le paragraphe précédent. Mais le remplissage de chaque bassin
géogénique s'opère aussi par l'arrivée d'éléments provenant de
l'intérieur du globe. Ils sont amenés à l'état de molécules chimiques par les courants qui constituent, au sein de l'écorce
terrestre, une circulation souterraine aussi compliquée que
celle que l'on observe à la surface du globe.

L'opération en vertu de laquelle l'eau d'origine contenue
dans l'écorce terrestre, et celle qui y pénètre à chaque instant
par infiltration, sont ramenées à la surface du globe, après
s'être pénétrées de diverses substances, nous l'avons désignée
sous le nom d'*action geysérienne*. A cette action générale se
rattachent plusieurs phénomènes dont l'étude trouvera sa place

dans le livre suivant. Ici nous n'aurons en vue que l'action geysérienne considérée dans ses relations avec les phénomènes qui se manifestent à la surface du globe.

Modifications dans la nature des matériaux qui, lors des temps géologiques, ont concouru à la formation des roches stratifiées. — 1° L'écorce terrestre a crû d'épaisseur, ce qui, ainsi que nous le verrons par la suite, a déterminé un ralentissement progressif dans l'action geysérienne, et une diminution dans la masse des matériaux destinés à une sédimentation chimique.

2° La terre ferme a pris une étendue de plus en plus grande, ce qui a produit une augmentation graduelle dans la masse des matériaux destinés à une sédimentation mécanique.

Par conséquent, pendant les temps géologiques, les roches à éléments détritiques sont devenues de plus en plus abondantes, tandis que les roches à éléments chimiques ont perdu de leur importance. L'ère neptunienne et l'ère jovienne marquent le point de départ et le terme actuel de cette double tendance.

Déplacements successifs des bassins géogéniques. — Les phénomènes de destruction, de transport et de dépôt se produisant dans la région qui constitue et entoure un bassin géogénique, ont pour résultat de diminuer les masses continentales élevées au-dessus des eaux, et de combler la dépression où ces eaux s'accumulent. Si un bassin géogénique ne variait jamais dans ses limites, un moment viendrait où cette région serait complétement détruite, nivelée, et recouverte par l'océan. L'action sédimentaire serait ralentie dans la zone occupée par ce bassin, et même tout à fait suspendue, dans le cas où l'action geysérienne cesserait d'amener les éléments d'origine interne.

En vertu des mêmes circonstances, les autres bassins géogéniques existant à la surface du globe disparaîtraient également ; en définitive, l'accroissement de la zone stratifiée éprouverait une interruption.

Mais, par suite des mouvements auxquels l'écorce terrestre obéit, et à cause surtout du mouvement ondulatoire, les bassins géogéniques se déplacent sans cesse ; ils subissent des modifications successives dans leur forme et leur étendue. Tantôt ils se divisent, tantôt ils se soudent entre eux. La figure 22 montre comment le bassin qui existait dans la figure 21 s'est déplacé, et comment les strates qu'il avait reçues sont devenues les parois d'un nouveau bassin. Par suite des transformations et des déplacements qu'il subit, un bassin géogénique peut occuper successivement plusieurs régions : il peut, pour ainsi dire, être *promené* à la surface du globe, puis revenir dans la contrée qu'il occupait antérieurement. La zone sédimentaire s'accroît ainsi, d'une manière inégale, il est vrai, tantôt sur un point, tantôt sur un autre.

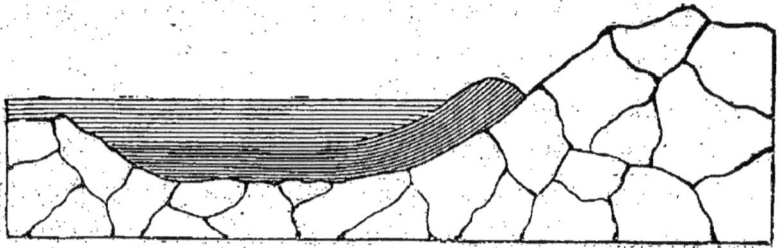

Fig. 22.

Formations géogéniques ; centres de sédimentation. — Malgré ces déplacements incessants, il est à la surface du globe des contrées où les bassins géogéniques ne se sont jamais établis ; où, en d'autres termes, les eaux marines n'ont jamais pénétré, si ce n'est quelquefois à des époques très anciennes. Ces contrées, nous les avons appelées *centres de soulèvement*, en réservant le nom de *centres de sédimentation* pour les régions où l'action sédimentaire n'a été suspendue que pendant de courts intervalles. Nous avons cité le plateau central de la France, comme exemple de centre de soulèvement, et le bassin de Paris comme exemple de centre de sédimentation.

Je propose de donner le nom de *formation géogénique* à l'ensemble des couches déposées dans un même bassin. Dans cette définition, je fais abstraction de la donnée chronologique, en ce sens qu'une même formation peut se composer de plusieurs étages ou terrains successifs; c'est ce qui a lieu lorsqu'un même bassin a nécessité pour son comblement une série de siècles correspondant à plusieurs époques géologiques. Un étage comprend toujours plusieurs formations synchroniques, parce qu'il s'est déposé dans plus d'un bassin; mais il ne peut correspondre à plusieurs formations successives, parce que la révolution, cause essentielle du déplacement de l'appareil sédimentaire, est un événement d'une importance suffisante pour autoriser à compter au moins autant d'étages qu'il y a de formations superposées.

Origine des matériaux que l'action sédimentaire met en œuvre. — L'existence des deux sources d'où l'action sédimentaire reçoit ses matériaux ne peut faire l'objet d'aucun doute; mais le désaccord règne parmi les géologues relativement à la proportion des éléments fournis par chacune d'elles.

Plusieurs auteurs font provenir de l'action détritique s'exerçant à la surface du globe tous les matériaux qui concourent ou qui ont concouru, pendant les temps géologiques, à la formation de la zone sédimentaire. A. d'Orbigny adopte cette opinion; car, en indiquant l'origine des sédiments marins, il ne mentionne pas une des sources où l'action sédimentaire va chercher

la majeure partie des substances qu'elle emploie. Il semble
n'attacher aucune importance à la part que l'action geysérienne
prend indirectement à la sédimentation, en lui transmettant,
par l'intermédiaire des sources pétrogéniques, des quantités
considérables de chaux, de magnésie, de fer, etc. En prenant
approximativement le chiffre 16 pour l'ensemble des sédiments
marins, A. d'Orbigny trouve que ce nombre se compose des
provenances suivantes : sédiments fournis par les affluents
terrestres, 4; sédiments fournis par l'usure des côtes, 10; sédiments fournis par les corps organisés, 2. Si l'on cherche à se
rendre compte de l'omission commise par A. d'Orbigny, on est
conduit à l'attribuer à ce qu'il n'entendait parler que des sédiments actuels, et à ce que, sous le nom de sédiments, il ne
comprenait que les masses habituellement réunies sous le nom
de roches de transport; mais les deux passages suivants, extraits
du cours de *Paléontologie stratigraphique*, tome I, pages 146
et 148, démontrent qu'il n'en est pas ainsi. « Tout porte à
croire, dit-il, qu'à chacune de ces époques, des causes physiques
analogues aux causes physiques actuelles, pouvaient produire
des résultats semblables. Les mers anciennes recevaient, de
même, des sédiments terrestres, des sédiments produits par
l'usure des côtes et par la décomposition des êtres organisés...
Il se déposait simultanément, sur différents points, des sables,
des sables vaseux, de la vase siliceuse et calcaire, qui ont formé
des grès, du calcaire marneux, des argiles, de la craie. »

Les éléments des roches résultant d'une sédimentation chimique ont presque toujours une origine interne; à l'appui de
cette opinion, je ferai valoir les remarques suivantes.

a) Si nous remontons au commencement des temps géologiques, à l'époque où la terre ferme n'existait pas encore et ne
pouvait alimenter, par sa destruction, l'action sédimentaire

encore à son début, — nous n'en voyons pas moins se former de puissants dépôts, depuis le gneiss jusqu'au schiste talqueux. Ces dépôts ont donc reçu presque tous leurs éléments de l'intérieur de l'écorce terrestre ; ils se sont formés à la suite d'une action geysérienne très énergique, qui n'a pas cessé tout à coup et qui s'est prolongée, en s'affaiblissant, jusqu'à l'époque actuelle.

b) Prenons un exemple moins ancien. — Si on se transporte par la pensée au commencement de la période tria-jurassique, on voit la mer pénétrer au sud dans le plateau central pour y former un golfe d'une certaine étendue, ou plutôt une mer intérieure communiquant avec l'océan par trois détroits, dont le principal était situé entre Lodève et le Vigan. Les premiers sédiments reçus dans ce golfe sont surtout des conglomérats, des grès et des argiles appartenant au terrain triasique. Les éléments de ces roches ont été entraînés des contrées environnantes ; c'est là un fait incontestable. Mais au-dessus du trias vient le terrain jurassique, dont toute la partie se rattachant à la série oolitique est presque exclusivement composée, sur une épaisseur de près de deux cents mètres, de couches d'un calcaire tantôt compacte, tantôt marneux. Si l'on admet la formation de ce calcaire aux dépens de la désagrégation des roches des contrées voisines, comment expliquer que cette désagrégation ait fourni des éléments ayant la ténuité de la molécule chimique, sans mélange d'éléments plus volumineux que ceux dont la marne se compose ? En outre, comment supposer que les contrées qui entouraient le golfe dont il est question aient pu donner origine, par leur dénudation, à des roches calcaires, quand ces contrées étaient, comme à présent, exclusivement granitiques ou schisteuses ? — Le raisonnement qui précède est applicable à tous les bassins où le terrain jurassique a été

reçu, et notamment au bassin jurassien, dont les puissantes
assises calcaires n'ont pu évidemment s'édifier aux dépens des
roches cristallines et strato-cristallines composant les régions
qui le limitaient, telles que les Alpes, les Vosges, le Morvan, etc.

c) Maintenant, de nombreuses sources pétrogéniques déposent des quantités considérables de carbonate de chaux sous
forme de tuf ou de travertin. S'il nous était permis d'apercevoir la masse calcaire qui a été portée sous les eaux de la Méditerranée par les sources pétrogéniques, nous serions bientôt
convaincus de toute l'importance du rôle joué par ces sources,
même pendant l'époque actuelle. Or, n'est-il pas naturel de
voir dans les sources qui, de nos jours, déterminent la production du tuf, un vestige ou un exemple, sur une petite échelle,
des actions qui, pendant les temps géologiques, ont eu pour
résultat la production de puissantes assises calcaires?

d) Remarquons enfin que les roches provenant d'une sédimentation chimique sont, non-seulement des calcaires ou des
dolomies, mais aussi du sel gemme, du fer, du bitume, de la
silice, etc. Les éléments constitutifs de ces roches sont souvent
enchevêtrés; tout dénote en eux une même provenance; or, il
en est, le bitume et le soufre par exemple, dont l'origine
interne ne saurait être contestée.

Les considérations précédentes s'appliquent indistinctement
à toutes les roches qui résultent d'une précipitation chimique.
Je n'insisterai pas sur ce sujet, qui attirera de nouveau mon
attention lorsque j'étudierai l'action geysérienne en elle-même,
et non dans ses rapports directs avec l'action sédimentaire.
J'aurai l'occasion de présenter au lecteur un surcroît de
preuves qui ne lui permettront pas de conserver le moindre
doute sur le principe que j'essaie de faire prévaloir.

Ce principe, je l'oppose non-seulement aux idées des géo-

logues qui font résulter toutes les roches de la décomposition
superficielle des continents, mais aussi aux théories relatives à
l'origine spéciale de quelques substances. Ces substances sont :
1° le carbonate de chaux, que Cordier faisait provenir de la décomposition du chlorure de calcium par le carbonate de soude ;
2° le sel gemme, qui, d'après plusieurs géologues, se serait
produit à la suite du dessèchement de mers intérieures ; 3° la
dolomie et le gypse, qui ont été considérés comme résultant
de l'action métamorphique exercée par les vapeurs magnésiennes et par l'acide sulfurique sur le carbonate de chaux. Je
vais discuter les deux premières hypothèses ; quant à la troisième, son appréciation trouvera sa place quand je m'occuperai
du métamorphisme ; en attendant, je ferai remarquer que la
théorie de l'origine métamorphique du gypse et de la dolomie
n'importe nullement à la question que je traite, car elle laisse
inexpliquée la cause qui a produit le carbonate de chaux.

Opinion de Cordier et de M. Leymerie sur l'origine des roches calcaires.
— Dans une note datant de 1844, mais restée inédite jusqu'en
1862, Cordier déclare impuissantes les causes que l'on a invoquées pour expliquer l'origine des roches calcaires. Ces causes
sont l'accumulation des débris des coquilles marines, le tribut
de carbonate de chaux apporté par les sources, et enfin la décomposition superficielle des roches, tant primitives que produites par épanchement ou par éruptions volcaniques. Cordier,
admettant la nécessité de recourir à une explication plus générale, considère les roches calcaires et dolomitiques sédimentaires comme ayant tous les caractères d'un dépôt chimique
formé par la décomposition des chlorures de calcium et de
magnésium dont l'océan, dit-il, est un vaste réservoir. Cette
décomposition aurait eu lieu depuis l'origine des choses, par

l'intermédiaire des carbonates à base de soude ou, pour une portion excessivement faible, à base de potasse. L'origine de ces deux carbonates serait facile à trouver dans les sources minérales tant continentales que sous-marines, et dans les émanations qui précèdent, accompagnent ou suivent les éruptions volcaniques : éruptions et sources dont le nombre et l'importance, ajoute Cordier, étaient incontestablement beaucoup plus considérables autrefois qu'à présent, et dont l'action continuelle a produit, depuis l'origine des choses, des quantités immenses d'alcali.

Les idées formulées par Cordier (1) soulèvent les objections suivantes : — *a*) Entre la quantité de calcium entrant dans la composition de l'écorce terrestre et celle de sodium existant, soit dans les dépôts de sel gemme, soit dans l'océan, il y a une disproportion évidente. On a calculé que la quantité de chlorure de sodium contenue dans les eaux salées de la surface du globe était égale à cinq fois le massif des Alpes et, par conséquent, bien inférieure à la masse des roches calcaires qui font partie de l'écorce terrestre. — *b*) Les époques pendant lesquelles le dépôt des couches calcaires a été le plus abondant devraient avoir vu se produire les amas de sel gemme les plus étendus et les plus nombreux : c'est le contraire qui semble s'observer. — *c*) Dans le problème qui nous occupe, l'intervention de sources charriant du carbonate de soude est une complication inutile; une simplification se présente de prime abord à l'esprit, elle consiste à reconnaître purement et simplement que le carbonate transporté par les sources était à base de chaux et non à base de soude ou de potasse.

Origine du sel gemme. — Il est une hypothèse qui paraît très

(1) La théorie émise par Cordier se trouve exprimée, par M. Leymerie, dans ses *Éléments de Minéralogie et de Géologie*, publiés en 1861.

naturelle et que plusieurs géologues ont adoptée. Elle consiste à voir, dans les amas de sel gemme, existant dans la zone stratifiée ou à la surface du sol, le résidu d'anciennes mers dont les eaux auraient disparu par voie d'évaporation. D'après cette hypothèse, la nature aurait eu recours au même procédé que l'on emploie pour recueillir le chlorure de sodium dans les salines du bord de la mer. A l'appui de cette opinion, on a cité, comme exemples, la mer Morte, ainsi que les lacs de Van, en Arménie, et d'Ourmiah, en Perse. Je vais énumérer les motifs qui ne permettent nullement de baser, sur l'existence de ces amas d'eau salée, une théorie de la formation du sel gemme. — a) Le lac de Van et celui d'Ourmiah, peut-être aussi la mer Morte, ont été considérés à tort (voir chap. V) comme résultant de la concentration des eaux laissées par l'océan dans son mouvement de retrait. — b) L'évaporation, quelque active qu'elle soit, ne semble pas suffisante pour amener la mise à sec de la mer Morte et des lacs de Van et d'Ourmiah. Ces bassins reçoivent des affluents; à défaut d'affluents, ils s'alimenteraient au moyen des eaux pluviales. Ils sont parvenus au point où la quantité d'eau enlevée par l'évaporation atmosphérique est compensée par celle qu'apportent la pluie et les rivières. — c) Admettons toutefois que, en vertu de circonstances diverses, telles qu'une modification dans le climat ou dans le relief du sol, la mise à sec des amas d'eau salée se produise, qu'il y ait évaporation complète et formation d'une couche de sel. Pour que cette couche de sel devienne partie intégrante de l'écorce terrestre, des sédiments devront la recouvrir et la protéger. Ces sédiments ne s'accumuleront que dans le cas où la mer, à la suite d'un affaissement du sol, reprendra possession de son ancien domaine; mais alors la couche de sel se dissoudra dans la masse des eaux envahissantes; elle ne constituera, en définitive, qu'un dépôt terrestre, sujet aux chances de destruction énumérées dans le livre précédent, notamment à la page 430. Ces chances de destruction, qui rendent compte de l'absence ou de la rareté des dépôts terrestres dans les terrains antérieurement formés à l'ère jovienne, existeront à un plus haut degré pour le chlorure de sodium, à cause de sa grande solubilité dans l'eau.

Par conséquent, l'époque actuelle ne pourra montrer un exemple de la formation de sel gemme à la suite de l'évaporation de l'eau laissée par la mer dans ses déplacements successifs, et si ce phénomène venait à se produire, les dépôts de sel gemme auxquels il donnerait origine auraient une durée éphémère. Démontrons maintenant que les circonstances où se présentent la plupart des gisements de sel gemme ne sont nullement en rapport avec le mode de formation de cette substance, tel qu'il vient d'être indiqué.

Les couches exploitées à Vic et à Dieuze sont au nombre de 13; leur puissance varie de 50 centimètres à 13 mètres; elles ont une épaisseur totale de 65 mètres environ.

Pour expliquer la formation de la première couche de sel, il faudrait supposer : 1° que les mouvements du sol avaient isolé une partie de l'océan, et créé une mer intérieure n'ayant, avec cet océan, aucune communication superficielle ou souterraine ; 2° que cette mer intérieure ne recevait aucune rivière susceptible d'apporter une quantité d'eau suffisante pour remplacer celle que l'évaporation enlevait à chaque instant.— Il faudrait, en outre, admettre un nouveau retour de l'océan pour expliquer le dépôt des roches superposées au sel. — Il faudrait enfin que le même phénomène se fût répété au moins treize fois de suite, toujours dans les mêmes circonstances et toujours sur le même emplacement.

Il y a, dans cette série d'hypothèses, une complication qui nous démontre, *à priori*, combien il est difficile d'admettre leur réalisation. Remarquons, en outre, que les mêmes phénomènes auraient dû se manifester pour toutes les régions salifères. En ce qui concerne les environs de Dieuze, rien n'indique, dans la constitution géognostique et topographique de cette contrée, que le sel gemme se soit déposé dans des bassins limités et nettement circonscrits. On reconnaît qu'il s'est formé, en même temps que les couches qui l'accompagnent, dans une vaste mer qui recouvrait, *sans solution de continuité*, la majeure partie de la France et des régions voisines.

Un autre indice que chaque amas de sel gemme n'est nullement le résidu d'une mer desséchée par voie d'évaporation nous est fourni par les substances qui l'accompagnent partout, et qui le remplacent, lorsque, pour celui qui suit pas à pas la zone salifère, il vient à disparaître. Ces substances sont le gypse, la dolomie, des argiles bariolées, dont les nuances proviennent principalement de la présence du fer diversement combiné. Or, ces substances n'existent pas, ou n'existent qu'en faible proportion, dans les eaux marines. Si la théorie qui fait naître le sel gemme de l'évaporation des eaux marines était fondée, elle entraînerait avec elle, comme conséquence forcée et inattendue, le fait suivant dont l'explication serait bien difficile à trouver : les eaux marines auraient, à l'époque actuelle, une composition bien différente de celle qu'elles ont offerte pendant toute la durée des temps géologiques.

Le sel gemme est le résultat d'un phénomène analogue à celui dont les soufflards et les salzes nous rendent témoins. Il s'est produit à la suite d'une action geysérienne très énergique qui a porté, à la surface du globe, toutes les substances dont il est constamment accompagné, quelque soit l'âge du terrain

auquel il se rattache. Des sources saturées de chlorure de
sodium, et surgissant sur les points où l'océan offre une grande
profondeur, lui ont donné origine. Une partie du sel amené
par ces sources s'est répandue et dissoute dans la masse des
eaux environnantes; l'autre s'est accumulée en amas plus ou
moins importants, parce que, à une grande profondeur, les
eaux sont complétement tranquilles : l'absence d'agitation, dans
un liquide quelconque, diminue ou ralentit son action dissol-
vante. Les circonstances mêmes du gisement du sel gemme
trahissent son origine geysérienne; il appartient à des contrées
et à des époques portant le témoignage de phénomènes intérieurs très énergiques. De nos jours, les sources salées, qui ne
proviennent pas de terrains salifères, jaillissent dans le voisinage de volcans éteints ou en activité, et le chlorure de sodium
est un des produits des émanations volcaniques.

Théorie de l'origine geysérienne des marnes et des argiles. — Les
substances tenues en suspension dans les sources geysériennes
peuvent s'y trouver en quantités variables. Tantôt elles n'altè-
rent pas la limpidité de l'eau, ainsi qu'on l'observe dans les
sources minérales et dans celles qui alimentent la formation
du tuf et du travertin. D'autres fois, les substances charriées
par les eaux provenant de l'intérieur de l'écorce terrestre sont
en proportion suffisante pour donner lieu à une sorte de boue :
je citerai comme exemples les salzes qui rejettent des matières
terreuses délayées dans l'eau salée, et les courants de boue qui
s'échappent de quelques volcans pendant leurs éruptions.

Ces deux modes de manifestations de l'action geysérienne
ont existé à chaque époque géologique. Le fer, qui se présente
en couches dans la zone stratifiée, est toujours plus ou moins
argileux, et les fissures, par où les éléments du terrain sidéro-

litique ont été portées à la surface du globe, sont remplies d'une argile ferrugineuse dont l'origine est évidemment intérieure. Plus tard, je rappellerai d'autres témoignages du passage, à travers l'écorce terrestre, de matières de consistance boueuse, pendant l'ère tellurique. Enfin, si nous remontons plus haut dans la série des temps géologiques, et si nous portons notre pensée jusqu'à l'époque où se déposaient les premières strates sédimentaires, nous voyons cette boue primitive et universelle, que nous avons appelée magma granitique, s'épancher à la surface du globe et fournir à l'action sédimentaire les premiers matériaux qu'elle a mis en œuvre.

Une théorie, totalement opposée à celle dont nous avons trouvé l'expression dans le *Cours de stratigraphie* d'A. d'Orbigny, est celle de l'origine geysérienne des marnes et des argiles. Divers géologues, supposant à l'action geysérienne, dans la production des strates sédimentaires, une part plus grande que nous venons de le faire, ont cru devoir considérer les éruptions boueuses de notre époque comme ayant eu jadis une énergie suffisante pour donner naissance aux couches d'argile plus ou moins pure qui entrent dans la composition d'un grand nombre de terrains. C'est ainsi que, dans une communication faite, en 1854, à la Société géologique de France, M. Hébert se montre disposé, en s'appuyant sur l'autorité de M. d'Omalius d'Halloy, à penser que l'argile plastique du bassin de Paris a été produite par voie d'éjaculation. On a invoqué en faveur de l'origine geysérienne de certaines masses argileuses leur grand degré d'homogénéité et de pureté. Mais cette homogénéité peut bien provenir également du temps prolongé pendant lequel les débris détachés du sol sont soumis au balancement des eaux. L'homogénéité de composition se retrouve à un haut degré dans des dépôts d'origine évidemment détritique, et notamment dans certains sables quartzeux.

Il est inutile de donner à l'intervention des phénomènes geysériens dans l'action sédimentaire toute l'extension que lui accorde M. d'Omalius d'Halloy. On ne peut s'expliquer la formation des masses calcaires du Jura sans admettre le concours de nombreuses sources chargées de carbonate de chaux. Mais il est permis de se rendre compte de la formation des couches argileuses et marneuses par la destruction superficielle des roches préexistantes; on le peut d'autant mieux que ces roches sont quelquefois elles-mêmes de nature marneuse ou argileuse, et par conséquent faciles à subir une dénudation rapide. Quand on étudie la constitution géognostique d'une contrée, on est souvent conduit à reconnaître que des assises marneuses ou argileuses proviennent du remaniement des couches de même nature qui existaient primitivement dans cette contrée.

Je dois, en terminant ce sujet, dire ce qu'il faut entendre par *terrain geysérien*. Ces mots doivent désigner les accumulations de matière d'origine interne qui se sont formées vers l'orifice ou dans l'intérieur des conduits que les eaux pétrogéniques ont mises à profit pour arriver à la surface du globe. Mais on ne saurait appeler ainsi tous les dépôts dont l'origine est geysérienne. Le tuf siliceux des cônes cratériformes des geysers d'Islande constitue un terrain geysérien, mais si la silice, amenée par ces geysers au fond de l'océan, va donner origine à des dépôts stratifiés, ceux-ci ne mériteront nullement la désignation de terrain geysérien.

Deux modes de sédimentation, l'un chimique, l'autre mécanique. — Les roches d'origine aqueuse se partagent en deux grands groupes. Les unes sont formées d'éléments assez volumineux pour être discernables, soit à l'œil nu, soit à l'aide d'un instrument grossissant. Elles résultent d'une *sédimentation mécanique* et peuvent être réunies sous la désignation de *roches détritiques*. Les autres proviennent d'une *sédimentation chimique* et se rapprochent plus ou moins, par leur aspect et leur composition, de l'espèce minérale.

Les roches détritiques empruntent leurs éléments à la surface du globe, tandis que les roches résultant d'une sédimentation chimique reçoivent ces éléments de l'intérieur de l'écorce terrestre, par voie d'action geysérienne.

En assignant aux matériaux fournis par l'action geysérienne le caractère d'être toujours à l'état de molécule chimique, je formule une loi sujette à quelques exceptions que j'ai rappelées, page 457. Ces exceptions, peu nombreuses pendant les périodes jovienne et tellurique, ont été, pour ainsi dire, la règle générale pendant l'ère neptunienne.

Les exceptions à la loi, en vertu de laquelle les matériaux fournis par les agents extérieurs ne sont pas à l'état de molécules chimiques, se présentent en plus grand nombre. Dans le mouvement de trituration prolongée, auquel sont soumis les débris provenant de la surface du globe, ceux-ci peuvent être réduits à un volume de plus en plus faible. Les agents atmosphériques sont d'ailleurs susceptibles d'opérer directement, dans certains cas, par voie de décomposition chimique.

Dès la période de désagrégation, qu'elle soit intérieure ou extérieure, on peut donc prévoir que les futurs dépôts se partageront en deux grandes séries.

L'influence exercée par la période de dissémination sur le facies de chaque dépôt est très grande. La forme, le volume, la densité, la nature, l'homogénéité des éléments qui constituent une masse sédimentaire sont, en grande partie, déterminés par les agents de transport. Les débris entraînés le plus loin de leur point de départ sont les plus ténus; parmi ceux d'un même volume, ce sont les moins denses qui atteignent les zones les plus éloignées. Un dépôt acquiert souvent un grand degré d'homogénéité et une certaine uniformité de composition, par la seule intervention des agents de transport; car les matériaux apportés des continents, détachés des côtes ou puisés dans l'intérieur de l'écorce terrestre, sont longtemps promenés dans tous les sens et balancés par les vagues avant de se fixer sur la masse qu'ils doivent accroître. Un des principaux effets dus aux agents de transport est d'opérer, entre les éléments d'origine intérieure et ceux d'origine extérieure, un triage par suite duquel ces éléments sont portés dans des régions différentes. La distinction, existant entre eux dès la période de désagrégation, se maintient pendant la période suivante. Si, par exemple, le courant qui transporte les éléments extérieurs ou détritiques passe sur un point où surgit une source chargée de carbonate de chaux, il entraîne les parties calcaires, et les dépose longtemps après que les matériaux qu'il charriait en premier lieu ont cessé d'obéir à son impulsion.

Je viens de mentionner les circonstances qui ont favorisé la séparation des divers éléments dont un terrain sédimentaire se compose. Quelles que soient la persistance et l'énergie avec lesquelles ces circonstances opèrent, elles ne peuvent empêcher le mélange accidentel de ces éléments et la formation de sédiments d'un caractère mixte. De là les graves difficultés qui se présentent quand on essaie d'établir une classification rigoureuse des roches.

CHAPITRE II.

Détermination des roches résultant d'une sédimentation chimique. —
La connaissance pratique de ces roches est basée sur quelques procédés très simples que je vais indiquer, et dont l'emploi n'exige qu'un marteau et un flacon d'acide ; l'usage du
chalumeau est loin d'être indispensable, du moins dans l'étude
des roches sédimentaires, les seules que j'ai en vue dans ce
chapitre et dans les suivants.

Tous les carbonates sont facilement reconnaissables à l'effervescence qu'ils font avec les acides. Un fragment de roche
carbonatée, placé dans un acide, s'y dissout en laissant un résidu
formé par la substance associée au carbonate.

La densité et la dureté aident aussi à déterminer certaines
roches et à les distinguer les unes des autres.

La dolomie est un peu plus dense que le calcaire, et l'habitude permet d'apprécier approximativement la quantité relative de fer contenue dans une roche ferrugineuse. De deux fragments de fer hydraté, ayant à peu près le même volume, ce sera le plus lourd qui contiendra le plus de fer.

L'acier raye une roche calcaire ou dolomitique; il est, au contraire, rayé par la silice. Le géologue peut donc, avec son marteau ou avec la lame d'un couteau, distinguer une roche calcaire d'une roche siliceuse et reconnaître, dans une roche calcaire, la présence de la silice. Le gypse se laisse rayer par l'ongle, de même que le talc et le mica; mais ces deux dernières substances n'ont pas le même gisement que le gypse, et s'en distinguent facilement, le mica, par son éclat nacré, et le talc, par la propriété qu'il a d'être doux et onctueux au toucher.

Le géologue met également à profit, pour étudier les roches, l'impression qu'elles produisent sur les sens. Il reconnaît le sel gemme au goût, le soufre et les matières ferrugineuses à leur couleur; le fer carbonaté, le fer peroxydé et le fer hydraté se distinguent à leur poussière brune pour le premier, rouge pour le second et jaune pour le troisième. L'odorat permet de reconnaître, par le frottement, le soufre, le bitume; les roches siliceuses, sous le choc du marteau, laissent se dégager l'odeur de pierre à fusil. — Les roches procurent au toucher une impression de froid qui empêche de confondre quelques-unes d'entre elles avec certains produits artificiels : c'est ainsi que le quartz et le marbre naturel ne peuvent être confondus avec le verre et avec le stuc.

Enfin, l'action du feu dénote la présence du soufre et du bitume, et permet de les distinguer l'un de l'autre. Par la calcination, le calcaire se transforme en chaux. Le fer contenu dans les roches devient attirable à l'aimant, lorsque, à la flamme du chalumeau, on le dégage de ses combinaisons avec l'eau et l'oxygène.

Détermination des roches résultant d'une sédimentation mécanique. — Ces roches sont formées aux dépens non-seulement des roches résultant d'une sédimentation chimique, mais aussi de celles dont l'origine est ignée ou hydro-thermale. Leur connaissance est, par conséquent, subordonnée à celle des roches dont elles renferment les débris ; leur étude se ramène à celle de ces débris eux-mêmes.

Lorsque les éléments des roches résultant d'une sédimentation mécanique sont volumineux, leur étude devient facile ; mais lorsque ces éléments sont très ténus, il est moins aisé d'en constater la nature. Il faut, dans ce cas, recourir à la loupe, qui suffit dans l'examen des roches de sédiment. Quelquefois, en suivant une couche, on voit les éléments d'abord indiscernables augmenter peu à peu de volume, et devenir reconnaissables. Si la distance, qui a été nécessaire à cette transformation dans les éléments d'une roche détritique, est peu considérable, on pourra, de la composition de cette roche sur le point où elle est formée de parties visibles, déduire sa composition sur le point où elle est constituée par des parties microscopiques. Dans ce dernier cas, on peut encore recourir aux moyens d'analyse signalés dans le paragraphe précédent. Ces moyens d'analyse sont également utiles pour déterminer la nature du ciment des roches détritiques.

ROCHES SILICATÉES : SCHISTES.

Roches silicatées : schistes. — Les principaux silicates qui, seuls ou réunis avec le quartz, entrent dans la composition des

roches silicatées, sont le feldspath, le mica, le talc, la chlorite
et l'amphibole. Nous retrouverons ces silicates parmi les éléments constitutifs des roches éruptives, et, de cette analogie de
composition entre les roches éruptives et les plus anciennes
roches stratifiées, nous déduirons des conséquences importantes.

Le *feldspath* est formé par la combinaison de deux silicates,
l'un d'alumine, l'autre d'une seconde base. Il existe plusieurs
espèces de feldspath. Celle qui se rencontre dans les roches
silicatées sédimentaires est l'orthose, ou feldspath de potasse.

J'ai déjà parlé, page 172 et suivantes, du feldspath et du
mica. J'ai rappelé que le nom de *mica*, comme celui de feldspath, s'applique à plusieurs espèces qui forment deux
groupes : 1° les micas à base d'alumine et de potasse ou de
lithine; 2° les micas à base de fer et de magnésie; ceux-ci
passent par des nuances insensibles à la chlorite et au talc. Le
mica raye le gypse, mais est rayé par le carbonate de chaux. Il
se divise à l'infini en feuillets minces, élastiques, qui se dé-
chirent plutôt qu'ils ne se laissent briser. Il est doux au toucher, sans être onctueux. Ses nuances sont vives et variées,
mais sa poussière est toujours blanche. Il a un éclat nacré ou
métalloïde.

La *chlorite* est un silicate hydraté d'alumine, de magnésie
et de fer. Elle établit un passage entre le mica et le talc : on
l'a quelquefois désignée sous le nom de mica talqueux. C'est
une substance d'un vert plus ou moins jaunâtre, onctueuse
au toucher, flexible, mais non élastique, translucide. Les deux
variétés qui entrent dans la composition des roches silicatées
sédimentaires sont la chlorite écailleuse et la chlorite schisteuse, dont les noms indiquent la structure.

Le *talc* est un silicate hydraté de magnésie; il diffère de la

chlorite et du mica par l'absence de l'alumine ; on l'a quelquefois confondu avec des micas très magnésiens. Cette substance
est verdâtre, blanchâtre ou grisâtre ; elle est susceptible de se
diviser en écailles et en feuillets non élastiques. Le talc est
très tendre, facilement rayé par l'ongle : c'est le moins dur
de tous les minéraux. Il est onctueux au toucher et présente
un éclat nacré, un peu gras. — La *stéatite* est une substance
très voisine du talc, dont elle paraît différer par une structure
plus massive, par une plus grande onctuosité au toucher, et
par un degré d'hydratation plus élevé. La craie de Briançon,
employée par les tailleurs, est de la stéatite.

L'*amphibole* est un silicate de chaux et de fer ou de magnésie ; quelquefois il contient de l'alumine dont le rôle dans sa
composition n'a pas encore été expliqué. La variété qui entre
dans la composition des roches schisteuses est l'*hornblende*.
Cette dernière substance est noire ou d'un vert très foncé, assez
dure, tenace, opaque.

L'étude minéralogique des diverses substances que je viens
d'énumérer présente de grandes difficultés à cause de leur
composition très complexe, des mélanges accidentels auxquels
elles sont soumises et des passages insensibles qui les rattachent les unes aux autres. L'indécision de nos connaissances
en ce qui les concerne, persiste, dans une certaine mesure,
quand on aborde l'étude des roches que ces substances concourent à former.

Ces roches offrent plusieurs caractères communs, dont
j'aurai l'occasion d'indiquer successivement la raison d'être.
Elles sont plus ou moins cristallines ; et presque constamment douées d'une structure schistoïde ou feuilletée ; presque
toujours, elles appartiennent aux terrains azoïque et paléozoïque, à moins qu'elles ne résultent d'un métamorphisme

local; enfin, elles présentent de l'analogie sous le rapport de leur composition.

Les roches schisteuses se partagent en trois groupes, dont chacun comprend des roches offrant le même aspect et appartenant au même niveau géognostique. Ces trois groupes sont ceux du gneiss, des schistes cristallins et des schistes phylladiformes.

Groupe du gneiss. — Les lamelles, disséminées dans le granite d'une manière irrégulière, se disposent quelquefois par lignes parallèles : le granite devient ainsi stratifié. Par la disparition de la majeure partie du quartz, le granite stratifié se change en *gneiss*, roche essentiellement composée de feldspath et de mica. Le gneiss passe, à son tour, au micaschiste, lorsque le quartz vient remplacer son feldspath. Le gneiss présente de nombreuses variétés de mélange; les gneiss talqueux, graphiteux, amphibolique, sont ceux qui, au lieu de mica, contiennent du talc, du graphite ou de l'amphibole.

Groupe des schistes cristallins. — Dans ce groupe, la structure cristalline persiste, mais est moins prononcée que dans celui du gneiss. Les schistes cristallins sont essentiellement composés de quartz et d'une autre substance qui, le plus souvent, est le mica ou le talc, mais qui peut être aussi la chlorite, le fer oligiste, etc. Ici, le quartz joue le rôle qui appartient au feldspath dans le groupe précédent.

Le groupe des schistes cristallins se divise en deux sous-groupes : le premier comprend les schistes micacés; le second, les schistes talqueux.

Le *schiste micacé* (*micaschiste*; *micaslate*, en anglais; *glimmerschiefer*, en allemand) est formé de quartz et de mica.

Le *schiste talqueux* (*talcschiste*, *stéaschiste*; *talkschiefer*, en allemand) accompagne souvent le micaschiste, mais, considéré d'une manière générale, il se place au-dessus de lui dans l'échelle géologique. Il est quelquefois d'autant plus difficile à distinguer du micaschiste qu'une même roche peut renfermer du talc et du mica. — Le *schiste chloriteux* (*chloritoschiste ; chloritschiefer*, en allemand) se reconnaît à sa couleur verte ; dans les descriptions géologiques, il est quelquefois confondu avec le schiste talqueux. — Certains schistes sont doués d'un reflet particulier qui est dû à l'abondance de l'élément talqueux et qui leur vaut quelquefois la désignation de schistes ou phyllades satinés. Ces roches sont aussi nommées schistes subluisants à cause de leur éclat, lorsqu'elles réfléchissent la lumière du soleil.

D'autres substances que le talc et le mica peuvent former, avec le quartz, des roches schisteuses : je citerai le fer oxydulé, qui, à Combenègre, près Villefranche d'Aveyron, remplace le mica, et le fer oligiste qui, avec le quartz, constitue au Brésil l'*itacolumite*, gisement primitif du diamant.

Groupe des schistes phylladiformes. — Dans ce groupe, la texture cristalline est presque totalement effacée. Souvent, les roches dont il se compose renferment des débris bien distincts de corps organisés. Les schistes phylladiformes sont toujours placés au-dessus des précédents ; ils appartiennent surtout aux terrains silurien et dévonien, mais ils se montrent aussi dans le terrain houiller. Plus haut, dans l'échelle géologique, ils sont excessivement rares ; pourtant des schistes propres à être exploités comme ardoise existent dans le terrain crétacé des Pyrénées et de la Terre-de-Feu, et dans le terrain nummulitique de la Suisse, aux environs de Glaris.

Le *phyllade* (φύλλον, feuille. — *Ardoise, schiste ardoisier, schiste tégulaire* ou *tabulaire ;* partie du *thonschiefer* des Allemands), dont on connaît les usages, était pour Brongniart une roche essentiellement composée de schiste argileux comme base et de mica ; c'était pour lui le véritable schiste micacé. Cordier, dont l'opinion se rapprochait de celle de Daubuisson, qui le premier avait employé le mot phyllade, déclarait que cette roche avait été considérée à tort comme appartenant aux roches argileuses. Le phyllade, disait-il, ne contient pas d'argile. L'analyse mécanique lui avait démontré qu'il se compose de matières talqueuses atténuées et triturées, déposées à la manière des limons et mélangées à quelques autres substances, telles que des parties microscopiques de feldspath et de quartz.

L'idée que l'on doit se faire du phyllade me paraît intermédiaire entre les deux opinions qui viennent d'être rappelées. L'élément fondamental de cette roche est bien le talc et non le mica. Les éléments talqueux peuvent bien être dépourvus de ciment discernable, mais lorsque ce ciment existe et qu'il est de nature argileuse, sa présence ne doit pas faire perdre au phyllade sa désignation. Pour Cordier, l'apparition d'un ciment argileux constituait une roche spéciale qu'il désignait sous le nom de schiste talqueux sédimentaire, et qui, pour un grand nombre de géologues, est un véritable schiste argileux.

Le phyllade perd quelquefois sa structure tabulaire ; ses feuillets sont courts, interrompus ; il se transforme ainsi en *talcschiste phylladiforme*, roche qui sert d'intermédiaire entre les phyllades et les talcschistes.

Le *schiste argileux* est surtout très abondant dans le terrain houiller. Ses nuances et son aspect varient beaucoup, et dépendent des substances accidentelles qu'il renferme. Il se distingue de l'argile schistoïde, parce qu'il contient toujours en abondance des débris de talc, de mica, en un mot, de silicates autres que le silicate d'alumine; réduit en poudre, il ne fait jamais avec l'eau une pâte ductile.

Calschiste, etc. — Le carbonate de chaux, qui joue un rôle si important dans la composition des roches dont je vais parler, est quelquefois au nombre des éléments essentiels de quelques roches silicatées ou schisteuses.

Le *cipolin* est formé de marbre saccharoïde et de mica. — L'*ophicalce* a pour bases le calcaire et un silicate de magnésie (serpentine, talc ou chlorite).

Le *calschiste* (calcaire phylladifère) est une roche à base de calcaire et de schiste, tantôt distincts, tantôt intimement confondus.

ROCHES NON SILICATÉES.

Roches siliceuses. — Le quartz, un des éléments principaux et les plus constants du granite, entre aussi, comme partie essentielle, dans la composition des schistes cristallins; quelquefois, il s'intercale, au milieu d'eux, en amas ou en couches distinctes. Quelle que soit la forme sous laquelle il se présente, lorsqu'il accompagne les schistes cristallins, il est toujours le résultat d'une précipitation chimique. En masses isolées, il constitue le *quarzite*, roche qui est par rapport au quartz parfaitement cristallisé, ce que le calcaire saccharoïde ou compacte est relativement au carbonate de chaux rhomboédrique. Le quarzite (*quartz grenu*, *quartzfels*, en allemand) est, en un mot, de la silice dont la cristallisation s'est opérée d'une manière confuse.

Le *jaspe* est une roche compacte, opaque, à couleurs vives, composée de quartz intimement mélangé de silicate d'alumine et d'une autre substance qui lui donne sa couleur, et qui est presque toujours le fer hydraté ou peroxydé.

Le *phtanite* (*kieselschiefer*, en allemand) est un jaspe schistoïde, rendu noirâtre ou verdâtre par le mélange d'une matière talqueuse ou phylladienne. On l'emploie quelquefois comme pierre de touche, mais la véritable pierre de touche est le *quartz lydien*, schiste argileux faiblement endurci par la silice.

Les roches que je viens de nommer, lorsqu'elles ne résultent pas d'un métamorphisme local, appartiennent presque toujours au terrain strato-cristallin.

A mesure que l'on s'élève dans l'échelle géologique, on voit les roches silicatées diminuer d'importance ; en même temps la silice, à l'état de roche formée par précipitation chimique, tend à disparaître. Elle ne fait plus qu'entrer comme ciment ou à l'état de mélange dans les roches calcaires ou argileuses, au sein desquelles elle produit des accidents dont il sera bientôt question.

Les quelques roches exclusivement formées par la silice, pendant la période tellurique, à la suite d'une précipitation chimique, se groupent sous la désignation collective de *silex*. On peut distinguer dans les silex trois variétés : 1° Le *silex pyromaque* (*pierre à fusil*, *flint* en anglais), dont la texture est compacte, la cassure conchoïde, et dont les nuances varient du noir grisâtre au blond et au gris ; 2° le *silex corné* (*hornstein*, en allemand), intermédiaire par ses caractères entre les deux autres variétés de silex, et qui se distingue surtout par son aspect semblable à celui de la corne ; 3° le *silex molaire* (*pierre meulière*), à couleurs ternes, à cassure plate, à texture celluleuse et cariée. Ces trois variétés forment des bancs et, le plus souvent, des rognons et des blocs au milieu des calcaires et des argiles.

Si le quartz intervient fréquemment dans la composition

des terrains des périodes tellurique et jovienne, c'est comme
élément le plus répandu dans les roches détritiques, notamment
dans les grès.

Roches carbonatées ou calcareuses. — La désignation de roches
calcareuses convient assez aux roches de ce groupe, puisque
le carbonate de chaux entre dans leur composition comme
élément essentiel ou s'y trouve mélangé en proportion variable.
Ces roches sont le *calcaire* ou carbonate de chaux, la *dolomie*
ou double carbonate de chaux et de magnésie, et la *sidérose*
ou carbonate de fer, qu'il vaut mieux placer dans le groupe
suivant. Aucun autre carbonate n'existe, dans la zone stratifiée,
en proportion suffisante pour constituer une roche.

J'ai déjà signalé le caractère auquel pouvaient se reconnaître
les roches carbonatées. Elles se distinguent entre elles par leur
pesanteur spécifique et par leur aspect. La dolomie a un éclat
un peu nacré, et la sidérose une couleur brune rougeâtre;
toutes les deux font effervescence dans les acides, mais plus
lentement que le carbonate de chaux. Enfin, le calcaire (*kalk-
stein, kalkfels* en allemand; *limestone,* en anglais), la dolomie
(ainsi nommée de Dolomieu, géologue du siècle dernier), la
sidérose ont respectivement pour densité 2, 7; 2, 9; 3, 8.

Il serait fastidieux d'énumérer les terrains où se rencontrent
les roches calcaires; il faudrait citer tous les degrés de l'échelle
géologique, depuis les formations sédimentaires immédiatement postérieures au granite jusqu'à celles de l'époque actuelle,
c'est-à-dire jusqu'au tuf et jusqu'au travertin. Les roches
calcaires sont relativement peu abondantes dans le terrain
strato-cristallin, mais, à mesure que les roches silicatées et siliceuses deviennent plus rares, les calcaires, et, avec eux, les
dolomies, prennent une importance de plus en plus grande.

Pendant la période tellurique, ce sont presque les seules roches résultant d'une sédimentation chimique ; pendant la partie moyenne de cette période, elles jouent un rôle prépondérant : elles impriment un cachet particulier aux régions crétacées et jurassiques.

Les calcaires sont très communs dans les terrains sédimentaires, mais leurs caractères varient à l'infini. Leur structure et leur texture, en se modifiant, donnent naissance à de nombreuses variétés, dont quelques-unes ont reçu des désignations spéciales que je rappellerai dans les chapitres suivants.

Enfin, d'un autre côté, les calcaires sont rarement purs de tout mélange. Il y a des calcaires *marneux, argileux, siliceux, ferrugineux, bitumineux, magnésiens*, etc. Ces derniers établissent une transition insensible entre les calcaires et les dolomies proprement dites.

Roches sidéritiques. — Les roches ferrugineuses sont reconnaissables à leur coloration et à leur forte densité. Celles qui existent en amas stratifiés résultent de la réunion d'une quantité variable d'argile et de fer. Elles reçoivent leurs caractères essentiels : 1° de la proportion d'argile qu'elles contiennent ; 2° de l'état sous lequel se présente le fer qui entre dans leur composition, et qui peut y exister sous forme de carbonate, de peroxyde ou d'hydrate.

Le *fer carbonaté* spathique est blanc grisâtre, gris jaunâtre, rarement brun. Sa densité est 3, 8 ; sa formule est FeO,CO^2 ; il contient 45 centièmes de fer. — A l'état tithoïde, il est gris foncé ou noirâtre ; sa poussière est grise lorsqu'il est pur, et brune lorsqu'il est en voie de décomposition. On le rencontre en rognons disséminés dans quelques terrains de sédiment, mais son principal gisement se trouve dans le terrain houiller ;

il s'y présente en rognons disposés par lits au milieu des grès et des argiles.

Le fer *peroxydé* ou *oligiste* (ὀλίγος, peu, à cause de la rareté qu'on lui avait d'abord supposée), a pour formule Fe^2O^3. A l'état spathique, il est gris d'acier, noirâtre ou brun rougeâtre ; mais, quelle que soit sa nuance, sa poussière est toujours rouge ; il a un éclat métallique très vif ; sa densité est 5, 2. Il contient 69 centièmes de fer. — A l'état concrétionné, il constitue l'*hématite rouge*, qui est employée comme brunissoir : sa texture est alors fibreuse, sa couleur d'un gris nuancé de rouge. — Mêlé avec l'argile, il forme, au milieu des terrains de sédiment, des couches à texture variable ; sa nuance est rouge passant au brun rougeâtre et au violet. — Enfin, la *sanguine* ou *ocre rouge*, qui est de l'argile colorée par le peroxyde de fer, établit le passage entre les roches ferrugineuses et les roches argiloïdes.

Le fer hydraté ou *limonite* ($Fe^2O^3 + Aq$), existe également à l'état cristallin, sous forme concrétionnée et en couches ou amas stratifiés. — Le fer hydraté concrétionné contient 55 centièmes de fer : sa couleur est brune ou jaunâtre, quelquefois noire ; mais, quelle que soit sa nuance, sa poussière est toujours jaune. Sa densité est 4, 3. — La variété concrétionnée ou *hématite brune*, est brune à l'intérieur, noire et brillante à la surface des concrétions qu'elle forme. — Le fer hydraté, à l'état lithoïde, est mêlé d'une proportion d'argile qui varie et qui devient quelquefois assez forte pour transformer le fer hydraté en *ocre jaune*, c'est-à-dire en argile qu'il colore en brun ou en jaune. — On rencontre dans les alluvions et au fond des marais, où il est encore en voie de formation, un fer hydraté qui doit à son gisement le nom de *fer des marais*, et à son éclat, celui de fer *vitreux* ou *résineux* : cet éclat provient de la présence de l'acide phosphorique. Le gisement de ce fer lui a valu également la désignation de fer *limoneux* ou *limonite*, désignation que l'on a plus tard généralisée.

Le fer, combiné avec la silice, ne constitue jamais une roche, mais il en est quelquefois l'élément colorant; la glauconie est un silicate de fer.

Pour compléter la liste des roches sidéritiques, citons la *pyrolusite* ou peroxyde de manganèse, et l'*acerdèse*, hydrate de manganèse; je parlerai de ces substances en décrivant les phénomènes qui ont déterminé la formation des filons.

Roches diverses. — Je réunis ici les roches qui n'ont pu trouver place dans le groupe précédent: ce sont le gypse, le sel gemme, le bitume et le soufre.

Le *gypse* (pierre à plâtre; *gypstein*, en allemand) est du sulfate de chaux hydraté. Soumis à un feu modéré, il perd son eau et se transforme en plâtre. Sa densité est 2, 3. Ordinairement blanc, il est aussi jaunâtre, grisâtre ou verdâtre. Il constitue des amas plus ou moins stratifiés dans les terrains de sédiment, surtout dans le trias et dans l'éocène de Paris et du midi de la France. Souvent, il s'intercale comme substance accidentelle, au milieu des marnes et des argiles.

La *karsténite* (*anhydrite*) est du sulfate de chaux anhydre, se distinguant du gypse par sa dureté et sa pesanteur spécifique; sa densité est 2, 9; le carbonate de chaux se laisse rayer par elle.

Le *sel gemme* (*chlorure de sodium, soude muriatée; steinsalz*, en allemand; *rocksalt*, en anglais) a pour densité 2, 3; il est très soluble dans l'eau et a une saveur *sui generis*; ces deux propriétés le font facilement reconnaître; il est toujours à l'état cristallin; naturellement blanc, il est souvent coloré en rouge, en bleu, en vert, en violet. Il forme des couches ou des amas stratiformes dans les terrains sédimentaires ; il abonde surtout dans le trias qui, à cause de cela, est quelquefois appelé terrain salifère.

Les argiles qui accompagnent le sel gemme sont ordinairement imprégnées de chlorure de sodium ; elles portent, en Allemagne et dans le département de la Meurthe, le nom de *salzthon*. De même que celles qui accompagnent le gypse, elles sont constamment bariolées de nuances plus ou moins vives.

Quant au *soufre* et au *bitume*, je me borne à les mentionner ici, parce qu'ils forment rarement des amas considérables dans les terrains stratifiés. J'aurai, par la suite, l'occasion de m'en occuper d'une manière spéciale.

Le gypse, le sel gemme, le soufre et le bitume forment un groupe en apparence assez hétérogène, mais renfermant des roches qui ne sont pas assez importantes pour constituer à elles seules des groupes distincts. Je place ces roches les unes à côté des autres, parce qu'il existe, dans leurs conditions de gisement, des analogies qui nous montrent en elles des masses formées dans les mêmes circonstances et sous l'influence de phénomènes identiques.

ROCHES DÉTRITIQUES.

Roches détritiques. — Les roches détritiques se partagent, d'après le volume de leurs éléments constitutifs, en trois groupes : roches *argiloïdes, arénoïdes* et *conglomérées*.

Le groupe des roches argiloïdes comprend surtout des argiles, c'est-à-dire des roches essentiellement formées par la silice combinée avec l'alumine. Les éléments des roches argiloïdes résultent tantôt d'une action geysérienne (voir page 456), tantôt d'une action détritique prolongée, mais souvent insuffisante pour ramener ces éléments au volume de la molécule chimique. Aussi, le groupe des roches argiloïdes établit-il une transition naturelle entre les masses qui résultent d'une précipitation chimique et celles qui proviennent d'une sédimentation mécanique.

La silice, qui joue un rôle très-secondaire dans la composition des roches formées par voie de précipitation chimique, devient la base essentielle des roches résultant d'une sédimentation mécanique. L'explication de ce fait est toute naturelle : je l'ai donnée, page 357, pour rendre compte de l'abondance des éléments siliceux dans les terrains de transport.

Un phénomène remarquable que présentent quelquefois les roches conglomérées est celui des *cailloux impressionnés ;* il en sera question dans le chapitre suivant.

Roches conglomérées. — Lorsque ces roches n'ont pas leurs éléments réunis par un ciment, elles constituent les *alluvions,* les *terrains de transport,* les *graviers* qui accompagnent les cours d'eau, les *galets* qui s'accumulent sur les plages de l'océan. Dans le cas où ces roches sont dépourvues de ciment, on les désigne sous les noms de *conglomérat, nagelfluhe, gompholite, brèche* ou *poudingue,* dont je vais expliquer la signification.

Le mot *conglomérat* a, pour ainsi dire, un sens générique : il est ordinairement accompagné d'une ou plusieurs épithètes qui en précisent la signification. On indique l'absence ou la présence du ciment, la nature et le volume des fragments dont le conglomérat se compose. Pour exprimer le volume de ces fragments, on se sert habituellement d'une périphrase. Brongniart, dans son *Traité des roches,* publié en 1827, avait proposé des noms univoques, tels que *miliaires, pisaires, avel-*

lanaires, pugilaires, céphalaires, etc., pour désigner des éléments de la grosseur d'un grain de millet, d'un pois, d'une noisette, du poing, de la tête d'un homme. Ces désignations sont assez peu en usage, sans doute à cause de la rareté des occasions que l'on a de les employer.

Il ne faut pas confondre les mots *conglomérat* et *agrégat*. Le conglomérat est formé aux dépens de roches préexistantes, presque toujours d'âge différent. L'idée d'un conglomérat, ainsi que Cordier le faisait remarquer, implique la réunion de plusieurs circonstances, telles que rupture, trituration, transport, dépôt et enfin cimentation sur place. Les agrégats sont des roches dont tous les éléments sont contemporains et réunis sans ciment, par la seule force de cohésion; le granite, par exemple, est un agrégat.

Grauwacke. — Le sens qu'il faut attacher au mot *grauwacke* est assez difficile à préciser. C'est une roche détritique formée aux dépens des roches les plus anciennes, et où dominent, par conséquent, les débris de quartz, de feldspath, de schiste talqueux, de phyllade. Ordinairement cette roche a un ciment pétrosiliceux ou talqueux. Sa nuance est foncée, verdâtre ou noirâtre. D'après Cordier, dont nous adoptons ici la manière de voir, la grauwacke ne doit pas être confondue avec les grès quartzeux, phylladifères ou mêlés de schiste argileux ordinaire. La grauwacke renferme plus de 4/5 de feldspath : c'est donc une roche essentiellement feldspathique. Ses éléments peuvent être arrondis ou anguleux.

Nous avons en vue la grauwacke à gros grains, l'*anagénite* (ανα, derechef; γενος, naissance) de Brongniart, la grauwacke-poudingue (*grauwacke wurstein*) des Allemands. Par l'atténuation de ses éléments, elle passe à la grauwacke à petits grains et à la grauwacke schisteuse, *grauwacke schiefer*.

La grauwacke est spéciale aux terrains anciens ; elle ne se rencontre que rarement au-dessus du terrain silurien. Aussi, ce mot a-t-il pendant longtemps servi à désigner une partie du terrain paléozoïque.

Nagelfluhe : gompholite. — Sous le nom de *nagelfluhe* (prononcez *naguelflou*), les géologes suisses ont désigné un conglomérat formé d'éléments, les uns quartzeux, les autres calcaires, réunis par une pâte de macigno. Cette pâte, souvent friable, se désagrège sous l'influence des agents atmosphériques ; les cailloux deviennent saillants et donnent, à la roche qu'ils constituent, une ressemblance grossière avec une muraille plantée de clous ; de là le nom de nagelfluhe que Brongniart a proposé de remplacer par celui de *gompholite*, qui en est la traduction (γομφος, clou ; λιθος, pierre).

La structure de cette roche est plus souvent poudingiforme que bréchiforme. Ses nuances sont le brunâtre, le rougeâtre, le jaunâtre, unies ou bigarrées. Elle appartient au terrain tertiaire. Les gompholites, dit Brongniart, forment des plaines immenses, des collines très prolongées et même des montagnes très élevées, le Rigi (Suisse), par exemple. Le conglomérat qui constitue le Mont-Serrat, en Catalogne, est un gompholite ou nagelfluhe ; il possède un caractère que Brongniart reconnaît dans ces roches, celui d'avoir une stratification nulle ou peu sensible, accusée seulement par des lits de marne argileuse placés à de grands intervalles.

Poudingue ; brèche. — D'après la plupart des auteurs qui ont écrit sur les roches, le mot *poudingue* doit être affecté aux conglomérats dont les éléments constitutifs et le ciment sont siliceux. Pourtant, pour quelques géologues, le mot de poudingue semble correspondre à celui de conglomérat, et il n'est pas rare de trouver dans les ouvrages de géologie l'expression poudingue calcaire, qui est alors presque synonyme de gompholite. Je serais porté à réserver le nom de poudingue aux conglomérats où la pâte qui sert de ciment occupe beaucoup de place. Un poudingue établirait le passage entre les roches formées par précipitation chimique et les roches détritiques. Un poudingue serait, par exemple, une roche calcaire dans laquelle des cailloux roulés se trouveraient empâtés à une certaine distance les uns des autres.

Lorsqu'un conglomérat est formé de fragments polyédriques, on lui donne le nom de *brèche*, en faisant accompagner ce mot d'épithètes qui achèvent de définir la roche dont on veut parler. Quoique cette désignation ne soit pas toujours d'une application facile, elle n'en doit pas moins conserver sa place dans la nomenclature pétrologique. Les débris qui entrent dans un conglomérat se sont arrondis à la suite d'un long transport, et lorsqu'ils se présentent sous une forme anguleuse, ils conservent l'indice d'une formation sur place.

Pséphite. — Sous le nom de *pséphite* (ψηφος, petite pierre), on a désigné une roche qui, par le volume de ses éléments, établit un passage entre les roches conglomérées et les roches argiloïdes. Le pséphite (*grès rudimentaire*, Haüy), est essentiellement composé d'une pâte argiloïde, renfermant des fragments pisaires ou avellanaires empruntés aux schistes, au quartz et surtout aux porphyres.

Le pséphite est rougeâtre ou verdâtre, quelquefois tacheté. Le *rothe todt liegende* (rouge mort sol) des mineurs allemands est un pséphite. Cette dernière roche doit sa désignation à sa nuance rouge et à l'absence de minerai dans sa masse.

Le pséphite est très-commun dans le terrain permien inférieur, que Cordier avait désigné sous le nom d'étage des pséphites. Cette roche est aussi très abondante dans le terrain dévonien.

On a appelé *mimophyre* (qui imite le porphyre, μιμος, imitateur), une roche formée d'un ciment argiloïde, empâtant des grains ou des cristaux de feldspath.

Roches arénoïdes. — Les roches arénoïdes sont des roches détritiques dont les éléments ont tout au plus le volume d'un pois. Du reste, la limite qui sépare les conglomérats des roches arénacées est d'autant plus difficile à indiquer d'une manière précise que leurs éléments n'ont pas toujours un volume uniforme. Les roches arénoïdes à éléments réunis par un ciment sont le grès, l'arkose, le psammite, le macigno, la mollasse et la glauconie.

Grès. — Un *grès* (pierre de sable; *sandstone,* en anglais; *sandstein,* en allemand) est formé par la réunion de grains quartzeux, d'un volume ordinairement uniforme, et gros tout au plus comme une tête d'épingle.

Le *grès lustré* est une variété à texture très serrée, luisante, un peu translucide, avec ciment siliceux, et composée de grains distincts, lorsqu'on la regarde à travers une lame mince. Le type de cette roche est le grès de Fontainebleau, employé pour le pavage de Paris.

Le grès se rencontre dans tous les terrains. Blanchâtre ou grisâtre, lorsqu'il est pur, il prend diverses nuances par le mélange d'une faible quantité de matières autres que le quartz.

Un centième de parties ferrugineuses suffit pour le rendre rouge. Le mélange d'un peu de phyllade lui communique une teinte verdâtre. Le grès houiller doit sa couleur noirâtre au mélange de la houille. Le grès vert est un grès quartzeux avec silicate de fer.

Arkose. — L'*arkose* est un grès essentiellement formé de quartz et de feldspath. Cordier a proposé de remplacer ce nom par celui de *métaxite*, lorsque le feldspath est décomposé et passe à l'état de kaolin; ce caractère n'est pas assez important pour motiver une désignation spéciale.

L'arkose appartient à presque tous les étages; on la connaît surtout à la base du lias, en Bourgogne. Elle se trouve constamment dans le voisinage du granite dont elle n'est qu'un remaniement. Elle est souvent micacée, et son analogie d'aspect avec cette roche lui vaut alors le nom de *granite régénéré* ou *recomposé*.

Psammite. — Le *psammite* (ψαμμος, sable) est un grès argileux, offrant les nuances les plus variées, presque toujours plus ou moins friable. Il renferme souvent du mica, quelquefois assez abondant pour lui imprimer une structure schistoïde. Le psammite est très abondant dans la nature; il se rencontre dans tous les terrains. Le grès houiller et le grès bigarré du trias ne sont souvent que des psammites.

Macigno; mollasse. — Les géologues italiens appellent *macigno* un grès avec parties argileuses et calcaires. Les éléments de cette roche, qui se reconnaît notamment à son effervescence dans les acides, offrent quelquefois un volume tellement faible que le macigno devient en apparence compacte et homogène.

Par l'accroissement du volume de ses éléments, le macigno passe au gompholite ou nagelfluhe; par l'augmentation du carbonate de chaux, il passe au calcaire grossier. Cette roche est grisâtre, jaunâtre ou verdâtre. Elle joue un rôle très important dans tous les terrains de l'Europe méridionale supérieurs au système jurassique.

La *mollasse* ne diffère guère du macigno que par une texture plus friable. Les géologues de la Suisse et du midi de la France emploient la désignation de mollasse, de préférence à celle de macigno. Ils distinguent une mollasse marine et une mollasse lacustre, et, pour beaucoup d'entre eux, l'expression terrain de la mollasse est synonyme de terrain miocène ou terrain tertiaire moyen.

Glauconie. — Brongniart a désigné sous le nom de *glauconie* (γλαυχος, vert) une roche grenue, composée essentiellement de calcaire et de grains verts. Ces grains verts sont du silicate de fer, et non de la chlorite, comme on l'a dit à tort. Cette roche est souvent mélangée d'une forte proportion de grains quartzeux qui la rendent friable : elle constitue dans ce cas la *glauconie sableuse* ou *grès vert*, *greensand* des Anglais. Elle est très commune dans le terrain crétacé, dont un étage, dans quelques nomenclatures, lui doit son nom. De même que le macigno passe au calcaire, la glauconie sableuse, par la diminution de ses éléments détritiques, passe au calcaire glauconieux, improprement appelé *craie chloritée*.

Sable. — Le sable est une roche arénoïde dont les grains n'adhèrent nullement les uns aux autres. Le volume de ces grains est presque constamment uniforme et très faible. Ils sont ordinairement de nature quartzeuse. Les variétés résultant de divers mélanges n'ont pas reçu de dénominations spéciales comme les grès ; on se sert d'épithètes pour les désigner, et l'on dit sable feldspathique, argileux, ferrugineux, micacé, etc. Les roches sableuses qui entrent dans la composition des terrains sont d'autant plus abondantes que ces terrains sont plus récents. Leur maximum de développement coïncide avec l'ère jovienne ; ils constituent, en bonne partie, les terrains d'alluvion ; les dunes, ainsi que les déserts, en sont presque exclusivement formés.

Roches argiloïdes et roches silicatées alumineuses à une seule base. — Les silicates simples qui jouent un rôle important dans la composition des roches stratifiées sont le silicate d'alumine, base des argiles, et le silicate de magnésie ou talc, dont il a été déjà question.

Les silicates alumineux qui se rencontrent dans la nature sont tantôt anhydres, tantôt hydratés. Les premiers (staurotide, disthène, etc.) se présentent fréquemment à l'état cristallin, et n'offrent aucune importance au point de vue pétrologique. Les autres ne prennent presque jamais la texture cristalline : ils se montrent en masses d'un aspect terreux et constituent les argiles. Ils semblent résulter de la désagrégation des silicates simples et de la décomposition des silicates doubles, décomposition qui s'effectue par l'intermédiaire des agents atmosphériques.

Argiles. — L'argile (en grec αργιλλος, de αργος, blanc, couleur de l'argile lorsqu'elle est parfaitement pure ; *clay*, en anglais ; *thon*, en allemand) est une roche d'un aspect terreux, faisant pâte avec l'eau, essentiellement composée de silice, d'alumine et d'eau. C'est un hydrosilicate d'alumine, presque toujours mélangé d'autres substances auxquelles elle doit sa coloration, et qui modifient ses propriétés. Ces substances sont surtout le fer, la chaux, la magnésie, le mica sous forme de paillettes, et enfin la silice à l'état de sable quartzeux.

Ordinairement les argiles happent fortement à la langue ; cette propriété s'explique par l'existence d'un grand nombre de vides capillaires qui absorbent rapidement le liquide dont la langue est mouillée. Les argiles donnent, par l'insufflation de l'haleine, une odeur caractéristique.

L'argile pure (*argile grasse, terre à potier, terre glaise*) est douce au toucher ; elle fait avec l'eau une pâte tenace qui reçoit toutes les formes qu'on lui imprime et les conserve avec facilité, surtout quand elle a été soumise au feu ; mais elle perd alors sa plasticité, devient dure, rude au toucher et fragile. Le mélange de substances étrangères diminue ses propriétés plastiques qui, à conditions égales, sont d'autant plus grandes que la proportion d'alumine est plus forte. L'argile pure contient normalement, sur cent parties, 57,42 de silice et 42,58 d'alumine. A la cuisson, elle éprouve un mouvement de retrait ; on pare à cet inconvénient en mélangeant l'argile d'un ciment qui est ordinairement du sable quartzeux ou de la brique pilée. Enfin, l'argile pure est très infusible, mais cette propriété s'affaiblit, à mesure que la proportion d'alumine diminue et que celle de fer ou de chaux mélangés augmente.

L'*argile smectique* (σμηκω, je nettoie) contient plus d'eau et plus de silice que l'argile plastique. Elle est onctueuse au toucher, et fait une pâte courte avec l'eau qui la désagrège avec facilité.

La *terre à foulon* (*fuller's earth*, en anglais ; *walkerde*, en allemand) est une argile smectique que son onctuosité et son affinité pour les matières grasses font employer au dégraissage des étoffes de laine.

Le mélange de l'argile et du fer constitue les *ocres* ou *terres ocreuses*, jaunes lorsque le fer est à l'état d'hydrate, et rouges lorsqu'il est à l'état de peroxyde.

Marnes. — La marne (*marl*, en anglais ; *mergel*, en allemand) est un mélange d'argile et de calcaire dans des proportions à peu près égales. La marne est dite *calcaire* ou *argileuse*, suivant que le carbonate de chaux ou l'argile dominent. La marne a tous les caractères extérieurs de l'argile dont elle se distingue, parce qu'elle fait effervescence avec les acides, en laissant un résidu fourni par l'élément non calcaire. Elle se délite dans l'eau : elle fait ou ne fait pas une pâte plastique suivant qu'elle est ou n'est pas argileuse.

Argilite : marnolite. — Les roches argiloïdes sèches sont ordinairement friables et meubles. Elles présentent quelquefois une certaine tenacité et se laissent couper ou racler avec un couteau. On réserve le nom d'*argilite* (*claystone*, en anglais ; *thonstein*, en allemand) et de *marnolite* aux variétés d'argile et de marne qui sont endurcies par un ciment siliceux ou calcaréo-siliceux.

Les roches que je viens d'énumérer comme constituant le groupe des roches argiloïdes sont douées des nuances les plus variées ; aussi me suis-je cru dispensé de donner l'indication de toutes ces nuances. C'est aussi pour ne pas entrer dans trop de détails que je n'ai pas mentionné les étages où les roches argiloïdes se rencontrent. Il me suffira de rappeler que les roches argiloïdes se montrent dans tous les terrains, mais qu'elles deviennent plus abondantes à mesure que l'on s'élève

dans l'échelle géologique. Ce fait ne doit pas nous surprendre,
puisqu'elles résultent d'une détrition prolongée.

Limon; lehm. — Les terrains de transport de l'ère jovienne et
de l'époque actuelle présentent, outre les agglomérats, les graviers et les amas de sable, des dépots désignés sous le nom de
limon (*limus*, λιμην, marais). Le limon est une roche argileuse
très friable, très grossière, plus ou moins calcarifère, colorée
tantôt en jaune, tantôt en brun, par des matières ferrugineuses
ou organiques. Le limon sert de substratum à la terre végétale ; sous le rapport de la composition, il établit une transition
entre celle-ci et l'argile proprement dite. Il se délaie facilement dans l'eau, mais ne fait pas une pâte avec elle, à moins
qu'il ne contienne une forte proportion d'argile.

La *terre à pisé* des environs de Lyon est un limon. On a
appelé *lehm* ou *loëss* un dépôt limoneux, avec concrétions calcaires, dont l'épaisseur atteint quelquefois 80 mètres, et qui
remplit la vallée du Rhin depuis Cologne jusqu'en Suisse. On
l'a considéré comme étant formé, en majeure partie, par de la
boue glaciaire, ou, tout au moins, par les débris les plus
ténus entraînés des glaciers des Vosges, de la Forêt-Noire et
surtout des Alpes. Ce dépôt se retrouve, avec les mêmes
caractères, dans la vallée du Rhône.

Plusieurs géologues emploient le mot de lehm, comme
synonyme de limon ; je pense que, par les mots de lehm ou de
loëss, on doit spécialement désigner les dépôts limoneux qui,
par leur provenance, sont en relation avec les glaciers, de
même que le mot diluvium doit désigner les terrains de transport d'origine glaciaire.

Considérations sur la classification des roches. — Dans ce chapitre, j'ai voulu donner une idée exacte de la composition des roches sédimentaires. On a vu que, sous ce rapport, elles se partagent en trois grands groupes : 1° roches silicatées ou schisteuses ; 2° roches non silicatées ou calcareuses, formées, comme les précédentes, par voie de précipitation chimique ; 3° les roches détritiques, résultant d'une sédimentation mécanique.

Cette classification a l'avantage de réunir les roches qui, non-seulement se ressemblent par leur composition ou leur aspect, mais aussi qui se rattachent les unes aux autres au point de vue chronologique. — Les périodes neptunienne, tellurique et jovienne ont été respectivement les *règnes* des roches silicatées, calcareuses et détritiques.

En même temps, j'ai eu pour but de tracer une esquisse de la nomenclature des roches sédimentaires, en définissant les termes les plus fréquemment employés pour les dénommer. J'ai jugé inutile de pousser jusqu'à ses dernières limites cette nomenclature, que je compléterai dans les chapitres suivants, en indiquant les principales désignations empruntées à la texture, à la structure et à l'aspect des roches de sédiment. Avec ces désignations, que je chercherai à diminuer plutôt qu'à accroître, il n'est pas de contrées dont toutes les roches stratifiées ne puissent être dénommées et décrites.

L'expérience m'a prouvé que la nomenclature pétrologique, telle qu'elle est exposée dans les traités des roches, effrayait toujours les personnes qui étudiaient la géologie pour la première fois. La zone sédimentaire présente, sous le rapport pétrologique, une grande simplicité qui doit naturellement se refléter dans la nomenclature. Je ferai, en terminant, la remarque suivante. Je ne sais si l'espèce est, en botanique et en zoologie, une réalité ou une convention sans laquelle la science ne saurait se développer. Mais, en pétrologie, il me paraît bien difficile de dire si l'espèce existe et d'établir une distinction bien nette entre le genre et l'espèce ; d'un autre côté, les roches passent d'une manière si rapide des unes aux autres, leurs caractères se modifient avec une rapidité telle que la notion de l'individualité ne peut servir de base à leur étude. (1) Etablir des genres et des espèces dans la classification des roches, et fonder cette classification sur la méthode linéenne, c'est faire une œuvre contre nature. C'est aussi se livrer à une tentative inutile ; car, quelque étendu que soit le catalogue des espèces pétrologiques, jamais il n'empêchera le géologue de recourir à une périphrase ou à plusieurs épithètes pour définir les roches qu'il rencontrera dans ses excursions.

(1) « Il est impossible, du moins dans l'état actuel de la science, de trouver une considération scientifique sur laquelle on pourrait fonder l'établissement des espèces de roches. Aussi se ferait-on une idée fausse de ce que l'on entend par ce nom, si l'on voulait y voir une chose déterminée sur des bases rationnelles, analogues à celles qui servent à distinguer les espèces de plantes, d'animaux et même de minéraux; ce qui a fait dire à Haüy que les *roches sont les incommensurables du règne minéral.* » D'Omalius d'Halloy, *Des Roches.*

CHAPITRE III.

ASPECT ET TEXTURE DES ROCHES SÉDIMENTAIRES : ACTIONS
MOLÉCULAIRES POSTÉRIEURES A LEUR DÉPÔT.

Consolidation des roches : influence des ciments, de la pression et de la
chaleur. — Pénétration de l'eau dans les roches. — Coloration, texture
et cassure des roches. — Texture oolitique. — Actions moléculaires
postérieures au dépôt d'une roche. — Déplacements moléculaires
déterminant la formation de concrétions : charveyrons, chailles, etc.
— Déplacements moléculaires déterminant la formation de cavités dans
l'intérieur des roches : géodes, ætites, etc. — Cailloux impressionnés.

**Consolidation des roches; influence des ciments, de la pression et de
la chaleur.** — Tous les matériaux reçus au fond d'un bassin
géogénique, quelle que soit leur origine, s'y déposent sous
forme de masses stratifiées dont les éléments, d'abord indé-
pendants, finissent habituellement par adhérer plus ou moins
les uns aux autres. Comment s'établit cette adhérence?

Les roches d'origine exclusivement chimique se consolident
en vertu de cette force que les chimistes appellent cohésion.
Dans les roches mixtes, l'élément chimique fonctionne comme
ciment à l'égard des éléments détritiques : il détermine par
sa présence la consolidation de la masse à laquelle il appartient. Quant aux roches détritiques, elles renferment souvent
une matière ferrugineuse, siliceuse ou calcaire, qui soude
entre elles leurs parties constitutives. Cette matière est
quelquefois contemporaine de la formation des roches qu'elle
accompagne; dans d'autres cas, elle s'est introduite dans ces

roches postérieurement à leur dépôt. Les objets en fer, retirés de la mer lorsqu'ils y ont fait un séjour prolongé, se montrent enveloppés de fragments de coquilles et de grains de sable agglutinés par une matière ferrugineuse.

La même roche, suivant le point où on l'observe, peut être incohérente ou posséder une grande ténacité; à des distances très rapprochées, on voit le sable passer au grès, et la marne se transformer en calcaire compacte.

La matière, qui intervient comme ciment, imprime quelquefois aux agrégations de molécules réunies par elle des formes particulières. Le carbonate de chaux, qui pénètre le grès de Fontainebleau, agglutine les grains quartzeux en rhomboèdres, et leur communique ainsi une forme cristalline différente de celle du quartz. D'autres fois, le carbonate de chaux donne aux molécules rattachées les unes aux autres, tantôt des formes plus ou moins sphéroïdales, tantôt une texture en rayons ou en couches concentriques.

La pression joue également un rôle dans la consolidation des roches. L'industrie de moulage qui s'est établie à Naples consiste à porphyriser les laves du Vésuve, à les délayer dans une petite quantité d'eau, et à introduire dans des moules la matière ainsi préparée; une forte compression lui donne une grande solidité. La plupart des crayons dits *mine de plomb* se fabriquent maintenant avec de la poussière de graphite qu'on prive entièrement d'air, et qu'on place ensuite sous un coin d'acier, pour leur faire subir des coups de presse de la puissance d'un million de kilogrammes.

La chaleur ne doit pas être admise au nombre des causes qui consolident les masses stratifiées. Parfois, elle détermine un commencement de fusion ou de ramollissement; à la suite de cette fusion, une roche peut devenir plus compacte et plus tenace. Mais ses autres caractères se modifient également, et l'effet produit est tout différent de celui dont il est ici question : il y a métamorphisme.

Pénétration de l'eau dans les roches. — « Une roche desséchée à l'air libre, dit M. Delesse, telle que nous la voyons dans nos collections, présente des caractères tout différents de ceux qu'elle a dans la nature. Dans l'intérieur de la terre, elle est constamment soumise à l'infiltration, ou tout au moins imbibée par l'humidité, car la capillarité fait pénétrer l'eau jusque dans ses pores les plus ténus. Dans nos collections, au contraire, elle est à un état qu'on peut appeler exceptionnel, et qui ne ne donne même qu'une idée assez imparfaite de son état réel. Sa cohésion a beaucoup augmenté, et souvent aussi sa couleur a changé. »

Toutes les roches ne se laissent pas également imbiber par l'eau. D'après les expériences de Thurmann, les roches peuvent se partager en trois groupes sous le rapport de leur degré d'hygroscopicité. Le degré d'hygroscopicité est compris, pour le premier groupe, entre 0 et 5 ; pour le second, entre 5 et 10 ; pour le troisième, entre 10 et 30. Dans le premier groupe se trouvent les granites, les basaltes, les trachytes, les calcaires compactes et oolitiques, quelques roches schisteuses ; dans le second, la plupart des grès, la mollasse, les calcaires crayeux, les limons graveleux ou sableux, les granites et les gneiss très kaoliniques, les basaltes très altérés ; dans le troisième, les marnes et les argiles de tous les terrains. Dans ces appréciations, toutes approximatives, il est question de la perméabilité des roches en petit, et non de leur perméabilité en grand. Les calcaires sont très peu hygroscopiques ; mais les fissures qui les traversent dans tous les sens les rendent très perméables en grand.

Le degré de perméabilité des roches exerce une grande influence sur le régime hydrographique souterrain. La présence de l'eau dans les roches, en s'opposant au contact immédiat de leurs parties constitutives, est une circonstance défavorable à leur consolidation. Enfin, en les rendant plus souples, elle exerce sur elles une influence qui permet d'expliquer certaines particularités offertes par leur structure et leur stratification.

La disparition de l'eau dite de *carrière* a toujours pour résultat d'augmenter la ténacité d'une roche, soit en permettant à ses éléments constitutifs de se toucher immédiatement, soit en laissant, à la place de l'eau évaporée, un résidu plus ou moins cristallin qui fait fonction de ciment. Les carriers ont soin de tailler les pierres d'appareil avant que l'évaporation de l'eau de carrière en ait accru la dureté, et les hommes primitifs, qui se servaient d'instruments en silex, devaient travailler cette substance immédiatement après l'avoir extraite du sol. Le tuf, d'abord si tendre, devient plus tenace lorsqu'il est exposé à l'air. L'argile des lacs et des rivières, molle et quelquefois plastique, devient très dure lorsqu'elle est desséchée. Diverses substances, également très dures dans nos collections, avaient, lorsqu'on les a extraites du sol, un certain degré de mollesse ou de flexibilité : telles sont l'émeraude, la calcédoine, l'asbeste, etc.

Coloration des roches. — Certaines roches offrent une coloration qui leur est spéciale, et qu'elles tiennent de l'élément ou des éléments qui les constituent; telles sont les roches talqueuses plus ou moins verdâtres, les roches ferrugineuses dont les couleurs varient du jaune au rouge plus ou moins brun, le bitume, le soufre, etc. Les roches calcaires et les argiles devraient être normalement blanches, et le sont quelquefois;

mais elles se présentent ordinairement avec une couleur plus ou moins grise, excepté lorsque des substances leur communiquent des nuances plus vives. Ces substances sont presque toujours le fer ou le carbone sous diverses formes. A l'état d'hydrate ou de peroxyde, le fer colore les roches en jaune, en brun rougeâtre ou jaunâtre, en rouge ou en amaranthe; à l'état de silicate, il les teint en vert. Le carbone intervient dans les roches pour leur communiquer une nuance noirâtre plus ou moins prononcée. Quelquefois il s'y trouve à l'état de combinaison avec l'hydrogène, c'est-à-dire sous forme de bitume. D'autres fois, il est à l'état de charbon minéral; les roches qui accompagnent les amas de combustible, comme le grès houiller, sont toujours plus ou moins charbonneuses. Enfin, le carbone peut provenir de la décomposition des matières organiques contenues dans les eaux où les roches se déposent; c'est ainsi que devient noirâtre la vase des rivières, des étangs, des ports de mer, en un mot, de tous les amas d'eau qui reçoivent journellement des débris de corps organisés.

Des couches, quelquefois des assises entières, sont uniformément colorées de la même manière; je citerai, comme exemples, le grès rouge, le grès vert, le grès houiller. D'autres fois, plusieurs nuances existent dans une même masse et y forment des bandes alternantes diversement colorées; c'est ce qui s'observe dans le grès bigarré et dans les marnes irisées du trias, ainsi que dans les argiles qui accompagnent le gypse et le sel gemme. Ces roches polychrômes se montrent sur les points où l'action geysérienne s'est manifestée avec une grande énergie. Dans certains calcaires exploités comme marbre, les nuances qui les colorent dessinent des taches et des veines diversement entrelacées.

La matière colorante a parfois pénétré dans la roche, postérieurement à son dépôt, en y traçant des figures dont la disposition rappelle celle des arbres et des plantes. Ces figures ont reçu le nom de *dendrites* (δένδρον, arbre). Elles se sont formées de la même manière que les végétations de glace qui, pendant l'hiver, recouvrent les vitres des fenêtres. Elles résultent de la juxtaposition de très petits cristaux qui se placent en série les uns à la suite des autres. La matière dendritique est tantôt le fer oxydé ou hydraté, tantôt, et plus souvent, l'oxyde de manganèse. Les dendrites s'observent ordinairement à la surface des joints dans les calcaires, les marnes, les argiles et les grès. — Les agates *herborisées* ou *dendritiques* doivent leur désignation à la manière dont la substance colorante s'y trouve disposée. — Dans le *marbre ruiniforme* ou *marbre de Florence*, des infiltrations ferrugineuses ont pénétré à travers la roche, dont la couleur est jaunâtre ou verdâtre, en y traçant des dessins qui, par leur aspect, rappellent vaguement des ruines.

Les calcaires sont souvent colorés en noir plus ou moins bleuâtre. Quelquefois les parties de la roche ainsi colorées se présentent sous forme de taches au milieu des fragments déterminés par l'entrecroisement des lignes de stratification ou de clivage. Dans le voisinage de ces lignes, la roche prend une nuance grisâtre ou jaunâtre. Ces taches me paraissent provenir de la présence du carbone qui, sur les parties voisines des fissures et, par conséquent, plus facilement mises en contact avec l'oxygène, aurait disparu en se transformant en acide carbonique. Dans certains cas, la couleur bleuâtre ou noir bleuâtre paraît due à la présence d'un bisulfure de fer. «Quand la coloration n'est que partielle, dit M. Ebelmen, on reconnaît que les parties bleues forment des amandes dont la surface est toujours éloignée des plans de stratification ou des fissures par lesquelles les eaux d'infiltration pénètrent dans les couches. La partie

jaunâtre de la roche, qui en forme toujours l'enveloppe extérieure, paraît avoir été produite par l'altération de la partie
bleue. La couleur bleue aurait été, dans l'origine, répartie
dans toute la masse, et l'on remarque en effet que les couches
les plus éloignées du sol sont celles dont la coloration s'est le
mieux conservée. J'ai trouvé que le calcaire bleu de l'oolite
inférieure (cornbrash) contenait environ deux millièmes de
bisulfure de fer (pyrite *à l'état bleu* d'Ebelmen), tandis que le
calcaire jaunâtre qui forme l'enveloppe n'en renferme pas. La
coloration bleue paraît due à cette petite proportion de bisulfure
de fer disséminée dans toute la masse, et qui disparaît lentement sous l'influence oxydante des eaux d'infiltration. »

Quelle que soit la substance qui colore une roche, sa nuance
est toujours plus vive et plus foncée par un temps humide ou
pluvieux. C'est ainsi que les marnes, d'un gris bleuâtre par un
temps sec, deviennent d'un noir bleuâtre lorsqu'elles sont
mouillées par la pluie.

Texture des roches. — Parmi les causes qui déterminent la
texture d'une roche, il faut signaler, en première ligne, le volume et l'homogénéité de ses éléments. De ces deux circonstances résulte d'abord la distinction essentielle qui doit être
établie entre les roches détritiques et les roches formées par
voie de précipitation chimique. Quant à celles-ci, les circonstances qui leur impriment leur aspect et leur texture sont
non seulement le degré d'homogénéité de leurs éléments constitutifs, mais aussi et surtout le mode dont s'est effectué leur
dépôt.

Si la précipitation des éléments constitutifs d'une roche
s'effectue soit d'une manière rapide, soit dans une eau agitée,
la roche qu'ils édifieront offrira une texture grossière, un

aspect plus ou moins terreux, une consistance friable. Si l'arrivée de ces éléments s'effectue d'une manière lente et régulière, si les eaux où ils se réunissent sont tranquilles, il se pro-
produira une roche à grain serré, à texture compacte, à consistance plus ou moins tenace. Or, les eaux sont d'autant plus
tranquilles qu'elles sont plus profondes, car, dans ce cas, elles
se trouvent en dehors de l'influence des vagues et des courants. On voit comment le degré de compacité d'une roche est,
pour ainsi dire, fonction de la profondeur des eaux qui l'ont
reçue.

Je vais successivement indiquer les termes employés pour
caractériser la texture des roches.

Texture terreuse. — C'est celle des marnes et des argiles,
lorsqu'elles sont sèches ou qu'elles offrent une consistance
friable. Le limon possède cette texture au plus haut degré.

Texture crayeuse. — Elle a pour type la craie, improprement appelée *blanc d'Espagne*. La *craie*, dont on connaît les
usages, est un carbonate de chaux pulvérulent et tachant. Vue
au microscope, elle se montre composée de deux parties : l'une,
inorganique et cristalline, formée par du carbonate de chaux;
l'autre organique, résultant de l'agglomération des dépouilles
d'animaux microscopiques; un pouce cube de craie contient
un million de ces dépouilles.

Texture tufacée. — Je renvoie le lecteur à la page 329, où
j'ai déjà parlé du tuf et du travertin.

Texture grossière. — Cette texture est celle de certains calcaires qui ne sont pas compactes et qui, pourtant, n'ont l'aspect ni du tuf ni de la craie. Le type de cette texture nous est
fourni par le calcaire en usage à Paris pour les constructions.
Ce calcaire est ordinairement formé de débris de polypiers et
de coquilles réunis par un ciment calcaire. La *craie tufau* de

Touraine est un calcaire blanchâtre ou jaunâtre, non traçant, sableux, à texture grossière.

Texture compacte. — Une roche est compacte, lorsque ses éléments sont excessivement atténués et ne laissent entre eux aucun vide. Cette texture existe dans les marbres et dans un grand nombre de calcaires appartenant à tous les terrains. Certains calcaires compactes présentent des parties cristallines sous forme de lamelles miroitantes et de veines spathiques. Ils établissent ainsi un passage entre la texture compacte et la texture cristalline.

Texture cristalline. — Le sel gemme et la plupart des roches silicatées et siliceuses ont une texture cristalline. Parmi les autres roches, cette texture apparaît moins souvent : elle existe notamment dans le calcaire saccharoïde et dans quelques calcaires des périodes azoïque et paléozoïque. Le gypse est aussi une roche normalement cristalline. L'albâtre proprement dit, ou *albâtre gypseux*, est du sulfate de chaux à texture serrée, très blanc et translucide, quelquefois veiné de gris ou de blanc jaunâtre.

Texture fibreuse. — Une roche cristalline a une texture fibreuse lorsque ses éléments forment des séries rectilignes ou des fibres placées les unes à côté des autres. Elle a une texture *rayonnée*, lorsque les fibres convergent vers un même point. La texture fibreuse ou rayonnée appartient aux stalactites, aux stalagmites et aux roches dites concretionnées. L'*albâtre calcaire* ou *albâtre antique* est du calcaire concrétionné, que l'on recueille dans les grottes ou dans les anfractuosités des calcaires stratifiés.

Texture vitreuse. — Cette texture, qu'il ne faut pas confondre avec la texture cristalline, appartient à quelques roches volcaniques, mais ne s'observe pas dans les roches de sédiment.

Texture oolitique. — Voir page 499.

Cassure. — Le choc du marteau nous fait connaître le degré d'adhérence qui existe entre les divers éléments d'une roche.

Il est inutile d'expliquer ce que l'on entend par roche *friable* ou *tenace*. Une roche est *aigre* ou fragile, lorsqu'elle se partage aisément en fragments, de sorte qu'il est difficile d'en préparer des échantillons convenables.

La surface des fragments séparés par le coup de marteau offre diverses particularités que l'on doit mettre au nombre des caractères distinctifs des roches. Une roche montre une cassure :

Unie, lorsque la surface des fragments est parfaitement lisse ; cette cassure indique que les parties de la roche sont très ténues ou si fortement cimentées entre elles, que le plan de séparation les coupe sans être dévié de sa direction. Exemple : le calcaire lithographique.

Grenue, lorsque la surface des fragments offre des aspérités plus ou moins arrondies ; dans ce cas, le plan de séparation ne coupe point les grains, mais en suit tous les contours.

Esquilleuse : la surface des fragments présente des parties à demi détachées sous forme d'esquilles ou d'écailles ; cette cassure s'observe dans le quartz et dans beaucoup de calcaires compactes.

Plane, anguleuse, conchoïde : il y a, entre ces trois sortes de cassures, la même relation qui existe en géométrie entre une surface plane, une surface brisée et une surface courbe. La cassure conchoïde est ainsi nommée parce que les deux fragments en contact ont, l'un une partie convexe, et l'autre une partie concave qui se correspondent de manière à simuler l'empreinte d'une coquille bivalve.

Les parties dont une roche se compose forment quelquefois un tissu tellement serré que l'eau ne peut circuler dans sa masse. D'autres fois, des vides imperceptibles à l'œil nu existent dans une roche qui est dite poreuse : c'est la porosité au maximum qui fait la propriété des roches filtrantes. Quand les vides sont visibles, la roche est dite *bulleuse, alvéolaire, cellulaire, spongieuse,* etc., suivant la forme et le nombre de ces vides. La texture du tuf est spongieuse. Celle du travertin est *bulleuse* ou *cellulaire :* les vides y sont arrondis ou affectent la forme de tubulures allongées, produites par les gaz que coutenait le travertin pendant sa formation.

Texture oolitique. — Certaines roches, surtout les roches calcaires et ferrugineuses, contiennent des grains arrondis qui ont été appelés *oolites* (ωον, œuf; λιθος, pierre), soit à cause de la ressemblance de ces grains avec des œufs de poisson, soit parce qu'on les a considérés comme résultant en réalité de la pétrification d'œufs d'animaux marins. Ces grains sont quelquefois si nombreux que la roche à laquelle ils appartiennent, et qui est dite *oolitique,* en est exclusivement composée.

Les oolites ont, dans certains cas, d'un à quelques millimètres de diamètre; leur volume et leur dimension sont alors uniformes dans toute l'étendue d'une ou de plusieurs couches.

Mais on rencontre souvent des oolites qui ont un plus fort volume. Dès que ce volume égale celui d'un pois, le nom d'oolite se change en celui de *pisolite* (πισον, pois; λιθος, pierre). A mesure que leur dimension augmente, les pisolites cessent d'être parfaitement sphériques; elles tendent à prendre une forme irrégulière et à devenir ovalaires, tuberculeuses ou aplaties.

Les pisolites sont formées par la juxtaposition de couches concentriques par rapport à un corps intérieur, qui est presque toujours de nature étrangère, et souvent un fragment de coquille,

Elles peuvent, en même temps, posséder une texture rayonnée.
Cette disposition s'observe aussi dans les oolites, mais devient de
moins en moins discernable à mesure que leur volume diminue.

Diverses causes ont été successivement invoquées pour expliquer la formation des oolites et des pisolites. Les anciens géologues y avaient vu des jeux de la nature ou des grains de sable
arrondis par l'action des eaux. D'autres leur supposaient une
origine organique : ils les considéraient, les uns comme des
graines de plante, les autres comme des œufs de poisson ou
d'animaux marins. A ce dernier ordre de causes se rattache
une opinion émise par M. Virlet d'Aoust. Dans le lac salé de
Texcuco, près de Mexico, se trouve en voie de formation un
calcaire marneux renfermant souvent des oolites identiques
d'aspect, de forme, de grosseur, avec les oolites miliaires
du terrain jurassique. Ces oolites sont des œufs de mouches recouverts et incrustés ensuite par le sédiment calcaire que déposent journellement les eaux du lac. Ces œufs, qui servent
d'aliment aux Indiens, sont pondus par deux espèces d'hémip-
tères du genre *Corixa*. Les individus appartenant à ces deux
espèces plongent au fond du lac, et déposent leurs œufs sur
les corps qu'ils trouvent à leur portée.

Sans contester l'exactitude et le mérite de l'observation de
M. Virlet, je ne saurais en déduire, comme il le fait, la théorie
de la formation des oolites. Tout au plus peut-on dire que,
dans le lac de Texcuco, les œufs de corize fonctionnent comme
centres d'attraction, au même titre que les fragments de coquilles placés au milieu des oolites et des pisolites. Il ne faut
pas, en effet, perdre de vue que l'explication de l'origine des
oolites doit être également vraie pour les pisolites, qui ont souvent un ou deux pieds de diamètre, et que l'on ne saurait
considérer comme ayant été des œufs.

Nous pouvons observer, de nos jours, un phénomène qui nous met parfaitement sur la voie de la découverte, lorsque nous recherchons l'origine de la texture oolitique. Ce phénomène est celui qui donne naissance aux *confetti* de Tivoli, aux *dragées* de Carlsbad, aux *calculs* de Saint-Philippe en Toscane, aux *pisa lapidea*, etc. Toutes ces désignations sont affectées à des corps présentant la texture concentrique des pisolites, et se formant dans les eaux incrustantes sur les points où elles sont en mouvement. Le carbonate de chaux, charrié par ces eaux, se dépose sur les petits corps ballotés au milieu du liquide ; mais ce dépôt cesse dès que les corps qui servent de centre d'attraction à la matière pétrogénique sont trop volumineux pour se maintenir dans le liquide où s'opère leur formation.

Par suite du mouvement auquel obéit une pisolite pendant qu'elle est dans l'eau, le carbonate de chaux se répartit uniformément à sa surface. Ce mouvement est favorisé soit par l'agitation de l'eau, soit par les bulles d'acide carbonique qui, s'accumulant autour de la pisolite, finissent par fonctionner comme allége. Elles soulèvent les pisolites jusqu'à la surface de l'eau, puis les laissent retomber en se dégageant dans l'atmosphère. D'autres bulles les soulèvent de nouveau pour les abandonner encore. Ce phénomène se répète jusqu'à ce que chaque pisolite soit trop pesante pour être entraînée. On conçoit que le moment où une pisolite, ayant atteint son volume maximum, ne peut plus se mouvoir, soit le même pour les autres : ainsi s'explique l'uniformité des pisolites formées au sein des mêmes eaux et des oolites accumulées dans une même couche.

J'ai observé, aux environs de Barcelone, les fissures par où sont arrivées les eaux pétrogéniques qui, dans ce pays, ont déterminé la formation du tuf et du travertin. Elles sont remplies d'un albâtre calcaire fibreux renfermant des pisolites de la grosseur d'un pois ou d'une noisette. La structure de ces pisolites est à la fois concentrique et rayonnée. Dans quelques cas, cette double structure se prolonge autour des pisolites et s'efface insensiblement dans le calcaire fibreux qui les contient. Le plus souvent, entre le calcaire fibreux et la pisolite, on observe deux couches très minces de calcaire compacte : l'une adhérente au calcaire fibreux, l'autre accompagnant la pisolite lorsqu'on la détache de sa guangue. Au centre de chacun de ces corps sphériques, on aperçoit un petit fragment enlevé aux parois entre lesquelles coulaient les eaux incrustantes. Cette parcelle constitue le nucléus, je dirai presque le germe de la pisolite. Trop légère pour résister au mouvement du liquide, lorsque celui-ci s'échappait à travers les fissures, elle était tenue en suspension et soumise à un mouvement de rotation pendant lequel des couches concentriques de carbonate de chaux se déposaient autour d'elle. Le corps sphérique une fois formé descendait au fond de la fissure où il s'était produit; d'autres l'avaient précédé ou le suivaient dans cette fissure. Leur volume était en rapport, soit avec la force d'ascension de l'eau pétrogénique, soit avec l'intensité du dégagement de l'acide carbonique. Le calcaire fibreux renferme aussi des détritus semblables à ceux qui ont servi de noyau à chaque pisolite, mais leur volume plus considérable ne leur a pas permis de se déplacer et de se revêtir de couches calcaires.

Actions moléculaires postérieures au dépôt d'une roche. — Les causes que je viens d'énumérer, comme imprimant à une roche son aspect et sa texture, agissent pendant son dépôt. Mais, postérieurement à sa formation, une roche subit ordinairement diverses modifications. Elle peut acquérir une plus grande tenacité par la perte de son eau; sous la pression des masses placées au-dessus d'elle, elle peut, comme nous le verrons bientôt, se fracturer dans tous les sens, se cliver et prendre un aspect tout différent de celui qu'elle avait à son origine. Enfin, les éléments dont elle se compose sont susceptibles d'obéir à un mouvement moléculaire qui modifie sa texture. Ce mouvement moléculaire atteint son maximum d'énergie lorsqu'il est favorisé par la chaleur, par la pression et par d'autres circonstances dont l'intervention détermine le développement de phénomènes qui seront ultérieurement décrits sous le nom de métamorphisme. Ici, j'aurai simplement en vue les déplacements moléculaires qui s'opèrent par la seule puissance de l'affinité, au sein des roches sédimentaires, dans les conditions ordinaires. Sans l'intervention de ces déplacements moléculaires s'effectuant après le dépôt des roches, bien des particularités de leur texture et de leur structure resteraient inexplicables. C'est surtout en parlant des fossiles et de la fossilisation que j'aurai l'occasion de citer des exemples remarquables d'actions moléculaires, et de compléter l'étude de ces phénomènes.

Déplacements moléculaires déterminant la formation de concrétions : charveyrons, chailles, etc. — Les déplacements moléculaires ont été étudiés avec soin par M. Fournet, qui les a surtout observés dans le lehm des environs de Lyon. «Les agents atmosphériques, dit cet éminent géologue, l'eau, l'acide carbonique, s'accordent entre eux pour opérer le déplacement du carbonate calcaire disséminé dans la terre, et même pour l'extraire des cailloux calcaires siliceux qu'ils laissent à l'état d'éponge friable. De son côté, le calcaire déplacé va se déposer ailleurs sous la forme incohérente de *farine* minérale, ou bien sous

celle de rognons tuberculeux, connus en Alsace sous les noms
de *kupfstein* et de *lehm-kindchen* (enfants du lehm). Il se
concentre quelquefois dans les racines qu'il pétrifie et dont il
conserve grossièrement la forme, lors même que le ligneux a
disparu. De là les *ostéocolles* des anciens minéralogistes. La
matière dissoute forme non-seulement les tubercules et les
concrétions dont il vient d'être fait mention, mais encore des
bancs entiers du lehm se trouvent solidifiés, convertis en
pierres de taille. Enfin, ces mêmes carbonates consolident les
graviers en forme de bétons, tels qu'on en voit souvent dans
les conglomérats tertiaires du Lyonnais. Les bancs de lehm
solidifiés présentent quelquefois la texture oolitique, ce qui
démontre que l'oolite n'est pas nécessairement le résultat d'une
précipitation accompagnée d'un ballotage occasionné par les
eaux. Les phénomènes du lehm lyonnais font ressortir de la
manière la plus nette la tendance du calcaire à se concréter,
de manière à constituer ces sphéroïdes, au milieu même du
repos le plus parfait, si toutefois on peut appliquer le mot
repos à une masse dans laquelle la nature met sans cesse en
jeu l'action des affinités pour effectuer ses arrangements moléculaires d'une manière ou d'une autre, suivant les circonstances. »

Un phénomène semblable à celui qui vient d'être décrit a
déterminé la concentration de la silice primitivement répandue dans toute la masse de certains calcaires et notamment de
ceux de l'oolite inférieure. La silice s'y montre sous forme de
rognons, appelés *charveyrons*, dans le Lyonnais, et *cherts*
en Angleterre. Sous l'influence des agents atmosphériques ces
rognons se désagrègent moins facilement que les autres parties de la roche dans laquelle ils sont engagés; ils font saillie
à la surface des couches mises à découvert et jonchent le sol,

lorsque la couche à laquelle ils appartenaient a été détruite
(voir page 357).

Dans le Jura, le calcaire oxfordien présente des taches arrondies, résultant de l'accumulation de la silice et du fer hydraté.
La matière silicéo-ferrugineuse dessine des zones à peu près
concentriques, se distinguant les unes des autres par leur
nuance plus ou moins foncée. Au-dessus du calcaire oxfordien,
la matière silicéo-ferrugineuse devient plus abondante et finit
par former, à elle seule, une assise distincte, qui appartient
au terrain corallien. Les taches dont il vient d'être fait mention
sont remplacées, dans cette assise, par des boules siliceuses,
tantôt pleines, tantôt creuses, et renfermant dans leur intérieur
un ou plusieurs fossiles qui ont servi de centre d'attraction.
Ces boules portent en Franche-Comté le nom de *chailles*; souvent les fossiles qu'elle renferment sont des crustacés.

La matière qui, molécule à molécule, se sépare de la masse
où elle était engagée, forme non seulement des concrétions à
texture terreuse, compacte ou cristalline, mais aussi des cristaux ou des groupements de cristaux, disposés en amas sphéroïdes ou aplatis. Telle est l'origine des plaques de gypse
fibreux et des cristaux de sulfure de fer qui se montrent dans
certaines roches et surtout dans les marnes et les argiles.

**Déplacements moléculaires déterminant la formation de cavités dans
l'intérieur des roches : ætites, géodes, etc.** — Les *géodes* (γεώδης,
terrestre) sont des cavités disséminées dans une roche et
tapissées de cristaux et de concrétions. Dans les roches sédimentaires, ces cristaux et ces concrétions sont généralement
de la même nature que la masse qui les enveloppe; les géodes
des roches calcaires, par exemple, présentent des cristaux de
carbonate de chaux. Les géodes sont le résultat d'un retrait

accompagné d'une sécrétion qui fait arriver sur les parois d'une cavité préalablement produite une partie de la matière dont se compose la roche géodique.

Les *aetites* ou *pierres d'aigle* (ἀετὸς, aigle) sont des géodes libres, placées dans les dépôts marneux ou argileux. Elles ont été ainsi nommées parce que l'on croyait anciennement que les aigles les portaient dans leur nid pour faciliter la ponte. Elles sont composées de fer hydraté et contiennent un noyau mobile argileux qui résonne lorsqu'on agite l'ætite.

Les chailles creuses peuvent être considérées soit comme des géodes sans cristaux, soit comme des ætites sans noyau.

Les *ludus* (jeux de la nature) proviennent du retrait qu'une roche a éprouvée et dans laquelle il s'est formé des fentes; ces fentes, qui s'entrecroisent de manière à dessiner un réseau plus ou moins régulier, ont été postérieurement remplies par une substance différent, par sa nature ou par son aspect, de celle qui constitue la masse où les fissures se sont produites. On appelle *jeux* ou *dés de Van Helmont* (*ludus Helmontii*) une variété cloisonnée de marne. — Les *septaria* (*septum*, cloison) sont des concrétions sphéroïdales aplaties, formées de matière ferrugineuse, et dont l'intérieur présente un réseau de fissures remplies de calcaire spathique blanchâtre.

Cailloux impressionnés. — Il n'est pas rare de rencontrer, dans les roches conglomérées, des cailloux qui portent à leur surface l'empreinte d'autres cailloux avec lesquels ils se trouvent en contact. Ceux-ci ont fonctionné comme le ferait un corps dur pressé contre de la cire molle.

Les creux produits sur les cailloux impressionnés ont souvent une profondeur de quelques millimètres. Le caillou qui a reçu l'empreinte et celui qui l'a donnée peuvent être de même nature, tous les deux calcaires ou tous les deux quartzeux. Lorsqu'ils sont de nature différente, c'est le caillou quartzeux qui communique son empreinte au caillou calcaire. Le phénomène dont il est ici question peut aussi s'observer sur des cailloux de grès, de gneiss, de granite, etc.

Les cailloux impressionnés ont été rencontrés dans divers terrains : dans les poudingues quartzeux du terrain carbonifère des Asturies et d'Eschweiler, dans le trias de l'Espagne et de la Prusse rhénane, dans le grès vosgien de la vallée de Gueb-wiler, dans le nagelfluhe de la Suisse, dans le diluvium, et surtout, d'après M. Fournet, dans le puissant conglomérat au milieu duquel la Durance a tracé son lit, entre Sainte-Tulle et le défilé de Mirabeau.

Les observateurs qui, les premiers, ont remarqué le phénomène des cailloux impressionnés l'ont attribué à une action mécanique. Ils ont admis une pression combinée avec le ramollissement des cailloux, ramollissement qui serait dû soit à la chaleur, soit à l'imbibition de l'eau. Cette explication n'est pas admissible, car les couches où se trouvent les cailloux impressionnés ne présentent aucune trace d'action ignée. Dans l'hypothèse d'un ramollissement, les cailloux de même nature auraient dû se modifier de la même manière et s'aplatir mutuellement; si les deux cailloux en contact étaient de composition et de nature différentes, le caillou impressionné devrait présenter un bourrelet en saillie autour de son empreinte creuse.

L'observation, corroborée par l'expérience (1), démontre

(1) « J'ai plongé deux sphères calcaires dans de l'eau faiblement acidulée, en exerçant en même temps une pression de dix kilogrammes sur leur point de contact. Elles avaient été enchâssées de manière à rester fixes sous cette pression. Or, au lieu d'obtenir un résultat semblable au fait naturel, c'est précisément l'*inverse* que j'ai obtenu. Les deux sphères présentaient, en effet, chacune une saillie très prononcée, qui correspondait à leur point de contact

que la cause de ce phénomène est toute chimique. Je dirai avec M. Daubrée : « Le phénomène de la pénétration des galets les uns par les autres s'explique de la manière la plus simple par l'action lente et capillaire d'un liquide érosif, sans qu'il y ait eu ni pression ni ramollissement. Sans m'étendre ici sur la nature et l'origine des dissolvants qui ont agi, je me bornerai à remarquer qu'on trouve partout dans ces poudingues des preuves de dissolution ; dans les poudingues calcaires, on rencontre fréquemment de la chaux carbonatée cristallisée ; dans les poudingues siliceux, des cristaux de quartz. Les galets de ces derniers poudingues présentent très souvent aussi à leur surface un moiré comparable au *moiré métallique*.

« Il est donc difficile de se refuser à admettre que les agents qui ont pu déposer sur un point ces matières cristallisées n'aient pu les dissoudre sur un autre. »

primitif que l'érosion avait respecté. — Il a donc fallu faire agir le dissolvant d'une tout autre manière. Au lieu d'immerger les sphères dans le liquide, j'ai fait arriver celui-ci en très faible quantité, par suintement et par voie capillaire. Quelques boules calcaires suffisent pour faire l'expérience de la manière la plus concluante. On les place dans un entonnoir qui laisse continuellement écouler le liquide ; ce dernier dégoutte sur les sphères par une mèche de coton très fine fonctionnant comme un siphon. Au moment où une goutelette arrive, elle se porte immédiatement aux points de contact par la capillarité, et c'est là seulement que le liquide attaque insensiblement les sphères. Quand cette expérience s'est suffisamment prolongée, les sphères présentent les mêmes accidents que les galets impressionnés ; elles pénètrent réellement l'une dans l'autre. L'expérience réussit mieux encore, si les sphères, au lieu d'être libres, sont partiellement cimentées entre elles, comme les cailloux le sont dans les poudingues, de manière à ne pas se presser l'une sur l'autre, autrement l'érosion ne se fait pas régulièrement vers le point de contact. » *Comptes rendus de l'Académie des Sciences*, tome XLIV, page 823.

CHAPITRE IV.

STRUCTURE ET CLIVAGE DES ROCHES. — SCHISTOSITÉ. — STRATIFICATION.

Que faut-il entendre par structure des roches? — Diverses sortes de structure. — Schistosité : expériences de MM. Sorby, Tyndall, Daubrée.— Clivage des roches.— Stratification.— Horizontalité primitive et puissance des couches ; indices de stratification. — Comment les couches varient de composition et d'aspect : 1° dans le sens horizontal; 2° dans le sens vertical. — Groupement des strates en assises.

Que faut-il entendre par structure des roches? — Dans les descriptions géologiques, et même dans les traités des roches, les mots texture et structure sont quelquefois pris l'un pour l'autre. Chacun de ces mots est pourtant susceptible de recevoir une définition distincte.

La *texture* est l'arrangement des éléments les plus ténus dont une roche se compose. Ces éléments, en se juxtaposant les uns contre les autres, forment la pâte, ou, si l'on veut, le tissu de la roche. Nous avons vu que ce tissu pouvait être serré ou à larges mailles, homogène ou hétérogène, etc. Quand on parle de texture, il ne peut être question que de roches résultant d'une sédimentation chimique, ou, tout au plus, de celles qui, provenant d'une sédimentation mécanique, sont, comme les marnes et les argiles, constituées par des éléments très atténués.

Quant à la définition de la *structure*, j'adopte sans restriction celle que Brongniart en a donné : la structure, dit-il, s'entend de la disposition des joints de séparation des parties d'une roche, d'où résulte nécessairement la forme de ces parties.

Du reste, je le reconnais, dans plusieurs cas, on peut hésiter sur l'emploi des mots texture et structure. Il y a quelquefois une certaine analogie entre ces deux modes d'envisager une roche, parce qu'il y a une transition insensible entre le volume des éléments qui peuvent la composer. Quand on dit d'un grès quartzeux qu'il est à grains fins, on définit sa texture ; mais quand ce grès, par l'augmentation du volume de ses éléments, passe au poudingue, le mot structure ne peut plus s'appliquer à l'arrangement de ses éléments constitutifs. De même, le mot *oolitique*, affecté à un calcaire, fait allusion à sa texture ; mais si les oolites se transforment en pisolites d'un pied et plus de diamètre, je ne pense pas que le mot *pisolitique* s'applique à la texture de la roche que l'on considère.

Nous verrons bientôt qu'il y a même un passage, sinon réel, du moins apparent, entre la structure et la stratification. Ce passage est établi par les roches schistoïdes, dont la disposition en feuillets provient, tantôt d'un amincissement excessif des couches, tantôt d'une cause tout-à-fait spéciale que je vais avoir à rappeler.

En géologie, tous les faits, tous les phénomènes se lient les uns aux autres ; ce n'est pas un motif pour que chacun d'eux ne soit pas rigoureusement défini.

Les minéralogistes considèrent, dans un cristal, sa forme et sa structure. La structure d'un cristal, c'est l'arrangement intérieur de ses molécules ; sa forme, c'est le système qui résulte de l'entrecroisement des plans qui le limitent. Le sens que les minéralogistes accordent aux mots structure et forme est celui que, dans l'étude des roches, il faut respectivement donner aux mots texture et structure.

Le mot structure a donc, en minéralogie et en pétrographie, une acception différente; ce désaccord n'est qu'apparent; il est en relation avec la grandeur des objets examinés dans un cas et dans l'autre. Si l'on étudie le globe dans son ensemble, le mot structure s'applique à des objets d'une tout autre dimension que celle des cristaux ou des roches (voir pages 138 et 247).

Structure des roches. — *Structure massive.* — C'est celle d'une roche qui n'offre pas de plans de séparation et dont les couches possèdent une grande épaisseur.

Pseudo-fragmentaire, bréchoïde, poudingiforme, etc. — Ces désignations doivent être affectées aux roches qui, quoique formées par voie de précipitation chimique, sont divisées, par de nombreuses fissures, en fragments qui leur donnent une fausse apparence de roche détritique. Je citerai, comme exemple, le forest-marble de la Franche-Comté; ce terrain y est constitué par un calcaire compacte se délitant en fragments anguleux qui le font ressembler à une brèche.

Structure schisteuse. — Il en sera question dans le paragraphe suivant.

Structure brouillée, articulée, entrelacée. — Cette structure se manifeste lorsque la roche est composée de parties qui s'enchevêtrent les unes dans les autres et semblent liées par une matière colorée, disposée en veines ou en réseaux; ces parties, dit Brongniart, peuvent être anguleuses, comme dans l'ophicalce, ou ovoïdes, comme dans le marbre de Campan.

Structure grumeleuse. — C'est celle de certains calcaires qui offrent des parties de forme irrégulière et plus dures que l'ensemble de la roche où elles apparaissent, pour ainsi dire, comme des grumeaux.

Structure concrétionnée, mamelonnée, etc. — Une roche est dite concrétionnée, lorsqu'elle s'est formée, par voie d'action moléculaire, dans la masse d'une autre roche ou dans des cavités existant au milieu de celle-ci. Cette action moléculaire dont j'ai parlé, soit à la fin du chapitre précédent, soit en décrivant le mode de formation du tuf, des stalactites, des oolites des concrétions du limon, des chailles, etc., peut être contemporaine de la roche encaissante ou postérieure à son dépôt. La structure concrétionnée correspond souvent à une texture cristalline.

La surface des concrétions est tantôt lisse, tantôt parsemée de proéminences arrondies et juxtaposées les unes contre les autres; dans ce dernier cas, la structure est plus spécialement désignée sous le nom de structure *mamelonnée*.

Structure sphéroïdale. — Les concrétions prennent quelquefois la forme de boules ou de rognons plus ou moins arrondis, sans texture cristalline; ces boules se placent, avec une régularité remarquable, sur un même niveau; en se rapprochant les unes des autres, elles constituent des couches proprement dites, où la *structure sphéroïdale* se manifeste lorsqu'elles sont soumises à l'action des agents atmosphériques. Ces rognons ovoïdes ou sphériques s'observent notamment dans les marnes du lias. A ce genre de structure appartiennent les chailles.

Stylolites. — Quelques calcaires, notamment ceux de la grande oolite et du cornbrash des environs de Besançon offrent certains accidents qui peuvent être considérés, soit comme des cas particuliers de structure, soit comme des ludus. Les *stylolites* (στύλος, colonne; λίθος, pierre) proviennent d'une cause encore inexpliquée; ce sont des prismes plus ou moins irréguliers, d'un centimètre environ de largeur, quelquefois striés ou rayés dans le sens de la longueur. Leur longueur ou, si l'on veut, leur hauteur varie de quelques millimètres à quinze centimètres. Le système qu'ils constituent en se juxtaposant les uns contre les autres est coupé, en bas et en haut, par un plan qui coïncide parfois avec celui de la stratification, mais qui souvent en est distinct. Les prismes, en venant se terminer au même niveau, dessinent une sorte de mosaïque ou des lignes en zigzag disparaissant insensiblement dans la masse de la roche à laquelle ils appartiennent.

Schistosité, expériences de MM. Sorby, Tyndall, Daubrée, etc. — Il y a une schistosité produite à la suite d'un amincissement excessif des couches dont se compose une masse sédimentaire. Mais, d'après les expériences de M. Tyndall et de M. Daubrée, la schistosité reconnaît, dans un grand nombre de cas, une autre raison d'être. Elle peut se manifester lorsqu'une roche, encore non solidifiée, est soumise à une pression avec laminage. Ici, je ne puis mieux faire que d'emprunter à un travail de M. Daubrée les détails qui suivent.

« Du temps de Hutton, on n'avait pas encore remarqué que la structure feuilletée, si fréquente dans les massifs entiers de roches, résulte d'une action postérieure à leur formation. La différence que nous reconnaissons aujourd'hui entre la structure feuilletée et la stratification, a cependant été déjà décrite, au commencement de ce siècle, par divers auteurs. En 1835, M. le professeur Sedgwick a confirmé et généralisé le fait, en montrant que, dans le pays de Galles, les feuillets sont le plus ordinairement obliques à la stratification. — Cependant il y a des contrées où la disposition transversale est exceptionnelle, et où les feuillets sont en général parallèles à la stratification.

» La structure feuilletée est surtout développée dans les schistes argileux ou phyllades, mais elle n'en est pas l'apa-

nage exclusif et se poursuit dans des roches de nature différente, telles que les quartzites, les grès, les calcaires, surtout
lorsque ceux-ci sont impurs. Souvent le joint ne se montre
pas plus dans la roche que le clivage ne s'aperçoit dans les
cristaux avant qu'on l'ait fait naître par le choc; il est en
quelque sorte latent, ainsi qu'on le reconnaît dans les carrières
d'ardoise. Un autre fait très remarquable a été signalé par
M. Sedgwick, c'est la constance surprenante avec laquelle les
feuillets se poursuivent sur de grandes étendues, et même au
milieu des contournements les plus prononcés des couches
auxquelles ils appartiennent. Cette observation a été parfaitement confirmée dans les Alpes, les Andes, les monts Apa-
laches, etc.

» La structure schisteuse anormale, ou, en d'autres termes,
la structure feuilletée, qui ne provient pas de la stratification
par dépôt, quoique très fréquente dans les terrains anciens,
ne s'y trouve pas toujours et ne leur est pas exclusivement
propre. D'une part, on ne rencontre pas de véritables phyllades
dans les couches siluriennes de la Suède, de la Russie ou des
Etats-Unis, qui ont conservé leur horizontalité première ;
d'autre part, des schistes propres à être exploités comme
ardoises sont connus dans des terrains plus récents qui ont été
disloqués, comme dans le terrain crétacé des Pyrénées et de
la Terre-de-Feu, et dans le terrain nummulitique de la Suisse,
aux environs de Glaris. Ainsi l'origine de la structure feuilletée
paraît se lier essentiellement à l'existence de dislocations.

» La cause du développement de la structure feuilletée des
phyllades a été attribuée à des actions cristallines, polaires ou
électriques. Ces vagues hypothèses ne pouvaient guère s'ap-
puyer que sur ce résultat, annoncé par M. Robert Fox, que
l'argile humide, en présence de courants électriques, peut

devenir sensiblement feuilletée [1]. Ces causes, qu'on pourrait qualifier d'occultes, ont cependant été adoptées par des savants éminents, car le fait remarquable qui'était le plus particuliè- rement propre à guider vers une saine explication n'a été découvert qu'assez récemment par M. Baur. Ce géologue a le premier montré, en 1846, que le clivage a pris naissance lors du contournement des couches, et qu'il paraît résulter d'une pression, normalement à laquelle il s'est développé. Ce n'est qu'un an plus tard que M. Sharpe, a qui l'on a souvent accordé la priorité, est arrivé à la même conclusion, par d'autres observations très précises relatives à la déformation qu'ont subie les fossiles.

« La première tentative pour imiter mécaniquement ce phé- nomène a été exécutée par M. Sorby, auquel on est redevable d'autres recherches ingénieuses; en laminant de l'argile dans laquelle il avait disséminé des paillettes d'oxyde de fer, il a vu qu'elles s'alignent perpendiculairement à la pression. M. John Tyndall est allé plus loin : il a produit une structure feuilletée, tout-à-fait semblable à celle de l'ardoise, dans différentes sub- stances plastiques, comme la terre de pipe et la cire, en les comprimant et les soumettant à une espèce de laminage (1856). C'est sans doute par là que cet habile physicien a été conduit plus tard à s'occuper de la structure et du mouvement des glaciers.

» Des expériences que j'ai entreprises avant d'avoir connais- sance de celles de M. Tyndall, mais que j'ai faites par d'autres procédés et sur une plus grande échelle, confirment cette opi-

---

[1] D'après les expériences de M. Fox et de M. Hunt, une action électrique, longtemps soutenue est capable de donner une structure feuilletée à des matières argileuses. Les plans des lames se forment à angle droit avec la direction des forces électriques.

nion que la structure schisteuse paraît être un effet de pressions et glissements subis par les couches sous l'action de
forces énergiques. Pour que l'argile puisse acquérir une structure schisteuse très prononcée, deux conditions sont indispensables : 1° Il faut que la substance puisse éprouver des glissements et s'étendre par un commencement de laminage; alors
les feuillets se développent parallèlement au glissement, c'est-
à-dire normalement à la pression. Si le corps ne peut pas céder
et se déformer dans le sens perpendiculaire à la pression, il
acquiert une forte consistance, mais sans montrer aucun indice
de feuillets, ni même de clivage. 2° La masse que l'on com-
prime doit être douée d'un degré particulier de plasticité. Trop
sèche, elle se brise; trop molle, elle se lamine sans que les
feuillets puissent s'isoler. Des échantillons de la même argile,
mais à des états de dessication différents, soumis simultanément à la compression, fournissent des couches superposées,
les unes à structure schisteuse, les autres à cassure irrégulière,
dont le contraste est très significatif.

» Un phénomène accompagne presque toujours la structure
schisteuse dans les roches cristallines, c'est le parallélisme
remarquable que présente une partie de leurs éléments cris-
tallisés. Ceux qui ont la forme de paillettes, quelle qu'en soit
la nature, mica, chlorite, talc, graphite ou fer oligiste, sont
disposés à plats, suivant les plans des feuillets. L'alignement des
paillettes n'est pas, comme on l'a dit, la cause de la préexis-
tence des feuillets : il n'en est que la conséquence. Je m'appuie
pour cela sur quatre motifs principaux : 1° La structure feuilletée s'est quelquefois manifestée dans la nature, et je l'ai
produite parfaitement dans mes expériences, en l'absence de
toute espèce de paillette. 2° Des cristaux qui sont loin d'avoir
la forme de lamelles, comme le grenat, le fer oxydulé, pré-

sentent cependant un alignement très régulier. 3° Dans les expériences semblables à celles de M. Sorby, les paillettes ont bien une tendance à venir se ranger graduellement dans le sens du mouvement déterminé par la pression; cependant leur alignement est très imparfait, et celles des paillettes qui ne parviennent pas à se ranger dans le plan général paraissent contrarier la formation des feuillets. 4° Si, avant de soumettre l'argile au laminage, on l'imprègne avec de l'eau à 100 degrés, qui a été saturée d'acide borique, puis si on la lamine sur une plaque de fonte échauffée par un foyer, de façon à éviter que l'acide borique se précipite avant la formation des feuillets, les paillettes d'acide borique qui prennent naissance entre les feuillets par le refroidissement ultérieur du liquide présentent un alignement infiniment plus régulier que dans l'expérience de M. Sorby, et tout-à-fait comparable à celui de certains schistes micacés. »

Clivage des roches. — Le mot *clivage*, pris dans une acception générale, a, dans l'étude des roches, le même sens qu'en minéralogie. Il désigne l'ensemble des lignes suivant lesquelles une roche est fracturée ou tend à se fracturer, dès qu'elle est soumise à l'influence des agents atmosphériques. Mais ces lignes ne sont pas toutes du même ordre; elles varient sous le rapport de leur origine, de leur étendue, de leur direction et de leur nombre. Je vais rechercher quelles sont celles qui doivent être réunies sous le nom de clivage.

Nous pouvons nous dispenser d'affecter le nom de clivage aux lignes qui ont déjà une désignation spéciale, c'est-à-dire : 1° aux lignes déterminées par les plans de stratification; 2° à celles qui résultent de la schistosité ou foliation des roches et qui forment ce que l'on appelle parfois le clivage schisteux.

Quant aux lignes de fissures qui impriment à certaines masses un aspect pseudo-fragmentaire, elles ne sont guère susceptibles de recevoir une désignation particulière, elles n'ont aucun caractère commun et résultent de causes difficiles à apprécier.

Le clivage est la propriété qu'ont les roches de se diviser, en fragments polyédriques, par des fissures d'une grande étendue, dirigées suivant des surfaces planes et plus ou moins transversales par rapport au sens de la stratification. Ce qui démontre que la stratification, la schistosité et le clivage proprement dit sont des choses distinctes, c'est qu'ils peuvent souvent coexister dans une même masse, ainsi qu'on le constate notamment pour les phyllades.

La structure prismatique, qui est si commune dans les basaltes et qui se retrouve dans d'autres roches éruptives, est le résultat d'un clivage. Cette structure s'observe plus rarement dans les roches sédimentaires. Quelquefois, elle se manifeste dans le voisinage d'une roche éruptive ; elle résulte alors d'une action métamorphique. D'autres fois, elle provient d'un mouvement de retrait produit dans les mêmes circonstances qui amènent la fissuration d'une masse argileuse soumise à une action desséchante ; le retrait est alors la conséquence de la disparition de l'eau.

Mais, dans la plupart des cas, le clivage des roches sédimentaires est la conséquence d'un retrait s'effectuant à la suite d'une action moléculaire. Les lignes dessinées par ce clivage sont celles que l'on désigne de préférence sous le nom de *joints*. Elles donnent origine à des plans de séparation que les carriers mettent à profit. Ces plans de séparation sont plus unis, plus réguliers que les plans de stratification. Les faces des joints peuvent être presque en contact, ou laisser entre elles des vides que vient combler la substance amenée par les infiltrations.

« La division en masses cubiques, dit Daubuisson, est produite par des fissures dans deux sens perpendiculaires entre eux, et perpendiculaires en même temps aux fissures de la stratification. Elle se remarque principalement dans les grès ; elle y donne lieu à des masses rectangulaires de toutes les dimensions. J'en ai vu, dans les belles vallées de Pirna et de Schandau, en Saxe, qui avaient jusqu'à quarante mètres de côté. Saussure a observé cette même division dans un grand nombre de grès des Alpes ; auprès du Chapiu, dans la Tarentaise, il en a vu qui étaient si régulièrement divisées qu'on les employait comme pierres de taille dans la construction des chalets voisins ; elles étaient d'une forme très régulière, et la nature avait fait tous les frais de la taille. Les houilles et quelques autres roches qui tendent naturellement à se diviser en fragments cubiques, présentent en petit un fait du même genre. Le retrait doit produire, dans une masse qui l'éprouve, des fentes ou fissures ; et, par suite de la tenacité de la matière, ces fissures, une fois commencées, doivent se propager en ligne droite jusqu'à une certaine distance : d'après cela, et en considérant que la contraction tend à raccourcir les trois dimensions, on concevra comment elle doit produire une division qui approche plus du cube que de toute autre figure. » (Daubuisson, *Traité de Géognosie.*)

La cristallisation doit exercer une certaine influence sur l'aspect des blocs produits par le clivage, car, dans les calcaires, on voit ces blocs affecter la forme de rhomboèdres, c'est-à-dire celle des cristaux de carbonate de chaux. Cette forme rhomboédrique est d'autant plus parfaite que le calcaire est plus pur de tout mélange.

Stratification : horizontalité primitive des couches. — J'ai dit, page 208, en quoi consiste la stratification et ce qu'il faut entendre par couches, bancs, lits ou strates; qu'il me suffise de rappeler que le principal caractère d'un dépôt sédimentaire est de présenter des parties planes superposées les unes aux autres, primitivement horizontales et séparées par des plans de stratification.

Les sédiments, en se déposant au fond des eaux, tendent à s'y répartir d'une manière uniforme, et à constituer des masses terminées par une surface de niveau. Si une première couche ne réussit pas à effacer complètement les inégalités du sol qui lui sert de substratum, elle les amoindrit, et les couches suivantes les font totalement disparaître. La figure 23 représente le passage des couches d'inégale épaisseur à celles qui sont parfaitement régulières et horizontales.

Lorsque j'étudierai les mouvements de l'écorce terrestre, je rappellerai comment, tôt ou tard, ces mouvements font perdre aux strates leur horizontalité initiale. Actuellement, je les supposerai dans leur situation primitivement horizontale, et je rechercherai comment leur allure, leur puissance et leur composition se modifient, soit dans le sens vertical, soit dans le sens horizontal.

Puissance des couches; indices de stratification. — Les couches varient beaucoup sous le rapport de leur puissance. Quelquefois, elles ont à peine quelques millimètres d'épaisseur, et la roche qu'elles constituent est dite *schistoïde*. Ce mode de stratification reconnaît plusieurs causes. Il provient quelquefois de l'abondance du mica, à l'état d'élément détritique. D'autres fois, il indique que les moments de suspension dans l'action sédimentaire se sont répétés à des intervalles réguliers et très rapprochés. Il doit en être ainsi à l'embouchure de tous les fleuves, et surtout de ceux qui, comme le Nil, sont sujets à des crûes annuelles.

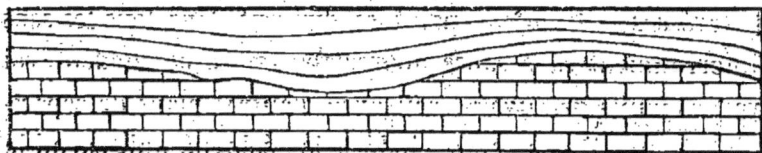

Fig. 23.

Lorsque les couches, tout en conservant leur régularité, ont une épaisseur de quelques centimètres, elles sont dites en *dalles* ou *tabulaires* : telles sont celles qui constituent la dalle nacrée du Jura. Des couches calcaires de ce genre donnent des plaques qui, dans quelques pays, et notamment dans la Bourgogne, sont appelées *laves* et servent à couvrir les maisons.

Enfin, il est des strates qui ont jusqu'à plusieurs mètres de puissance. Quelquefois même, les deux plans qui limitent une couche sont séparés par un intervalle assez grand pour que, dans quelques coupes, ils se dérobent à l'observation. Il faut alors, pour reconnaître le sens de la stratification, mettre à profit les différences de composition ou de couleur, différences qui se produisent ordinairement dans des directions parallèles aux strates. On se sert encore des fossiles qui, lorsqu'ils sont nombreux, forment des zones également parallèles aux strates. C'est encore dans le sens de la stratification que les cailloux roulés de forme ellipsoïdale dirigent leur grand axe.

Parallélisme des plans de stratification. — La stratification est dite *régulière* lorsque chaque couche offre partout la même épaisseur, de sorte que les plans qui la limitent sont parallèles. Dans le cas contraire, elle est dite *irrégulière*. La stratification est *confuse*, lorsque les plans séparant les strates observées sur le même point se dirigent dans tous les sens, s'interrompent sans cause appréciable et se confondent, soit avec les joints de clivage, soit avec d'autres plans de séparation, de manière à rendre indécis le géologue qui, parmi les diverses fissures divisant une roche, recherche celles qu'il doit rattacher spécialement à la stratification. Une stratification confuse est l'indice de l'irrégularité portée dans l'action sédimentaire par suite des remous et des mouvements des eaux.

Le parallélisme des plans de stratification appartenant à une même couche n'est réel que lorsqu'on observe cette couche sur une faible partie de son étendue. Quand on peut la suivre à une grande distance, on la voit s'amincir, se terminer en

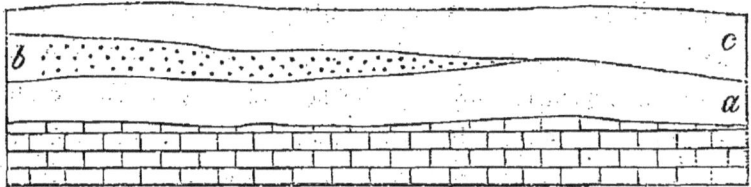

FIG. 24.

biseau et cesser de se placer entre deux autres couches qu'elle séparait d'abord. Il se produit ainsi, à de grandes distances, le même effet que l'on observe, pour la stratification irrégulière, sur des points très voisins. Dans la figure 24, deux couches *a* et *c*, en contact sur un point, sont séparées ailleurs par la couche *b*. L'observateur placé au point où les couches *a* et *c* se touchent, sera donc exposé à se tromper sur la composition du terrain qu'il a devant lui.

Il est aisé d'expliquer pourquoi les plans de stratification d'une même couche ne sont pas rigoureusement parallèles. Qu'elles résultent d'une sédimentation chimique ou d'une sédimentation mécanique, les strates diminuent d'épaisseur à mesure qu'elles s'éloignent des points d'où elles ont reçu leurs éléments. Ces points sont le littoral pour les roches détritiques. Pour les roches formées par voie de précipitation chimique, les points marquant l'épaisseur maximum des strates coïncident avec les orifices des sources pétrogéniques qui apportaient à ces roches les substances dont elles sont composées. L'amincissement des couches ou d'un ensemble de couches peut, dans ce cas, être assez prononcé pour donner à un dépôt une disposition lenticulaire : je vais en citer un exemple.

Disposition lenticulaire du gypse. — « Le gypse parisien, dit M. Delesse, ne forme pas de couches continues, mais des lentilles accidentelles qui sont extrêmement allongées. L'hypothèse paraissant la plus propre à rendre compte des faits observés, consisterait à admettre que le gypse a été déposé par des eaux chargées de sulfate de chaux qui venaient de l'intérieur de la terre. A cause de sa faible solubilité, le gypse devait s'accumuler surtout près des points d'émergence et non pas dans le fond des bassins. Il se déposait avec une pente et avec une épaisseur variables. C'est vers les points d'une même lentille, pour lesquels l'épaisseur est la plus grande, que se trouvaient vraisemblablement les points d'émergence. Comme le gypse du calcaire lacustre, des sables moyens et des marnes du calcaire grossier est en couches parallèles intercalées dans ces terrains, il est nécessairement contemporain de leur dépôt, et il n'a pas été introduit postérieurement. Quelque soit le phénomène auquel il faille attribuer la formation du gypse, sa durée comprend une grande partie du terrain éocène. Ce phénomène s'est manifesté dès le calcaire grossier; il s'est reproduit dans les sables moyens, dans le calcaire lacustre, et enfin, il a acquis son intensité maximum dans le terrain de gypse proprement dit. Il s'est continué presqu'à la même place pendant toute cette longue période, puisque c'est surtout quand le gypse présente une grande épaisseur dans le terrain gypseux qu'il se rencontre aussi dans les étages inférieurs. » (*Comptes rendus de l'Académie des Sciences*, 6 mai 1861.)

Changements de composition des strates dans le sens horizontal. — Une couche varie sous le rapport non seulement de sa puissance, mais aussi de sa composition. Parmi ces changements de composition, je citerai celui qui résulte du passage d'une roche détritique à une roche formée par voie de précipitation chimique.

Si l'on suit une couche de gompholite ou de poudingue calcaire, on voit, d'un côté, les cailloux devenir de plus en plus nombreux et transformer en conglomérat la roche dont ils font partie, tandis que, dans le sens opposé, ils finissent par disparaître et par faire place à un calcaire plus ou moins compacte.

La figure 25 représente, à gauche, une falaise d'où les vagues et les courants côtiers ont entraîné les débris constituant une roche détritique qui borde le littoral. A mesure que l'on se rapproche du côté droit de la figure, on voit ces débris diminuer en nombre et en volume, tandis que l'élément qui leur sert de ciment augmente.

En continuant à se diriger dans le même sens, on verrait la même couche subir des changements de composition et de couleur qui ne peuvent être représentés sur la figure. La substance, qui joue dans la roche détritique le rôle de ciment, peut devenir, en s'isolant de plus en plus, un calcaire compacte; elle a été amenée par une source pétrogénique jaillissant à une certaine distance de la côte. Plus loin, la roche pourra prendre une nuance rougeâtre de plus en plus vive; cette nuance sera due à une matière ferrugineuse amenée par une autre source autour de laquelle le fer se sera déposé en quantité suffisante pour être exploité. On comprend ainsi comment une même couche et, à plus forte raison, un même terrain varient de composition d'un point à un autre.

Changements de composition dans le sens vertical. — Dans la plupart des cas, les couches sont séparées par des lits très minces qui diffèrent, par leur aspect et leur composition, des couches entre lesquelles ils sont inter-

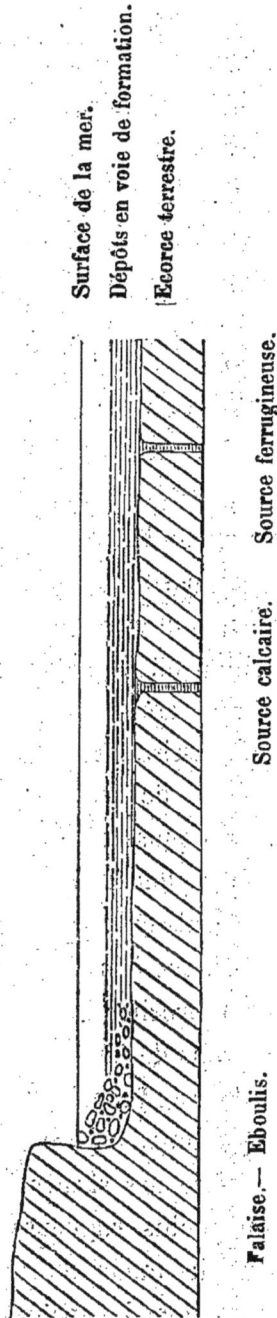

Surface de la mer.

Dépôts en voie de formation.

Écorce terrestre.

Source ferrugineuse.

Source calcaire.

Falaise.— Éboulis.

FIG. 25.

calés. Entre deux strates de grès et de poudingue, s'interposera un lit d'argile; deux bancs d'un calcaire plus ou moins compacte seront séparés par un lit de marne. C'est par l'interposition de ces lits de nature diverse que s'opère parfois le passage entre deux ensembles de couches offrant une composition différente. Les petits lits marneux peuvent acquérir une épaisseur de plus en plus forte aux dépens des couches calcaires entre lesquelles ils sont intercalés et finir par se rencontrer. Des alternances de bancs marneux et de bancs calcaires établissent ainsi un passage entre une assise exclusivement marneuse et une assise exclusivement calcaire. Mais, dans d'autres cas, ce passage s'effectue d'une manière brusque et deux couches en contact sont tout-à-fait distinctes par leur nature et leur composition.

Une ou plusieurs couches offrant, sous le rapport de leur composition ou de leur aspect, des caractères communs, constituent une assise; de même, un étage peut être formé par une seule assise ou par la réunion de plusieurs assises. Une conséquence de ces deux faits, c'est la possibilité pour un étage, très puissant dans une région donnée, d'être réduit, dans une région limitrophe, à une couche de quelques centimètres d'épaisseur. Le terrain kellovien, par exemple, diminue en importance à mesure que l'on s'éloigne de la Bourgogne pour se rapprocher du Jura. Son épaisseur, qui est de 10 mètres aux environs de Châtillon-sur-Seine, ne dépasse pas 50 centimètres dans la Franche-Comté, et même, dans quelques localités, s'y montre encore plus réduite.

La surface des strates est tantôt parfaitement plane, tantôt plus ou moins rugueuse et bosselée; ces différences proviennent du mode plus ou moins régulier qui a présidé à l'accumulation des matériaux dont chaque strate se compose.

Si l'arrivée des sédiments est momentanément interrompue après la formation d'une couche, celle-ci portera à sa face supérieure des témoignages de cette suspension dans l'action sédimentaire. Les eaux y laisseront des traces de leurs mouvements sous forme de plis onduleux qui rappelleront ceux que l'on voit se produire, sur les plages sablonneuses, sous le souffle du vent. Enfin, cette couche conservera des preuves de l'existence passée des animaux marins qui avaient fixé leur demeure à sa surface : ces preuves seront, par exemple, des racines d'encrines, des valves d'huîtres encore adhérentes et des perforations produites par des mollusques ou des annélides pétricoles.

Dans le cas que je viens d'examiner, j'ai supposé le dépôt, dont l'accroissement était interrompu, maintenu au fond de l'eau. Si ce dépôt se trouve émergé, il ne sera recouvert par d'autres sédiments qu'après un séjour plus ou moins prolongé au-dessus des eaux. Il présentera des fissures semblables aux gerçures qui rident la surface de l'argile en voie de se dessécher. Il subira de profondes dénudations qui achèveront de mettre une ligne de démarcation très nette entre lui et les strates dont il aura été plus tard recouvert.

CHAPITRE V.

Composition des eaux de l'océan. — L'eau de l'océan est amère et salée : l'amertume provient des sels de magnésie ; la salure est due au chlorure de sodium.

La composition de l'eau de mer n'est pas uniforme. La salure diminue dans le voisinage des côtes et près des pôles, à cause de l'eau douce apportée, dans le premier cas, par les fleuves, et produite, dans le second, par la fonte des glaces. La salure augmente vers la zone équatoriale par suite d'une plus grande évaporation des eaux. Les petites mers intérieures, telles que la mer Baltique et la mer Noire, sont moins salées que celles dont elles dépendent : la Méditerranée est pourtant plus salée que l'Océan Atlantique, ce qui est dû à l'influence du courant qui pénètre dans cette mer par le détroit de Gibraltar.

D'après ces variations dans le degré de salure de l'océan, on conçoit que les analyses d'eau de mer, tout en se rapprochant

beaucoup les unes des autres, ne soient pas rigoureusement
les mêmes. Le tableau ci-joint comprend : 1° la composition
de l'eau de mer, telle qu'elle est indiquée par M. Regnault,
dans son *Cours élémentaire de chimie*, tome II, page 193 ;
2° la composition de deux sources salées, celle de Schœnebeck,
près de Magdebourg, en Prusse, et celle de Moutiers, en Savoie
(idem, page 187) ; 3° la composition de l'eau de la mer Morte,
d'après M. Boussingault, qui en donne une analyse très peu
différente de celle qui avait été faite par Gmelin.

	Eau de mer.	SOURCES DE		Mer Morte.
		Schœnebeck.	Moutiers.	
Eau	96,470	89,646	98,408	77,230
Chlorure de sodium . .	2,700	9,625	1,058	6,496
» de magnésium.	0,360	0,085	0,030	10,729
» de calcium. .	»	»	»	5,559
» de potassium .	0,070	0,007	»	1,611
» de fer . . .	»	»	0,010	»
Brômure de magnésium.	0,002	»	»	0,551
Sulfate de chaux . . .	0,140	0,559	0,251	0,042
» de soude . . .	»	0,249	0,100	»
» de magnésie . .	0,250	0,012	0,055	»
» de potasse . .	»	0,014	»	»
Sel ammoniac	»	»	»	0,001
Carbonate de chaux . .	0,005	0,026	0,076	0,005
» de fer . . .	»	0,001	0,012	»

L'eau de l'océan renferme un bien plus grand nombre de
substances que ne l'indique ce tableau ; mais elles s'y trouvent
en très faible proportion, et des analyses entreprises dans le but
spécial de les retrouver peuvent seules dénoter leur présence.
L'océan est le réceptacle de toutes les eaux qui coulent à la surface du globe ou qui viennent de l'intérieur de l'écorce ter-

restre, et on peut affirmer, *a priori,* qu'il n'est aucune substance, actuellement connue, qui ne se trouve dans les eaux de
l'océan. A l'appui de cette remarque, je citerai le fait suivant.
Par des expériences multipliées, MM. Malaguti et Durocher
sont parvenus à reconnaître que l'océan contient de l'argent
dans la proportion de 1 milligramme pour 100 kilogrammes
d'eau : l'argent s'y trouve à l'état de chlorure. M. Tuld, chi-
miste américain, ayant répété et confirmé ces expériences, a
émis l'opinion que l'océan contient deux billions de kilogrammes d'argent ; il a constaté que, de deux échantillons de
cuivre de doublage, celui qui avait servi, pendant trois ans,
dans l'Océan Pacifique contenait huit fois plus d'argent que
celui qui n'avait jamais vu la mer.

Les recherches faites sur la composition des eaux recueillies en
mer, pendant le voyage de *la Bonite,* ont démontré que le degré
de salure était plus prononcé au fond qu'à la surface. Le gaz
provenant de l'eau prise à une plus grande profondeur contient
beaucoup plus d'acide carbonique que celui pris à la surface.

Changements dans la composition des eaux de l'océan. — On a émis
plusieurs hypothèses sur l'origine de la salure de l'océan : aucune ne me paraît admissible. La présence du chlorure de sodium dans l'eau de mer est un fait d'ordre cosmogonique se
rattachant aux nombreuses réactions chimiques qui ont eu lieu
lorsque la terre a passé de l'état de soleil à celui de planète.
A mesure que le chlorure de sodium naissait des réactions
chimiques s'effectuant vers la périphérie du globe, il était
reçu par les eaux en voie de condensation et d'accumulation.
Les eaux le retenaient avec facilité parce que son degré de
solubilité, contrairement à ce qui s'observe pour les autres
substances, varie fort peu avec la température.

Depuis l'ère neptunienne jusqu'à nos jours, la salure de l'océan a été en augmentant, quoique d'une manière insensible. Cet accroissement de salure se déduit des faits suivants.

a) Pendant toute la durée des temps géologiques, des sources salées n'ont cessé de jaillir à la surface du globe, surtout dans le voisinage des régions volcaniques.

b) Le sel existant dans l'océan tend à s'y maintenir, parce que, par suite d'une cause inexpliquée, les corps qui se forment dans ses eaux ne retiennent pas son chlorure de sodium. Je citerai, à l'appui de cette remarque, les roches sédimentaires d'origine marine ne renfermant pas un atome de sel, pas plus que les glaces polaires, même lorsqu'elles résultent de la congélation de l'eau de mer.

c) Les amas de sel gemme, n'étant pas le résidu d'anciennes mers, ne peuvent être considérés comme ayant eu pour résultat, en se formant, de soustraire à l'océan une partie du sel qu'il renfermait.

d) La masse des eaux océaniennes a été en diminuant depuis le commencement de l'ère tellurique. L'océan a perdu peu à peu : 1° l'eau qui a pénétré dans l'intérieur de la terre, en vertu du phénomène décrit page 121; 2° celle qui l'a déserté pour alimenter la formation des glaces polaires, des rivières et des lacs.

Les actions que je viens de mentionner, comme déterminant l'augmentation de la salure de l'océan, ne cesseront pas de s'exercer tant que le globe offrira sa structure actuelle. Le degré de salure ne cessera de croître, et la disparition des eaux marines sera marquée par un vaste dépôt de sel gemme dans la dernière dépression océanienne. Cette lointaine prévision pourra sembler puérile; je la formule parce que la meilleure manière de se rendre compte d'un phénomène, c'est de constater son point de départ et son dernier terme.

Je réserve pour une autre partie de cet ouvrage l'examen de l'influence que les modifications dans la composition de l'eau de la mer ont pu exercer sur l'organisme.

Mouvements des eaux de l'océan. — Je vais, aussi brièvement qu'il me sera possible de le faire, énumérer les divers mouvements qui se manifestent dans les eaux océaniennes. Je dirai quelques mots de leurs causes probables et des changements qu'ils ont subis, lors des temps géologiques, dans leur intensité et leur direction. Ces mouvements doivent attirer notre attention, parce qu'ils exercent une grande influence sur le caractère des dépôts sédimentaires. Plus tard, nous rechercherons comment ils modifient les climats, et comment ils interviennent dans la répartition géographique et topographique des êtres organisés qui ont l'océan pour séjour.

Marées. — On sait que les marées reconnaissent pour cause l'attraction combinée de la lune et du soleil sur les eaux qui recouvrent la surface du globe. Il y a réellement deux marées, l'une solaire, l'autre lunaire, dont les effets s'ajoutent où se retranchent, suivant la situation relative des trois astres qui interviennent dans ce phénomène. Vers midi et vers minuit, le soleil tend à élever les eaux : il tend à les abaisser vers 6 heures du matin et vers 6 heures du soir. Mais, dans le phénomène des marées, c'est la lune qui exerce l'influence prépondérante. La proximité de cet astre par rapport à la terre compense la petitesse de sa masse par rapport au soleil, et il détermine dans les eaux de l'océan une élévation près de trois fois plus considérable que celle qui est produite par l'attraction solaire.

Sous l'influence de la lune, deux ménisques ou renflements apparaissent à l'antipode l'un de l'autre; ils impriment à la terre la forme d'un ellipsoïde dont le grand axe est tourné vers la lune. Ces deux ménisques suivent cet astre dans son mouvement apparent autour de la terre, en se maintenant à égale distance l'un de l'autre. Le maximum d'élévation des eaux a lieu pendant la pleine et la nouvelle lune : alors, les deux marées solaire et lunaire s'ajoutent. Dans la quadrature, la haute mer lunaire correspond à la basse mer solaire, et l'élévation des eaux peut être de moitié moindre que lors des syzygies.

Les causes qui amènent le flux et le reflux ont opéré dès que la terre a offert sa constitution actuelle, c'est-à-dire dès que les eaux se sont accumulées à sa surface sous forme d'océan. Lors de l'ère neptunienne, deux vagues peu élevées, mais très longues, et placées à l'antipode l'une de l'autre, faisaient chaque jour le tour de la terre. La hauteur maximum de chacune de ces vagues se trouvait à peu près sous l'équateur, et allait en s'abaissant vers les pôles d'une manière uniforme.

Le même phénomène a persisté jusqu'à nos jours, en se modifiant à mesure que les terres émergées ont augmenté d'étendue. Les causes qui font varier la hauteur de la marée d'un lieu à un autre, ont agi avec une énergie sans cesse croissante. Parmi ces causes, il faut placer, en première ligne, le rapprochement des terres émergées; les eaux poussées par la marée pénètrent dans le canal qui résulte du voisinage de deux continents et s'élèvent comme un fleuve dont le lit se resserre tout-à-coup. Sous l'équateur, l'élévation des marées n'est pas d'un mètre; dans les Antilles, rarement cette hauteur dépasse 40 centimètres. Dans l'estuaire de la Tamise, l'élévation de la marée est de 5^m, 48. A l'embouchure du canal de Bristol, les marées atteignent 11 mètres ; près de Bristol, elles s'élèvent à 15 mètres environ ; à Chepstow, sur la Wye, elles dépassent 15 mètres et vont quelquefois jusqu'à près de 22 mètres. Sur la côte de France, la hauteur des marées varie entre 6 et 14 mètres ; cette dernière élévation est atteinte à Saint-Malo. Le mouvement de la marée est insensible dans la Méditerranée : son ascension est de 0^m, 32 à Naples et, dit-on, de 1^m, 52 à Venise. Enfin, la marée est complétement nulle dans les lacs.

D'autres circonstances que la configuration des îles et des continents peuvent accroître ou diminuer l'élévation des eaux poussées par le flux ; telles sont les vents, les tempêtes, les courants marins et les variations de la pression atmosphérique.

Courants océaniens. — La surface de la mer présente des régions qui jouissent d'un calme complet, ou qui, du moins, ne sont agitées que par les vagues que soulèvent les tempêtes. Une des régions les plus remarquables sous ce rapport est la *mer des Sargasses*, qui s'étend à l'ouest des Açores sur une largeur de cinquante lieues, et qui est entièrement couverte d'algues de taille gigantesque (*Fucus natans*). Les courants sont, en quelque sorte, des fleuves marins dont ces régions en repos, dit Humboldt, forment les rives.

Les causes des courants océaniens peuvent être partagées en deux groupes, suivant les directions qu'elles impriment à ces courants. Les unes tendent à diriger les courants dans le sens opposé à celui de la rotation de la terre, et opèrent principalement entre les tropiques ; les autres portent les eaux de l'équateur vers les pôles, et des pôles vers l'équateur.

Les causes qui entraînent les eaux de l'océan vers l'ouest sont, d'après Humboldt : la propagation successive de la marée dans son mouvement autour du globe; les vents alizés; les variations horaires de la pression atmosphérique, variations si régulières sous le tropique et qui se propagent successivement de l'est à l'ouest. Mentionner ces causes, c'est signaler l'influence que le mouvement de rotation de la terre exerce indirectement sur le sens dans lequel se portent les eaux océaniennes sous l'équateur. (1) Toutes ces causes font naître le mouvement général qui, dit Humboldt, entraîne les eaux des mers de l'orient à l'occident; on le nomme *courant équatorial* ou *courant de rotation*. Sa direction se modifie par suite de la résistance que lui opposent les côtes orientales des continents. Christophe Colomb avait reconnu l'existence de ce courant. Je tiens pour certain, disait-il, que les eaux de la mer se meuvent, comme le ciel, de l'est à l'ouest (*las aguas van con los*

(1) Bernouilli pensait que le mouvement de rotation de la terre, laissant en retard les eaux et l'atmosphère, devait déterminer des courants marins et atmosphériques dirigés de l'est à l'ouest. L'hypothèse de Bernouilli, telle qu'il l'a présentée, n'est pas généralement admise; on aurait tort pourtant de supposer que le mouvement de rotation de la terre n'exerce aucune influence directe ou indirecte sur la formation des courants. Tout corps qui se meut dans un plan horizontal dévie à droite dans l'hémisphère nord, et à gauche dans l'hémisphère sud : par suite du mouvement de rotation, sa trajectoire *apparente* se courbe en parabole. Parmi les conséquences de ce phénomène, M. Babinet signale — les deux circuits que forment les eaux dans les deux bassins de la Méditerranée en marchant à gauche pour un observateur placé au centre de chaque bassin; même chose pour le bassin de la mer Noire, pour celui de l'Adriatique, pour celui de la mer Caspienne et enfin pour celui du lac Aral. — Les vents alizés et les deux contre-courants du nord et du sud. — La rotation vers la gauche, pour un observateur placé au centre, des cyclones ou *tornados* des latitudes moyennes de l'hémisphère nord, cyclones qui n'ont pas lieu sous l'équateur. — Le transport vers l'ouest par un temps calme des sables et des gaz volcaniques projetés à une très grande hauteur. — La déviation considérable et incontestable des eaux des fleuves quand ils entrent dans la mer, portant à droite dans notre hémisphère les troubles qu'ils charrient avec leurs eaux. — La faible tendance vers la droite des rivières du nord. (*Comptes rendus de l'Académie des Sciences*, tome XLIX.)

cielos), » c'est-à-dire selon le mouvement diurne apparent du soleil, de la lune et de tous les astres. (Humboldt.)

L'échange établi d'une manière permanente entre les eaux des pôles et celles de l'équateur est dû surtout à la différence de densité qui existe entre les unes et les autres par suite de la différence de leur température. Les eaux des pôles, plus froides et par conséquent plus denses que celles de l'équateur, tendent à venir remplacer celles de la zone intertropicale; celles-ci sont, au contraire, entraînées vers les régions polaires.

Le mouvement qui porte vers l'équateur les eaux des régions polaires est d'ailleurs activé par un concours de circonstances que je vais rappeler; ces circonstances déterminent, pour ainsi dire, un fleuve intarissable qui a sa source dans le dôme de glace placé à chaque pôle, et dont l'embouchure se trouve sous l'équateur. Les eaux provenant de la fonte des glaces polaires entretiennent le cours de ce fleuve; ces glaces sont elles-mêmes alimentées par les neiges, c'est-à-dire par l'eau d'origine atmosphérique. Vers l'équateur, l'évaporation produite par la chaleur solaire occasionne à chaque instant des vides dans la masse des eaux de l'océan, vides que viennent combler les eaux qui arrivent des pôles.

Les causes que je viens de signaler comme imprimant aux courants océaniens leur direction opéraient, lors de l'ère neptunienne, avec bien plus de régularité qu'aujourd'hui. Le courant et le contre-courant établis entre le pôle et l'équateur se faisaient sentir sur toute la surface du globe; ils ne subissaient d'autres déviations que celle que leur imprimait le mouvement de rotation de la terre, mouvement qui devait les faire obliquer vers l'ouest (voir la note de la page 535). Quant au courant équatorial, il n'était pas, comme aujourd'hui, interrompu par les continents.

Mais, depuis l'ère neptunienne jusqu'à nos jours, les courants océaniens n'ont pas cessé de perdre peu à peu de leur régularité primitive. Leur direction normale a été modifiée par les continents qui se sont placés sur leur trajet comme autant d'obstacles. En outre, des causes secondaires se sont ajoutées à celles que j'ai énumérées comme ayant constitué, dès l'origine, la raison d'être des courants généraux. Parmi ces causes secondaires, je signalerai les vents dont la direction varie avec la configuration de chaque continent et qui ont également perdu leur régularité initiale; je signalerai encore : 1º les courants fluviatiles, tels que celui qui est formé par le fleuve des Amazones, lorsqu'il se jette dans l'Océan Atlantique; 2º les courants locaux, tels que celui qui résulte de l'introduction des eaux de l'Océan dans la Méditerranée; 3º les courants auxquels la marée donne naissance, lorsque les eaux soulevées par elle pénètrent dans les canaux produits par le voisinage des terres émergées.

La vitesse des courants marins dépasse rarement une lieue par heure; souvent elle est moindre. Mais, lorsqu'ils sont resserrés entre deux côtes, leur vitesse s'accroît considérablement; le courant qui passe par le raz d'Aurigny, entre cette île et le continent, parcourt près de trois lieues par heure; dans le canal de Bristol, la vitesse du courant est de cinq lieues. D'après Rennell, la vitesse de la plupart des courants surpasse celle des plus grandes rivières navigables.

Les principaux courants qui règnent à la surface du globe impriment aux eaux de l'océan un mouvement général qui, lorsque l'on fait abstraction des remous, des contre-courants et des déviations locales, peut être décrit de la manière suivante. Dans cette description, j'aurai sous les yeux la carte du mouvement des eaux à la surface du globe, carte qui est due au capitaine Duperrey, et que le lecteur pourra consulter dans les *Eléments de physique terrestre* par MM. Becquerel.

Le pôle austral est le point de départ de trois courants d'eau froide. Celui qui est au centre se dirige vers l'est, et va frapper la côte occidentale de l'Amérique du Sud, où il se divise en deux branches ; la branche sud côtoie la Patagonie et double le cap Horn ; la branche nord, qui est la plus importante, côtoie le Chili et le Pérou ; puis, elle tourne brusquement à l'ouest et forme le grand courant équatorial, vestige, selon nous, de celui qui, lors de l'ère neptunienne, faisait le tour de la terre. Quand il atteint le grand archipel de l'Asie, ce courant se divise en trois branches : la branche nord, après un circuit assez étendu, retombe dans le grand courant équatorial à la hauteur de la Californie ; la branche sud contourne la Nouvelle-Zélande, pour retomber dans le courant austral central ; la branche moyenne passe à travers l'obstacle élevé par les îles du grand archipel asiatique, reçoit le plus occidental des trois courants que nous avons vus partir du pôle austral, se heurte contre le continent africain qui l'oblige à dévier vers le sud, passe entre l'Afrique et Madagascar et contourne le cap de Bonne-Espérance. Il se réunit alors à celui des trois courants polaires qui est placé à l'est, se dirige le long de la côte occidentale de l'Afrique et se rend dans le golfe du Mexique, où le continent américain lui oppose une nouvelle barrière ; il s'échappe de ce golfe par le détroit de Bahama pour constituer le *gulf-stream* (le courant du golfe). Celui-ci traverse l'Océan Atlantique de l'ouest à l'est, et, après avoir envoyé vers le sud une branche qui rejoint le courant équatorial de l'Atlantique, va baigner les côtes de l'Europe, et longer les rivages de la Norwège.

Le pôle boréal donne naissance à des courants d'eau froide,

de même que le pôle austral; tel est celui qui vient du détroit de Davis, entre le Groënland et la terre de Baffin, et qui entraîne des glaçons jusqu'au delà du banc de Terre-Neuve.

Courants périodiques, méditerranéens, temporaires. — Les courants marins peuvent se classer de la manière suivante :

1° Les courants *océaniens généraux* ou *constants* : ce sont ceux dont j'ai parlé dans les pages précédentes.

2° Quelques-uns des courants océaniens n'ont pas la même vitesse pendant toute l'année. Celui qui contourne le cap de Bonne-Espérance atteint sa plus grande force en hiver; celui qui double le cap Horn ne paraît exister que pendant neuf mois de l'année, alors que règnent les vents d'ouest. Mais on réserve le nom de *courants périodiques* à ceux qui se placent plus directement sous l'influence des saisons; tels sont ceux qui, dans les mers des Indes et de la Chine, sont évidemment produits par les vents périodiques ou moussons.

3° Dans un troisième groupe, on peut placer les courants qui font communiquer les mers intérieures avec l'océan. Il y a un courant de l'océan dans la mer Rouge, depuis le mois d'octobre jusqu'en mai; c'est le contraire pendant le reste de l'année. Les eaux du golfe Persique présentent généralement aux mêmes époques le mouvement inverse, c'est-à-dire que les eaux de ce golfe se dirigent vers l'océan, pendant tout le temps que les eaux de l'océan entrent dans la mer Rouge. — Un courant constant coule de la Baltique dans le Sund et le Cattégat. La Baltique reçoit des fleuves et des rivières plus d'eau qu'elle n'en perd par voie d'évaporation; cette circonstance explique le courant qui s'échappe par le Sund, et la direction de ce courant rend compte de la faible salure des eaux de la mer Baltique. — Un autre courant constant se dirige en

sens inverse de celui de la Baltique ; il pénètre dans la Méditerranée au lieu d'en sortir, ce qui prouve que cette mer
perd plus d'eau par l'évaporation annuelle qu'elle n'en reçoit
des fleuves. Le courant qui pénètre par le détroit de Gibraltar
apporte une masse d'eau suffisante pour remplacer celle que
l'évaporation a fait disparaître : la Méditerranée se maintient
ainsi au même niveau que l'Océan, mais son degré de salure
ne cesse de croître, parce que l'eau qui arrive par le détroit de
Gibraltar est salée, tandis que celle qui disparaît par voie d'é-
vaporation est entièrement dépouillée de sel. Le courant qui
parcourt la Méditerranée côtoie d'abord l'Afrique septentrionale, passe devant les bouches du Nil, tourne au nord après
avoir touché les côtes de la Syrie, et se dirige ensuite entre
la Caramanie et l'île de Chypre. On a dit que la Baltique et la
Méditerranée avaient chacune un contre-courant se dirigeant
en sens inverse de ceux dont il vient d'être question. Aucune
observation n'a encore démontré l'existence de ces contre-
courants : en ce qui concerne celui de la Méditerranée, la
faible profondeur du détroit de Gibraltar, profondeur qui ne
dépasse pas 110 mètres, ne permet guère de croire à la possibilité de son existence. Ce qui achève de rendre ces courants
très hypothétiques, c'est le degré de salure de la Baltique
et de la Méditerranée ; s'il existait un échange permanent entre
les eaux de chacune de ces deux mers et celles de l'Océan, on
ne pourrait s'expliquer la différence qui existe dans le degré
de salure des unes et des autres.

4° Les courants *temporaires* ou *passagers* sont très nombreux ; ils se manifestent chaque fois que, sur un point quelconque, et principalement le long des côtes, le vent vient à
souffler pendant quelque temps dans la même direction.

5° Les courants *fluvio-marins* sont formés par les eaux d'un fleuve dont le cours persiste jusqu'à une certaine distance au-delà de son embouchure.

Vagues. — Les vagues sont le résultat de l'agitation que les vents impriment à la surface des eaux. Elles n'atteignent pas, au-dessus du niveau de l'océan, une élévation aussi grande qu'on le croit. La plus haute vague qui ait assailli la *Vénus*, pendant sa longue campagne, avait 7^m,5 de hauteur, entre le creux et le sommet. Les lames ne dépassent pas cette élévation, même dans les parages du cap Horn, où, suivant tous les navigateurs, elles ont des dimensions inusitées.

Le mouvement des vagues se transmet jusqu'à une certaine profondeur, en imprimant aux molécules d'eau deux mouvements oscillatoires, l'un vertical, l'autre horizontal. Il résulte, des expériences faites par M. Aimé, que la limite du mouvement des vagues est, dans la rade d'Alger, à 40 mètres de profondeur; ce physicien pense que cette limite est probablement dépassée dans les tempêtes qui se font sentir en hiver sur les côtes de l'Algérie. Pendant son voyage à l'île Bourbon, M. Siau a constaté que l'action des vagues cesse de se faire sentir, dans la baie de Saint-Paul, près de Saint-Gille, à 188 mètres de profondeur.

Flots de fond; ras de marée. — D'après le colonel Emy, qui a publié, en 1831, un ouvrage sur le *mouvement des ondes*, les *flots de fond* sont produits par un de ces ressauts du fond de la mer que les marins nomment *accores*; un banc de sable en pente douce, quelque élévation qu'on lui suppose, ne forme pas de flot de fond. Une fois produits, les flots de fond, en s'avançant vers le rivage, se soulèvent et se gonflent de plus en plus; conduits jusqu'à la limite de la mer, ils s'avancent sur la grève.avec toute la vigueur qu'ils ont acquise par la pression continuelle des ondes supérieures; ils forment alors des nappes écumantes de *déferlement* qui s'échappent de dessous la masse liquide, dès que les ondes cessent de régler leur mouvement et de les contenir. Le mouvement des flots de fond détermine tous les phénomènes que l'on attribue ordinairement à la réaction des hauts-fonds; il produit les attérissements marins et les ensablements des ports; il rejette sur les bords de la mer les objets qu'elle a engloutis. Ce dernier phénomène s'observe sur les mers qui n'ont pas de marée, ce qui prouve que c'est à tort qu'on l'attribue à l'action du flux; l'intervention de la marée est ici d'autant moins admissible que le reflux devrait remporter ce que le flux aurait amené.

On appelle *ras de marée* un mouvement violent et subit des ondes qui se manifeste dans les Antilles, près des côtes, tandis qu'à quelque distance de celles-ci la mer est calme. Losqu'un ouragan s'élève à la Guadeloupe ou à la Martinique, le ras de marée se montre tout-à-coup près des côtes de celle de ces deux îles où l'ouragan ne s'est pas fait sentir. Supposons la mer mise en mouvement par le vent de terre à la Guadeloupe; la mer paraîtra peu agitée près de cette île et en pleine mer; mais l'ondulation des vagues se propagera de proche en proche jusque près de la Martinique, où ces vagues rencontreront les ressauts du fond qui s'élèvent brusquement et produiront les flots de fond, dont l'arrivée subite paraîtra d'autant plus extraordinaire que l'île ne ressentira point le vent, et que le plus grand calme paraîtra régner au loin sur la mer.

Si les flots de fond viennent frapper des côtes escarpées, ils sont projetés à une grande hauteur; souvent ils s'élancent en gerbes immenses au-dessus des falaises. Le rocher nommé la

Femme de Loth, dans l'archipel des îles Mariannes, s'élève perpendiculairement à 350 pieds, et, cependant, les vagues viennent se briser contre son sommet.

Pour donner une idée de la violence du choc, de la pression et du volume des flots de fond, le colonel Emy cite des exemples qui prouvent qu'ils agissent à une profondeur de 130 mètres, qu'ils se soulèvent de plus de 50 mètres au-dessus du niveau de la mer et qu'ils forment des colonnes d'eau de 3000 mètres cubes.

Mascaret, barre, etc. — L'embouchure de la plupart des fleuves présente, à divers intervalles, un phénomène particulier appelé *mascaret* dans la Dordogne, *barre* dans la Seine, *pororoca* dans le fleuve des Amazones, *bore* dans l'Hougly, l'une des bouches du Gange. Ce phénomène consiste dans l'arrivée d'une ou de plusieurs vagues barrant toute la largeur du fleuve, dont elles remontent le cours avec une grande rapidité et en faisant entendre un bruit formidable. Il se manifeste jusqu'à 200 lieues au-dessus de l'embouchure du fleuve des Amazones; dans l'Hougly, il remonte à plus de 25 lieues en moins de 4 heures. Il occasionne toujours de grands ravages : il détruit les rives des fleuves, déracine les arbres et culbute tout ce qui se trouve sur son passage. Il apparaît également sur quelques côtes dépourvues de rivières, par exemple, sur les plages du mont Saint-Michel, près d'Avranches.

Le colonel Emy pensait que le mascaret était dû aux flots de fond; ceux-ci ne produisent ce phénomène que dans quelques cas. Le mascaret n'est pas la marée, mais il se place sous sa dépendance. C'est, dit M. Babinet, une cascade produite par le retard du flux. La vague primitive, en arrivant dans une eau moins profonde, se ralentit, et bientôt est atteinte et dépassée par les vagues subséquentes. Le vent de mer, qui augmente la hauteur de la marée, diminue la force du mascaret, parce qu'il pousse l'eau devant lui et s'oppose au retard qui en produit l'accumulation et la cascade. Ce n'est ni le resserrement de la rivière, ni la forme des bords, ni leur pente, qui influent sur le phénomène; car dès que le mascaret atteint un endroit plus profond, il cesse à l'instant, parce que les premières vagues qui arrivent dans cette eau plus profonde devancent les suivantes, au lieu d'être devancées par elles. La théorie du mascaret est la conséquence d'un fait, trouvé théoriquement par Lagrange et constaté par les expériences de M. Scott Russell, sur les marées de la Clyde; c'est la diminution de vitesse des vagues à mesure qu'elles rencontrent des eaux moins profondes. (Babinet, *Etudes sur les sciences d'observation*.)

Vagues de translation. — D'autres expériences de M. Scott Russell tendent à prouver que l'élévation subite d'une masse solide de dessous l'eau produit une élévation correspondante à la surface du fluide, laquelle donne lieu à ce que l'auteur appelle une *vague de translation de premier ordre*. Cette vague est ainsi nommée parce qu'elle ne s'élève pas et qu'elle ne tombe pas comme les vagues ordinaires, mais s'élève au contraire et se maintient au-dessus de l'eau. En établissant que cette vague se propage avec une vitesse qui varie comme la racine carrée de la profondeur de l'océan, l'auteur détermine la vitesse de la vague de transmission. L'idée ancienne que l'agitation et la puissance des vagues ne s'étend qu'à une faible profondeur n'est pas exacte, relativement aux vagues de translation; car M. Russell s'est assuré que, lorsqu'elles agissent, le mouvement des parties de l'eau est presque aussi grand au fond qu'à la surface. Il fait voir en outre que les corps mus au fond ne sont pas roulés en arrière et en avant, comme ils le seraient par une vague ordinaire de la surface ; mais qu'ils ont un mouvement continu en avant, pendant tout le passage de la longueur de la vague. Un déplacement complet résultera donc de l'effet de la vague de transport, qui peut être regardée, par cette raison, comme un agent mécanique pour transmettre une force, aussi complet et aussi parfait que le levier ou le plan incliné. (D'Archiac, *Histoire des progrès de la géologie*, tome I, page 147.)

J'ai cru devoir entrer dans quelques détails au sujet des vagues de translation, parce que, de même que les flots de fond, elles peuvent intervenir dans quelques phénomènes géologiques. Mais, pourtant, il ne faut pas accorder une trop grande importance aux vagues de translation et supposer, ainsi que le veulent plusieurs géologues, qu'elles ont joué un rôle dans les révolutions du globe. De nos jours, elles ne se produisent que lorsque les tremblements de terre font osciller le sol sous-marin : lors du tremblement de terre de Lisbonne, le plus violent et le plus étendu dont l'histoire fasse mention, une agitation extraordinaire fut observée en Angleterre, dans les eaux de l'intérieur de l'île et dans celles du bord de la mer, sans qu'aucun mouvement sensible se manifestât sur le sol. Une grande vague balaya les côtes d'Espagne et atteignit, à Cadix, 18 mètres de hauteur. A Tanger, elle s'abaissa et s'éleva plusieurs fois. Dans l'île de Madère, elle inonda Funchal et d'autres ports de l'île. A Kinsale, en Irlande, une masse d'eau se précipita avec violence sur le marché. Une vague de translation produit des effets d'autant plus prononcés, qu'en se heurtant contre les accores, elle peut donner origine à des flots de fond. Mais, je le répète,

ces effets sont limités, parce que l'amplitude des oscillations
séismiques est très faible. Pour que ces effets eussent un
caractère cataclysmique, il faudrait supposer à l'écorce terrestre des oscillations plus amples et plus rapides qu'elles ne le
sont réellement. Les traces de ces oscillations, ou plutôt celles
des déplacements de masses d'eau qui en auraient été la conséquence, n'existent nulle part.

A quelle profondeur le mouvement des eaux ne se fait-il plus sentir?
— Les causes qui produisent les vagues, les flots de fond, la
marée et les courants sont extérieures par rapport à la masse
des eaux de l'océan ; leur maximum d'effet se trouve à la surface des mers, et leur influence doit cesser de se faire sentir à
une faible profondeur. Quant aux vagues de translation, elles
ne se manifestent que lorsque les tremblements de terre agi-
tent le sol sous-marin, c'est-à-dire, pour un même point, à de
rares intervalles. Au-delà d'une certaine profondeur, le calme
le plus complet règne au sein des eaux; il n'est que rarement
troublé par les secousses séismiques ou par les éruptions sous-
marines. A cette profondeur, les eaux n'éprouvent d'autres
déplacements que ceux qui résultent de mouvements moléculaires plus ou moins lents et insensibles.

Quelle étendue dans le sens vertical faut-il supposer à la
zone où le mouvement des eaux se fait sentir? En donnant à
cette zone la même limite que celle qui marque le point où
cessent les manifestations vitales, on émet une appréciation
plutôt trop forte que trop faible. Cette limite, avons-nous dit,
est à 500 mètres de profondeur.

Les marées ne produisent que des courants superficiels.
D'après les observations de M. Siau, nous savons que, dans la
baie de Saint-Paul (île Bourbon), le mouvement des vagues

n'est plus sensible au delà de 188 mètres de profondeur. Ce nombre est un maximum fourni par l'observation directe. En plein océan, l'impulsion produite par les vagues doit se propager à une plus grande distance dans le sens vertical, mais n'atteint certainement pas la profondeur de 500 mètres, qui est, en quelque sorte, un maximum théorique. Quant aux courants, ils peuvent exister à une profondeur plus grande que celle qui est assignée aux vagues, mais il n'est nullement probable que quelques-uns d'entre eux pénètrent à une distance de la surface de l'océan supérieure à 500 mètres. On cite comme exemple d'un courant régnant à une grande profondeur celui qui, venant de la côte orientale de l'Afrique, est dévié à l'ouest par le banc de *las Agulhas*, situé dans le voisinage du cap de Bonne-Espérance. Ce banc est à une profondeur de 120 à 150 mètres; on en conclut que le courant qui suit toutes ses sinuosités, et qu'il oblige à changer de direction, a une profondeur supérieure à la sienne. Or, il n'est pas nécessaire que le courant se fasse sentir jusqu'à une profondeur de 500 mètres, pour que sa déviation, produite par sa rencontre avec le banc de *las Agulhas* trouve une explication.

Rappelons-nous que les courants naissent principalement sous l'influence des vents et des variations de la température des couches atmosphériques situées dans le voisinage de la surface de l'océan; le mouvement de rotation de la terre et la rencontre des continents ont surtout pour effet de déterminer et de faire varier la direction des courants. Ceux-ci, pour effectuer l'échange entre les masses d'eau inégalement échauffées, ne peuvent ni ne doivent pénétrer à une grande profondeur et se recourber, pour ainsi dire, en siphon.

Les courants polaires sont essentiellement formés d'eau froide; ils sembleraient devoir, en vertu de cette circonstance, se diriger plutôt dans un sens vertical que dans un sens horizontal; mais le maximum de densité de l'eau est à + 4° et non à 0°. Les courants polaires s'établissent à la surface des eaux avec d'autant plus de facilité que leur faible salure diminue leur pesanteur spécifique. A mesure qu'ils s'éloignent de leur point de départ, leur température s'élève, et les causes susceptibles d'amener leur inflexion vers les régions profondes de l'océan n'ont pas le temps d'apparaître. L'échange entre les eaux froides des pôles et les eaux chaudes de l'équateur semble s'effectuer plutôt par des courants latéraux que par des courants superposés. C'est ainsi que, dans les parages au nord du Canaveral, le long de la côte sud des Etats-Unis, on observe seulement des courants de marée près du rivage, en-deçà de la distance où la profondeur est de 50 à 60 mètres; au-delà, jusqu'aux plus grandes profondeurs qu'atteignent ordinairement les sondes, règne un courant qui porte au sud; quand la profondeur devient plus grande, on trouve le *gulf-stream* qui va vers le nord. On a de plus constaté à l'est de ce dernier l'existence d'un contre-courant.

Quelle que soit la profondeur à laquelle pénètrent les courants marins, l'océan n'en doit pas moins présenter des régions où règne un calme complet, puisque, même à la surface du globe, certaines contrées n'offrent aucun courant. Le calme peut encore s'établir sur les points du sol sous-marin rencontrés par un courant, lorsque ce sol sous-marin est creusé de dépressions en forme de vallées abritées.

L'équilibre qui règne dans les profondeurs de l'océan est établi depuis longtemps; il ne saurait être troublé par les variations lentes et séculaires qui se manifestent dans la température de la partie de l'écorce terrestre en contact avec les eaux marines. On peut donc diviser la masse liquide qui en-

veloppe le globe en deux zones [1]. L'une ne commence qu'à
500 mètres de profondeur et se continue jusqu'à la rencontre
de la masse solide du globe ; aucun être organisé n'y peut pénétrer, et les eaux y sont soumises à un calme qui n'est troublé
que de temps à autre, tantôt par une secousse de tremblement
de terre, tantôt par quelque éruption volcanique ; dans cette
masse immobile, la pression et l'obscurité vont en augmentant, tandis que la température s'abaisse de plus en plus.
L'autre zone est comprise entre celle dont il vient d'être question et la surface de l'océan ; elle contient, selon l'expression
de Humboldt, une exubérance de vie dont aucune autre région
du globe ne saurait donner une idée. Ses eaux y sont sans
cesse agitées par les vagues, les courants, la marée ; elle est
pour l'homme l'image de la mobilité.

C'est en nous plaçant dans un même ordre d'idées que nous
avons vu (page 263) l'atmosphère se diviser en deux zones,
dont la plus inférieure a 8000 mètres de puissance, et ne
pourra jamais être franchie par l'homme. C'est dans cette zone
que vivent tous les animaux à respiration aérienne, que le soleil devient un corps éclairant et que s'accomplissent tous les
phénomènes dont l'atmosphère est le siége. S'il était donné à
l'homme de s'éloigner de plus en plus de la planète qu'il ha-
bite, il subirait rapidement l'influence du milieu sidéral dans
lequel notre globe est plongé. Il se rapprocherait de plus en plus
d'une région où règnent un froid très intense, un silence absolu et une nuit éternelle.

(1) Voir la figure 26, page 668, pour la disposition et la puissance des
zones atmosphériques et océaniennes.

CHAPITRE VI.

BASSINS GÉOGÉNIQUES; DISPOSITION GÉNÉRALE DES DÉPÔTS DONT SE
COMPOSE UNE MÊME FORMATION.

Limites des anciennes mers. — Changements dans la configuration des
bassins géogéniques. — Répartition des dépôts d'un même bassin
géogénique dans le sens vertical : infrastratum, interstratum, superstratum, dépôts superficiels. — Répartition dans le sens horizontal ,
dépôts côtiers, pélagiens, thalassiques. — Faciès; relations entre la
faune d'un terrain et sa constitution pétrographique. — Influence de
l'action geysérienne, des climats et des mouvements des eaux sur
l'aspect de chaque dépôt.

Limites des anciennes mers. — Dans ses investigations, le géologue est souvent conduit à rechercher les limites des mers
qui ont successivement recouvert la contrée qu'il étudie. Pour
rendre plus facile la recherche des anciens rivages, il doit se
rappeler les phénomènes qui se passent actuellement au bord
de l'océan, tels que l'usure des rochers du littoral par le mouvement des vagues, les perforations des animaux pétricoles
qui ont les côtes pour habitat, l'accumulation des débris de
coquilles roulées sur la plage, la formation des cordons de
galets, etc. Ces moyens d'étude peuvent surtout être mis à
profit pour les mers des époques peu anciennes. Mais à
mesure que les mers dont on veut retrouver les limites appartiennent à des époques plus reculées, les traces des anciens
rivages deviennent de plus en plus rares; les dépôts réellement côtiers ont, eux-mêmes, disparus en totalité ou en

partie. Aussi, lorsque le géologue marque l'emplacement des anciennes mers, en examinant l'étendue des formations qu'elles ont reçues, il ne doit pas perdre de vue que les limites des terrains ne coïncident pas toujours avec celles des mers auxquelles ils correspondent. Les lambeaux du calcaire pisolitique des environs de Paris n'occupent qu'une faible partie de l'emplacement que recouvrait la mer où ce terrain a été reçu; de même, les limites de la mer de l'époque crétacée supérieure doivent être portées bien au-delà des deux ou trois lambeaux de craie blanche dont la présence a été signalée dans le Jura.

Changements dans la configuration des bassins géogéniques. — Remontons à l'ère neptunienne qu'il nous faut toujours prendre pour point de départ dans nos déductions; nous voyons un océan sans rivage recouvrir le globe tout entier, puis des îles se montrer çà et là les unes après les autres. Plus tard, pendant l'ère tellurique, la terre-ferme, ainsi que je l'ai dit (page 289), ne cesse de croître en surface et en élévation. C'est pendant l'ère jovienne qu'elle atteint son maximum d'étendue. En même temps, les mers, d'abord largement ouvertes, se ferment de plus en plus pour se transformer en mers intérieures, puis en golfes dont l'emplacement est aujourd'hui occupé par des bassins hydrographiques, tels que ceux du Rhône et de la Garonne.

Ces faits généraux se déduisent de l'examen de la configuration des mers qui, depuis l'époque du trias jusqu'à nos jours, se sont montrées en Europe. Quant à la période paléozoïque, il est difficile d'indiquer quel était alors le mode de répartition des terres et des mers. Les dépôts correspondant à cette période sont, sur un grand nombre de points, recouverts

par les formations plus récentes ; d'un autre côté, beaucoup
d'entre eux, à cause de leur ancienneté même, ont dû être
détruits par voie d'érosion ou de dénudation.

En même temps que l'extension de l'océan diminuait, sa
profondeur, d'abord uniforme sur toute la surface du globe,
allait en augmentant sur certains points et en diminuant sur
d'autres.

Je dois maintenant préciser le sens qu'il faut donner aux
mots bassin géogénique. Pour plus de simplicité, j'ai supposé,
jusqu'à présent, qu'un bassin géogénique était une dépression
complétement fermée et d'une étendue restreinte. C'est là une
conception théorique qui se réalise rarement. La mer qui, lors
de la période jurassique, s'étendait entre les Alpes, les Vosges
et l'arête montagneuse allant du Morvan aux Cévennes, communiquait avec d'autres mers par des détroits situés entre les
massifs montagneux que je viens de nommer. La dépression
occupée par cette mer n'en mérite pas moins la désignation de
bassin géogénique.

Les faits généraux que j'ai mentionnés et ceux qu'il me reste
à rappeler ne varient pas essentiellement avec la forme des
régions où l'action sédimentaire se manifeste. Ils s'appliquent
au cas où ces régions apparaissent sous la forme de zones
allongées et irrégulières, de même qu'à celui où elles affectent
l'aspect de bassins limités et nettement circonscrits, bassins
qui peuvent être isolés ou communiquer entre eux.

**Répartition des dépôts d'un même bassin géogénique dans le sens ver-
tical.** — Ce sont les mouvements de l'écorce terrestre qui déterminent l'apparition de chaque bassin géogénique, et qui
apportent dans sa configuration générale des modifications incessantes. Ces mouvements peuvent s'effectuer d'une manière

36

tantôt lente, tantôt plus ou moins rapide : ils peuvent se diriger tantôt de haut en bas, tantôt dans un sens contraire. Je
vais examiner ce qui se passe dans l'hypothèse la plus simple
et, sans doute aussi, la plus en harmonie avec ce qui a lieu
réellement : elle consiste à supposer que le sol s'affaisse pour se
soulever ensuite et qu'il effectue ces deux mouvements avec
lenteur et régularité.

Peu après que le sol s'est affaissé pour former les parois du
bassin où l'action sédimentaire va se manifester, les matériaux
fournis par la détrition atmosphérique sont très nombreux. En
effet, l'affaissement du sol n'a pas eu lieu sans amener la fracture et la dislocation d'un grand nombre de couches ; la direction des cours d'eau a été changée, et la plupart de ceux qui
sont situés dans le voisinage du bassin récemment créé se dirigent vers lui. Ils y entraînent les débris nouvellement fournis
par la dislocation des roches, et ceux qui, existant déjà lors de
l'époque antérieure, sont d'autant plus facilement déplacés
que les plans qui les supportent acquièrent une plus forte inclinaison. Dès que l'affaissement du sol qui détermine l'apparition d'un bassin géogénique se produit, il donne le signal
d'une nouvelle production de détritus et marque le point de
ralliement de tous ceux qui, d'abord mis à l'abri de l'action
des courants terrestres par leur position topographique, se
placent sous leur dépendance, dès que cette situation a changé.

Les premiers débris reçus par un bassin géogénique constituent une vaste nappe destinée à supporter les couches qui se
formeront ultérieurement. Cet ensemble, que je propose de
désigner sous le nom d'*infrastratum,* offre un faciès essentiellement détritique.

Diverses circonstances rendent ce faciès détritique plus prononcé. L'affaissement du sol s'opérant d'une manière lente, il

en résulte que le bassin géogénique offre d'abord peu de profondeur. Les matériaux qui s'y accumulent les premiers sont
soumis à l'action des vagues, des marées et des courants fluviatiles ou marins. Ceux que fournit l'action geysérienne sont
relativement moins nombreux. D'ailleurs, les courants marins
et les mouvements des eaux les entraînent dans d'autres
bassins qui, plus anciennement formés, offrent une plus
grande profondeur, les reçoivent et les retiennent.

Remontons à une époque ultérieure. Les détritus diminuent
en nombre et en volume; il en résulte une modification
correspondante dans le faciès des dépôts en voie de formation.
Par suite de la plus grande profondeur du bassin, les éléments provenant de l'intérieur de l'écorce terrestre à l'état de
molécules chimiques ont trouvé une zone tranquille où leur
dépôt a pu commencer à s'effectuer. Ils ne forment d'abord
que des lits d'une importance peu considérable; rarement ils
donnent origine à des roches compactes et homogènes; ils se
mêlent surtout aux argiles pour les transformer en marnes, et
aux conglomérats pour leur servir de ciment. On a aussi des
alternances de roches arénoïdes ou argiloïdes, avec des calcaires plus ou moins purs.

Plus tard encore, l'affaissement du sol n'ayant pas disconti-
nué, la zone où s'opère de préférence le dépôt des matériaux
provenant de l'intérieur de la terre acquiert plus de profondeur et un calme plus complet. Quel est le résultat de ce nouveau concours de circonstances? Les roches détritiques sont
reléguées près du littoral ou sur les points peu éloignés des
côtes où les courants peuvent entraîner les matériaux fournis
par les terres émergées. Les roches calcaires prennent une importance presque exclusive; elles constituent des couches puissantes alternant avec des bancs marneux très minces, qui dis-

paraissent même sur un grand nombre de points et notamment dans les parties centrales du bassin. Les dépôts qui s'édifient dans ce bassin, lorsqu'il est parvenu à ce moment de son existence, peuvent être réunis sous la désignation d'*interstratum*.

Puis, l'affaissement du sol, ayant nécessairement atteint ses dernières limites, s'arrête. Le fond du bassin revient successivement aux mêmes niveaux, soit d'une manière directe par l'exhaussement du sol qui obéit à une impulsion contraire à celle qu'il subissait d'abord, soit d'une manière indirecte par voie de comblement, soit enfin par les deux modes à la fois. Dans tous les cas, le résultat est le même.

Les dépôts qui se produisent alors se rapprochent, par certains caractères, de ceux que le bassin avait d'abord reçus; ils tendent de plus en plus à prendre, comme eux, un faciès détritique, mais le volume de leurs éléments constitutifs est toujours bien moindre; ces éléments sont agglutinés avec moins de force, et les couches qu'ils contribuent à former sont moins nettement et moins régulièrement stratifiées. Tous ces dépôts, qui marquent le terme de l'action sédimentaire dans un même bassin, constituent son *superstratum*.

Il vient enfin un moment où le bassin géogénique est complétement mis à sec; sur l'emplacement qu'il occupait, s'édifient peu à peu des dépôts que l'on peut réunir sous la désignation de *dépôts superficiels*. Ce sont les alluvions et les formations dont j'ai parlé dans le livre précédent. La superposition de ces dépôts ne s'observe que dans les formations récentes, car c'est pendant l'ère jovienne que les dépôts d'origine terrestre se sont montrés sur une grande échelle et avec des chances réelles de conservation. Aux époques plus anciennes, les formations lacustres remplissent le rôle qui est ici accordé aux dépôts superficiels.

Indiquons sommairement quelles différences pourront se présenter lorsque les changements de niveau dans le fond d'un bassin, au lieu d'être insensibles, s'effectueront d'une manière plus ou moins brusque.

Si l'affaissement s'est opéré d'une manière violente, il y aura toujours un infrastratum ; seulement, les détritus dont il se composera seront plus volumineux, plus hétérogènes, ils porteront des traces d'une usure moins prononcée. La partie inférieure de l'interstratum, représentée par des alternances de grès ou d'argile avec des couches calcaires, apparaîtra plus tôt. Il en sera de même pour les dépôts presque exclusivement calcaires qui composent l'interstratum proprement dit, si l'affaissement du sol a été non seulement brusque, mais aussi très prononcé. La série qui s'est déjà montrée à nous sera la même ; les termes en seront plus rapprochés.

Si l'exhaussement s'opère d'une manière subite, la série des dépôts sera tout-à-coup interrompue ; on pourra, d'une manière approximative, indiquer le moment où l'exhaussement aura eu lieu en constatant quel a été le dépôt le dernier formé.

Je vais citer deux exemples destinés à effacer ce que les considérations théoriques qui précèdent peuvent avoir de vague.

La figure 27, page 553, résume la composition générale du terrain nummulitique de la Catalogne. On peut, en se maintenant au point de vue où nous nous sommes placé dans ce paragraphe, le partager en trois parties qui représentent respectivement l'infrastratum, l'interstratum et le superstratum. L'interstratum est constitué par une puissante assise de conglomérats à éléments quelquefois céphalaires : cette assise renferme fort peu de débris de corps organisés, même sur les points où elle est composée de roches argiloïdes ou arénoïdes. Puis, viennent des assises alternantes de marnes et de calcaires compactes, constituant, par leur ensemble, l'interstratum. Les roches de la partie supérieure de cet interstratum, en se chargeant de grains quartzeux, passent au psammite ou au grès, qui forment une masse puissante au-dessus du terrain nummulitique et constituent son superstratum.

J'ai parlé, page 449, d'un golfe qui, lors de la période tria-jurassique, existait sur le versant sud du plateau central de la France. L'apparition de ce golfe date du commencement de cette période. A la fin de l'époque oxfordienne, les eaux, par suite d'un exhaussement général de la contrée, se sont retirées; en mettant un terme à l'action sédimentaire dans la région dont je parle, elles y ont déterminé la fin d'une formation avant son complet développement. Dans cette formation (voir figure 28, page 553), l'infrastratum comprend toutes les couches appartenant au trias; ce sont des conglomérats quartzeux et des grès alternant avec des argiles; dans le vaste ensemble que ces roches constituent, les calcaires ne sont représentés que par quelques lits très minces, se succédant à de grands intervalles. Le passage de l'infrastratum à l'interstratum est établi par les couches qui se rapportent au lias et à la partie inférieure du terrain oolitique. Ces couches ne renferment, ni grès, ni poudingues, ni conglomérats; mais les roches détritiques y sont encore représentées par des bancs assez puissants de marnes et d'argiles; les couches calcaires, plus épaisses et plus nombreuses que dans le terrain triasique, sont pourtant toujours séparées par des lits marneux ou pénétrées de matière argileuse qui leur donne un aspect plus ou moins terreux. A l'interstratum, il faut rattacher toutes les couches appartenant à l'étage oxfordien. Ici, les argiles elles-mêmes ne jouent qu'un rôle insignifiant; elles ne forment plus que des lits très minces entre des couches calcaires d'une puissance considérable; le calcaire est compacte, et, dans les parties supérieures, il offre un aspect lithographique ou même cristallin.

Zones littorales, thalassiques, pélagiennes. — Les matériaux détachés des pentes émergées qui entourent un bassin géogénique vont se joindre à ceux que l'action geysérienne amène à la surface du globe, ou que les vagues, les marées et les courants détachent des côtes, des îles et des hauts-fonds. Les uns et les autres, longtemps agités et promenés dans tous les sens, longtemps ballotés sur la plage ou balancés par les vagues, vont tôt ou tard se fixer sur le sol immergé.

Le caractère des dépôts ainsi constitués dépend en grande partie de la distance comprise entre le littoral et le point où ils se sont formés. Sous ce rapport, les dépôts marins se partagent en trois grandes classes.

1° Les *dépôts côtiers* ou *littoraux* (*littoralis* fait de *litus*, côte, rivage); ils se forment dans le voisinage immédiat des côtes.

2° Les *dépôts thalassiques* (θαλασσα, mer), qui viennent après les précédents.

3° Les *dépôts pélagiens* (πελαγος, *pelagus*, la mer) s'avancent le plus en pleine mer; ils s'édifient dans une zone qui s'étend aussi loin que les matériaux, quelle que soit leur provenance et leur mode de transport, peuvent être conduits.

Ces trois ordres de dépôts se lient, par des passages insensibles, les uns aux autres. Les dépôts littoraux se rattachent, en outre, aux formations terrestres par les diverses parties de l'appareil littoral, dunes, deltas, etc., qui offrent souvent des alternances de sable marin amoncelé par le vent ou par les vagues et de couches alluviales amenées par les fleuves.

D'un autre côté, quelle que soit l'énergie et l'étendue des

courants marins, il existe certainement, dans l'océan, des régions éloignées des terres où les matériaux détachés des continents ne parviennent pas. Si, sur ces points, il n'y a pas jaillissement de sources pétrogéniques, il ne se formera aucun dépôt. C'est là une remarque purement théorique dont nous n'aurons pas l'occasion de faire usage.

Les mers de toutes les époques géologiques ont eu des dépôts littoraux, thalassiques et pélagiens. Mais les dépôts littoraux croissent en importance depuis la période azoïque jusqu'à nos jours. Ce fait reconnaît deux causes, l'une réelle, l'autre apparente. La cause réelle, c'est le développement graduel des lignes de côtes (voir page 290). La cause apparente, c'est que les terrains anciens ont perdu, à la suite de dénudations répétées [1], presque tous leurs dépôts littoraux, soit parce que ces dépôts offrent moins de résistance, soit parce qu'ils se trouvent les premiers émergés. Les anciennes formations sont surtout représentées par leurs dépôts thalassiques ou pélagiens, tandis que le contraire a lieu pour les formations récentes. Celles-ci se montrent à nous avec leurs dépôts littoraux, pendant que leurs dépôts thalassiques et pélagiens sont encore sous les eaux.

Influence de l'éloignement des côtes. — L'éloignement et le rapprochement des côtes influent sur le caractère d'une roche en déterminant le volume, la nature et le mode d'arrangement

[1] « Il n'y a pas même, dit M. Hébert en parlant du bassin de Paris, le long de ces anciens rivages que nous nous sommes plu à retracer, des accumulations de galets aussi considérables que celles qui sont produites par nos marées et dont nous trouvons quelques faibles représentants dans le terrain tertiaire. » Nous ferons observer avec M. Ebray que les profondes dénudations, dont les exemples sont si nombreux, expliquent facilement ce qu'ont pu devenir les accumulations de galets de toutes les mers anciennes.

des parties dont elle se compose. Des corps d'un volume considérable ne sont que très rarement entraînés loin des côtes : ils
s'accumulent près du littoral. Au contraire, des molécules chimiques ne s'y déposent que rarement ; tout tend à les porter
vers la haute mer. Sous l'influence du mouvement des eaux,
les futurs éléments d'un dépôt sont soumis à un lavage prolongé semblable à celui dont on se sert pour la préparation
mécanique des minerais, mais s'effectuant sur une immense
échelle. Aussi, les parties constitutives d'un dépôt pélagien ou
thalassique ont-elles plus de ténuité et d'homogénéité que
celles d'un dépôt côtier.

Le degré de profondeur du point où se forme une couche
exerce aussi une influence sur son caractère. Les mêmes éléments, en se déposant sur un fond où le mouvement des eaux
se fait sentir, donnent lieu à des dépôts d'un aspect bien différent de celui que ses derniers auraient, s'ils se formaient au
sein d'une eau parfaitement tranquille et sous une faible pression. On a, dans le premier cas, une roche d'un aspect terreux,
et, dans le second, une masse compacte et même quelquefois
cristalline. Or, la mer est d'autant plus calme qu'elle est plus
profonde ; elle est d'autant plus profonde qu'elle est plus éloignée des côtes.

La stratification d'un dépôt dépend de la distance plus ou
moins grande qui le sépare du littoral.

Dans la formation des dépôts côtiers, les intervalles de repos
et d'activité qui déterminent la stratification doivent se répéter
fort souvent, notamment après chaque crûe d'un fleuve. En
même temps, la nature des éléments amenés par ce fleuve
varie d'une crûe à l'autre, suivant les points de son bassin où
s'est effectué l'accroissement de ses eaux. Aussi, les couches
dont se compose un dépôt littoral sont minces, multipliées,

très variables dans leur composition et souvent stratifiées d'une manière irrégulière. Quant aux animaux dont ces couches contiennent les débris, ils sont tous côtiers, et ces débris, presque toujours roulés ou réduits en fragments, offrent les traces d'une usure prolongée. Le nombre de ces débris est, d'ailleurs, considérable, puisque c'est près des côtes que les animaux marins rencontrent une alimentation et une oxygénation plus faciles. Dans quelques localités, ils constituent la majeure partie de la roche, et, mêlés à la vase, donnent lieu à des faluns.

Les couches thalassiques, plus éloignées des côtes, sont sujettes à moins de variations; et ces variations ne résultent généralement que d'accidents généraux et probablement périodiques, tels que les crûes annuelles du Nil, et la saison des pluies dans les régions équatoriales. Ces couches sont nettement stratifiées; leur puissance est peu considérable et sensiblement la même à des intervalles rapprochés.

Plus on se dirige vers la haute mer, moins les couches qui se déposent dans ses eaux sont sujettes à varier dans leurs caractères. Les éléments qui concourent à leur constitution sont d'une ténuité extrême, et longtemps tenus en suspension dans l'eau qui ne les dépose qu'avec lenteur et régularité. Il n'est pas étonnant qu'il se produise alors des bancs puissants qui, quelquefois, semblent même dépourvus de stratification. Ce mode de sédimentation explique encore pourquoi les dépôts sont plus régulièrement stratifiés lorsqu'ils sont formés plus loin des côtes; en pleine mer, quelles que soient les inégalités du sol, ces inégalités sont bientôt effacées; les matériaux se déposent alors sur un plan parfaitement horizontal.

Divers faciès d'une même formation. — Les couches accumulées

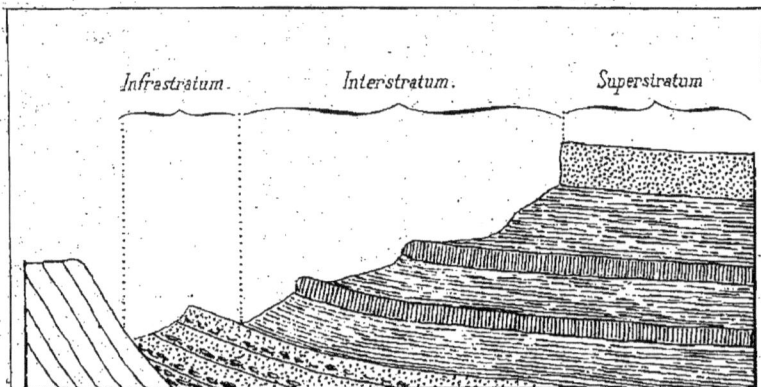

Fig. 27. — (V. page 557.)

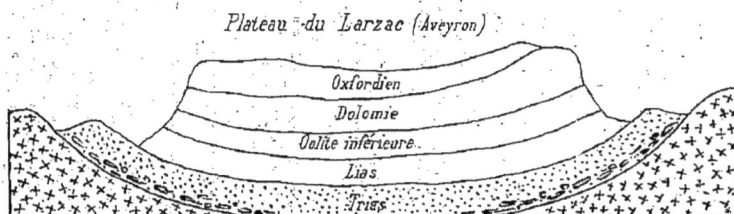

Plateau du Larzac (Aveyron)

Oxfordien

Dolomie

Oolite inférieure.

Lias.

Trias.

Fig. 28. — (V. page 558.)

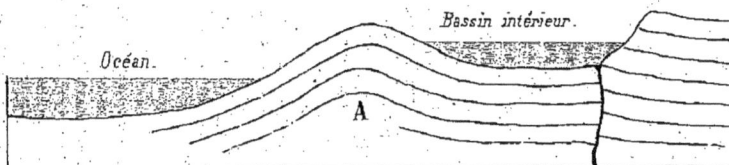

Océan.   Bassin intérieur.

A

Fig. 29. — (V. page 573.)

dans un même bassin se réunissent en assises superposées les unes aux autres et successivement formées. Ces assises se groupent à leur tour de manière à constituer l'insterstratum, l'infrastratum et le superstratum d'une même formation. Par ces mots j'ai voulu désigner les rapports qui rattachent les assises entre elles, quand on les considère dans leur ordre de superposition, rapports qui sont, pour ainsi dire, fonction des mouvements ascendants et descendants du fonds d'un bassin.

Si l'on recherche de quelles divisions une même assise, considérée dans le sens horizontal, est susceptible, on voit d'abord qu'elle peut se partager en zones littorale, thalassique et pélagienne. Chacune de ces trois zones constitue un *faciès*, ou, si l'on veut, un aspect particulier d'une même assise. Mais l'observation attentive d'une assise permet d'y reconnaître des faciès autres que ceux qui sont déterminés par la distance plus ou moins grande de la ligne des côtes. Les dépôts d'une même zone littorale, par exemple, différeront, soit par leur constitution pétrographique, soit par leur faune, suivant qu'ils se seront formés au pied d'une côte escarpée ou à l'embouchure d'un fleuve. Les courants amènent loin du littoral des matériaux détritiques qui forment des dépôts dont l'aspect contraste avec celui des calcaires au milieu desquels ils sont intercalés.

Des sources pétrogéniques, arrivant de l'intérieur de l'écorce terrestre dans les mêmes conditions, produiront un calcaire grossier près des côtes, un calcaire compacte au sein des eaux tranquilles, un calcaire oolitique dans des eaux régulièrement agitées par des courants. L'étude des faciès est très importante, mais elle ne saurait être faite ici d'une manière convenable parce qu'elle se rattache intimement à celle de la vie considérée au point de vue géologique; elle trouvera sa place dans un des livres suivants. Il existe, en effet, une relation directe entre la constitution pétrographique d'un dépôt et la nature des fossiles qu'il renferme. Aussi le mot de *station* est-il parfois employé dans le même sens que celui de faciès. Pour citer quelques exemples de cette relation entre la nature d'un terrain et les fossiles qu'il renferme, je vais rappeler sommairement ce qui s'observe dans la série des étages du terrain jurassique.

La partie supérieure du lias est essentiellement marneuse; les polypiers y sont excessivement rares; on ne cite dans tout le Jura qu'une seule espèce, le *Cyathophyllum mactra,* dont les individus sont isolés et de très petite taille; au contraire, les ammonites et les bélemnites y pullulent. L'oolite inférieure, qui vient ensuite, est en majeure partie formée de roches calcaires; les ammonites et les bélemnites y sont assez rares, surtout dans le Jura, mais les polypiers y abondent; ils composent à eux seuls, des assises entières, qui ont été jadis des bancs de coraux. Les marnes oxfordiennes, qui recouvrent l'oolite inférieure, ont, par leur aspect, beaucoup d'analogie avec celles de la partie supérieure du lias. Si la pétrographie, ainsi que le fait remarquer M. Marcou, réunit les marnes oxfordiennes et liasiques, les rapports paléontologiques sont aussi nombreux et établissent une relation non moins intime entre ces deux étages; la ressemblance entre les formes organiques des fossiles est tellement frappante qu'il faut souvent l'œil d'un paléontologiste exercé pour distinguer les fossiles de ces deux étages. Avec le terrain corallien, qui succède au terrain oxfordien, reparaissent les assises presque exclusivement calcaires; les ammonites et les bélemnites deviennent de nouveau peu communes, du moins dans le Jura, et les polypiers acquièrent un développement excessif, indiqué d'ailleurs par les noms mêmes de terrain corallien et de *coral-rag.*

Changements de coloration dans une même formation. — Les mouvements et les dislocations du sol qui déterminent l'apparition d'un bassin géogénique ont pour résultat, non seulement d'accumuler, au fond de ce bassin, une grande quantité de matériaux détritiques, mais aussi de réveiller en quelque sorte l'action geysérienne. Il en résulte alors qu'un grand nombre de substances d'origine interne viennent se mêler aux couches déposées les premières ; ces substances sont d'autant plus variées que le changement dans la constitution topographique d'une contrée a été plus énergique et plus général. A mesure que le comblement d'un bassin s'opère, l'action geysérienne devient moins active ou moins variée dans ses effets ; les roches prennent des teintes moins vives et moins prononcées. Ces changements de coloration, qui s'observent de bas en haut dans une même formation, ont conduit les géologues allemands à partager le terrain jurassique en deux parties qu'ils ont appelées *Jura brun* et *Jura blanc*. Cette série peut s'augmenter d'un troisième terme placé au-dessous du Jura brun ; c'est le trias, dont l'origine, en partie geysérienne, est si bien accusée par les nuances vives et variées de ses roches. Souvent, ainsi que M. Ebray l'a déjà fait remarquer, on observe, à la base des étages, des zones ferrugineuses que ce géologue propose de prendre pour lignes de démarcation entre eux.

Certains terrains présentent des différences de coloration reconnaissant d'autres causes que celles que je viens d'indiquer. Chacun d'eux se compose de deux parties : la partie inférieure est bleuâtre ou noirâtre, tandis que la partie supérieure est jaunâtre ou grisâtre. Je vais citer à l'appui de ce fait des exemples assez nombreux pour prouver qu'il n'est pas le résultat d'une cause accidentelle. — Les marnes bleues du terrain oxfordien supportent, en Franche-Comté, le terrain à

chailles, remarquable par ses nuances jaunâtre et rougeâtre.
— Le terrain miocène des bords de la Méditerranée se divise
en deux étages; le bleu est affecté plus spécialement à l'étage
miocène inférieur, et le jaune à l'étage supérieur. Dans le bassin de la Gironde, les faluns jaunes se placent au-dessus des
faluns bleus. Le terrain subapennin des bords de la Méditerranée débute par une masse puissante de marnes bleues,
au-dessus desquelles viennent des sables quartzeux jaunâtres.
— Pendant la première période glaciaire, il s'est produit en
Ecosse un dépôt d'argile bleue compacte, tandis qu'à la seconde
période glaciaire appartient un dépôt roux, argileux, plus
friable. La même chose, dit M. Morlot, s'observe en Suisse,
mais avec des exceptions qui ne sont pas sans intérêt. Ainsi,
aux environs de Lausanne et de Vevey, où le premier glacier
avait une puissance de quelques milles pieds, l'argile erratique
de cette première époque est bleue et compacte, tandis que
celle du second glacier est plus friable et d'une couleur rousse.
Mais aux environs de Soleure, où le glacier de la seconde
époque n'est pas arrivé, l'argile erratique, quoiqu'appartenant
au premier glacier, présente exclusivement cette dernière couleur, et nulle part on ne voit de l'argile bleue. Cette contrée se
trouvait près de la limite extrême du premier glacier, où il
n'avait guère que 200 à 300 pieds d'épaisseur. Ce dépôt, ajoute
M. Morlot, se formait donc dans des circonstances semblables
à celles sous lesquelles les dépôts roux du second glacier se sont
produits; savoir, l'accès de l'air extérieur et une moindre pression. La composition minérale de l'argile bleue est la même
que celle de l'argile rousse; la masse résulte, dans les deux cas,
de la trituration des mêmes roches.

La cause de ces différences de coloration dans des terrains
superposés est bien, comme le signale M. Morlot, l'action oxy-

dante de l'oxygène de l'air atmosphérique. La partie inférieure
de chaque terrain s'est formée à une plus grande profondeur
que sa partie supérieure. Quant aux substances oxydées, ce sont
le carbone, et, pour une faible proportion, le sulfure de fer.
La disparition du carbone enlève au terrain sa nuance sombre;
le fer hydraté ou peroxydé, résultant de la disparition du soufre
contenu dans le sulfure de fer, qui ne passe pas toujours à l'état
de sulfate, se joint à celui que le terrain contenait déjà et lui
donne une nuance jaunâtre ou rougeâtre.

L'action qui détermine ces différences de nuances est la
même que celle dont il a été question, page 494. Mais les différences de coloration qui s'observent entre l'intérieur et la surface d'un fragment de roche se sont montrées après le dépôt
de cette roche, tandis que les diverses nuances que présentent
les assises d'un même terrain sont contemporaines de la formation de ce terrain lui-même.

Influence de l'action geysérienne sur l'aspect des formations. — Évidemment la prédominance des roches à éléments chimiques
dans une même formation est le témoignage d'une grande activité dans les phénomènes geysériens, jointe à une suspension
ou à un ralentissement dans les phénomènes d'érosion et de
transport. Cette prédominance des roches résultant d'une
sédimentation chimique est un des caractères des formations
qui datent des périodes jurassique et crétacée. Je n'ai pas besoin
de rappeler que les terrains de la période azoïque portent
encore à un plus haut degré l'empreinte de cette activité dans
les phénomènes geysériens, puisque ces terrains se sont édi-
fiés sans l'intervention des agents de transport.

Plus tard, nous verrons comment l'action geysérienne a
varié dans ses produits à chaque époque; et comment, pendant

une même époque, elle a varié d'une région à une autre. Les émissions de silice ont été abondantes pendant l'ère neptunienne, tandis que celles de carbonate de chaux ont été très considérables pendant les périodes jurassique et crétacée. Le terrain jurassique du midi de la France et de la région des Alpes se distingue, quant à sa composition, de celui du Jura et du nord de la France, par une plus grande abondance de roches dolomitiques. Ces roches qui, par leur mode de désagrégation, impriment au paysage un aspect particulier, indiquent que les émissions de carbonate de magnésie ont été, lors de la période jurassique, plus abondantes dans le midi de la France que dans le nord de ce pays. Ce fait est sans doute en relation avec les masses éruptives de serpentine, si abondantes sur le versant méridional de la région des Alpes.

Les sources geysériennes ont surgi par les failles et les fissures qui existent à travers l'écorce terrestre. Les phénomènes geysériens sont donc en relation, non seulement avec l'action sédimentaire, mais aussi avec les actions dynamiques qui ont fracturé la croûte du globe dans tous les sens.

M. de Chancourtois a notamment reconnu que les minières de la Haute-Marne s'alignent sur des directions qui concordent exactement avec celle des failles et des accidents géologiques. M. Elie de Beaumont a fixé des directions d'alignement pour les amas gypseux des marnes irisées. Je pourrais citer d'autres exemples, montrant les relations qui rattachent l'action geysérienne à la structure du globe.

Par suite de ces relations, les sources pétrogéniques ont tendu à surgir sur les mêmes points pendant la durée des temps géologiques. Cette remarque a été faite par M. de Chancourtois à propos des mines de fer de la Haute-Marne, et c'est ainsi qu'il a expliqué la présence de ces mines dans tous les horizons géognostiques que présente cette contrée. M. Delesse a également signalé la superposition des amas de gypse appartenant, dans le bassin de Paris, aux divers horizons du terrain éocène. Pendant que s'opère le comblement d'un bassin géogénique, les sources qui s'échelonnent le long des failles et que l'action geysérienne met à profit pour amener diverses substances à la surface du globe, ont partout les mêmes points de jaillissement. Il en résulte que l'assise ou la couche qu'elles produisent se trouve au même niveau géognostique sur toute l'étendue de ce bassin, où elle se montre soit en nappe continue, soit en lambeaux isolés. Cette nappe ou ces lambeaux peuvent d'ailleurs varier de puissance. Le banc ferrugineux qui se place, avec le terrain kellovien, au-dessus de l'oolite inférieure se montre au même niveau dans diverses contrées et notamment dans le bassin jurassien. Son importance n'est pas toujours la même. Tandis qu'autour de Besançon, il n'a que quelques centimètres d'épaisseur, il devient exploitable dans le département du Jura; plus au sud, dans le département de l'Ardèche, son importance s'accroît; à la Voulte, il se subdivise en trois couches dont l'une a de 5 à 6 mètres de puissance.

Dans d'autres cas, les conduits par où s'échappent les eaux pétrogéniques finissent par s'obstruer en totalité ou en partie; ces eaux cherchent alors une autre issue sur un point plus ou moins éloigné. La nappe qu'elles produisent se dirige en diagonale par rapport à la stratification; placée sur un point au-dessous d'un terrain bien connu, ailleurs, elle se trouvera au-dessus de lui. Je vais citer un fait à l'appui de cette remarque.

Dans le département du Doubs, la couche ferrugineuse qui alimente, en partie, les forges de la Franche-Comté, appartient à l'oolite inférieure; elle est séparée du lias par une assise avec

Pecten personatus correspondant au calcaire à fucoïdes du Lyonnais. Cet horizon ferrugineux persiste dans la Haute-Saône, dans la Haute-Marne, dans le Jura ainsi que dans la partie orientale des départements de la Côte-d'Or et de Saône-et-Loire. Mais, tandis qu'à Laissey, près de Besançon, le banc ferrugineux semble pénétrer dans le calcaire à entroques qui forme une assise distincte au-dessus du calcaire à *Pecten personatus*, on le voit, dans le Dauphiné, se placer dans la partie supérieure du lias, et descendre, par conséquent, au-dessous de l'oolite inférieure. A Villebois (Ain), à la Verpillière (Isère), au Mont-d'Or (Rhône), la couche de minerai de fer, bien caractérisée par ses fossiles, se trouve toujours placée entre les marnes supérieures du lias et les calcaires de l'oolite inférieure; il reste seulement à décider auquel de ces deux groupes elle appartient. M. Lory la rattache à la partie supérieure du lias et la considère comme correspondant à un niveau un peu plus bas que celui du minerai oolitique de la Franche-Comté, opinion qui est adoptée par M. d'Archiac.

Influence des climats sur l'aspect d'une formation. — Un climat pluvieux augmente la proportion des éléments détritiques; un climat sec la diminue et peut presque la restreindre à la masse des éléments que les marées et les courants détachent des côtes et des îles. Par conséquent, les terrains essentiellement composés de roches détritiques correspondent à des périodes pluvieuses, pendant lesquelles les phénomènes d'érosion et de transport ont acquis une grande intensité. Tels sont les terrains houiller, permien et triasique. S'il nous était permis d'apercevoir, au sein des eaux marines, les dépôts qui datent de l'ère jovienne, nous leur reconnaîtrions un faciès détritique très prononcé en relation avec les phénomènes alluviens et diluviens constituant un des caractères essentiels de cette période.

Enfin, je rappellerai que, pendant certaines époques, l'action geysérienne et les phénomènes de transport ont pu se manifester en même temps avec une égale énergie; au nombre de ces époques est celle qui a vu le dépôt du terrain triasique.

Influence des mouvements des eaux de l'océan sur les phénomènes géologiques. — Lorsque ses bords offrent une faible pente, la mer rejette sur ses rivages du sable et du gravier; c'est ainsi qu'elle édifie son cordon littoral. Les faits que j'ai rappelés précédemment au sujet des flots de fond démontrent que ce sont eux qui interviennent principalement dans la formation du cordon littoral et des bancs placés à l'embouchure des fleuves.

Si ses bords sont escarpés ou en pente rapide, la mer tend à détruire et à démanteler ses rivages. J'ai déjà parlé, page 394, de cette œuvre de destruction, exercée par l'océan contre ses rives; j'ai dit que les mouvements du sol augmentaient son importance en faisant reculer ou avancer les bords de la mer et en renouvelant ainsi les masses sur lesquelles s'exerce cette action destructive.

Les courants charrient pêle-mêle tous les débris qui, quelle que soit leur origine, sont reçus dans le bassin des mers. Ces matériaux sont portés à des distances variables suivant leur volume et la force des courants qui les entraînent. Sans l'intervention des courants, ces matériaux s'accumuleraient près des points par où ils pénètrent dans l'océan; mais les mouvements des eaux ont pour effet de les disperser d'une manière assez régulière : ceci explique la constance de certaines assises qui recouvrent de vastes régions sans subir de solutions de continuité et sans éprouver, dans leur aspect ou leur composition, d'importantes modifications.

Quelle que soit l'énergie que l'on suppose aux courants marins, il est, dans l'océan, des régions très éloignées des côtes où ils ne peuvent charrier des sédiments. Ils fonctionnent, comme agents de transport, en roulant ces sédiments sur le sol sous-marin. Lorsqu'ils passent au-dessus de la zone profonde où leur action ne peut se faire sentir, les sédiments qu'ils entraînent vont au fond des eaux et se fixent définitivement sur le point où ils se sont arrêtés.

L'étude des terrains nous montrera de nombreux exemples de l'influence exercée par les courants sur le caractère de chaque dépôt; un de leurs effets les plus remarquables est la formation des couches oolitiques. Si les sources pétrogéniques jaillissent sur un point où l'eau est profonde et tranquille, les substances qu'elles apportent avec elles donnent naissance à une roche plus ou moins compacte. Mais si elles jaillissent sur des points situés à une faible profondeur et placés sous l'influence des courants, les circonstances sont favorables à la formation des oolites; les menus débris accumulés au fond des mers sont soulevés, à chaque instant, et en se déplaçant sous l'influence de l'agitation des eaux, servent de centres d'attraction à la matière incrustante. Celle-ci se dépose autour de chaque débris en couches régulières et concentriques. Leur mode de formation donne aux roches oolitiques un faciès de charriage plus ou moins prononcé.

CHAPITRE VII.

FORMATIONS LACUSTRES ET FLUVIO-MARINES.

Mode de formation des lacs d'eau douce et d'eau salée pendant l'époque actuelle et pendant les temps géologiques. — Dépression Aralo-Caspienne, mer Morte, lacs de la Baltique, etc. — Caractère des formations lacustres. — Formations fluvio-marines dans les deltas et les estuaires. — Alternances de formations lacustres et de formations marines; théorie des affluents de Constant Prévost; influence des mouvements du sol sur ces alternances. — Synchronisme des formations marines et des formations lacustres.

Lacs salés et lacs d'eau douce : leur mode de formation. — Supposons que le sol sous-marin se soulève au point A de la figure 29, page 553, de manière à détacher de l'océan un lambeau qui deviendra un bassin intérieur. Supposons en outre que le sol de ce bassin intérieur soit plus élevé que le niveau de l'océan. Il pourra se présenter deux cas; celui où ce bassin ne conservera aucune communication avec l'océan, et celui où cette communication sera maintenue. Dans le premier cas, l'eau de la mer intérieure restera salée; seulement, le degré de salure pourra diminuer en raison de la masse d'eau douce apportée par les affluents terrestres. Dans le second cas, ces affluents terrestres amèneront sans cesse de l'eau douce, tandis que l'eau salée s'échappera par le canal se dirigeant vers l'océan; la quantité de chlorure de sodium contenue dans le bassin intérieur ira en diminuant, puis elle deviendra nulle, et, alors, ce bassin sera transformé en un lac d'eau douce.

Mais les lacs salés et les lacs d'eau douce peuvent encore se
former directement lorsque, par suite des mouvements du sol,
des dépressions se produisent dans l'intérieur des continents
et se remplissent ensuite d'eau douce ou d'eau salée. L'eau
salée peut être fournie par les sources chargées de chlorure
de sodium jaillissant dans le voisinage d'une dépression nouvellement produite.

Si l'on en juge par ce qui se passe à l'époque actuelle,
c'est ce dernier procédé que la nature semble employer de
préférence. L'étude attentive des transformations que le sol
helvétique a subies démontre que les lacs de la Suisse se sont
formés longtemps après que cette contrée avait été abandonnée par la dernière mer qui l'avait recouverte, c'est-à-dire
par la mer miocénique. — Le lac Baïkal, en Sibérie, qui a
700 kilomètres de longueur sur 50 ou 100 de largeur, se
trouve trop éloigné de la mer, et trop élevé pour qu'on puisse
le considérer comme un lambeau séparé de l'océan et dessalé
par les cours d'eau qui le traversent et vont ensuite se rendre
par un seul canal dans l'Iénisséï.

Presque tous les lacs salés de l'époque actuelle n'ont pas
plus que les lacs d'eau douce, une origine marine. Si l'on
compare la composition de l'eau de la mer Morte avec celle de
la Méditerranée, on ne reconnaît pas, entre l'une et l'autre,
l'analogie qui devrait exister si la mer Morte et la Méditérranée
avaient été réunies à une époque peu ancienne. Les eaux de la
mer Morte se distinguent par l'abondance du brôme et de la
magnésie; elles renferment des substances qui dénotent une
action geysérienne très énergique; cette mer a reçu le nom de
lac Asphaltite, à cause de l'asphalte qui nage quelquefois à sa
surface; elle présente également des sources sulfureuses et un
dépôt de soufre dont l'existence a été constatée par le lieute-

nant Lynch, de la marine des Etats-Unis, lors de son expédition en 1847. N'est-il pas naturel d'admettre que le chlorure de sodium renfermé en si grande abondance dans les eaux de la mer Morte a la même origine que l'asphalte, le soufre et les autres substances contenues dans ces eaux, c'est-à-dire une origine geysérienne?

Les lacs de Van et d'Ourmiah sont situés en Arménie, au sud et au sud-est du mont Ararat. Tous les deux n'ont pas d'écoulement extérieur, et ne peuvent perdre leur eau que par voie d'évaporation. L'altitude du lac de Van est, d'après Humboldt, de plus de 1600 mètres; quant à celle du lac d'Ourmiah, elle ne doit pas être moindre; si l'on tient compte de la proximité de ce lac de celui de Van, et de l'élévation générale de la contrée. M. Dubois de Montpéreux a considéré ces deux lacs comme des *fragments de la mer antique*, de *petites méditerranées*, *plus ou moins salées*, qui ont été soulevées avec les montagnes de l'Arménie. Mais M. Angelot fait remarquer avec raison combien serait merveilleux l'exhaussement de masses d'eaux portées à une hauteur de 1600 mètres, comme dans un vase, sans se renverser. La salure de ces deux lacs s'explique naturellement par les deux circonstances suivantes : 1° ils sont sans issue, particularité qui s'opposerait dans tous les cas à ce que l'eau fût complétement douce, puisque l'eau des rivières contient toujours des substances en dissolution, tandis que celle qui est enlevée par voie d'évaporation est complétement pure; 2° d'immenses amas de sel gemme sont connus dans le voisinage du lac d'Ourmiah; sans doute, ils existent également dans le voisinage du lac de Van.

Dépression Aralo-Caspienne. — La mer Caspienne elle-même, malgré son étendue, pourrait bien devoir la salure de ses eaux à des circonstances analogues à celles qui viennent d'être mentionnées. M. de Verneuil pense que la salure du lac Elton, dans le gouvernement de Saratow, et d'autres lacs salés de la province d'Orenbourg, peut provenir des couches salifères du système permien, au-dessus desquelles ils se trouvent placés. L'opinion de M. de Verneuil me semble applicable à toute la dépression Aralo-Caspienne. Les lacs salés compris dans cette contrée ne renfermeraient-ils pas du chlorure de sodium, parce qu'ils reposent sur un sol pénétré de sel et non parce qu'ils constituent d'anciens lais de la mer?

Dès la fin du dernier siècle, Pallas avait démontré que la mer Caspienne était jadis plus étendue. Les steppes qui entourent cette mer sont couvertes de coquilles récentes : on y observe des bancs de galets et des falaises indiquant d'anciens rivages. Au nord du lac Aral, s'élèvent, à une hauteur de 60 mètres, des collines formées de couches marneuses avec coquilles marines, ossements de poissons et dents de squales dans la partie supérieure. Les anciens, en plaçant l'embouchure de l'Oxus dans la mer Caspienne, ont laissé un témoignage de la réunion de cette mer et du lac Aral. Mais les eaux de la mer Caspienne, en se retirant, ont dû entraîner avec elles une partie du sel qu'elles renfermaient : l'autre partie a été plus tard amenée dans le bassin de cette mer par les eaux pluviales.

Le chlorure de sodium qui imprègne le sol de la région Aralo-Caspienne provient sans doute des couches de sel gemme qui existent à une faible profondeur, et que l'on connaît notamment auprès du lac d'Ourmiah et dans le terrain permien du sud de la Russie. Il peut être, en même temps, le résultat direct d'une action geysérienne récente d'autant plus admissible que le Caucase est le centre d'une des régions où les phénomènes volcaniques offrent le plus d'intensité et de variété dans leurs manifestations.

Je n'ignore pas que le niveau de la mer Caspienne est au-dessous de celui de la mer Noire : la différence de niveau entre ces deux mers serait de 24^m, 79, d'après Humboldt, de 30^m, 79, d'après M. de Struve, et de 18^m, 3 seulement, d'après Hommaire de Hell. Ce dernier savant a reconnu, en même temps, qu'en suivant la vallée de la Kouma qui se jette dans la mer Caspienne et celle de Manitch qui se rend dans la mer d'Azow, on parcourt une ligne dont le point culminant est à 24^m, 36 seulement au-dessus du niveau de cette dernière mer. L'hypothèse d'une ancienne communication entre la mer d'Azow et la mer Caspienne est donc très naturelle ; mais on ne saurait l'admettre, sans supposer en même temps que la mer Noire, lorsqu'elle était en communication avec la mer Caspienne, ne se rattachait pas à la Méditerranée ; la formation du Bosphore serait un événement de date toute récente. Sans cela, comment expliquer que le degré de salure de la mer Caspienne soit inférieur à celui de la Méditerranée, lorsque, par suite de la diminution du volume de ses eaux, il devrait, au contraire, être plus considérable ?

L'existence des amas d'eau salée dont il vient d'être question a donné naissance à diverses hypothèses sur l'espace recouvert par les eaux marines à une époque très moderne. Non seulement on a admis l'existence d'une ancienne communication entre la mer d'Azow et la mer Caspienne, mais encore on a supposé que cette dernière mer communiquait avec la mer Rouge et même avec l'Océan glacial. D'après Humboldt, à une époque très rapprochée des dernières révolutions du globe, la mer Caspienne paraît avoir été une vaste mer intérieure communiquant, par des sillons plus ou moins larges, avec les lacs Talekoul, Talas et Dalkhache et avec la mer Glaciale. D'après M. Angelot, la mer Morte, le bassin

Aralo - Caspien, la mer Rouge, les lacs Amers, la Méditerranée et la mer Noire ne formaient qu'une seule et même mer, qui divisait probablement en trois continents distincts l'Europe, l'Asie et l'Afrique. Les documents nous manquent pour apprécier la valeur de ces hypothèses : je n'insisterai pas davantage à ce sujet ; je me bornerai à transcrire les observations suivantes, que M. d'Archiac adresse à M. Angelot et qui résument, en peu de mots, ce que nous savons de plus certain sur le mode dont les bassins maritimes étaient répartis en Asie à une époque peu ancienne. « L'orographie et l'hydrographie, de même que les caractères géologiques de l'Asie occidentale, ne permettent pas d'admettre, même à l'époque tertiaire, une relation directe du bassin Aralo-Caspien avec celui de la mer Morte et des lacs Amers ; ce dernier se rattachait au grand bassin du Tigre et de l'Euphrate, mais était séparé du premier par un axe montagneux qui s'étend du Taurus, par l'Elburz de Perse, jusqu'aux montagnes du Caboul. Si ces bassins, placés au-dessous du niveau de l'océan actuel, sont des témoins de l'extension des mers anciennes, et si leur niveau inférieur résulte du manque d'équilibre entre les eaux affluentes et l'évaporation, on doit trouver sur leur pourtour des dépôts sédimentaires marins, d'autant plus élevés que leur isolement est plus ancien ou que la différence entre les eaux affluentes et la perte par évaporation est plus grande. Ces dépôts doivent avoir leurs analogues quelque part sur les côtes de la Méditerranée ou du golfe Arabique, et, en les suivant de part et d'autre avec attention, on doit retrouver les canaux ou détroits par lesquels ces bassins, isolés aujourd'hui, étaient en communication avec la mer. Or, ce genre d'observation, qui nous semble d'une importance majeure dans cette question, ne nous paraît pas avoir jusqu'à présent attiré l'attention des voyageurs. » *Histoire des Progrès de la Géologie*, tome I, page 300.

J'ai été amené à parler incidemment de l'ancienne extension des amas d'eau salée qui existent dans la région comprise entre l'Egypte et le centre de l'Asie. Mais mon but, dans les lignes qui précèdent, a été surtout de démontrer que les amas d'eau douce et d'eau salée ne sont pas nécessairement d'anciens lais de la mer. Ce fait est certain, non seulement pour les lacs d'eau douce, mais aussi pour les lacs salés de Van et d'Ourmiah ; il est probable pour la mer Morte et pour la mer Caspienne.

Dès qu'une dépression se produit à la surface des continents, elle reçoit le tribut des eaux amenées par les rivières. Si ces eaux ne trouvent pas une issue pour se rendre ensuite vers l'océan, et si une source chargée de sel, quelque minime qu'elle soit, jaillit dans le voisinage de cette dépression, le lac d'eau douce prendra une salure dont le degré ne cessera d'augmenter. C'est probablement par suite de l'existence d'une issue, par où se déverse l'excédant de ses eaux, que le lac Baïkal n'est pas salé comme la mer Caspienne.

Lacs de la Suède et du nord de la Russie. — L'exemple de lacs d'eau douce ou d'eau salée en relation, par leur origine, avec d'anciennes mers nous est fourni par le nord de la Russie et par la contrée qui entoure la mer Baltique. Je tiens surtout à citer cet exemple parce qu'il nous donne une idée de ce qui s'est passé, lors des temps géologiques, pendant le passage d'une période marine à une période lacustre. La figure 30, page 569, représente l'abaissement progressif du niveau de l'océan, et l'apparition des lacs d'eau douce lorsque ce niveau est descendu assez bas pour amener l'émersion d'un continent.

Peu après le commencement de l'ère jovienne, la mer a

envahi le nord de la Russie et de l'Allemagne, ainsi que la majeure partie de la Suède. Après le dépôt du drift (voir page 430), le sol de ces contrées a obéi à un mouvement d'ascension qui, actuellement, n'a pas encore atteint son dernier terme. « Ce phénomène a d'abord eu pour résultat de séparer la mer Baltique de la mer Glaciale; à mesure que le pays s'est soulevé, le fond de la mer a été mis à sec, les parties les plus profondes sont restées sous la forme de lacs, tels que les lacs Onéga, Ladoga, Saima, etc. Salés dans le principe, ces lacs ont été graduellement dessalés par les courants d'eau. La Baltique elle-même est le plus grand de ces lacs, aujourd'hui en communication avec la mer du Nord, par suite de la formation du Sund et des Belts; c'est le seul qui ne soit pas encore complétement dessalé. Qu'advint-il de la faune marine de ces lacs? Dans les bassins de faible étendue, qui se dessalèrent rapidement, elle périt tout entière. Dans les réservoirs plus vastes, plus profonds et dépourvus de grands tributaires, les changements eurent lieu plus lentement. Quelques organisations, tout particulièrement favorisées par la nature, se montrèrent capables de supporter une très forte proportion d'eau douce, et c'est ainsi que nous voyons aujourd'hui une population marine pauvre coexister, dans la Baltique à moitié dessalée, avec une faune d'eau douce pauvre également. Le Wetern est un lac très profond, qui reçoit des sources et des rivières peu abondantes, et dont le dessalement n'a pu s'effectuer qu'avec une extrême lenteur. Aussi ce lac compte-t-il encore dans sa faune, presque en totalité lacustre, quelques espèces marines de crustacés, telles que le *Gammarus loricatus*, qui est une crevette de très grande taille. » Claparède, *Bibliothèque universelle de Genève*, tome XIII, page 314.

Les lacs pendant les temps géologiques. — La première île qui ait surgi au-dessus de l'océan sans rivage de l'ère neptunienne a dû recevoir, peu après son apparition, la première flaque d'eau douce qui se soit montrée à la surface de notre planète. Depuis lors, la constitution topographique du globe n'a cessé de se montrer de plus en plus favorable à la grande extension des bassins lacustres. (Voir page 290.)

Le témoignage de l'ancienne extension des bassins lacustres nous est fourni par les débris de corps organisés que nous montrent les couches que ces bassins ont reçues. En s'appuyant sur ce témoignage, on est conduit à supposer, du moins dans l'état actuel de nos connaissances, que les plus anciens bassins lacustres datent de la fin de la période tria-jurassique. Les strates du terrain jurassique qui renferment des coquilles d'eau douce appartiennent à des formations plutôt fluviatiles que lacustres : elles se trouvent sur l'emplacement d'anciens estuaires. Cette remarque s'applique aussi aux couches du terrain dévonien d'Irlande où l'on a rencontré des coquilles d'anodontes. Quant aux dépressions qui ont reçu le terrain houiller, elles constituaient des marais et non de véritables lacs.

Les formations lacustres proprement dites, c'est-à-dire celles qui ont été reçues dans des bassins d'eau douce semblables à ceux qui existent actuellement, se montrent pour la première fois à la fin de la période jurassique. L'existence de ces formations lacustres a été constatée dans plusieurs contrées, et notamment dans le Jura, le Hanovre et le département de la Charente. Elles correspondent à la partie continentale de la période tria-jurassique. Le lac du Jura, d'après M. Lory, occupait tout l'espace compris entre Gray, Bienne et Belley.

Les lacs qui ont recouvert les continents dont l'apparition a

marqué la fin de la période crétacée marine étaient peu nombreux; aussi la partie émergée de l'Europe a-t-elle subi alors
de nombreuses érosions dont beaucoup de contrées portent les
traces. Le lac le plus remarquable de la fin de la période crétacée était celui de Rilly qui, d'après M. Hébert, s'étendait de
Compiègne à Sézanne (Marne).

L'époque éocène, qui correspond, dans ma classification, à
la partie continentale de la période nummulitique, est celle
pendant laquelle les bassins lacustres se sont montrés les plus
étendus et les plus nombreux. Toutes les dépressions qui forment actuellement les bassins des fleuves étaient en majeure
partie recouvertes par des eaux douces. Dans les lacs de l'é-
poque éocène se sont déposées notamment les couches au sein
desquelles les amas de gypse d'Aix et de Montmartre se trouvent enclavés.

Les lacs, qui avaient pris tout-à-coup un si grand développement dans la seconde partie de la période nummulitique,
n'ont pas tous disparu lorsque, vers le commencement de la
période néozoïque, les mouvemnts du sol ont ramené les eaux
marines .Les bassins lacustres et les bassins marins ont coexisté
pendant toute la période néozoïque, en perdant, les uns
et les autres, de leur importance à mesure que le terme de
l'ère tellurique approchait. Vers la fin de l'époque pliocène,
des lacs se montraient encore aux environs de Schaffouse (formation lacustre d'Œningen, où a été découvert, l'*Andrias
Scheuczeri*), dans le val de l'Arno (Toscane), en Provence, entre
Sisteron et Manosque. Le plus étendu de tous était celui qui
occupait la dépression bressanne, depuis Tournon jusqu'à Gray;
il était limité à l'est par le Jura, à l'ouest par la chaîne qui se
prolonge depuis le Morvan jusque dans les montagnes de l'Ardèche.

Les lacs semblent avoir été peu nombreux et peu étendus, pendant l'ère jovienne, du moins en Europe. Les lacs de l'Amérique septentrionale existaient déjà, mais ceux de l'Italie septentrionale et de la Suisse ne paraissent s'être formés qu'après la dernière disparition des glaciers. Les dépressions correspondant aux bassins hydrographiques étaient presque entièrement dépourvues d'amas d'eau douce, et, par suite, plus facilement exposées à l'action dénudatrice des courants diluviens qui sillonnaient une partie de la surface du globe.

Caractères des formations lacustres. — Les formations lacustres sont un diminutif des formations marines; elles en reproduisent, en petit, presque tous les caractères. Elles peuvent avoir aussi un infrastratum, un interstratum et un superstratum; leur faible étendue ne leur permet pas de posséder des dépôts analogues aux dépôts thalassiques, mais elles ont des dépôts littoraux très nettement caractérisés. Les cours d'eau qui se rendent dans les lacs donnent naissance à des deltas établis sur une petite échelle. Le Rhône arrive trouble dans le lac de Genève et en sort d'une limpidité parfaite; à son embouchure, il édifie un petit delta qui, dit sir Lyell, forme une plaine marécageuse de deux lieues environ de longueur; Port Valais (*Portus Valesiœ* des Romains) était jadis situé sur le bord du lac; il se trouve aujourd'hui à une demi-lieue dans l'intérieur des terres : cet intervalle a été comblé en huit siècles environ.

Les lacs n'ont de courants que lorsque des fleuves les traversent; ces courants ne peuvent posséder qu'une intensité très faible. Les lacs n'ont pas de marées. Quelquefois, dans le lac de Genève, les eaux se soulèvent tout à coup à une faible hauteur; ce phénomène, qui n'a rien de régulier, et que l'on appelle *sèche*, est attribué à des variations dans la pression atmosphérique. D'après le capitaine Bayfield, sur le Lac Supérieur, le plus grand de toute la terre, les coups de vent les plus forts ne soulèvent pas les eaux à plus de quatre pieds. Ces observations permettent de reconnaître que les eaux sont bien moins agitées à la surface des lacs qu'à la surface de la mer ; le mouvement produit à la surface d'un lac doit donc se transmettre à une moindre profondeur, et la zone tranquille, où règne un calme complet et où les dépôts prennent un aspect plus compacte, est également moins profonde. Aussi les calcaires lacustres offrent-ils souvent une texture compacte ; la faible pression sous laquelle ils se sont formés rend compte de leur texture souvent cellulaire comme celle des travertins, et cette texture explique pourquoi ces calcaires sont quelquefois sonores sous le coup de marteau.

Dans un lac de peu d'étendue et jouissant, par conséquent, à une faible profondeur, d'un calme complet, les sédiments, amenés par un cours d'eau après chacune de ses crûes, se déposent lentement et régulièrement à son embouchure. Les eaux du lac, plus ou moins troubles pendant quelques jours, deviennent ensuite limpides. Les sédiments s'accumulent sur place au lieu d'être entraînés au large, comme le seraient ceux d'un cours d'eau arrivant dans la mer. Ils forment une couche régulière, très mince, schistoïde. Le même phénomène, se répétant une ou plusieurs fois par année, suivant les climats, détermine la constitution d'un dépôt nettement stratifié, dont chaque feuillet porte souvent l'empreinte de végétaux et d'animaux d'une conservation merveilleuse. On conçoit que les feuilles d'arbre, les insectes, les êtres organisés les plus fragiles aillent se déposer délicatement au fond d'un lac dont les eaux sont si peu agitées. C'est ainsi qu'on s'explique la conservation

Mont Everest.

Atmosphère (Zone inférieure)

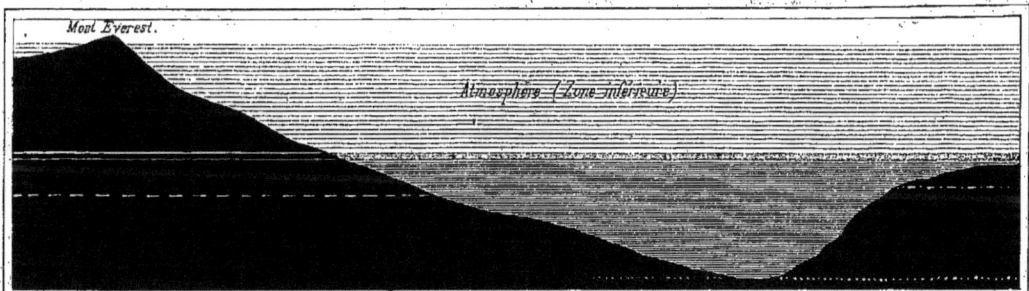

Fig. 26.— (Voir pages 265 et 550).— Echelle des hauteurs: 0.^m001 = 500 mètres

——— Océan: Zone agitée .|_._._._ Profondeur de la Méditerranée .
_ _ _ Profondeur uniforme lors de l'ère neptunienne.|.......... Profondeur maximum connue .

Niveau de l'océan au commencement d'une période marine .

Niveau de l'Océan au commencement d'une période continentale .

Fig. 30.— (Voir page 579)

parfaite des débris d'organisation végétale ou animale dont les terrains lacustres d'Aix, d'Œningen, etc., nous fournissent les exemples.

Formations fluvio-marines. — Les terrains de transport échelonnés le long des fleuves, depuis leur source jusqu'à leur embouchure, n'ont qu'une durée éphémère; parmi ceux que nous pouvons observer, il n'en est peut être aucun dont l'origine remonte au-delà de l'ère jovienne. Les anciennes couches fluviatiles qui sont parvenues jusqu'à nous se sont formées sur les points par où les fleuves pénètrent dans l'océan; elles se sont intercalées entre des couches marines, et c'est à cette circonstance qu'elles doivent leur conservation.

Les deltas sont essentiellement des formations fluviatiles; mais les lagunes qui en font partie peuvent être normalement ou accidentellement occupées par des eaux salées, habitées par des animaux vivant dans l'eau de mer; les débris de ces animaux impriment aux dépôts qui s'édifient dans ces lagunes un faciès marin; de là, l'intercalation de couches marines au milieu de formations fluviatiles.

Un estuaire donne origine à des dépôts essentiellement marins; mais les fleuves qui se rendent dans cet estuaire, apportent, avec leurs sédiments, des débris d'animaux et de plantes terrestres ou lacustres; ces débris et ces sédiments, en se déposant sur le même point, déterminent l'intercalation de couches fluviatiles au milieu de formations marines.

Enfin, des fleuves très importants peuvent, même en dehors des estuaires, amener le dépôt de couches fluviatiles dans les eaux de l'océan. Le courant produit par le fleuve des Amazones conserve une partie de son impulsion jusqu'à plus de cent lieues de son embouchure. Le courant équatorial qui vient de l'Afrique oblige les eaux de ce fleuve à dévier vers le nord-ouest; les sédiments qu'il transporte se dirigent vers l'embouchure de l'Orénoque; ils forment, sur les côtes de la Guyane, des hauts-fonds limoneux qui se convertissent en marais et puis en terre-ferme. Les terrains qui se constituent ainsi doivent probablement, au moins dans le voisinage de l'embouchure du fleuve des Amazones, produire un mélange de couches fluviatiles et marines.

Dans le phénomène de l'accroissement des côtes de la Guyane et de l'Amérique intertropicale, il est un arbre qui joue un rôle que je tiens à rappeler afin de mettre en évidence la variété des moyens employés par la nature pour arriver à un but déterminé. Cet arbre est le manglier (*Rhizophora mangle*), qui croît en abondance dans les lagunes et dans les plages maritimes. Ses branches se dirigent dans deux sens opposés; les unes portent les feuilles et forment la tête de l'arbre; les autres, dépourvues de feuilles, se dirigent en bas, s'enracinent dans la vase et constituent une sorte de plancher, au moyen duquel on peut pénétrer dans les forêts maritimes formées par le manglier. Aussitôt qu'un bas-fond est établi près du rivage, les mangliers viennent s'y fixer; ils accumulent, autour de leurs racines, de la vase et des débris flottants; le bas-fond, dit La Bèche, dans son *Manuel de géologie*, est consolidé, du côté de la mer, par les herbes rampantes qui y croissent sous les tropiques; du côté de la terre, il continue à s'accroître jusqu'à ce que le terrain qui touche à la côte ferme devienne trop sec pour les mangliers; ceux-ci sont bientôt remplacés par d'autres arbres plus appropriés au sol et notamment par les cocotiers.

Enfin, les alternances de couches fluviatiles et marines peuvent être produites par les mouvements du sol lorsqu'ils se manifestent à l'embouchure des fleuves, et qu'ils sont, à des intervalles rapprochés, successivement ascendants et descendants.

Les formations fluvio-marines ont dû s'établir dès que les fleuves ont commencé à couler à la surface du globe, c'est-à-dire peu après le commencement de l'ère tellurique. Mais c'est à dater de la période jurassique qu'elles se sont montrées avec les caractères que nous leur connaissons. Le lignite, exploité dans la partie méridionale de l'Aveyron, sur le plateau du Larzac, a son gisement entre l'oolite inférieure et le terrain oxfordien; il s'est formé par voie de charroi, et, quoique accompagné de coquilles lacustres, il repose sur des couches marines et est recouvert par elles.

Le terrain oolitique d'Angleterre se termine par le groupe de Purbeck que nous décrirons plus tard; ce groupe est une formation fluvio-marine où, au milieu de couches avec coquilles lacustres, se trouve une assise avec fossiles marins (*Ostrea distorta*, *Hemicidaris purbeckensis*).

Depuis la fin de la période jurassique jusqu'à l'époque actuelle, les formations fluvio-marines ont pris une importance sans cesse croissante. Plus tard, en étudiant chaque terrain, j'aurai l'occasion de mentionner la plupart d'entre elles.

Alternances de formations marines et de formations lacustres. — L'intercalation de couches marines dans un dépôt fluviatile et celle de couches fluviatiles dans un dépôt marin sont des phénomènes qui ne doivent pas être confondus avec les alternances de formations exclusivement marines et de formations exclusivement lacustres. Ces alternances résultent de ce que le même bassin ou la même contrée ont été alternativement recouverts par des eaux douces et par des eaux salées. Elles ont été signalées pour la première fois par Cuvier et Brongniart, dans

leur *Description géologique* des environs de Paris, publiée en
1810. Ils ont reconnu que la mer avait, à plusieurs reprises,
envahi et abandonné le bassin de la Seine ; l'étude de ce bassin
a même démontré que ce phénomène s'était répété, dans ce
bassin, plus souvent qu'on ne l'avait cru d'abord.

Constant Prévost, dans un mémoire lu à l'Académie des
sciences en 1827, a vainement essayé de réfuter la théorie des
submersions itératives des continents, en faisant jouer aux
formations fluvio-marines un rôle plus important que celui
qui doit leur être accordé. Voici quelques-unes des conclusions
du mémoire de C. Prévost : 1º. Il n'existe aucun fait positif
sur lequel puisse s'établir l'opinion que les mêmes points de
la surface du globe, qui sont maintenant découverts, ont été
plusieurs fois alternativement mis à sec et submergés. 2º. Ceux
de ces mêmes points qui constituent les parties basses de nos
continents n'ont jamais cessé d'être un fond de mer, jusqu'au
moment où un événement qui a causé la retraite des eaux
leur a permis de recevoir et de nourrir les végétaux et les animaux terrestres dont les générations se sont succédées sans
discontinuité depuis cette époque jusqu'à nos jours. 3º. Les
alternances de dépôts marins et de dépôts d'eau douce ne
peuvent prouver une suite d'irruptions et de retraites des mers,
puisque, dans le même bassin et au même niveau, des sédiments
qui renferment des débris d'animaux de la mer se mêlent,
se confondent avec d'autres qui ne contiennent que des coquil-
lages fluviatiles, des plantes et des animaux terrestres, et que
des phénomènes analogues ont incontestablement lieu simultanément dans la mer actuelle à l'embouchure des grands
fleuves (1).

(1) Je crois devoir transcrire ici les autres conclusions du mémoire de C.
Prévost, en faisant observer qu'elles ne sont admissibles que dans certains cas,

Les idées que je viens de rappeler constituent ce que l'on désigne sous le nom de *théorie des affluents*. Je ne les ai mentionnées que dans un intérêt purement historique; formulées d'une manière aussi générale que le faisait le promoteur, en France, de la doctrine des causes actuelles, elles n'ont pu prendre cours dans la science. Il est bien reconnu maintenant que la même contrée peut être successivement recouverte par les eaux douces et par les eaux salées, et même complétement transformée en continents à divers intervalles; il est également admis que ces changements sont le résultat du soulèvement ou de l'abaissement du sol.

En ce qui concerne le bassin de Paris, que Cuvier, Brongniart et C. Prévost avaient spécialement en vue dans leurs travaux, il est actuellement bien démontré que les assises alternativement lacustres et marines, qui se superposent au-dessus de la craie, se sont formées successivement et que la même époque n'a pas vu se produire, par exemple, le calcaire grossier et le gypse de Montmartre.

et qu'elles sont loin d'avoir le caractère de généralité qu'il leur supposait : Aucune observation n'a fait voir, au-dessous de dépôts étendus et puissants dont on puisse attribuer la formation à la mer, une surface évidemment continentale, c'est-à-dire qui porterait les traces de l'habitation des animaux et de plantes terrestres et celles des influences atmosphériques. — La position verticale de certaines tiges dans quelques bancs des terrains de charbon et de lignite ne saurait indiquer que les végétaux terrestres croissaient dans le lieu même où l'on trouve ces tiges, et par conséquent qu'ils aient été enfouis en place. — Des arbres peuvent bien avoir été enfouis en place sur le sol qui les nourrissait; mais cela a eu lieu accidentellement et localement par suite du déversement de bassins supérieurs ou par l'augmentation momentanée du volume des eaux courantes. — Les rochers élevés et le calcaire d'eau douce, percés par des mollusques lithophages marins, n'attestent que le séjour de la mer à des points plus élevés que son niveau actuel, puisque le calcaire d'eau douce, fût-il en place, pourrait être de ceux formés au-dessous des eaux marines par des eaux continentales affluentes.

Synchronisme des formations marines et des formations lacustres. —
Pendant la période tria-jurassique continentale, la mer avait
complétement déserté le continent européen. Dans l'état actuel
de nos connaissances, je ne crois pas qu'il soit possible de citer
une formation marine se plaçant sur le même niveau géognostique que les formations lacustres supra-oolitiques. La
sédimentation, lors de la période tria-jurassique continentale,
a été exclusivement lacustre en Europe. On peut en dire autant
de la période crétacée continentale.

La période nummulitique nous fournit le premier exemple
de formations marines et lacustres contemporaines. Pendant
cette période, la mer recouvrait une vaste zone depuis le
centre de l'Asie jusqu'aux Pyrénées; elle se montrait aussi
dans les bassins de la Garonne et de la Seine et pénétrait sur
une partie de l'emplacement maintenant occupé par les Alpes.
Le continent placé entre ces diverses régions recouvertes par
les eaux marines offrait, en Provence, un lac qui a persisté
pendant toute la période nummulitique. Tandis que le terrain
nummulitique s'édifiait, ce lac recevait une longue suite
d'assises, divisée par les géologues du midi de la France en
plusieurs groupes, sous les noms de *couches à Lychnus, groupe
du lignite* et *mollasse lacustre*. La période nummulitique
marine s'est terminée, comme celles qui l'avaient précédée,
par une période continentale qui correspond au gypse d'Aix
et au gypse de Montmartre et pendant laquelle l'action sédimentaire paraît avoir été aussi exclusivement lacustre.

Le commencement de la période néozoïque a vu les eaux
douces et salées envahir la majeure partie du continent européen. Jamais, depuis la période triasique, les eaux n'avaient
recouvert, en France, une aussi grande étendue. Je viens de
citer des exemples de formations lacustres et marines tout-à-

fait synchroniques; ces exemples nous sont fournis, en bien
plus grand nombre, par le terrain miocène, c'est-à-dire par
celui qui correspond à la première partie de la période néozoïque marine. Mais les formations marines et lacustres du
terrain miocène offrent une particularité encore non expliquée; c'est la manière dont s'effectue le passage des unes aux
autres. La même assise passe du faciès marin au faciès lacustre
sans que l'on puisse trouver le point où doit être placée leur
ligne de démarcation.

Lors de la période miocène, la mer pénétrait dans la vallée
du Rhône; près de Lyon, elle obliquait à l'est, et, sans subir
de solution de continuité, allait ensuite recouvrir une partie
de la plaine helvétique. En Suisse et dans la vallée du Rhône,
les dépôts de la période miocène sont exclusivement marins;
mais, dans la dépression bressanne, ils sont lacustres, et le
passage de ces dépôts lacustres de la Bresse aux dépôts marins
des environs de Lyon s'effectue sans qu'il soit permis de
tracer, entre les uns et les autres, une ligne de démarcation.
On peut faire une observation semblable pour les assises
lacustres miocéniques de l'Auvergne qui passent aux formations marines, également miocéniques, de la vallée de la
Loire, et pour les formations lacustres de la partie supérieure
de la vallée de la Garonne qui passent également aux formations marines de l'Aquitaine. « Dans l'est, dit M. Raulin, à
Albi, Toulouse, Auch et jusqu'à Agen, il n'y a que des dépôts
lacustres; le sud-ouest ou bassin de l'Adour ne présente que
des formations marines, et dans une bande intermédiaire, de
l'embouchure de la Gironde à Tarbes, on ne voit que des
alternances lacustres et marines. Indépendamment de ces faits
généraux, j'ai vu dans mes excursions jusqu'à trois grands
étages marins se transformer graduellement en systèmes

lacustres, sans que leur composition minéralogique changeât
considérablement, et sans que les calcaires lacustres qui les
séparent perdissent rien de leur physionomie primitive. »

Il n'y a, pour expliquer ces passages de formations marines
à des formations lacustres, trois hypothèses.

L'une, adoptée par M. Raulin, consiste à voir dans le bassin
de la Garonne, que je prendrai pour exemple, un estuaire ou
grand golfe recevant des affluents. L'autre, proposée par
M. Leymerie, nous montre un cordon littoral séparant les eaux
douces des eaux salées.

M. Raulin n'hésite pas à considérer l'Aquitaine comme un
ancien estuaire, offrant, dit-il, un des plus beaux exemples à
l'appui de la théorie des affluents. A l'opinion formulée par
M. Raulin je ferai les objections suivantes. Les estuaires ont
certains caractères pétrographiques et organiques que l'on ne
retrouve pas dans les alternances marines et lacustres du bassin
de l'Aquitaine ; telles sont les accumulations de bois flottant ;
les alternances répétées non seulement d'assises, mais aussi de
couches fluviatiles et marines ; le mélange sur le même point
de coquilles marines et de coquilles d'eau douce, etc. D'ailleurs,
un estuaire recevant des formations lacustres suppose un apport
considérable d'eau douce par les affluents ; or, pendant la période
miocène, les continents étaient peu étendus, et l'on ne sait où
pouvaient exister les fleuves immenses qui auraient dû pénétrer dans le golfe de l'Aquitaine pour en chasser constamment
les eaux salées en les remplaçant par des eaux douces. Il nous
paraît plus simple d'admettre l'existence d'un cordon littoral
séparant la zone d'eau douce de la zone d'eau salée. Ce cordon
littoral se serait déplacé plusieurs fois, se rapprochant tantôt
de l'océan, tantôt de la terre-ferme. Il aurait à peine dépassé
le niveau de la mer, exactement comme la *plage* qui sé-

pare la Méditerranée et l'étang de Thau, dans le Languedoc. Enfin, il aurait été formé des mêmes matériaux accumulés dans les eaux qu'il séparait. Ces diverses circonstances rendraient compte de la similitude offerte par les formations marines et lacustres sous le rapport de leur composition : elles expliqueraient aussi pourquoi les traces de ces cordons littoraux n'ont pas encore été observées.

Il est une troisième hypothèse qui consiste à admettre que les eaux douces et les eaux salées formaient, par suite de leur densité différente, deux zones distinctes et superposées. La zone d'eau salée, la plus profonde, aurait été habitée par des animaux marins ; la zone d'eau douce, sur les points où elle atteignait le sol lorsque celui-ci offrait une faible profondeur, aurait eu une faune lacustre ou fluviatile. Cette hypothèse, dont l'examen attirera plus tard mon attention, peut s'appliquer à un estuaire d'une faible étendue, mais non à un bassin aussi vaste que celui de la Gascogne. On ne peut invoquer ici l'exemple de ce qui se passe dans de la Baltique (voir page 580), où une faune marine est mêlée à une faune lacustre : chacune de ces deux faunes est pauvre, et leur mélange résulte de ce que les eaux qu'elles habitent sont saumâtres. Dans les terrains de l'Aquitaine, les deux faunes sont largement développées, et s'observent dans des couches distinctes ; ce qui indique une différence complète dans les milieux où les animaux dont elles se composent ont vécu.

CHAPITRE VIII.

Modifications générales subies par l'action sédimentaire pendant les temps géologiques. — Caractères géognostiques de l'ère neptunienne, de l'ère tellurique et de l'ère jovienne. — Ère neptunienne; circonstances qui ont déterminé la schistosité des roches de la période azoïque. — Ère tellurique; elle est susceptible de se diviser, au point de vue exclusivement géognostique, en plusieurs périodes. — Ère jovienne, dépôt du drift et de la panchina. — Relations qui existent entre les diverses zones d'une même formation, et la série des terrains depuis le trias jusqu'au terrain moderne. — Résumé chronologique.

L'action sédimentaire pendant les temps géologiques. — Dans ce chapitre, je vais, en me plaçant à un point de vue chronologique, résumer et compléter les considérations qui ont fait l'objet de ce quatrième livre.

L'action sédimentaire n'a jamais cessé un seul instant de s'exercer à la surface du globe, depuis le commencement de l'ère neptunienne jusqu'à nos jours.

Dans son mode de manifestation, elle a subi des modifications générales qui peuvent s'énoncer de la manière suivante :

1° Les bassins où s'effectue l'action sédimentaire ont offert une étendue de plus en plus faible ; d'abord largement ouverts dans tous les sens et rattachés les uns aux autres, ils se sont fermés et isolés de plus en plus ; puis ils se sont transformés en mers intérieures, en golfes et, dans quelques cas, en mers caspiennes. A l'océan sans rivage des premiers temps géologiques, a succédé le mode de répartition des eaux marines tel

qu'il se présente à nous. L'action sédimentaire, qui primitivement s'était manifestée sur toute la surface du globe, s'est
localisée de plus en plus : d'abord uniforme, ce phénomène,
comme tous ceux qui font l'objet de la géologie, a varié de
plus en plus dans ses caractères essentiels.

2° L'action sédimentaire, à son début, a été exclusivement
marine; plus tard, sans cesser de se produire au fond des mers,
elle s'est également manifestée dans des dépressions maréca-
geuses (période houillère), puis dans des lacs; à dater de la fin
de la période jurassique, les formations lacustres ont pris une
importance sans cesse croissante.

3° Les roches résultant d'une précipitation chimique ont primitivement été les seules à se constituer à la surface du globe;
d'abord à texture cristalline, elles ont pris un aspect de plus
en plus terreux, puis elles ont perdu de leur importance. Il
viendra un moment où il ne s'en produira presque plus à la
surface du globe.

4°. Les roches détritiques, d'abord nulles, sont devenues de
plus en plus abondantes; leur accroissement d'importance est
dû au refroidissement des climats, à l'extension du sol émergé,
à la plus grande étendue de la partie du sol sous-marin porté
dans la zone où les eaux sont agitées. Il viendra un moment
où les roches détritiques seront presque les seules en voie de
formation à la surface de la terre.

Pendant les temps géologiques, l'action sédimentaire a toujours consisté dans le dépôt de substances tenues en suspension
ou en dissolution dans l'eau. Elle s'est toujours manifestée en
obéissant aux mêmes lois générales, dont les plus importantes ont précédemment attiré notre attention; toujours, par
exemple, parmi les matériaux charriés par un même courant,
ce sont les moins volumineux ou les plus légers qui ont été

entraînés à la plus grande distance de leur point de départ ; ce sont eux qui se sont déposés les derniers. Mais le milieu dans lequel l'action sédimentaire s'est développée et les divers phénomènes sous la dépendance desquels elle s'est placée ont varié ; il en est resulté, pour l'action sédimentaire, des modifications générales que je viens de résumer et que Daubuisson rappelait dans son *Traité de Géognosie*, publié en 1828 (1). Ces

(1) « Les couches des divers âges présentent des différences bien remarquables dans les diverses circonstances de leur formation : les plus anciennes sont des produits cristallins, les suivantes se présentent comme des sédiments, et, dans les dernières, on a des assises composées de matières charriées par une cause mécanique. Au reste, ce changement est loin de présenter une dégradation progressive d'une extrémité de la série à l'autre : à des couches entièrement cristallines, on voit succéder tout-à-coup des bancs de pierres roulées, et réciproquement, et cela avec des alternatives plusieurs fois répétées. — Les premières roches, celles à structure granitique, décèlent une formation faite lentement et avec tranquillité. Puis la cristallisation est devenue plus confuse ; de là ces granites à grains indiscernables à la vue et ces schistes dans lesquels les grains de quartz et les paillettes de mica ne s'aperçoivent que très difficilement. Ensuite, l'aspect cristallin a disparu et il ne s'est produit que des masses compactes dont le tissu se relâchait de plus en plus ; les phyllades en offrent des exemples. — Après le dépôt des phyllades, il se présente un nouvel ordre des choses ; jusqu'alors, que la cristallisation fût distincte ou confuse, ses produits étaient purs et homogènes, maintenant la matière sera fournie par les roches antérieurement formées ; ces roches seront comme brisées ; leurs fragments seront comme triturés, ils seront charriés et portés, par des courants, jusque dans les mers ; ils s'y mêleront avec les dépôts qui s'y forment, et ils en altèreront la pureté et l'homogénéité ; ils donneront lieu à des poudingues et à des grès.

» Les formations minérales montrent encore, sous le rapport de leur étendue, une différence notable dépendant de leur âge relatif. — Les plus anciennes, les granites, gneiss, etc., sont *générales* : elles semblent avoir enveloppé tout le globe : sur tous ses points, soit qu'on les voie immédiatement à la surface, soit qu'on puisse les atteindre au-dessous des couches qui les recouvrent, on les retrouve, et on les retrouve exactement avec les mêmes caractères, en Asie et en Amérique, comme en Europe. Les suivantes, les phyllades, etc., se présentent aussi avec les mêmes caractères : mais elles manquent dans un grand nombre de contrées ; ou parce qu'elles ne s'y sont pas originairement

modifications générales ont également été signalées par Brongniart qui, ainsi que nous allons le voir, s'en est servi pour établir la classification des terrains qu'il a proposée en 1829.

Terrains agalysiens, hémilysiens, izémiens et clysmiens. — Par suite des variations que l'action sédimentaire a subies lors des temps géologiques, les grandes périodes que nous avons désignées sous les noms d'ères neptunienne, tellurique et jovienne présentent, au point de vue géognostique, des caractères différents.

Pendant l'ère neptunienne, les dépôts sédimentaires ont eu une origine exclusivement marine; tous se sont constitués par voie de précipitation chimique; ils ont été reçus dans un océan qui recouvrait le globe tout entier : aussi forment-ils à l'écorce terrestre un revêtément continu. Tous ces dépôts offrent une texture cristalline et une structure schisteuse; l'ère neptunienne est le règne des roches silicatées ou schisteuses.

L'ère tellurique a vu l'apparition et le développement graduel des bassins géogéniques, des roches détritiques et des formations lacustres. Les roches d'origine chimique, datant

produites, qu'il se formait par exemple du gneiss dans un lieu, tandis qu'il se formait du phyllade dans un autre; ou parce qu'elles y ont été postérieurement détruites, soit par l'action du temps, soit par l'effet de quelque circonstance locale. Plus avant, en suivant le cours des âges, nous avons des formations qui se retrouvent encore dans un très grand nombre d'endroits du nouveau comme de l'ancien continent, avec même composition minéralogique, même structure, mêmes circonstances de gisement, et qui, par conséquent, présentent bien encore un caractère de généralité; mais elles n'occupent que des espaces particuliers et de peu d'étendue : ce sont les formations *circonscrites* dont la grande formation houillère a offert un exemple bien caractérisé. Enfin, dans les derniers temps il semble que les formations sont *particulières* aux contrées dans lesquelles on les trouve, et la spécialité est d'autant plus marquée que la formation est plus récente. » (*Traité de Géognosie de Daubuisson*).

de cette période, ne sont qu'accidentellement cristallines ou schisteuses ; les carbonates de chaux et de magnésie interviennent fréquemment dans leur composition. L'ère tellurique est le règne des roches calcaires et calcareuses.

Enfin, pendant l'ère jovienne, les continents ont pris une grande extension ; les roches d'origine chimique n'ont joué, dans la composition des terrains, qu'un rôle secondaire ; les formations terrestres ont acquis une importance qu'elles n'avaient jamais eue. Cette période est le règne des roches détritiques.

J'ai dit que Brongniart avait basé sa classification des terrains sur les changements réguliers que l'action sédimentaire a subis pendant les temps géologiques. Brongniart partageait la série des terrains en quatre grands groupes.

Le groupe des terrains *agalysiens* ou ayant été entièrement dissous (ἄγαν, beaucoup ; λύσις, dissolution). C'est à peu près l'équivalent du terrain strato-cristallin formé pendant l'ère neptunienne.

Le groupe des terrains *hémilysiens*, à demi dissous (ἥμισυς, moitié ; λύσις, dissolution). Ce groupe se termine au terrain houiller qui n'en fait pas partie ; il correspond au terrain paléozoïque marin.

Le groupe des terrains *izémiens* ou sédimenteux : (ἵζημα, dont la radical est ἵζω, s'asseoir, se poser). C'est l'ensemble des dépôts qui se sont effectués pendant l'ère tellurique, diminuée de la période paléozoïque marine.

Enfin, le groupe des terrains *clysmiens* (κλυσμός, inondation), qui, sans exception, datent de l'ère jovienne.

ÈRE NEPTUNIENNE OU AZOÏQUE.

L'ère neptunienne a commencé avec le dépôt des premières roches d'origine sédimentaire ; elle s'est terminée lorsque la vie s'est montrée pour la première fois à la surface du globe, ou, du moins, lorsque les débris de corps organisés se sont définitivement mêlés aux roches en voie de formation, pour parvenir jusqu'à nous à l'état de fossiles.

Pendant l'ère neptunienne, un océan sans rivage a recouvert le globe tout entier ; vers la fin de cette période seulement, les premiers continents, encore peu étendus, se sont montrés au-dessus de l'océan des premiers âges géologiques. La conséquence de cet état de choses a été l'absence, dans le terrain azoïque, de roches à éléments détritiques provenant de la désagrégation des roches préexistantes.

Les dépôts appartenant au terrain azoïque résultent d'une sédimentation purement chimique : tous leurs éléments leur sont directement arrivés de l'intérieur de l'écorce terrestre ou de la pyrosphère, parce qu'ils ne pouvaient provenir que de là. L'écorce terrestre et la pyrosphère tenaient même en réserve, pour l'avenir, des masses considérables de carbonate de chaux, de carbonate de magnésie, de sulfate de chaux, de matières ferrugineuses, etc.

Pour bien se rendre compte de ce qu'était l'action sédimentaire pendant l'ère neptunienne, il faut se reporter à l'époque où l'écorce terrestre se bornait à une mince croûte récouvrant le magma granitique des temps plutoniques. Les premières masses stratifiées auxquelles cette croûte a servi de substratum ont une grande analogie de composition et d'aspect avec le granite primitif ; cela ne doit pas nous surprendre, puis-

Superstratum.   Dépôts Superficiels.   Superstratum.   Interstratum.   Infrastratum.

Vosges.

Paris

Terrains
Anté-triasiques.

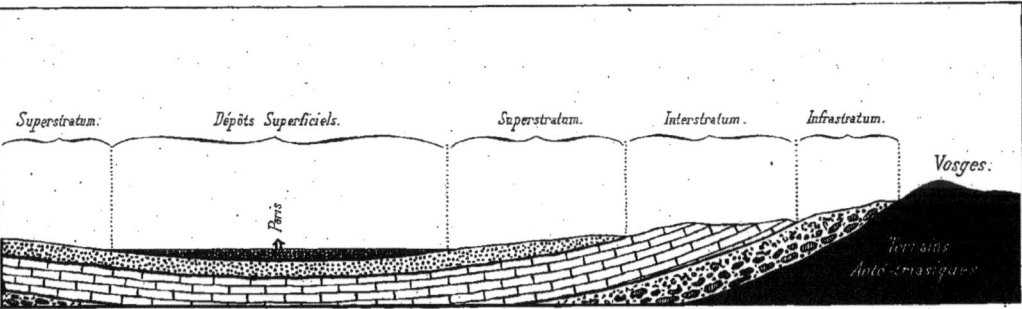

Fig. 31._ Bassin Parisien. (Voir page 610.)

Massif du Jura.

Saône, riv.

Plaine de la Bresse

Lac de Neuchâtel.

Plaine de la Suisse.

Terrains Anté-triasiques.

Fig. 32._Bassin Jurassien. (Voir page 612.)

Yoga 601   Tome 1

qu'elles résultaient : 1° du dépôt effectué par les eaux geysériennes qui traversaient le granite et s'imprégnaient des substances dont ce granite se composait ; 2° des éruptions du magma granitique formant une boue dont les éléments étaient délayés ou non par les eaux de l'océan primitif. Cette similitude d'aspect entre les premières roches sédimentaires et le granite s'expliquerait encore, quand bien même on admettrait une action détritique s'exerçant au fond de l'océan des temps primitifs, puisque ces roches sédimentaires proviendraient en partie du remaniement du granite. Ainsi s'expliquent l'abondance du quartz et du feldspath dans les roches de l'ère neptunienne.

Au-dessus du granite primitif se trouve donc une roche qui en a la composition et presque tous les caractères ; elle ne s'en distingue que parce qu'elle est stratifiée. Le granite stratifié passe, par la perte de la majeure partie du quartz, au gneiss. Celui-ci se change, à son tour, en schiste cristallin, d'abord micacé, puis talqueux. Enfin, viennent les phyllades et les schistes phylladiformes dont la présence dénote déjà une détrition extérieure et nous dit que l'écorce terrestre, de plus en plus soulevée, atteignait, lorsqu'ils se sont déposés, la zone agitée de l'océan.

Les détails pétrographiques et géognostiques dans lesquels je pourrais entrer au sujet du terrain azoïque seront mieux placés dans la partie de cet ouvrage consacrée à la géologie systématique. Plus tard aussi, j'examinerai dans quelle mesure ce terrain mérite l'épithète de métamorphique. J'ai rappelé les causes qui avaient déterminé sa composition. Sa texture cristalline s'explique parfaitement quand on a égard à la provenance de ses éléments constitutifs et à la profondeur de la zone où ils se sont déposés. Quant à sa structure schisteuse,

59

les expériences de M. Daubrée et d'autres savants nous permettent de nous en rendre compte. Ces expériences démontrent
que cette structure apparaît dans les masses encore plastiques
qui sont soumises à une sorte de laminage sous une forte pression. Or, les matériaux amenés à la surface du globe conser-
vaient une certaine plasticité pendant un temps assez prolongé.
La pression était produite par l'océan dont la profondeur
moyenne atteignait 3000 mètres; par conséquent, cette pression
était égale, sur une surface donnée, à trois cents atmosphères
environ. Quant au mouvement de laminage, il était déterminé
par les mouvements nombreux de la croûte du globe encore
très mince et cédant avec une grande facilité à toutes les impulsions de la pyrosphère.

ÈRE TELLURIQUE.

Au point de vue de la méthode naturelle, c'est-à-dire de
celle qui tient compte de tous les caractères, l'ère tellurique
se partage, ainsi que le montre le tableau de la page 224, en
cinq périodes. Mais si l'on ne consulte que les caractères
fournis par l'action sédimentaire, les terrains correspondant
à l'ère tellurique sont susceptibles de se partager en quatre
groupes dont je vais indiquer les limites et les caractères.
Deux de ces groupes sont caractérisés par le faible développement, et, deux autres, par l'abondance des roches détritiques.

Terrain paléozoïque marin. — Un premier groupe comprend
les terrains se rattachant à la période paléozoïque marine.
Dans la composition de ces terrains, surtout des plus anciens,
les schistes jouent encore un rôle important; aussi la désignation de *terrain schisteux* a-t-elle été pendant longtemps

affectée à la partie inférieure du terrain paléozoïque réunie au terrain strato-cristallin. Mais ces schistes n'offrent plus que rarement une texture cristalline; ils sont tous plus ou moins argileux et phylladiformes. Les roches calcaires deviennent de plus en plus abondantes et tendent également à perdre leur texture tout-à-fait cristalline. C'est dans cette série que se montrent, pour la première fois, les roches détritiques nettement caractérisées ; ces roches sont des grès rouges et des grauwackes. Les terrains appartenant à la première partie de la période paléozoïque marine ont été longtemps réunis sous la désignation générale de *groupe de la grauwacke*. Le terrain dévonien, placé entre le groupe de la grauwacke et le calcaire carbonifère, a reçu d'une roche, dont il se compose en majeure partie, le nom de *vieux grès rouge*.

Les roches du terrain paléozoïque marin, prises dans leur ensemble, ont des nuances foncées, presque toujours très sombres; la nuance du grès rouge lui-même est plus ou moins violacée. La composition et la coloration de ces roches accuse une action geysérienne très intense, que l'on reconnaît notamment dans les filons métallifères qui, en Angleterre, sont injectés dans le calcaire carbonifère.

J'ai déjà indiqué les circonstances qui s'opposent à ce que l'on puisse indiquer d'une manière exacte le mode de distribution des terres et des mers pendant la période paléozoïque marine. En attendant l'occasion de revenir sur ce sujet, il me suffira de dire que ce mode de distribution n'avait aucune relation avec ce qu'il devait être plus tard ; ce n'est qu'à dater de la période triasique que le globe a commencé à présenter l'ébauche de son modelé actuel.

Terrains houiller, permien et triasique. — Dans le groupe formé par la réunion de ces terrains, les schistes se montrent presque pour la dernière fois. Les calcaires existent à peu près dans la même proportion qu'antérieurement. Les roches qui impriment à ce groupe son caractère essentiel, et qui dénotent l'existence de terres émergées très étendues et d'un climat pluvieux, ont une origine détritique ; ce sont des grès et des conglomérats qui se distinguent les uns des autres par leur nuance, noirâtre pour le grès houiller, rouge pour le grès permien et bigarrée pour le grès triasique. L'action geysérienne est intervenue dans la formation des roches de ce groupe avec une énergie dont témoignent les couleurs vives et variées de la plupart d'entre elles, la composition des schistes cuprifères de Thuringe, la présence du sel gemme ou du gypse dans plusieurs étages et notamment dans les marnes irisées, enfin les filons métallifères injectés dans le grès bigarré.

Les rapports qui, au point de vue lithologique, rattachent le trias au terrain permien, sont assez intimes pour que M. Marcou ait considéré ces deux terrains comme formant un seul groupe composé de deux termes qu'il appelle dyas et trias. C'est une question de géologie systématique dont l'examen attirera plus tard mon attention. Je me bornerai à faire observer que le trias, qui offre une grande analogie de composition avec les formations qui l'ont immédiatement précédé, s'en distingue pourtant au point de vue de sa faune et de sa flore. Mais ce qui, dans une classification générale, ne permet pas de réunir le trias avec le terrain permien, c'est que celui-ci marque, sous tous les rapports, la fin d'un ancien état de choses, tandis que le trias est le commencement d'une ère nouvelle. J'aurai plusieurs fois, et notamment dans ce chapitre, l'occasion de développer et d'expliquer cette manière de voir.

Terrains jurassique, crétacé et nummulitique méditerranéen. — Les terrains que je réunis ici à cause de la similitude de leur constitution pétrographique, mais qui, en dernière analyse, forment des groupes distincts, ont pour caractères essentiels : 1° l'absence ou le faible développement des roches détritiques autres que les marnes et les argiles; 2° la prédominance des roches calcaires. Il y a, sous ce rapport, une opposition complète entre l'ensemble qu'ils constituent et celui qui comprend les grès houiller, permien, vosgien et bigarré.

Les terrains que je réunis au terrain jurassique offrent, comme lui, des alternances de marnes et de calcaires : ceux-ci varient beaucoup sous le rapport de leur aspect, de leur structure et de leur texture. Les dépôts de la période jurassique et des périodes suivantes portent, presque toujours, l'empreinte d'une sédimentation tranquille. Les roches arénoïdes qui se montrent au-dessous et au-dessus du lias (arkose et grès superliasique) sont les derniers effets de l'action détritique qui s'était manifestée avec énergie depuis la fin de la période paléozoïque marine. Le grès vert qui correspond à la partie moyenne de la série crétacée et les roches de macigno qui entrent dans la composition du terrain nummulitique méditerranéen marquent, par leur mélange avec les roches calcaires, le passage lithologique de la formation jurassique au terrain tertiaire. La période qui a vu le dépôt du terrain jurassique avait un climat peu pluvieux : il en a été de même, mais à un moindre degré, pour les périodes crétacée et nummulitique. Les assises de grès vert et de macigno sont, pour ainsi dire, le prélude des phénomènes d'érosion et de transport qui, à dater de leur dépôt, ont pris une énergie croissante jusqu'à l'époque actuelle.

Quant à l'action geysérienne, elle s'est manifestée, pendant le temps compris entre les époques liasique et nummulitique, par des émissions incessantes de carbonate de chaux et de magnésie ; elle a déterminé aussi, à divers intervalles, des émissions ferrugineuses.

Signalons enfin deux circonstances qui ont exercé une grande influence sur le caractère des dépôts dont il vient d'être question. Les mers, d'abord profondes et largement ouvertes dans tous les sens, ont perdu en profondeur et en étendue, depuis le commencement de la période liasique jusqu'à la fin de la période nummulitique.

Terrains éocène, miocène et pliocène. — Dans le groupe formé par la réunion de ces terrains, on observe l'inverse de ce que nous venons de constater dans le groupe précédent. Les roches calcaires deviennent de moins en moins abondantes, ce qui résulte d'un ralentissement progressif dans l'action geysérienne ; ces roches ne présentent plus qu'exceptionnellement la compacité et la stratification régulière des calcaires jurassiques. Les roches détritiques, sous forme de conglomérats, de grès, de marnes, d'argiles, etc., reparaissent et constituent des assises puissantes. Alors se montrent successivement le flysch de la Suisse, une partie des roches désignées en Italie sous le nom de macigno, le grès et les sables de Fontainebleau, la mollasse du midi de la France, la mollasse et le nagelfluhe de la Suisse, les faluns de la Touraine, les sables pliocéniques d'Asti, etc. Tous ces dépôts démontrent l'existence de phénomènes d'érosion et de transport très énergiques ; leur aspect indique qu'ils ont été reçus dans des golfes et dans des eaux peu profondes et agitées. Un des caractères les plus remarquables des terrains éocène, miocène et pliocène est le mélange fréquent de formations lacustres et marines, soit qu'elles alternent, soit qu'elles se placent, dans des régions différentes, au même niveau.

ÈRE JOVIENNE OU ÉPOQUE GLACIAIRE.

L'ère jovienne se partage en trois périodes : deux périodes glaciaires proprement dites, pendant chacune desquelles les glaciers ont pris un grand développement, et une période inter-glaciaire, qui a vu la disparition totale ou partielle des premiers glaciers. Cette série se complète par un quatrième terme, qui est la période actuelle ou post-glaciaire.

La période interglaciaire est quelquefois désignée sous le nom de période des sédiments quaternaires. Elle a vu s'effectuer le dépôt de la majeure partie des roches de l'ère jovienne formées au sein des eaux marines. Ces roches stratifiées sont encore au fond de la mer; on ne peut observer que celles qui ont été émergées à la suite des mouvements du sol. Les terrains que ces roches constituent sont les représentants de l'action sédimentaire pendant l'ère jovienne. Je citerai : 1° *le drift*, dont le dépôt s'est effectué dans la mer qui, lors du commencement de cette période, occupait le nord de l'Allemagne et de la Russie. 2° Les lambeaux de calcaire quaternaire marin soulevés sur les bords de la Méditerranée; ce calcaire, sur les côtes de l'Italie, porte le nom de *panchina*. Il recouvre presque la moitié de la Sicile; il est d'un blanc jaunâtre et repose sur une argile bleuâtre, appartenant comme lui à l'ère jovienne. La formation comprenant ce calcaire et cette argile a plus de 300 mètres de puissance; elle se montre à Syracuse, à Girgenti et à Castrogiovanni, dans le centre de la Sicile, où elle existe à une altitude de 900 mètres. 3° Les *sables du désert de Sahara* constituant le fond d'une mer qui existait encore pendant une partie de l'ère jovienne.

S'il nous était donné d'étudier les couches accumulées au
sein de la Méditerranée, pendant l'ère jovienne, nous retrouverions en elles la plupart des caractères que nous avons l'habitude d'observer dans les calcaires des périodes anciennes.
Nous verrions, en outre, chacune des deux périodes glaciaires
correspondre à une assise formée de grès et de conglomérats;
entre chacune de ces deux assises, s'intercalerait une assise
calcaire correspondant à la période interglaciaire. Cette composition du terrain jovien nous rappellerait celle du trias, également formé d'une assise calcaire, le calcaire conchylien, inter-
calé entre deux assises de roches détritiques, le grès bigarré
et les marnes irisées.

**Relation entre les diverses zones d'une formation et la série chronolo-
gique des terrains.** — Lorsque l'on considère la série chronologique des terrains, depuis le trias jusqu'aux formations de l'é-
poque actuelle, on constate une relation très remarquable entre
cette série et celle des diverses zones que nous avons distin-
guées sous les noms d'infrastratum, d'interstratum et de superstratum. Le trias, avec ses argiles, ses grès et ses conglomérats, n'a-t-il pas tous les caractères pétrographiques de
l'infrastratum ? Les terrains jurassique, crétacé et nummulitique, dans la composition desquels les calcaires et les roches
résultant d'une sédimentation chimique jouent un rôle si important, ne sont-ils pas un interstratum ? Le terrain néozoïque,
qui nous montre en abondance des roches détritiques, ne peut-
il pas être considéré comme un superstratum ayant définitivement comblé les bassins qui, à part quelques émergements
momentanés, n'avaient cessé d'exister depuis le commencement de la période triasique ? Enfin, le terrain jovien, tel du
moins qu'il se présente à nous, ne correspond-il pas à cet en-

semble que nous avons désigné sous le nom de dépôts superficiels ?

Cette disposition générale n'est certainement pas l'effet du
hasard ; elle reconnaît deux causes, l'une réelle et l'autre apparente.

La cause apparente, c'est l'ordre dans lequel se sont effectués
l'émergement des dépôts d'un même bassin et leur destruction
successive par les agents extérieurs. Pour donner une idée de
l'influence que ces deux circonstances ont pu exercer sur
le caractère général des terrains, non pas tels qu'ils se sont
formés, mais tels qu'ils se présentent à nous, je ferai les
remarques suivantes. A cause de son peu d'ancienneté, l'ère
jovienne a conservé tous ses dépôts superficiels ; ceux-ci impriment d'autant mieux leurs caractères au terrain quaternaire
que les couches marines qui font partie de ce terrain sont
encore sous les eaux. Le terrain jurassique, au contraire, a
complétement perdu ses dépôts superficiels et n'a conservé
qu'une minime partie de ses dépôts littoraux.

Cette relation remarquable entre la série chronologique des
terrains et celle des zones superposées d'un même bassin est,
comme je vais le démontrer, la conséquence immédiate de
la manière dont se sont effectués les mouvements de l'écorce
terrestre depuis l'époque triasique jusqu'à nos jours.

Bassin parisien. — On désigne ainsi la dépression dont Paris
occupe le centre ; elle est limitée par le massif central et par
les massifs breton et ardenno-vosgien. J'ai déjà cité ce bassin
comme exemple d'un centre de sédimentation, c'est-à-dire
d'une contrée où l'action sédimentaire n'avait été suspendue
que par intervalles. Cette dépression date du commencement
de la période triasique ; alors le sol a pris la configuration générale qu'il devait conserver jusqu'à l'époque actuelle. Les

massifs montagneux ont persisté en s'exhaussant de plus en plus et en finissant par se souder les uns aux autres. La partie centrale de cette dépression s'est aussi graduellement exhaussée, et la mer, chaque fois qu'elle est revenue après une absence plus ou moins prolongée, a offert moins d'étendue et moins de profondeur que lors de son apparition antérieure. Puis, lorsqu'elle s'est retirée pour la dernière fois, elle a laissé derrière elle, comme pour occuper sa place, le bassin hydrographique de la Seine.

Le bassin parisien a reçu d'abord une vaste nappe de sable, de gravier et de cailloux roulés arrachés aux régions montagneuses qui l'entouraient. Ces débris ont formé, par leur accumulation, le terrain triasique qui est un véritable infrastratum. Au-dessus de ce terrain, vient la longue série des assises jurassiques, dont l'ensemble a tous les caractères d'un interstratum. Pendant que leur dépôt s'effectuait, le sol sous-marin s'affaissait de plus en plus; lorsque ce dépôt s'est terminé, une impulsion ascendante a occasionné l'émergement du bassin parisien, et cet émergement a persisté pendant tout l'intervalle de temps correspondant à la période tria-jurassique continentale. Puis, ce bassin a repris son mouvement descendant, la mer est revenue, et l'édification de l'interstratum, un instant suspendue, s'est complétée par la superposition des assises crétacées aux assises jurassiques. Le même phénomène d'exhausement et d'affaissement s'est reproduit à la fin de la période crétacée; mais lorsque la mer de la période tertiaire s'est montrée, diverses circonstances, telles que la faible profondeur de cette mer, la grande extension des terres émergées, un refroidissement du climat, ont imprimé aux dépôts reçus dans le bassin parisien, pendant cette période tertiaire, un faciès détritique qui fait de ces dépôts un superstratum. Enfin, après la disparition de la mer tertiaire, se sont montrés les dépôts superficiels (alluvions anciennes et modernes, terre végétale, etc.).

Les considérations précédentes permettent de voir, dans la dépression dont Paris occupe le centre, un seul et même bassin géogénique, qui a persisté depuis le commencement de la période triasique jusqu'à l'époque actuelle; les deux impulsions ascendantes qui ont terminé chacune des deux périodes tria-jurassique et crétacée ne se sont pas produites de façon à rendre inexacte cette manière de voir. Les assises reçues dans ce bassin géogénique se sont succédées dans le même ordre que si leur dépôt n'eût pas subi d'interruption.

La figure 31 (page 601) résume la composition générale de la formation qui a été reçue dans le bassin parisien; c'est une coupe allant des environs de Paris au sommet des Vosges et montrant au-dessus des terrains anté-triasiques 1° l'infrastratum (trias); 2° l'interstratum (terrains jurassique et crétacé); 3° le superstratum (terrain tertiaire); 4° les dépôts superficiels.

Bassin jurassien. — Ce bassin, dont le Jura forme la partie centrale, est compris entre le massif vosgien, les Alpes et l'arête montagneuse qui se prolonge du Morvan vers le Beaujolais et le Lyonnais. Les dépôts accumulés dans ce bassin, depuis la période triasique jusqu'à nos jours, s'y sont succédés dans le même ordre que ceux qui ont comblé le bassin parisien. Mais une différence, qu'il est intéressant de signaler, résulte de l'émergement définitif du Jura, après la période crétacée, c'est-à-dire au moment où allaient apparaître les assises constituant le superstratum. Ces dernières n'ont pu se déposer que dans les deux dépressions helvétique et bressanne. Elles forment le nagelfluhe de la Suisse, la mollasse lacustre et la mollasse

marine, l'argile à lignite du Dauphiné et de la Bresse, etc.
(Voir figure 32, page 601.)

Les différences qui viennent d'être signalées rappellent celles
que nous avons déjà constatées (voir chapitre VI). Le terrain
nummulitique de Catalogne et l'ensemble des dépôts reçus
dans le bassin de Paris sont des formations complètes. Pour le
plateau du Larzac comme pour le Jura, il y a eu *arrêt de
développement;* mais cet arrêt de développement n'infirme
nullement les faits généraux dont j'ai voulu démontrer la
réalité.

L'étude des autres contrées de l'Europe et de l'Amérique
septentrionale nous conduirait à observer les mêmes faits, et à
poser les conclusions suivantes.

1° Tous les terrains postérieurs à la série paléozoïque constituent un même ensemble se divisant en parties superposées
qui se montrent dans le même ordre que les assises reçues
dans un bassin géogénique.

2° Tons les bassins où ces terrains se sont déposés ont subi
en même temps deux impulsions, l'une descendante et de peu
de durée, l'autre ascendante et ayant persisté jusqu'à l'époque
actuelle.

3° Le mouvement d'intumescence, qui a eu pour effet
d'accumuler les terres vers l'hémisphère boréal, a commencé
dans la seconde partie de la période tria-jurassique, pour se
continuer jusqu'à l'ère jovienne inclusivement; il avait été
précédé d'un affaissement général, qui avait coïncidé avec la
fin de la période paléozoïque, et avait mis un terme à l'ancien
état de choses.

Ces mouvements généraux ne doivent pas nous faire perdre
de vue ceux qui se sont produits sur une plus petite échelle;
de même, les formations générales ne doivent pas nous faire

oublier qu'il existe des formations plus restreintes qui en reproduisent en petit tous les caractères. C'est ainsi que le terrain nummulitique méditerranéen, par l'ensemble de ses caractères pétrographiques, se rattache à l'interstratum de l'échelle géologique, ce qui ne l'empêche pas, dans des bassins restreints, comme en Catalogne, d'avoir son infrastratum, son interstratum et son superstratum.

Applications à une classification des terrains. — Dans le livre précédent, l'observation des phénomènes qui s'accomplissent à la surface des continents nous a conduit à partager la série des temps géologiques en deux grandes périodes, l'une comprenant l'ère neptunienne et l'ère tellurique, l'autre correspondant à l'ère jovienne. L'ère jovienne est la période des dunes, des deltas, des glaciers, du diluvium, des alluvions, etc. Pendant l'ère neptunienne et l'ère tellurique, ces phénomènes ne se sont pas produits, ou se sont manifestés sur une très petite échelle, sans laisser de trace de leur existence.

Le tableau de la page 614 résume, au point de vue chronologique, les considérations qui ont trouvé place dans cette rapide étude des phénomènes dont le siége est au sein des eaux. Il nous montre les terrains sédimentaires partagés en trois grandes classes qui correspondent respectivement à l'ère neptunienne, à l'ère tellurique et à l'ère jovienne. C'est là une division fondamentale que nous pouvons, dès à présent, considérer comme étant acquise à la géologie systématique. Les phénomènes qu'il nous reste à décrire ne modifieront pas cette classification; ils viendront, au contraire, la corroborer.

Le tableau de la page 614 reproduit également la division des terrains en deux grandes séries : la *série paléogénique* et la *série néogénique*. Cette classification est la conséquence des

ÈRE NEPTUNIENNE.	ÈRE TELLURIQUE.	ÈRE JOVIENNE.
Règne des roches silicatées ou schisteuses. — Toutes les roches, sans exception, sont d'origine chimique. — Océan recouvrant le globe tout entier; dépôts formant à l'écorce terrestre une enveloppe continue, excepté sur les points où ils ont été enlevés par voie de dénudation. — Formations exclusivement marines.	Règne des roches calcaires ou calcareuses. — Roches détritiques entrant dans la composition des terrains en même temps que les roches d'origine chimique. — Bassins géogéniques de plus en plus circonscrits. — Apparition et développement graduel des formations lacustres. — Pas de formations terrestres ayant persisté jusqu'à l'époque actuelle; celles qui ont disparu n'avaient que peu d'importance.	Règne des roches détritiques. — Roches d'origine chimique peu développées; elles sont, d'ailleurs, encore sous les eaux. — Grande extention des formations terrestres. — Développement de l'appareil littoral: dunes, deltas. — Glaciers.

SÉRIE PALÉOGÉNIQUE.	SÉRIE NÉOGÉNIQUE.

SÉRIE PALÉOGÉNIQUE.

Terrain strato-crystallin.

IV. — Schistes azoïques.

III. — Schistes talqueux.

II. — Schistes micacés.

I. — Gneiss: granite stratifié.

Terrain strato-crystallin phylladiforme.

III. — Groupe du nouveau grès rouge et du grès houiller.

II. — Groupe du calcaire carbonifère et du vieux grès rouge.

I. — Groupe de la grauwacke et de phyllades.

SÉRIE NÉOGÉNIQUE.

I. — Infralias.

(Le trias). — Marnes irisées ou des keuper et grès figuré séparé par le muschelkalk.

II. — Interstratum.

(Le terrain secondaire, plus le calcaire nummulitique et moins le trias) — Alternances de calcaires et de marnes ou d'argiles, avec quelques bancs de grès à de rares intervalles.

III. — Superstratum.

(Le terrain tertiaire, moins le calcaire nummulitique méditerranéen) — Molasse, sagel(fake, macigno fligsh, etc.) avec quelques assise calcaires.

IV. — Dépôts superficiels.

Deux terrains d'alluvions séparés par des dépôts résultant d'une sédimentation tranquille: (drift, par chin a, etc.) — Alluvions anciennes et modernes. — Conglomérat bressan. — Parties des sables des Landes.

faits qui ont été exposés page 607 ; elle ne contredit nullement celle dont il vient d'être question ; seulement, en se combinant avec elle, elle nous fournit, d'ores et déjà, un cadre de plus dans l'échelle des terrains. — Quant aux subdivisions dont le tableau fait accompagner chacune de ces deux séries, nous apprécierons plus tard la valeur réelle qui doit leur être assignée au point de vue de la géologie systématique.

NOTES

RECTIFICATIONS.

Note A. — Livre I, Chapitre III.

Les figures de la planche qui se trouve en tête de ce volume représentent les états successifs de la terre, depuis le moment où elle formait une nébuleuse jusqu'à celui où elle aura une constitution semblable à celle de la lune. L'examen des transformations que notre planète a subies ou subira a fait l'objet du chapitre III du livre I. Dans ces figures, la couleur bleue est affectée à la masse gazeuse, la couleur rouge à la masse incandescente et liquéfiée, la couleur violette à la masse solide. Le lecteur peut voir comment la couleur bleue tend à disparaître pour faire place à la couleur rouge et puis à la couleur violette, ou, en d'autres termes, comment notre planète, d'abord constituée par une masse exclusivement gazeuse, tend de plus en plus à se transformer en un corps opaque et solide. La figure 35 (partie périphérique de la terre à l'état de planète) montre de bas en haut la pyrosphère, l'écorce terrestre, l'océan et l'atmosphère.

Note B. — Page 147.

Je reproduis ici le passage du tome premier du Cosmos auquel je fais allusion en parlant de la structure caverneuse du globe.

« Ces conceptions hardies firent naître bientôt des idées
encore plus fantastiques dans des esprits entièrement étrangers
aux sciences. On en vint à faire croître des plantes dans cette
sphère creuse; on la peupla d'animaux, et, pour en chasser
les ténèbres, on y fit circuler deux astres, Pluton et Proserpine.
Ces régions souterraines furent douées d'une température toujours égale, d'un air toujours lumineux par suite de la pression
qu'il supporte : on oubliait sans doute qu'on y avait déjà placé
deux soleils pour l'éclairer. Enfin, près du pôle nord, par 82°
de latitude, se trouvait une immense ouverture par où devait
s'écouler la lumière des aurores boréales, et qui permettait de
descendre dans la sphère creuse. Sir Humphry Davy et moi,
nous fûmes instamment et publiquement invités, par le capitaine Symmes, à entreprendre cette expédition souterraine.
Telle est l'énergie de ce penchant maladif qui porte certains
esprits à peupler de merveilles les espaces inconnus, sans tenir
compte ni des faits acquis à la science, ni des lois universellement reconnues dans la nature. Déjà, vers la fin du xviie
siècle, le célèbre Halley, dans ses spéculations magnétiques,
avait creusé ainsi l'intérieur de la Terre : il supposait qu'un
noyau, tournant librement dans cette cavité souterraine, pro-
duisait les variations annuelles et diurnes de la déclinaison de
l'aiguille aimantée. Ces idées, qui ne furent jamais qu'une
pure fiction pour l'ingénieux Holberg, ont fait fortune de nos
jours, et l'on a cherché, avec un sérieux incroyable, à leur
donner une couleur scientifique. »

NOTE C. — PAGE 361.

Conglomérat bressan. — Ce terrain a été décrit pour la première fois par M. Élie de Beaumont, dans un mémoire inséré,

en 1830, dans les *Annales des Sciences naturelles*. M. Elie de Beaumont y démontre que ce terrain est distinct de la mollasse marine et du diluvium proprement dit. Il lui donne la désignation de *terrain de transport ancien* et non celle de conglomérat bressan, ainsi que je l'ai dit par erreur. C'est M. Benoît qui, si je ne me trompe, a le premier employé l'expression *conglomérat bressan*, dans un mémoire qui a paru en 1858, dans le *Bull. de la Soc. géol. de France*.

NOTE D. — CHAPITRE V.

Ere jovienne; ère des dunes et des deltas. — J'ai défini, page 364, l'ère jovienne, en disant qu'elle datait du moment où les mers s'étaient renfermées dans leurs limites actuelles; j'ai dit encore, page 288, que ce moment était celui qui avait vu l'événement désigné par plusieurs géologues sous le nom de dernière retraite des mers. Cette définition, je le reconnais, n'est pas rigoureuse. L'événement auquel je fais allusion ne s'est pas produit comme un coup de théâtre; le lecteur, qui se rappellera ce que j'ai dit dans l'introduction de cet ouvrage, admettra sans peine que je n'ai pas pu supposer un pareil changement à vue. Cet événement avait été préparé de longue main pendant toute la période néozoïque par le soulèvement progressif du sol; ce soulèvement a persisté pendant l'ère jovienne et n'a pas encore atteint son dernier terme; tant que les mers existeront à la surface du globe, elles ne cesseront pas de changer de rivage. Pour donner à la définition de l'ère jovienne toute la précision désirable, je me suis hâté d'ajouter, page 364, que cette période commençait immédiatement après le dépôt des sables jaunâtres d'Asti, de Montpellier, etc., avec *Mastodon brevirostris*, P. Gerv., et *Rhinoceros megarhinus*, P. Gerv.

Dès le commencement de l'ère jovienne, le modelé des continents actuels se trouvait plus qu'ébauché, il était presque complétement terminé; pendant l'ère jovienne, leur relief n'a pas subi de modifications importantes; les mêmes fleuves ont coulé au fond des mêmes vallées; les massifs montagneux n'ont pas éprouvé de changements considérables dans leur altitude ou leur étendue. Quant à la ligne de partage entre la terre-ferme et les eaux marines, elle a éprouvé, dans les régions basses, des déplacements qui ne sont pas sans valeur, mais qui ne sauraient infirmer le principe fondamental que je viens de rappeler, en disant que la configuration générale des continents ne s'était pas modifiée d'une manière importante pendant l'ère jovienne.

L'ère jovienne est incontestablement l'ère des glaciers; je vais examiner dans quelle mesure on peut la considérer comme étant aussi l'ère des deltas et des dunes.

Je ne prétends pas que tous les deltas actuels datent du commencement de l'ère jovienne, mais il m'est permis d'affirmer que leur formation remonte à ce moment de l'histoire physique de la terre, parce que les fleuves auxquels ils appartiennent et le littoral où ils s'édifient existaient déjà. Je ne prétends pas non plus que l'ère jovienne ait seule vu des deltas se former; mais les deltas des périodes antérieures étaient bien moins vastes que ceux d'aujourd'hui, parce que jadis les continents offraient bien moins d'étendue et d'élévation; d'ailleurs, ils n'ont pas laissé de trace de leur ancienne existence.

On a dit que les deltas actuels ne datent que de quelques milliers d'années. Cette opinion est assez exacte, si l'on réserve la désignation de deltas au système des canaux formés par les bifurcations successives d'un fleuve près de son embouchure. La disposition générale de ce système change à des intervalles rapprochés; certains canaux s'obstruent, d'autres les remplacent. Des deux branches qui constituent le sommet d'un delta, il en est une qui finit par disparaître; celle qui lui succède se montre en aval du fleuve; le sommet d'un delta tend ainsi à se rapprocher de la mer, pendant que la ligne du littoral, qui dessine la base de ce delta, se déplace dans le même sens.

Mais si, ce qui nous paraît naturel, on affecte également le nom de delta à l'ensemble des dépôts que le fleuve a formés près de son embouchure, on est conduit à reconnaître que tous les deltas ont une haute antiquité. Celui du Rhône qui semble, à cause de sa faible étendue, un des plus récents, date au moins de la seconde période glaciaire, puisque les dépôts limoneux qui le constituent sont immédiatement superposés au diluvium rouge sans fossiles de la vallée du Rhône; par la date de son origine, il correspond au lehm.

A mesure qu'un delta s'éloigne de sa situation primitive, il laisse derrière lui des dépôts alluviens, exactement comme le glacier abandonne, en se retirant, ses moraines et son terrain erratique éparpillé; c'est par le développement de ces dépôts alluviens que l'on peut apprécier l'ancienneté des deltas qui se rattachent sans solution de continuité à ceux de l'époque actuelle. Les dépôts alluviens du Mississipi forment une zone qui s'étend depuis le confluent de ce fleuve avec l'Ohio jusqu'à la mer; cette zone a plus de deux cents lieues de longueur. La formation de ces dépôts, dont chaque partie correspond à une des étapes successivement parcourues par le delta actuel, a nécessité tout le temps correspondant à l'ère jovienne. Cette manière de voir est en relation avec la puissance des alluvions que la sonde a traversées à la Nouvelle-Orléans, c'est-à-dire dans la région où s'édifie le delta actuel.

L'étude de ce qui s'est passé dans le nord de l'Allemagne,

pendant l'ère jovienne, conduit à des remarques de la même nature; là, nous voyons une vaste contrée s'édifier peu à peu, soit par l'accumulation des sédiments fluviatiles, soit par le soulèvement du sol. Des cours d'eau qui, à la fin de la période néozoïque, avaient une faible étendue, sont insensiblement devenus des fleuves. Au commencement de l'ère jovienne, le rivage méridional de la Baltique se trouvait bien plus au sud que pendant l'époque actuelle (voir page 431). Ce rivage passait par Cracovie, Breslau, Leipzig et Hanovre. Par conséquent, la Vistule, l'Oder et l'Elbe étaient des rivières peu considérables; elles ont augmenté en importance à mesure que la ligne de côte s'est rapprochée du nord; en même temps, les dunes qui accompagnaient cette ligne de côte, l'ont suivie dans ses déplacements successifs.

On voit comment on peut soutenir tout à la fois, suivant le point de vue où l'on se place, que les deltas sont de date très récente ou remontent aussi haut que l'ère jovienne; ainsi s'expliquent les divergences d'opinion que le lecteur a pu remarquer aux pages 380 et suivantes, et qui sont plus apparentes que réelles. En thèse générale, on peut dire que l'ère jovienne est l'ère des deltas; mais si, par delta, on entend plus spécialement le système de canaux placés à l'embouchure d'un fleuve, les mots ère des deltas doivent désigner la période post-glaciaire ou moderne (voir *postea*, page 630). On peut, pour éviter toute équivoque, dire que cette période est celle des deltas *contemporains*.

L'étude des dunes nous conduirait à des conclusions semblables à celles qui viennent d'être formulées; elle nous ferait conserver à l'ère jovienne la dénomination d'ère des dunes, et distinguer, dans cette ère, une période des dunes *contemporaines*.

Entre les deltas et les dunes, considérés au point de vue chronologique, il y a une différence résultant de ce que celles-ci ne laissent pas, comme les deltas, des témoignages évidents de leur ancienne existence. Les dunes se montrent dans les régions faiblement élevées au-dessus du niveau de l'océan ; peu de chose suffit pour les faire disparaître, parce que peu de chose suffit pour déplacer la ligne de côte. Si cette ligne, en se déplaçant, pénètre dans l'intérieur des terres, les dunes sont détruites par la mer, qui prend possession de son nouveau domaine. Si, au contraire, la mer se retire, les dunes, abandonnées dans l'intérieur des terres, ne subissent plus l'influence exclusive des vents du large ; elles perdent leur aspect primitif, et l'espace qu'elles recouvraient devient une région semblable aux déserts sableux de l'Afrique ou de l'Asie. Enfin, si la ligne de côte ne varie pas, les dunes se superposent les unes aux autres ; les dernières formées se présentent seules à l'observation.

NOTE E. — PAGE 380 ET SUIVANTES.

Sur l'âge des dunes de la Gascogne. — Ce que j'ai dit sur l'ère des dunes, soit à la page 380, soit dans la note précédente, démontre que les dunes ne constituent qu'un chronomètre assez imparfait, surtout si on veut l'appliquer à la mesure du temps qui s'est écoulé depuis le commencement de l'ère jovienne. En ce qui concerne les dunes de la Gascogne, *telles qu'elles se montrent à nous*, il me paraît difficile d'indiquer d'une manière précise à quel moment de l'ère jovienne, elles ont commencé à se former. D'après tous les géologues qui ont écrit sur la géologie de l'Aquitaine, les sables des Landes appartiennent au terrain pliocène. Les dunes semblent leur succéder immédiatement dans l'échelle géologique, car entre elles et les sables des Landes, on ne cite aucune formation intermédiaire ; c'est ce qui m'a conduit, peut-être à tort, à considérer les dunes de la Gascogne comme appartenant à l'ère jovienne. Mais, si l'on rattache ces dunes à la période moderne (post-glaciaire), une question reste à résoudre ; c'est celle-ci : l'ère jovienne est en majeure partie représentée dans le département de la Gironde par les dépôts diluviens caillouteux de la rive gauche de la Garonne. Qu'est-ce qui représente, entre les dunes et les sables des Landes, ces dépôts diluviens ou, d'une manière plus générale, les formations que, sur d'autres points, nous avons vues se rattacher à l'ère jovienne ? On peut admettre que le sable des Landes appartient, en partie, à la période quaternaire. Mais cette question, ainsi résolue, en laisse une autre à sa place : que sont devenues les dunes qui ont dû se former, pendant la période quaternaire, sur le littoral de l'Aquitaine ? Si, ce qui me paraît probable, ce littoral n'a pas sensiblement varié dans sa direction, il est naturel d'admettre que les dunes actuelles forment une masse immédiatement placée au-dessus des dunes plus anciennes.

NOTE F. — PAGE 413.

Influence de la configuration du sol et de l'exposition sur le développement des glaciers. — J'ai dit que la configuration d'un massif montagneux exerçait une influence sur la formation des glaciers. Pour donner une idée de cette influence, je vais, dans cette note, résumer un travail de M. Desor sur les rapports des glaciers des Alpes avec le relief de ces montagnes.

Les glaciers les plus étendus sont ceux qui se trouvent encaissés dans des vallées s'élargissant d'aval en amont et se terminant par un cirque. Le plus grand glacier de la Suisse, celui d'Aletsch, qui a vingt kilomètres de longueur, ne doit pas sa vaste étendue à ce qu'il prend son origine au pied de deux géants des Alpes, la Jungfrau et le Monch, mais au vaste développement de ses cirques.

Le niveau auquel les glaciers descendent est encore plus intimement lié à la forme des vallées; mais ici, ce n'est plus seulement l'étendue des cirques qui est en jeu; la pente de la vallée joue un rôle important. Si un glacier a une forte pente, il pourra descendre plus bas, sans être pour cela très long.

L'exposition des glaciers à l'égard du soleil n'exerce qu'une influence secondaire. C'est à tort que l'on a attribué à la position des versants la différence qui existe, sous le rapport de l'étendue, entre les glaciers du revers méridional et ceux du revers septentrional; dans le massif du Mont Blanc, ceux-ci sont bien plus importants que les autres; dans la chaîne bernoise, c'est le contraire qui a lieu.

Les grands glaciers des Alpes (les glaciers principaux de Saussure) ne sont pas un simple phénomène de climatologie : leur forme, leur étendue, le niveau auquel ils descendent dépendent de la configuration du sol. Si les vallées des Alpes, au lieu de commencer par des cirques larges et profonds, n'étaient, à leur origine, que des rigoles étroites, il est probable que leurs glaciers seraient bien moins puissants. Ils ne se montreraient, pour la plupart, que sur les flancs des montagnes; il n'y aurait guère que des glaciers à pente raide, des glaciers de second ordre de Saussure. Les glaciers ou *serneilhes* des Pyrénées appartiennent, en majeure partie, à cette catégorie; il en est probablement de même pour ceux du Caucase. Si la température venait à s'exhausser de 2° seulement, les cirques alpins, étant ordinairement situés entre 2600 et 3000 mètres, se trouveraient au-dessous de la limite des neiges éternelles, (voir page 422) : les Alpes n'auraient plus que des glaciers de second ordre. Un abaissement de température de 4° suffirait pour faire passer la limite inférieure des neiges éternelles au-dessous des grands cirques des Pyrénées, tels que ceux de Gavarnie, de Héas, etc., et pour amener, dans ce massif montagneux, l'apparition de glaciers principaux ou de premier ordre.

NOTE G. — PAGE 416.

Glacières naturelles. — Certaines grottes renferment de la glace pendant la majeure partie et, quelquefois, pendant la totalité de l'année; on les désigne sous le nom de *glacières naturelles*. Ces glacières ont été l'objet d'un travail très intéressant de la part de M. le professeur Thury; ce travail, auquel je vais emprunter les détails qui suivent, a été inséré dans la *Bib. de Genève, nouvelle période, tome X*.

La glacière de la Grâce-Dieu, à 25 kilomètres de Besançon, paraît être la première qui ait attiré l'attention des physiciens. C'est là qu'il fut constaté de la manière la plus authentique, et par une expérience gigantesque, que la glacière n'est pas seulement un réservoir conservateur, mais qu'elle demeure le siége d'une formation puissante de glace, si l'eau trouve accès dans son intérieur. En 1727, le duc de Lévi fit enlever toute la glace renfermée dans la caverne. Quelques années plus tard, la grotte se trouvait abondamment repourvue; un plancher de glace recouvrait tout le sol, et des stalactites s'abaissaient des parois et des voûtes. Quelle est la cause de cette formation de glace?

Il existe, dans plusieurs pays, des grottes percées sur le flanc des collines, et d'où sort constamment en été un courant d'air froid, tandis qu'en hiver, le courant change de sens et rentre *dans* l'intérieur de la grotte. Telles sont les *caves froides*. Dans le fond de ces grottes, il y a toujours des ouvertures plus ou moins apparentes, mises par des fissures en communication avec l'atmosphère. Dans la saison chaude, la colonne d'air qui traverse l'intérieur de la montagne et participe à la température moyenne de celle-ci, est plus lourde que la colonne extérieure correspondante; l'équilibre ne peut exister; un jeu de siphon se produit; l'air descend continuellement dans l'intérieur de la montagne, et s'échappe en courant frais par l'orifice de la grotte. En hiver, c'est le contraire qui a lieu, parce que l'air extérieur est le plus lourd. Saussure attribuait la basse température de certaines grottes, en été, au froid produit par l'évaporation de l'eau découlant du sol. A. Pictet crut même que cette évaporation pouvait suffire pour abaisser la température au-dessous du point de congélation de l'eau, et c'est ainsi qu'il expliqua la formation de la glace dans les cavernes durant la saison chaude.

J.-A. Deluc, le neveu, adressa, en 1822, à l'ingénieuse théorie de A. Pictet les objections suivantes : 1° Dans plusieurs cas, l'observation montre que la glace fond en été dans les grottes au lieu de s'y former. 2° L'explication de A. Pictet suppose qu'il y a toujours en été des courants d'air dans les grottes, et, de plus, des ouvertures intérieures autres que l'ouverture principale. Or, dans plusieurs cas, il n'y a pas de courant d'air. Dans la glacière de Saint-Georges, près de Genève, l'air est tout-à-fait calme. 3° Il est de fait que, dans les grottes, les grandes accumulations de glace succèdent aux longs hivers bien plus qu'aux étés caniculaires. 4° Enfin, dans aucun des cas cités par Saussure dans son explication des caves froides, le froid, en été, n'est assez grand pour donner lieu à une production de glace.

Après avoir ainsi critiqué la théorie de Pictet, J.-A. Deluc accepte celle que Pierre Prévost, après avoir visité la glacière de la Grâce-Dieu, avait formulée, en 1789, de la manière suivante : — La formation de la glace est le résultat du froid de l'hiver ; le froid pénètre aisément dans une grotte ouverte, et il se forme plus de glace en hiver qu'il ne s'en peut fondre en été.

Voici maintenant comment Deluc complète et développe la théorie de Pierre Prévost. Lorsque l'hiver survient, l'air froid étant plus pesant que l'air chaud, descend dans la caverne ; plus l'hiver est rigoureux, plus l'air tend avec force à descendre dans la cavité et à y rester. Les eaux qui s'y rassemblent se gèlent alors. Quant le printemps et l'été succèdent à l'hiver, l'air chaud extérieur ne peut aller déloger l'air glacé du fond, à cause de la plus grande pesanteur spécifique de celui-ci. La chaleur ne peut donc se propager que très lentement. Le rayonnement des voûtes transmet également la chaleur, mais la glace, en se fondant, absorbe 60° de chaleur ; la glace formée retient, pour ainsi dire, prisonnier le froid de l'hiver.

La saison la plus favorable à la formation de la glace, dans les glacières naturelles, est le printemps ; l'eau commence à y pénétrer par l'ouverture de la grotte ou à travers le sol ; elle se gèle sous l'influence du froid enmagasiné pendant l'hiver. En hiver, l'air contenu dans la glacière est très froid, mais l'eau n'y pénètre pas habituellement, parce que, tout autour de la grotte, elle est ordinairement gelée. Pour les glacières naturelles comme pour les glaciers des montagnes, l'hiver est la saison du repos. Pourtant si, pendant la froide saison, des suintements amènent l'eau dans l'intérieur de la grotte, il devra évidemment s'y produire de la glace. — Enfin, pendant l'été, la glace ne se forme plus, et celle qui s'est accumulée pendant l'hiver tend à disparaître.

M. Thury a exploré à plusieurs reprises la glacière de Saint-Georges, et le résultat de ses observations vient, ainsi qu'on va le voir, à l'appui de la théorie précédente, théorie qui a été formulée d'une manière générale et qui est susceptible de quelques modifications suivant les localités.

Course d'été : 3 août 1857. — La glace existe dans la grotte sous trois formes : neige au-dessous de l'ouverture de la caverne; glace compacte, d'une épaisseur inconnue, recouvrant le sol ; glace en stalactites contre les parois. — Il arrive peu d'eau dans la glacière; de moments en moments, de grosses gouttes tombent de la voûte : le sol de glace à sa surface est à l'état de fusion. — Air complétement tranquille.

Course d'hiver : 10 janvier 1858. — Expérience faite à 7 h. 16ᵐ du soir, au moyen d'une bougie dont la flamme en s'agitant accuse un courant d'air froid descendant qui devient peu sensible à 8 h. Le lendemain au matin, dans l'intérieur de la grotte, une atmosphère immobile, point d'eau; glace sèche, moins abondante qu'en été. Une assiette pleine d'eau est remplie de glace dure le lendemain, ce qui prouve que, s'il ne se forme pas de glace, en hiver, dans la grotte, c'est parce que l'eau n'y peut pénétrer.

Course de printemps : 2 avril 1858. — L'eau coule partout : l'air de la grotte est saturé de vapeur se déposant dans quelques endroits sous forme de givre. Il s'est formé de la glace depuis le mois de janvier, car la couche glacée qui recouvre les parois est plus étendue, les stalactites sont plus nombreux et plus volumineux.

Diverses circonstances favorisent la formation et la conservation de la glace dans la glacière de Saint-Georges : son exposition au nord ; la végétation qui recouvre le sol et qui maintient la fraîcheur des voûtes ; un sapin dont les branches ombragent l'ouverture de la grotte.

De même, la glacière de la Grâce-Dieu a son entrée tournée vers le nord ; de grands hêtres ombragent son orifice ; en hiver, lorsque des gouttes d'eau tombent de la voûte, elles forment des stalactites de glace sous l'influence du vent du nord qui seul de tous les vents peut y pénétrer. (*Guide de l'étranger à Besançon*, par MM. Delacroix et Castan.)

NOTE H. — PAGE 426.

Le nombre que j'ai indiqué, et que l'on indique ordinairement, pour représenter l'altitude maximum des blocs erratiques sur le Jura, est trop faible. Sur les flancs du Chasseron, près d'Yverdun, ces blocs ont été rencontrés jusqu'à 1440 mètres au-dessus du niveau de la mer. La région du Napf (altitude 1408 mètres), dépourvue de blocs erratiques, formait une île au milieu de la mer de glace qui recouvrait toute la plaine helvétique.

NOTE I. — PAGE 432.

Le tableau de la page 432 ne comprend que trois des périodes dont se compose l'ère jovienne. La quatrième, dont nous apprécierons de plus en plus toute l'importance, commence après la disparition des derniers glaciers, et peut, à ce titre, recevoir la dénomination de *période post-glaciaire*. C'est celle que l'on désigne ordinairement sous le nom de période des *alluvions modernes* ; les temps historiques en font partie.

NOTE J. — PAGE 443.

L'expression *formation géogénique* est un pléonasme ; je

né me suis décidé à l'employer qu'après en avoir vainement cherché une autre qui pût mieux rendre ma pensée. Le lecteur voudra bien considérer cette expression comme une ellipse de la phrase : ensemble des *formations* reçues dans un bassin *géogénique*.

NOTE K. — PAGE 471.

Sur les roches calcaires. — La nature de cet ouvrage ne m'a pas permis de donner plus d'extension que je ne l'ai fait à l'examen des roches sédimentaires. Mais le carbonate de chaux joue un rôle si important dans la composition des terrains stratifiés, les roches qu'il constitue en totalité ou en partie se présentent si souvent à l'observation des géologues stratigraphes, que je crois convenable de placer dans cette note l'énumération des principales variétés de roches calcaires.

Le carbonate de chaux, base essentielle des roches calcaires, a pour formule $(CaO\ CO^2)$: son analyse donne :

Acide carbonique. 43,71
Chaux. . . . . , ... 56,29

Il est très effervescent dans les acides; il raye le gypse, mais se laisse rayer par l'acier et, à plus forte raison, par le quartz; sa densité varie entre 2,5 et 2,7 ; au chalumeau, il ne subit pas de fusion, mais il perd son acide carbonique et se transforme en chaux vive.— Il cristallise dans le système rhomboédrique; ses cristaux présentent, sous le choc du marteau, trois clivages parallèles aux faces d'un rhomboèdre ; ses formes cristallines, qui se rapprochent du rhomboèdre, du scalénoèdre ou du prisme hexagonal, sont au nombre de plus de huit cents. Les cristaux de carbonate de chaux se rencontrent dans les géodes des roches calcaires et dans les filons.

Le carbonate de chaux fournit un exemple de dimorphisme. Il cristallise quelquefois dans le système prismatique à base rhombe; sous cette forme, il constitue l'*aragonite*. La densité de l'aragonite est de 2,9 : sa dureté est un peu supérieure à celle du carbonate de chaux rhomboédrique. C'est celui-ci qui entre exclusivement dans la composition des roches calcaires; l'aragonite ne se présente qu'accidentellement dans la nature; elle apparaît sous forme de cristaux placés les uns contre les autres ou en groupements coralloïdes auxquels les anciens donnaient le nom de *Flos ferri*. Elle se rencontre dans les fentes des dépôts serpentineux ou basaltiques et dans les argiles gypseuses des terrains salifères : les plus beaux échantillons proviennent de Bilin (Bohême), Leogang (Salzbourg), Bastène, près de Dax, et Molina (Aragon). Les eaux de Vichy, lorsqu'elles ont une haute température, en déposent une certaine quantité. M. G. Rose a obtenu l'aragonite par la précipitation du carbonate de chaux à la température de l'eau bouillante. Cette expérience se joint à ce que nous savons sur le gisement et sur le mode de production de l'aragonite, dans la nature, pour nous conduire à penser que cette substance exige pour sa formation une température élevée. Mais on aurait peut-être tort de trop généraliser cette opinion. Dans une note, qui a pour but de nous mettre en garde contre l'abus des expériences chimiques en géologie, M. Fournet fait observer qu'il a trouvé des aragonites dans les galeries de Sainte-Marie-aux-Mines, où la température ne dépasse pas 9 à 10 degrés; il en a également recueilli, en Sardaigne, dans une galerie de mine, placée près des neiges éternelles, et dont les parois étaient hérissées de stalactites de glace.

Variétés de mélange. — *Cipolin* (en italien, *cipolino*, petit oignon); calcaire saccharoïde avec mica.

Ophicalce, calcaire saccharoïde avec talc, chlorite ou serpentine (marbre de Campan; marbre vert antique; griotte).

Hemithrène, calcaire avec amphibole.

Calciphyre, calcaire avec cristaux de feldspath, de pyroxène, etc.

Calschiste, calcaire avec schiste, se délitant quelquefois en grands feuillets.

Calcaire magnésien, passant à la dolomie, et présentant une partie des caractères de cette roche.

Calcaire glauconieux, improprement appelé *craie chloritée* (voir page 482).

Calcaire ferrugineux.

Calcaire marneux, passant à la marne et se délitant avec facilité sous l'influence des agents atmosphériques.

Calcaire siliceux.

Calcaire bitumineux, exhalant l'odeur de bitume par l'échauffement, le frottement ou la percussion.

Calcaire fétide (*pierre de porc*, *calcaire luculite*, *stinkstein*), dégageant une odeur hépatique que l'on attribue à l'hydrogène sulfuré.

Lumachelle, roche formée de débris de coquilles cimentés par le carbonate de chaux; présentant de nombreuses nuances, avec reflets nacrés; employée comme marbre.

Calcaire coquillier, calcaire renfermant de nombreux débris de coquilles et d'animaux marins; parmi ses variétés, il faut citer le calcaire à entroques, le calcaire à nummulites, etc. Les mots *calcaire conchylien* (*Muschelkalk*) désignent spécialement un des étages du trias.

Variétés de texture et de structure. — *Calcaire lamellaire*, formé par la réunion de lamelles cristallines, et fréquemment employé dans la statuaire; exemple, le marbre de Paros.

41

Calcaire saccharoïde, offrant l'aspect et la texture du sucre ; également employé dans la statuaire. Exemple, marbre de Carrare.

Calcaire cristallin. Dans les variétés précédentes, la cristallinité est due à un métamorphisme ; cette texture s'observe aussi dans les calcaires d'origine aqueuse et nullement métamorphiques qui constituent ou accompagnent les polypiers. Elle provient alors d'une influence organique qu'il est plus facile de constater que d'expliquer.

Calcaire compacte (voir page 497). Les variétés de calcaire compacte, susceptibles de recevoir un poli, sont employées comme *marbre*.

Calcaire lithographique. Les meilleures pierres lithographiques viennent de Poppenheim (Bavière) ; les environs de Châteauroux, de Belley, etc., en fournissent également.

Calcaire oolitique (voir page 499). Quelquefois, les oolites résultent d'une action moléculaire postérieure au dépôt de la masse qui les contient ; mais dans presque toutes les roches, et notamment dans celles du terrain jurassique, la texture oolitique date du moment même de leur formation. Les roches oolitiques se sont édifiées au sein des eaux légèrement agitées et tenant du carbonate de chaux en suspension, c'est-à-dire dans des circonstances favorables au développement des polypiers. Aussi, dans le terrain jurassique, voit-on fréquemment les calcaires prendre la texture oolitique près des bancs de polypiers. Dans la Floride, d'après M. Marcou, les rochers de coraux en voie de formation sont oolitiques, très compactes ; des échantillons de ces rochers, mis à côté d'échantillons de l'oolite corallienne du Jura et de l'Angleterre, ne présenteraient pas la plus légère différence de structure, de texture ou de couleur.

Calcaire pisolitique. (Idem.)

Calcaire tuberculeux, formé de très grosses pisolites.

Calcaire crayeux, craie blanche (page 496).

Craie tufau (page 496).

Calcaire grossier (page 496).

Cargneule, calcaire offrant de nombreuses cavités et fréquemment magnésien ; cette variété existe notamment dans le
terrain triasique des Alpes.

Brèche calcaire, formée de fragments anguleux de **roches**
calcaires réunis par un ciment également calcaire ; fréquemment employée comme marbre.

Calcaire bréchoïde ou *pseudo-fragmentaire,* divisé par de
nombreuses fissures qui lui donnent l'aspect d'une brèche.

Brocatelle, calcaire bréchoïde, dont les fissures ont été remplies par du carbonate de chaux, et qui est employé comme
marbre. La variété la plus connue vient de Tortose (Espagne).

Travertin, calcaire compacte formé au sein des eaux douces
ou sur le sol émergé, offrant de nombreuses tubulures qui le
rendent sonore sous le choc du marteau (voir page 332).

Panchina, c'est un travertin formé au fond de la mer et
renfermant de nombreux débris de coquilles ; (voir page 332).

Tuf; (voir page 334).

Calcaire concrétionné, c'est celui qui constitue les stalactites
et les stalagmites. Il offre une texture rayonnée.

Albâtre, variété de calcaire concrétionné blanc ou blanc
jaunâtre, à grains très fins.

Note L. — Page 488.

Je place à la page 636 un tableau des roches stratifiées ; ce
tableau a été omis ; il devait se trouver à la fin du chapitre II.

ROCHES STRATIFIÉES

Résultant d'une sédimentation mécanique et formées aux dépens des roches préexistantes, stratifiées ou éruptives.

Conglomérées....
- Grauwacke : Anagénite.
- Nagelfluhe : Gompholite.
- Poudingue : Brèche.
- Pséphite.
- Agglomérat (roches non cimentées).

Arénoïdes........
- Grès.
- Arkose : Métaxite.
- Psammite.
- Macigno : Mollasse.
- Glauconie.
- Sable (roches non cimentées).

Argiloïdes........
- Argile
- Marne } (roches non cimentées).
- Limon
- Argilite.
- Marnolite.

Résultant d'une précipitation chimique.

Non silicatées ; rarement schistoïdes.

Diverses ....
- Soufre. — Bitume.
- Sel gemme.
- Gypse. — Karsténite.

Sidéritiques ......
- Pyrolusite. — Acerdèse.
- Limonite : Hématite brune.
- Oligiste : Hématite rouge.
- Sidérose.

Calcareuses......
- Dolomie.
- Calcaire.

Siliceuses ....
- Silex pyromaque, corné, molaire.
- Phtanite : Jaspe schisteux.
- Quarzite.

Silicatées ; presque toujours schistoïdes.

Schistes calcareux
- Calschiste.
- Ophicalce : Cipolin.

Schistes argiloïdes
- Schiste argileux.
- Phyllade.
- Talcschiste phylladiforme.

Schistes cristallins
- Schiste chloriteux.
- Schiste talqueux.
- Schiste micacé.
- Gneiss : Granite stratifié.

TABLE.

LIVRE DEUXIÈME.

Écorce terrestre : son origine, son mode d'accroissement, sa structure générale.

extérieurs : action sédimentaire ; stratification. — Zone sédimentaire, stratifiée ou aqueuse. — Intervention de la vie dans les phénomènes géologiques. — Fossiles : zone fossilifère ; zone strato-cristalline. — Rôle de l'organisme dans l'édification de l'écorce terrestre. — Agents de destruction fonctionnant à la surface du globe ; leur antagonisme avec les forces intérieures. — Zone ignée. — Phénomènes d'éruption : plutonisme, vulcanicité. — Action geysérienne. — Roches, formations, horizons géognostiques, terrains. — Classification des terrains adoptée dans cet ouvrage.

TABLE 641

LIVRE TROISIÈME.

Phénomènes géologiques qui s'accomplissent à la surface des continents et sur le sol émergé.

— Phénomènes de transport. — Influence des phénomènes d'érosion sur le modelé du globe. — Ravinement du sol. — Cônes et vallées d'érosion : terrasses parallèles. — Failles dénudées, etc. — Intensité des phénomènes d'érosion pendant les temps antérieurs à l'époque actuelle.

et cassure des roches. — Texture oolitique. — Actions moléculaires postérieures au dépôt d'une roche. — Déplacements moléculaires déterminant la formation de concrétions : charveyrons, chailles, etc. — Déplacements moléculaires déterminant la formation de cavités dans l'intérieur des roches : géodes, ætites, etc. — Cailloux impressionnés.

ERRATA.

Page 140 , ligne 20, au lieu de : *augmentant*, lisez : *diminuant*.

Page 430 , ligne 11 , en commençant par le bas, lisez : *indéterminée*, au lieu de : *de 200 mètres*.

Page 550 , ligne 2, en commençant par le bas, lisez : 568, au lieu de : 668.

BESANÇON. — IMPRIMERIE ROBLOT.

www.ingramcontent.com/pod-product-compliance
Lightning Source LLC
Chambersburg PA
CBHW031451210326
41599CB00016B/2188